As Bases Toxicológicas da Ecotoxicologia

AS BASES TOXICOLÓGICAS DA ECOTOXICOLOGIA

COORDENADORES

FAUSTO ANTONIO DE AZEVEDO

Farmacêutico bioquímico pela Faculdade de Ciências Farmacêuticas da Universidade de São Paulo. Mestre em Toxicologia pela Faculdade de Ciências Farmacêuticas da Universidade de São Paulo. Especialista em Saúde Pública pela Faculdade de Saúde Pública da Universidade de São Paulo. Ex-diretor geral do Centro de Recursos Ambientais, autarquia vinculada à Secretaria do Planejamento, Ciência e Tecnologia do Estado da Bahia.

ALICE A. DA MATTA CHASIN

Farmacêutica bioquímica pela Universidade Estadual Paulista Júlio de Mesquita Filho – Unesp. Mestre em Análises Toxicológicas pela Universidade de São Paulo. Doutora em Toxicologia pela Universidade de São Paulo. Perita criminal toxicologista no Núcleo de Toxicologia Forense do Instituto Médico Legal do Estado de São Paulo. Professora-titular de Toxicologia e coordenadora do curso de Fármácia da Faculdade de Ciências Farmacêuticas e Bioquímicas Oswaldo Cruz. Integra o quadro de orientadores do curso de pós-graduação em Análises Toxicológicas da Faculdade de Ciências Farmacêuticas da Universidade de São Paulo.

RiMa   InterTox

2004

Direitos reservados desta edição
RiMa Editora e InterTox

Revisão, diagramação e fotolitos
RiMa Artes e Textos

Planejamento editorial
InterTox

B944b	As bases toxicológicas da ecotoxicologia / coordenado por Fausto Antonio de Azevedo, Alice Aparecida da Matta Chasin. -- São Carlos : RiMa, 2003. -- São Paulo : Intertox, 2003 340p. ISBN – 85-86552-64-x – RiMa ISBN – 85-89843-01-7 – InterTox 1. Toxicologia. 2. Ecotoxicologia. 3. Fundamentos toxicológicos. 4. Risco toxicológico. 5. Toxicocinética. 6. Toxicodinâmica. I. Título. CDD: 615.9

InterTox

DIRLENE RIBEIRO MARTINS
PAULO DE TARSO MARTINS
Rua Virgílio Pozzi, 213 – Jd Sta Paula
13564-040 – São Carlos, SP
Fone: (0xx16) 3372-3238

www.rimaeditora.com.br

MOYSÉS CHASIN
MARCUS MATTA
Rua Monte Alegre, 428 – cj 73
05014-000 – São Paulo, SP
Fone: (0xx11) 3872-8970
Fax: (0xx11) 3873-6137

www.intertox.com.br

COLABORADORES

ADELAIDE JOSÉ VAZ

Farmacêutica bioquímica pela Faculdade de Ciências Farmacêuticas da Universidade de São Paulo (FCF-USP). Doutora em Imunologia pela Universidade de São Paulo. Livre-docente na USP, professora assistente doutora do Departamento de Análises Clínicas e Toxicológicas da FCF-USP. Professora de Imunologia e coordenadora do curso de Bioquímica da FCF Oswaldo Cruz. Titular de Imunologia da Universidade São Judas Tadeu e Universidade Paulista.

AFONSO CELSO DIAS BAINY

Oceanólogo, formado em 1986 pela Fundação Universidade Federal de Rio Grande. Realizou mestrado em Bioquímica (1990) no Instituto de Biociências da Universidade Federal do Rio Grande do Sul, Porto Alegre, RS, e doutorado em Bioquímica (1995) Instituto de Química da Universidade de São Paulo. Atualmente é professor adjunto IV do Departamento de Bioquímica, no Centro de Ciências Biológicas, onde desde 1993. Sua linha de pesquisa trata da compreensão dos mecanismos bioquímicos e moleculares das respostas bioquímicas dos organismos aquáticos diante da exposição a diferentes xenobióticos.

ERASMO SOARES DA SILVA

Farmacêutico-bioquímico pela Faculdade de Ciências Farmacêuticas da Universidade de São Paulo (FCF-USP). Mestre em análises toxicológicas pela FCF-USP. Professor de Toxicologia da Faculdade de Farmácia da Universidade Camilo Castelo Branco e da Faculdade de Farmácia da Universidade São Judas Tadeu. Perito criminal toxicologista do Núcleo de Toxicologia Forense da Superintendência de Polícia Técnico-científica de São Paulo.

IRENE VIDEIRA DE LIMA

Farmacêutica-bioquímica pela Faculdade de Ciências Farmacêuticas da Universidade de São Paulo (FCF-USP). Mestre em Análises Clínicas e Toxicológicas na Área de Análises Toxicológicas pela FCF-USP. Doutora em Toxicologia pela FCF-USP. Professora adjunta de Toxicologia, responsável pelas disciplinas Toxicologia Industrial e Análises Toxicológicas do Curso de Farmácia e Bioquímica das Faculdades Oswaldo Cruz.

MARIA BEATRIZ BOHRER MOREL

Doutora em Ciências pela Universidade Federal de São Carlos (UFSCar), SP. De 1978 a 1997 atuou como professora no Instituto de Biociências da Universidade Federal do Rio Grande do Sul, sendo responsável pelo Laboratório de Zooplâncton e Bioensaios. Atualmente é pesquisadora do Centro de Química e Meio Ambiente, Instituto de Pesquisas Energéticas e Nucleares (IPEN/CNEN), respondendo pelo Laboratório de Ecotoxicologia e Ecologia. Tem como área de pesquisa Ecotoxicologia e Ecologia de Ecossistemas Aquáticos. Atua em Sistemas da Qualidade, como ISO 14000, Boas Práticas de Laboratório e ISO 17025, especialmente em Laboratórios de Ecotoxicologia Aquática, com trabalhos na área de Gestão Ambiental. Integrante da Comissão Técnica de Lab. de Ensaios em BPL/CTLE-06, INMETRO e da ABNT/CEET- 00:001.44 – Comissão de Estudo Especial Temporária de Análises Ecotoxicológicas.

MARIA DE FÁTIMA MENEZES PEDROZO

Farmacêutica-bioquímica pela Faculdade de Ciências Farmacêuticas da Universidade de São Paulo (FCF-USP). Mestre em Análises Toxicológicas pela FCF-USP. Doutora em Saúde Pública – área de concentração: saúde ambiental, pela Faculdade de Saúde Pública da USP. Exerce a função de perita criminal do Núcleo de Análises Instrumentais do Instituto de Criminalística do Estado de São Paulo. É professora de Toxicologia e Epidemiologia e Saúde Pública no Centro Universitário São Camilo e de Fármácia na Faculdade de Ciências Farmacêuticas e Bioquímicas Oswaldo Cruz.

MONICA MARIA BASTOS PAOLIELLO

Bacharelado em Ciências Biológicas, Modalidade Medicina pela Universidade Estadual de Londrina (UEL). Aperfeiçoamento/especialização em Metodologia do Ensino Superior pela UEL. Doutora em Saúde Coletiva, área de Saúde Ambiental, pela Universidade Estadual de Campinas (Unicamp), em Ciência de Alimentos pela Universidade Estadual de Londrina. Aperfeiçoamento/especialização em Introductory Trends Course in Medical Eduacation, University of Dundee, U. Dundee, Escócia. Professora adjunto, ministra aulas nas disciplinas de Toxicologia e Análise Toxicológica no curso de Farmácia e Bioquímica da UEL. Ministra aulas de Toxicologia no ensino de Pós-Graduação em Análises Clínicas na UEL, Brasil.

NILDA A. G. G. DE FERNÍCOLA

Farmacêutica-bioquímica. Doutora em Toxicologia pela Universidade de Buenos Aires, Argentina. Gerente do Setor de Toxicologia Humana e Saúde Ambiental da Companhia de Tecnologia de Saneamento Ambiental (CETESB), São Paulo. Consultora em Toxicologia da Organização Pan-Americana da Saúde/Organização Mundial da Saúde. Professora do curso de pos-graduação do Departamento de Análises Clínicas e Toxicológicas da Faculdade de Ciências Farmacêuticas da Universidade de São Paulo.

SANDRA DE SOUZA HACON

Bióloga e bacharel em Ecologia (UFRJ). Especialização em poluição marinha e educação ambiental pelas Universidades de Duke e de Washington (EUA). Doutora em Geoquímica Ambiental (UFF). Mestre em Ciências Ambientais pela Pollution Research UNIT, UMIST, Manchester University, Reino Unido. Pesquisadora da Escola Nacional de Saúde Pública, Departamento de Endemias Samuel Pessoa (FIOCRUZ). Representante oficial do Governo Brasileiro nas Nações Unidas para a Convenção de Roterdã. Professora visitante da Fundação Getúlio Vargas. Professora associada do Programa de Pós-graduação de Ciência Ambiental (UFF). Participação em consultorias nacionais em empresas governamentais nacionais e privadas multinacionais. Ex-chefe do Laboratório de Meio Ambiente do Centro de Pesquisas e Desenvolvimento (CEPED/BA). Ex-analista de projetos da área ambiental da Financiadora de Estudos e Projetos (FINEP). Ex-pesquisadora visitante do Monitoring Research Center da UNEP, no Reino Unido, e da Comissão Nacional de Energia Nuclear.

Sumário

Introdução XVII

1 - O estudo da Toxicologia
Alice A. da Matta Chasin e Maria de Fátima Menezes Pedrozo

Histórico 1
Conceitos 4
Objetivo, divisão, importância, finalidades, áreas de desenvolvimento e
aspectos da Toxicologia 5
Toxicologia Ambiental (Ecotoxicologia) 5
   Toxicologia de Alimentos 6
   Toxicologia de Medicamentos e Cosméticos 6
   Toxicologia Ocupacional 6
   Toxicologia Social 6
O estudo dos agentes tóxicos (toxicantes) 9
   Propriedades físico-químicas 9
      a) entendimento das rotas de destino e transporte das
         substâncias entre os diversos meios 9
      b) inferência sobre os fenômenos toxicocinéticos e
         toxicodinâmicos nos organismos vivos 20
As fases da intoxicação 24
Referências bibliográficas 25

2 – Toxicocinética
Fausto Antonio de Azevedo e Irene Videira de Lima

Introdução 27
Transporte através de membranas 28
   Fatores relacionados à substância 28
      a) hidrossolubilidade e lipossolubilidade 28
      b) coeficiente de partição óleo–água 28

c) GRAU DE IONIZAÇÃO 28

d) TAMANHO E CARGA DA PARTÍCULA (MOLÉCULA, ÍON) A
SER ABSORVIDA 30

CARACTERÍSTICAS DA MEMBRANA 31

POROS NA MEMBRANA (GUYTON, 1973) 35

FORMAS DE TRANSPORTE ATRAVÉS DAS MEMBRANAS 35

a) DIFUSÃO SIMPLES 35

b) FILTRAÇÃO 36

c) TRANSPORTE ESPECIALIZADO 37

VIAS DE INTRODUÇÃO 38

VIA ORAL, DIGESTIVA OU TRATO GASTRINTESTINAL 39

VIA CUTÂNEA OU TRANSEPIDÉRMICA 40

VIA RESPIRATÓRIA, PULMONAR OU INALATÓRIA 44

a) VIAS RESPIRATÓRIAS SUPERIORES 45

b) ALVEÓLOS 47

DISSOLUÇÃO 49

SUBSTÂNCIA SOLUTO 49

NATUREZA DO SOLVENTE 50

COMBINAÇÃO QUÍMICA 55

DISTRIBUIÇÃO E ARMAZENAMENTO 56

FATORES QUE INFLUEM NA DISTRIBUIÇÃO E NO ARMAZENAMENTO 58

a) FATORES LIGADOS À SUBSTÂNCIA 58

b) FATORES LIGADOS AO ORGANISMO 58

DEPÓSITOS DE ARMAZENAMENTO NO ORGANISMO 59

a) PROTEÍNAS PLASMÁTICAS E OUTROS DEPÓSITOS EXTRACELULARES 59

b) DEPÓSITOS CELULARES DE SUBSTÂNCIAS 61

c) GORDURA COMO DEPÓSITO DE SUBSTÂNCIAS 61

d) DEPÓSITOS TRANSCELULARES DE SUBSTÂNCIAS 62

PASSAGEM DE SUBSTÂNCIAS PARA O INTERIOR DAS CÉLULAS E
ATRAVÉS DELAS 62

PENETRAÇÃO NO SISTEMA NERVOSO CENTRAL (SNC) E NO LÍQUIDO
CEFALORRAQUIDIANO (LC) 63

TRANSFERÊNCIA PLACENTÁRIA DE SUBSTÂNCIAS 63

DISTRIBUIÇÃO DE AGENTES TÓXICOS NO LEITE MATERNO 64

REDISTRIBUIÇÃO 64

BIOTRANSFORMAÇÃO 64

LOCALIZAÇÃO E PREPARAÇÃO DE ENZIMAS 66

TIPOS DE REAÇÕES NA BIOTRANSFORMAÇÃO 68
REAÇÕES DA FASE PRÉ-SINTÉTICA DA BIOTRANSFORMAÇÃO 71
    A) REAÇÕES DE OXIDAÇÃO 71
    B) REAÇÕES DE REDUÇÃO 75
    C) REAÇÕES DE DEGRADAÇÃO 77
REAÇÕES DA FASE SINTÉTICA DA BIOTRANSFORMAÇÃO 79
    A) CONJUGAÇÃO GLICURÔNICA (GLICUROCONJUGAÇÃO) 79
    B) CONJUGAÇÃO COM SULFATO (SULFOCONJUGAÇÃO) 80
    C) CONJUGAÇÃO PEPTÍDICA 81
    D) CONJUGAÇÃO MERCAPTÚRICA 81
    E) TIOCIANATO CONJUGAÇÃO 82
    F) CONJUGAÇÃO COM ÁCIDO ENDÓGENO − ACILAÇÃO 82
    G) N, O, S METILAÇÃO 82
INTERAÇÃO ENTRE AS SUBSTÂNCIAS E AS ENZIMAS BIOTRANSFORMADORAS 83
    A) INDUÇÃO ENZIMÁTICA 83
    B) INIBIÇÃO ENZIMÁTICA 84
VIAS DE ELIMINAÇÃO 85
    VIA RESPIRATÓRIA 86
    VIA RENAL 87
    VIAS HEPÁTICA E FECAL 88
    VIAS SALIVAR E SUDORÍPARA 88
    ELIMINAÇÃO NO LEITE 89
REFERÊNCIAS BIBLIOGRÁFICAS 89

3 − TOXICODINÂMICA

Monica Maria Bastos Paoliello e Erasmo Soares da Silva

RELAÇÃO ENTRE TOXICOCINÉTICA E TOXICODINÂMICA 93
IMPORTÂNCIA DA TOXICODINÂMICA 95
DESENVOLVIMENTO DA TOXICIDADE 95
    A) ABSORÇÃO VERSUS ELIMINAÇÃO PRÉ-SISTÊMICA 97
    B) DISTRIBUIÇÃO PARA O ALVO VERSUS LONGE DO ALVO 97
    C) EXCREÇÃO VERSUS REABSORÇÃO 98
    D) TOXIFICAÇÃO VERSUS DESTOXIFICAÇÃO 98
MECANISMOS DE AÇÃO TÓXICA 99
    INIBIÇÃO ENZIMÁTICA 99
    MECANISMOS DE TRANSDUÇÃO 101

FOSFORILAÇÃO OXIDATIVA 105
INTERAÇÕES ENTRE AGENTES TÓXICOS 107
MECANISMOS ESPECIAIS 108
   CARCINOGÊNESE 108
   TERATOGÊNESE 112
REFERÊNCIAS BIBLIOGRÁFICAS 114

4 – SISTEMA IMUNOLÓGICO E TOXICOLOGIA
Adelaide José Vaz

INTRODUÇÃO 115
SISTEMA IMUNOLÓGICO 115
   IMUNIDADE NATURAL 116
   IMUNIDADE ADQUIRIDA 117
      ANTÍGENOS 118
      RESPOSTA IMUNOLÓGICA CELULAR 119
      CITOCINAS 119
   RESPOSTA IMUNOLÓGICA HUMORAL 120
IMUNOPATOLOGIA 120
   IMUNODEFICIÊNCIA 121
   HIPERSENSIBILIDADES 121
   AUTO-IMUNIDADE 123
AVALIAÇÃO LABORATORIAL DA IMUNOCOMPETÊNCIA 124
   IMUNOTOXICOLOGIA 125
REFERÊNCIAS BIBLIOGRÁFICAS 126

5 – INTOXICAÇÃO E AVALIAÇÃO DA TOXICIDADE
Alice A. da Matta Chasin e Fausto Antonio de Azevedo

ATRIBUTOS DA INTOXICAÇÃO 127
   CONCEITO 127
   CLASSIFICAÇÕES 127
   ESPECTRO DO EFEITO TÓXICO 129
AVALIAÇÃO DA TOXICIDADE 132
   CRITÉRIOS DE AVALIAÇÃO DA TOXICIDADE 136
   PARÂMETROS IMPORTANTES NA AVALIAÇÃO DA TOXICIDADE 138

PROPRIEDADES FÍSICO-QUÍMICAS DA SUBSTÂNCIA 138
VIA DE EXPOSIÇÃO (VIA DE INTRODUÇÃO) 138
DURAÇÃO E FREQÜÊNCIA DA EXPOSIÇÃO 139
ESPÉCIES TESTADAS E CARACTERÍSTICAS INDIVIDUAIS 139
POSIÇÃO NUTRICIONAL E FATORES DA DIETA 140
IDADE E MATURAÇÃO 140
NATUREZA DO EFEITO 141
ESTUDO DAS RELAÇÕES DOSE–EFEITO E DOSE–RESPOSTA 141
   A) CURVA DE DISTRIBUIÇÃO (OU FREQÜÊNCIA) DA RESPOSTA 142
   B) CURVA DE RESPOSTA ACUMULATIVA: CURVA DOSE–RESPOSTA 143
ESTUDOS DE TOXICIDADE AGUDA 147
ESTUDOS DE TOXICIDADE SUBCRÔNICA 151
ESTUDOS DE TOXICIDADE CRÔNICA 151
ESTUDOS DE TOXICOCINÉTICA 152
AVALIAÇÃO DA TOXICIDADE PARA EFEITOS NÃO CARCINOGÊNICOS –
DOSE DE REFERÊNCIA E FATORES DE INCERTEZA 152
AVALIAÇÃO DA TOXICIDADE PARA EFEITOS CARCINOGÊNICOS 159
REFERÊNCIAS BIBLIOGRÁFICAS 163

6 – TOXICOVIGILÂNCIA (MONITORIZAÇÃO) DA EXPOSIÇÃO DE POPULAÇÕES A AGENTES TÓXICOS

Maria de Fátima Menezes Pedrozo

TOXICOLOGIA COMO CIÊNCIA DOS LIMITES 167
VIGILÂNCIA AMBIENTAL 168
INDICADORES EM SAÚDE AMBIENTAL 169
AMBIENTE GERAL 173
PADRÕES DE QUALIDADE DO AR 173
   A) PADRÕES DOS POLUENTES ATMOSFÉRICOS INORGÂNICOS NÃO
CARCINOGÊNICOS 181
   B) PADRÕES DOS POLUENTES ATMOSFÉRICOS ORGÂNICOS VOLÁTEIS
NÃO CARCINOGÊNICOS 181
   C) PADRÕES DOS POLUENTES ATMOSFÉRICOS INORGÂNICOS
CARCINOGÊNICOS 181
   D) PADRÕES DOS POLUENTES ATMOSFÉRICOS ORGÂNICOS VOLÁTEIS
CARCINOGÊNICOS 181

PADRÕES DE QUALIDADE PARA SOLO E ÁGUAS 181
AMBIENTE DE TRABALHO 194
ALIMENTOS 199
LIMITES DE TOLERÂNCIA 200
INGESTÃO DIÁRIA ACEITÁVEL (IDA) 200
VIGILÂNCIA BIOLÓGICA 204
BIOMARCADORES DE EXPOSIÇÃO OU DOSE INTERNA 205
BIOMARCADORES DE EFEITO 206
BIOMARCADORES DE SUSCETIBILIDADE 206
EXPOSIÇÃO AMBIENTAL – ESTUDOS TÓXICO-EPIDEMIOLÓGICOS 207
EXPOSIÇÃO OCUPACIONAL 212
ÍNDICE BIOLÓGICO MÁXIMO PERMITIDO, LIMITE BIOLÓGICO DE
EXPOSIÇÃO E VALOR GUIA 213
REFERÊNCIAS BIBLIOGRÁFICAS 217

7 – ECOTOXICOLOGIA

*Nilda A.G.G. de Fernicola, Maria Beatriz C. Bohrer-Morel e
Afonso Celso Dias Bainy*

CONCEITO E PRINCÍPIO 221
COMPARTIMENTOS AMBIENTAIS, CICLOS BIOGEOQUÍMICOS E
INTERVENÇÃO ANTRÓPICA 225
CICLOS BIOGEOQUÍMICOS DO CARBONO, DO NITROGÊNIO, DO
ENXOFRE E DO FÓSFORO 229
CICLO DO CARBONO 229
CICLO DO NITROGÊNIO 230
CICLO DO ENXOFRE 231
CICLO DO FÓSFORO 232
ECOTOXICOCINÉTICA 233
INTRODUÇÃO, TRANSPORTE, DISTRIBUIÇÃO E TRANSFORMAÇÃO DE
AGENTES QUÍMICOS NO MEIO AMBIENTE 236
BIOACUMULAÇÃO E BIOMAGNIFICAÇÃO 238
DEPURAÇÃO AMBIENTAL 240
REFERÊNCIAS BIBLIOGRÁFICAS 242

8 – Avaliação e gestão do risco ecotoxicológico à saúde humana
Sandra de Souza Hacon

Introdução 245

Avaliação de risco no processo de gestão ambiental 249

Risco ecológico 253

Avaliação de risco à saúde humana 253

a) expressão coerente da avaliação dos resultados 255

b) interdependência 255

c) organismos sentinela 255

Contexto metodológico da avaliação de risco ambiental 256

Identificação do perigo 257

Avaliação dose–resposta 258

Avaliação da exposição 259

Caracterização do risco 263

Biomarcadores e o processo de avaliação de risco ambiental 265

Biomarcadores de exposição ou de dose interna 266

Biomarcadores de efeito 268

Biomarcadores de suscetibilidade 268

Seleção e validação de biomarcadores 269

Especificidade dos biomarcadores 271

Relação entre biomarcador e efeito adverso 273

Estrutura do processo de avaliação de risco sócio-ambiental 273

Formulação do problema 274

Caracterização da atividade perigosa e da região 276

Caracterização do empreendimento 276

Caracterização da área de estudo 277

Caracterização das fontes de contaminação e dos
agentes estressores 277

Caracterização do destino e do transporte dos
contaminantes de interesse liberados para o ambiente 278

Caracterização da natureza dos estressores 279

Avaliação ecotoxicológica dos receptores 279

Análise das incertezas associadas à formulação do problema 279

Principais produtos da fase de formulação do problema 280

Modelo conceitual 280

DEFINIÇÃO E CARACTERÍSTICAS DAS HIPÓTESES DE RISCO 282
AVALIAÇÃO DA EXPOSIÇÃO 282
SELEÇÃO E CARACTERIZAÇÃO DOS ENDPOINTS NO
    SISTEMA AMBIENTAL 288
RELEVÂNCIA ECOLÓGICA PARA O SISTEMA AMBIENTAL 290
SUSCETIBILIDADE DAS ENTIDADES ECOLÓGICAS 291
ANÁLISE DOS EFEITOS À SAÚDE NOS GRUPOS DE RISCO
    AMBIENTALMENTE EXPOSTOS 292
CARACTERIZAÇÃO DOS EFEITOS EM NÍVEL DE SISTEMA AMBIENTAL 295
PERFIL DE EXPOSIÇÃO AMBIENTAL 296
EQUAÇÃO-PADRÃO PARA CÁLCULO DA DOSE POTENCIAL 296
PERFIL DA EXPOSIÇÃO PARA A SAÚDE HUMANA 299
CONCENTRAÇÃO DO CONTAMINANTE NO MEIO 300
TAXA DE INGRESSO DO CONTAMINANTE NO ORGANISMO 301
MÉDIA DE TEMPO 302
CARACTERIZAÇÃO DOS EFEITOS PARA A SAÚDE HUMANA 302
CARACTERIZAÇÃO DO RISCO PARA O SISTEMA AMBIENTAL 303
ESTIMATIVA DOS RISCOS 304
ESTIMATIVA DOS RISCOS ECOLÓGICOS 305
ESTIMATIVA DO RISCO À SAÚDE HUMANA 306
CLASSIFICAÇÃO DOS RISCOS 308
LINHAS DE EVIDÊNCIA 309
ANÁLISE DE INCERTEZA 311
GERENCIAMENTO DE RISCO 313
REFERÊNCIAS BIBLIOGRÁFICAS 316

Introdução

O termo Ecotoxicologia foi cunhado pelo professor e pesquisador francês René Truhaut, em 1969, reunindo a designação eco (do grego *oîkos*, elemento de composição com o significado de casa, domicílio, habitat, meio ambiente: ecologia) e a palavra *toxicologia* (ciência dos agentes tóxicos, dos venenos e da intoxicação). Naquela época já se demonstrava a crescente preocupação de cientistas e autoridades em estudar e compreender os efeitos deletérios promovidos pelas substâncias químicas, mormente as de origem antrópica, sobre os ecossistemas (seus bioconstituintes e suas inter-relações).

Na prática, usualmente, os termos *Ecotoxicologia* e *Toxicologia Ambiental* são utilizados indistintamente, até como sinônimos. Talvez fosse conveniente reservar a segunda expressão para a situação de exposição, e seus riscos, de populações humanas a agentes químicos lançados no meio ambiente, principalmente, em decorrência das atividades antropogênicas.

Quando se aborda a gestão do risco decorrente da introdução de substâncias químicas no ambiente, com igual freqüência realiza-se a análise tanto do ponto de vista da nocividade ecológica (avaliação de risco ecológico) quanto do dano à saúde ambiental, comumente referido como "avaliação de risco à saúde humana" (saúde pública).

Quanto à tomada de decisões para intervenções instantâneas ou para formulação de políticas públicas com vistas à proteção da saúde do ambiente, as ações de gestão ambiental (estratégias e diretrizes de procedimentos para proteger a integridade dos meios físico e biótico, bem como dos grupos sociais que deles dependem) requerem uma série de medidas, e muitas delas têm gênese e conteúdo nitidamente ecotoxicológicos.

Assim, entre tais medidas, pode-se exemplificar: a vigilância (toxicovigilância) e o controle de elementos essenciais à qualidade de vida em geral e à salubridade humana em especial; o controle e a fiscalização do uso dos recursos naturais e ambientais, bem como o processo de avaliação e licenciamento de operações com potencial poluidor químico; a normalização de atividades e a definição de parâmetros físicos, biológicos e químicos dos elementos naturais a serem monitorados; e os limites de sua exploração e/ou as condições de atendimento aos quesitos ambientais.

A presença de determinada substância no meio ambiente não é condição *si ne qua non* para a promoção e observação de efeitos nocivos (ecotóxicos) a ela associados. A expressão da toxicidade (e da ecotoxicidade) de uma substância química depende das características da exposição e de seu comportamento no meio ambiente e no sistema biológico. Além das propriedades físico-químicas da substância, deve-se considerar a magnitude, a duração e a freqüência da exposição, as vias de introdução e a suscetibilidade dos organismos, estando esta última diretamente interligada aos processos (eco)toxicocinéticos e (eco)toxicodinâmicos.

Este livro tem por objetivo subsidiar o entendimento da relação entre Ecologia e Toxicologia, inter-relação real e da qual resulta a disciplina Ecotoxicologia. Pretende, ainda, dar lugar a alguma discussão epistemológica quanto à inserção da Ecotoxicologia nas Ciências Ambientais. Para tal, emprega-se um enfoque clássico, por intermédio dos tópicos fundamentais da Toxicologia, a fim de propiciar, ao mesmo tempo, a normalização terminológica e dos conceitos da ciência Toxicologia e a devida reflexão quanto a sua introdução nas Ciências Ecológicas, compondo, dessa maneira, o escopo de uma Ecotoxicologia, natureza de conhecimento cada vez mais imprescindível à boa Gestão Ambiental.

A complexidade da Gestão Ambiental perpassa vários níveis de aprofundamento e várias categorias de conhecimento: do Direito à Sociologia; da Estatística à Antropologia; das Engenharias à Pedagogia; da Administração à Comunicação; da Química à Toxicologia; da Geologia à Biologia; da Ecologia à Economia (a interessante dupla eco-eco, moldadora de um supostamente possível *desenvolvimento sustentável*). Ressalte-se, com toda a propriedade, que, quando se fala em Gestão Ambiental, está se tratando da gestão de ativos ambientais: o que se tem, o que vem, o que é futuro e para o futuro. Gestão Ambiental, nesse sentido, não significa gestão da contaminação química, da poluição (para ficarmos no capítulo da Toxicologia), isto é, não se hipertrofia no vício da gestão de passivos ambientais, posto que estes não deveriam e não devem existir. Óbvio que não se é tolo a ponto de negar a existência de tais passivos e a constante necessidade de intervenções, mas o que se deseja é enfatizar a gestão dos ativos sob a ética ecológica profunda de geração de conforto ambiental com garantia e perpetuidade para todos.

Assim, a Ecotoxicologia prova-se essencial nessa cruzada, pois é a única ciência capaz de responder preditivamente à ecotoxicidade de novos compostos químicos. Responder sinalizando os potenciais ecotóxicos e sua capacidade de realização a partir da obtenção de curvas de dose–efeito e de dose–resposta, cuja aplicação transforma a Toxicologia numa espécie de Mágica dos Limites. Sua bênção libera ou proíbe o uso dos novos produtos químicos, menos assim deveria ser em uma sociedade inteligente. A Ecotoxicologia é uma ciência, com objeto próprio de estudo (o fenômeno da intoxicação ambiental em todas as suas nuances e conseqüências), com finalidade (impedir e prevenir determinada intoxicação ou saber como interrompê-la, revertê-la e remediá-la) e com método – é exatamente este o ponto em que se concentra este trabalho. Permita, caro leitor, convidá-lo a dela se aproximar não com o susto que geralmente caracteriza o contato entre o homem e a Ciência, mas com a alegria de haver encontrado uma amiga...

Os coordenadores

Capítulo 1

O ESTUDO DA TOXICOLOGIA

Alice A. da Matta Chasin e Maria de Fátima Menezes Pedrozo

HISTÓRICO

A Toxicologia surgiu com os primeiros seres humanos, antes mesmo dos registros históricos, quando o homem em sua busca de alimentos observou que vários vegetais eram nocivos ao organismo e por esta razão passavam a ser utilizados com esta finalidade. Os venenos extraídos de animais e plantas eram usados para caçar e guerrear, sendo fato que o homem pré-histórico categorizava plantas e animais como seguros e nocivos. Um dos documentos mais antigos, o Papiro de Ebers, data de 1500 a.C. e registra cerca de 800 princípios ativos (Gallo, 1996; Oga & Siqueira, 2003).

A primeira classificação de venenos em animais (venenos de víboras e de sapos), vegetais (ópio, acônito e digitálicos) e minerais (arsênio, chumbo, cobre e antimônio) deve-se a Dioscórides (40-90 d.C.). Mitridates (120-63 a.C.) provavelmente foi o primeiro a realizar experiências toxicológicas. O rei do Ponto, como era chamado no século II a.C., temendo ser envenenado, testava em seus escravos vários tipos de venenos na tentativa de encontrar seus antídotos. De seus experimentos resultou o termo *Mithridaticum*, uma mistura que continha basicamente gordura de víbora e enxofre e que era utilizada como tônico e poderoso antídoto. Nicandro (204-135 a.C.) descreve a ação de muitos venenos e o antidotismo em seus dois poemas intitulados *Theric e Alexipharmaca* (Oga & Siqueira, 2003).

Conforme a civilização progredia, a arte de envenenamento proposital também se desenvolvia. No início, observou-se habilidade de muitos povos em preparar misturas especiais de venenos para flecha, cujas fórmulas eram bem guardadas e passadas para os sucessores daquela tribo. Gradualmente, muitas toxinas animais, vegetais e minerais foram catalogadas por médicos gregos (a partir de 400 a.C.). Ainda que superficialmente, o uso de eméticos foi reconhecido nos envenenamentos. Poemas com referências a venenos e antídotos foram escritos. Com o desenvolvimento do conhecimento e da utilização dos venenos, as execuções políticas ocorriam com freqüência na Grécia Antiga. Também ocorriam suicídios em que o conhecimento toxicológico era evidente. Tudo isso aconteceu de forma semelhante na Roma Antiga (Paoliello & Capitani, 2000).

Em Roma, na Idade Média, a arte de envenenar progrediu de tal forma que alcançou o estatuto de profissão. Era grande o número de pessoas que, mediante pagamento de uma quantia, poderia encomendar o envenenamento de outra. O envenenamento, como arte e profissão, também chegou à França (Paoliello & Capitani, 2000).

Provavelmente foi por intermédio de Paracelsus que surgiu o primeiro esboço da construção de um campo específico de conhecimento que posteriormente se denominaria Toxicologia. Paracelsus foi um médico suíço que viveu entre 1493 e 1541 e que propôs um dos princípios básicos da Toxicologia quando observou que a toxicidade de qualquer substância estava relacionada à dose. Estabeleceu alguns princípios básicos de experimentação, além de definir a necessidade de isolar o princípio ativo em todo caso de intoxicação. Também distinguiu os efeitos agudos e crônicos da exposição a metais. O que Paracelsus estabeleceu foram algumas referências teóricas da Toxicologia como disciplina científica, havendo posteriormente convergência universal. Desse modo, constituiu um novo universo conceitual, rompendo com o senso comum e deixando de lado as "poções mágicas" populares na época. Tratava-se de uma ruptura dentro do conhecimento empírico. Entretanto, tudo isso ainda constituía um paradigma rudimentar, porque, apesar de haver um objeto e uma lei geral que regia seu comportamento, faltavam teorias de domínios conexos, como, por exemplo, a química, que pudessem estabelecer uma relação com esse paradigma. Khun introduziu o conceito de paradigma associando-o ao surgimento de uma disciplina científica. Também relacionou o conceito à formação de uma comunidade científica, na medida em que o paradigma está associado à responsabilidade do aparecimento dessa comunidade. Tudo isso ainda não havia ocorrido no momento em que Paracelsus atuava isoladamente. Desenvolveu estudos revolucionários para a época e tinha contra si grande parte da "comunidade científica". O postulado mais conhecido de Paracelsus ("Todas as substâncias são venenosas; a dose correta diferencia o veneno do remédio") permanece válido até hoje (Paoliello & Capitani, 2000).

Foi a partir do início do século XIX que se instituiu a fase paradigmática propriamente dita da Toxicologia, por intermédio dos princípios estabelecidos por Orfila (1787-1853), um médico espanhol que ensinava na Universidade de Paris. Nesse período, os aspectos legais da toxicologia eram fundamentais para a elucidação dos casos de envenenamento que ocorriam. Orfila é considerado o pai da Toxicologia. Foi o primeiro toxicologista a usar a análise sistemática como prova legal de envenenamento, ao provar a presença de arsênio em material proveniente de autópsia. Os princípios de Orfila continham toda a sistemática para identificação de agentes químicos em materiais de autópsia, por meio de provas de identificação como prova legal de envenenamento. Para isso, foram assimilados conhecimentos e técnicas dos campos da química e da biologia. Esses princípios continham todas as partes que constituíam um paradigma: um objeto definido, princípios teóricos para especificar as leis gerais que regem o comportamento do objeto, relação com as teorias de campos conexos (especialmente com a química analítica, a bioquímica e a fisiologia) e exemplos concretos da aplicação da teoria (Paoliello & Capitani, 2000). Orfila criticou e demonstrou a ineficiência de muitos antídotos que eram recomendados na terapia daquela época. Por seu feito, Orfila ficou famoso e vários estudantes se tornaram seus discípulos, o que significou grande desenvolvimento das análises toxicológicas. A obra descrita pelo médico espanhol, *Traité de toxicologie*, realça a importância da combinação da Toxicologia Forense, da Clínica e da Química Analítica (Gallo, 1996).

Outro indicador do período paradigmático foi sua consolidação como disciplina, institucionalmente, em 7 de janeiro de 1834, na Escola de Farmácia de Paris, quando foi fundada a primeira cátedra de Toxicologia, sendo o primeiro ensino superior dessa ciência no mundo. Quando o modelo de Orfila foi aceito e a disciplina instituída, a comunidade científica já existia. Se considerarmos que a aquisição de um paradigma é sinal de maturidade no desenvolvimento de qualquer campo científico e que também o é aquele que alcança o consenso de uma comunidade científica, pode-se afirmar que foi nesse momento histórico que a Toxicologia adquiriu sua cientificidade (Paoliello & Capitani, 2000).

Alguns acontecimentos podem ser citados como marcos importantes no desenvolvimento da história da Toxicologia: Magendie (1783-1855), médico e fisiologista experimental, estudou a absorção e introduziu a estriquinina, o iodeto, o brometo e o ópio na medicina; Claude Bernard (1813-1878) introduziu o conceito de toxicidade de substâncias em órgãos-alvo; e Ehrlich (1854-1915) dedicou-se ao estudo dos mecanismos de ação de agentes tóxicos e de fármacos (Oga & Siqueira, 2003).

A chegada do século XX caracteriza-se pelo grande avanço tecnológico no campo da síntese química. Milhares de novos compostos foram sintetizados para diversas finalidades. O contato do homem com esses agentes tem provocado inúmeros casos de intoxicação. Em 1937, centenas de pacientes tratados com sulfanilamida morreram (a intoxicação foi causada pelo solvente dietilenoglicol, utilizado na preparação do elixir). No final da década de 1950 várias crianças foram vítimas da utilização de talidomida por mulheres no período de gestação. Vários outros eventos relativos a episódios agudos de intoxicação em diversos grupos populacionais mostraram à civilização a importância do estudo da Toxicologia.

Após a II Guerra Mundial a produção do conhecimento toxicológico experimentou notável desenvolvimento, principalmente a partir da década de 1960, com ênfase na avaliação da segurança e do risco na utilização de substâncias químicas e também na aplicação de dados gerados em estudos toxicológicos como base para controle regulatório de substâncias químicas no alimento, no ambiente, nos locais de trabalho, etc. Foi a partir do século XX que a Toxicologia se revestiu do aspecto social que hoje a caracteriza (Oga & Siqueira, 2003).

Atualmente, a Toxicologia engloba uma multiplicidade de enfoques e integra uma série de conhecimentos que reforça seu caráter multidisciplinar e faz com que haja um aporte de capacitações e tecnologias que integram a construção de seu conhecimento (Figura 1.1).

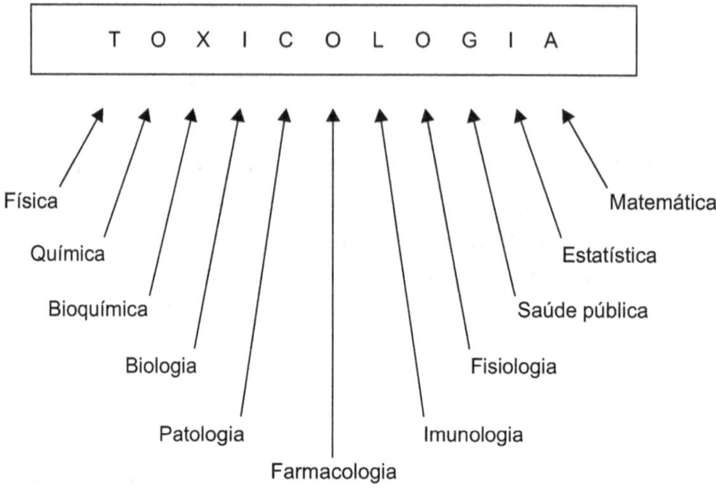

Figura 1.1   Natureza multidisciplinar da Toxicologia. *Fonte*: Loomis, 1996.

CONCEITOS

Toxicologia é a ciência que estuda os efeitos nocivos decorrentes das interações de substâncias químicas com o organismo. As características físico-químicas das substâncias e as biológicas do organismo determinam a natureza bioquímica do efeito nocivo (Moraes *et al.*, 1991). Alguns autores, entretanto, consideram que os efeitos tóxicos decorrentes da interação do organismo com os agentes físicos também fazem parte do escopo da Toxicologia.

Como ciência, tem por objeto de estudo a intoxicação sob todos os seus aspectos e, na condução desse estudo, tangencia uma gama de outras ciências, com as quais, em algum momento, se relaciona de forma transdisciplinar.

Três elementos – toxicante, toxicidade e intoxicação – constituem a tríade básica da Toxicologia, cuja finalidade primeira é promover condições seguras de convívio entre os agentes tóxicos e os organismos vivos, mormente o homem. Segurança significa a probabilidade de uma substância não produzir dano sob determinadas condições de exposição e, conseqüentemente, o conceito recíproco, risco, é a probabilidade de uma substância produzir dano sob determinadas condições de exposição. Quando o risco não está sob controle, pode surgir a intoxicação, que é um desequilíbrio fisiológico causado por substâncias químicas endógenas ou exógenas, exteriorizado por meio de sinais e sintomas (Moraes *et al.*, 1991).

Objetivo, divisão, importância, finalidades, áreas de desenvolvimento e aspectos da Toxicologia

O objetivo primeiro da toxicologia é gerenciar o risco, o que constitui condição indispensável para o estabelecimento de medidas de segurança na utilização dos compostos químicos e que, conseqüentemente, assegura a proteção do meio ambiente e da saúde humana.

O gerenciamento do risco pressupõe sua caracterização, o que é feito pelo conhecimento da toxicidade inerente à substância e pela expressão dessa toxicidade, determinada pelas condições de exposição e de avaliação mensurável das relações, as quais podem ser transformadas em índices que possibilitem a vigilância da exposição.

Em todas as situações há sempre um risco relacionado à exposição, o que confere um caráter abrangente à Toxicologia. Dessa forma, várias áreas do conhecimento, de algum modo, apresentam interface com a produção do conhecimeto toxicológico, que pode ser dividido didaticamente em cinco grandes áreas: Toxicologia Ambiental; de Alimentos; de Medicamentos e Cosméticos; Ocupacional; e Social.

Toxicologia Ambiental (Ecotoxicologia)

A Toxicologia Ambiental e a Ecotoxicologia são termos que os autores têm empregado para descrever o estudo científico dos efeitos adversos causados aos organismos vivos pelas substâncias químicas liberadas no ambiente. Há uma tendência em utilizar a expressão Toxicologia Ambiental somente para os estudos dos efeitos diretos das substâncias químicas ou xenobióticos ambientais sobre os seres humanos e o termo Ecotoxicologia apenas para os estudos dos efeitos desses compostos sobre os ecossistemas e seus componentes não humanos, entretanto, tal distinção é bastante artificial. Os seres humanos não estão isolados de seu ambiente natural; eles estão no topo de muitas cadeias alimentares e há poucos ecossistemas nos quais a espécie humana não está envolvida.

De maneira geral, utiliza-se o termo *Toxicologia Ambiental* para a área da Toxicologia em que se estudam os efeitos nocivos causados pela interação de agentes químicos contaminantes do ambiente – água, solo, ar – com organismos humanos, enquanto *Ecotoxicologia* é empregado para relacionar os efeitos tóxicos das substâncias químicas e dos agentes físicos sobre os organismos vivos, especialmente nas populações e nas comunidades de um ecossistema definido, incluindo os caminhos da transferência desses agentes e sua interação com o ambiente (Truhaut, 1977). Qualquer que seja a terminologia empregada, essa área do conhecimento toxicológico tem por preocupação o estudo das ações e dos efeitos nocivos de substâncias químicas, quase sempre de origem antropogênica, sobre os ecossistemas. Deve-se ressaltar que o surgimento de uma substância química ou a manifestação de um efeito tóxico pode ocorrer num ponto distante do local de introdução inicial do tóxico no ambiente.

TOXICOLOGIA DE ALIMENTOS

É a área da Toxicologia voltada ao estudo da toxicidade das substâncias veiculadas pelos alimentos. Basicamente, os toxicantes usados na agricultura (praguicidas) ou diretamente adicionados aos alimentos com o propósito de conservá-los ou de melhorar suas características (aditivos alimentares). Estuda as condições em que os alimentos podem ser ingeridos sem causar danos ao organismo, tanto no que tange a sua obtenção quanto a seu armazenamento. Estabelece índices de segurança a serem observados durante o consumo de alimentos de origem natural ou industrial.

TOXICOLOGIA DE MEDICAMENTOS E COSMÉTICOS

Nesta área se estudam os efeitos nocivos produzidos pela interação de medicamentos ou cosméticos com o organismo, decorrentes de uso inadequado ou de suscetibilidade individual. De forma geral, o termo aplica-se ao estudo das reações adversas dos medicamentos ou às interações medicamentosas com alimentos ou fármacos de abuso, potencialmente adversas.

TOXICOLOGIA OCUPACIONAL

É a área da Toxicologia que se ocupa do estudo de ações e efeitos danosos de substâncias químicas usadas no ambiente de trabalho sobre o organismo humano. Busca, principalmente, obter conhecimentos que permitam estabelecer critérios seguros de exposição por meio de índices de segurança a ser observados no ambiente laboral. Integra a Higiene Ocupacional, ciência devotada ao reconhecimento, à avaliação e ao controle dos riscos ocupacionais e do estresse, originados no local de trabalho, que podem causar doença, comprometimento da saúde e do bem-estar ou significativo desconforto entre os trabalhadores ou membros de uma comunidade (Della Rosa *et al.*, 2003).

TOXICOLOGIA SOCIAL

Embora a Toxicologia como um todo tenha um caráter social em sua natureza, deliberou-se atribuir essa terminologia à área que estuda os efeitos nocivos decorrentes do uso não médico de drogas ou fármacos, causando prejuízo ao próprio indivíduo e à sociedade. Nessa área se estudam as chamadas "drogas de abuso", que podem ser prescritas ou não e cujo uso, sempre voluntário, visa a modificar o estado de consciência ou a evitar o desconforto gerado pela retirada, ainda que por período curto, dessas substâncias. Esse enfoque da Toxicologia apresenta interface importante com a Antropologia.

Ainda que se enfoque a área, a abrangência imposta pelo caráter multidisciplinar e multiprofissional em cada uma delas orienta a abordagem em ramos que integram a ciência Toxicologia. Esta divisão, de acordo com os diferentes campos de trabalho, pode ser em Toxicologia Analítica, Toxicologia Clínica e Toxicologia Experimental.

- A Toxicologia Clínica ou Médica trata do atendimento do paciente exposto ao toxicante ou do intoxicado, a fim de prevenir e diagnosticar a intoxicação ou, se necessário, aplicar-lhe uma terapêutica específica.

- A Toxicologia Experimental desenvolve estudos para elucidar os mecanismos de ação dos agentes tóxicos sobre o sistema biológico e para avaliar os efeitos decorrentes dessa ação. Busca obter conhecimentos que embasem a avaliação da toxicidade que, como será abordado mais adiante, é feita utilizando diferentes espécies animais, seguindo rigorosas normas preconizadas pelos órgãos reguladores nacionais e internacionais. Esses testes produzem informações que são usadas para avaliar o risco que determinado xenobiótico representa para o organismo humano e para o meio ambiente.

- A Toxicologia Analítica trata da detecção do agente tóxico ou de algum parâmetro relacionado à exposição ao toxicante em fluidos orgânicos, alimentos, água, ar, solo, etc., com o objetivo de reconhecer, diagnosticar e prevenir a intoxicação. O domínio de química analítica e instrumental é de fundamental importância ao exercício dessa modalidade. A Toxicologia Analítica, também chamada por alguns autores de Toxicologia Química (Moraes *et al.*, 1991), é importante porque possibilita o estabelecimento da intoxicação nas diversas áreas com as mais variadas finalidades (aspectos).

Dependendo da finalidade específica para a qual o conhecimento toxicológico é gerado, pode-se abordar essa ciência sob vários aspectos. Assim, tem-se:

- Toxicologia Forense: setor da toxicologia que busca estabelecer relação de causa/efeito entre a presença de uma substância no organismo e as alterações detectadas no mesmo, normalmente com finalidade legal. Envolve, entre outros, aspectos da fármaco-dependência (vício) e da dopagem química nos esportes.

- Toxicologia Comportamental: durante os últimos anos, muitos estudos têm mostrado um dano da capacidade funcional do sistema nervoso durante a exposição a substâncias neurotóxicas. Esse efeito pode ser avaliado por meio de testes de performance comportamental, já que outros sinais evidentes de toxicidade não estão presentes. Como resultado desses estudos, um novo campo de pesquisa relacionado à Saúde Ocupacional rapidamente desenvolveu-se: a Toxicologia Comportamental (Gamberale, 1975).

- Fármaco-Toxicologia: pesquisa toxicológica destinada a obter conhecimentos sobre os possíveis efeitos tóxicos, por exemplo, mutagênicos, teratogênicos e carcinogênicos, de novos fármacos.

- Toxicologia de Emergência: aspecto peculiar da Toxicologia Clínica, quando o reconhecimento da intoxicação e a instalação do tratamento necessitam ser feitos o mais breve possível.

- Toxicologia Veterinária: estuda as ações e os efeitos nocivos de substâncias químicas sobre animais de interesse para o homem. Reveste-se de conotações econômicas muito importantes.

- Fitotoxicologia: estuda as ações e os efeitos nocivos de substâncias químicas sobre os vegetais. Também tem importantes implicações econômicas.

- Toxicologia Genética – estuda a interação de agentes químicos e físicos com o processo de hereditariedade. Um dos resultados práticos da pesquisa nesse campo tem sido o desenvolvimento de uma série de ensaios com microrganismos (procariótipos e eucariótipos) para as diversas espécies de danos genéticos causados por agentes químicos ambientais.

As análises toxicológicas (Toxicologia Analítica) desempenham importante papel quando se pretende estabelecer a finalidade de uma metodologia, fator imprescindível no estabelecimento de um aspecto (finalidade da análise). Assim, por exemplo, o desenvolvimento de metodologia específica é necessário na monitoração terapêutica que visa a efetuar correção de doses, se necessário, durante uma farmacoterapia e a assegurar a eficácia sem o risco de intoxicação. A monitorização biológica da exposição ocupacional às substâncias químicas também é uma aplicação das análises toxicológicas na detecção do toxicante, seus produtos de biotransformação ou qualquer alteração em parâmetros bioquímicos, em material biológico, com a finalidade de prevenir a intoxicação. Outra aplicação é no controle antidopagem em competições esportivas em que se investiga a presença de substâncias cujo uso é vedado pela legislação. No aspecto forense, as análises toxicológicas são usadas na identificação e na quantificação de agentes tóxicos para fins médico-legais, em material biológico ou em diversos outros materiais, como água, alimentos, medicamentos, drogas, etc., envolvidos em ocorrências policiais/legais. Outra aplicação das análises toxicológicas se refere ao controle de farmacodependência no ambiente ocupacional, ressaltando, principalmente, a vigilância de condutores de transporte coletivo. O diagnóstico laboratorial da intoxicação, seja aguda ou crônica, representa importante ferramenta para o médico no que se refere ao tratamento, bem como ao acompanhamento do paciente intoxicado ou, ainda, ao estabelecimento do risco.

O estudo dos agentes tóxicos (toxicantes)

Propriedades físico-químicas

A importância do conhecimento das propriedades físico-químicas das substâncias se expressa em dois aspectos importantes: entendimento das rotas de destino e transporte das substâncias entre os diversos meios, e inferência sobre os fenômenos toxicocinéticos e toxicodinâmicos nos organismos vivos.

a) Entendimento das rotas de destino e transporte das substâncias entre os diversos meios

As propriedades físico-químicas dos agentes químicos determinam seu transporte entre as diferentes fases do meio ambiente. Esse transporte está condicionado a processos físicos abióticos, como a movimentação das massas de ar e água ou a difusão, e a fatores bióticos. Por conveniência, o meio ambiente pode ser dividido em quatro compartimentos distintos, mas interligados: ar (atmosfera), água superficial (hidrosfera), superfície terrestre (principalmente solo ou litosfera) e organismos vivos (biosfera). Esses compartimentos e as respectivas vias de transferência estão esquematizados na Figura 1.2.

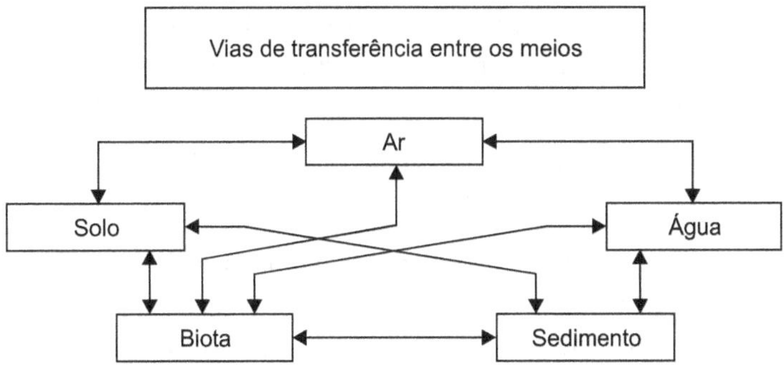

Figura 1.2 Vias de transferência entre os meios. *Fonte*: OPAS/USEPA, 1996.

A movimentação dos contaminantes na água e no ar e por meio da interface entre diferentes compartimentos é determinada por processos físicos relacionados às propriedades químicas dos compartimentos ambientais e dos contaminantes. Os principais fatores envolvidos são:

- **Polaridade e hidrossolubilidade:** em geral, quanto mais polar for a substância, maior será sua capacidade de ser distribuída através do ciclo hidrológico. São mais facilmente dessorvidas do solo e dificilmente se volatilizam das águas superficiais. Os sais inorgânicos, como, por exemplo, aqueles formados por metais alcalinos e alcalino-terrosos, rapidamente liberam seus íons, enquanto os sais metálicos (como os de chumbo, mercúrio e alumínio) tendem a formar ligações covalentes em vez de iônicas, apresentando, portanto, menor hidrossolubilidade. Quanto aos compostos orgânicos, aqueles que apresentam átomos polarizáveis, como o oxigênio e o nitrogênio, são mais polares. A Tabela 1.1 exemplifica a hidrossolubilidade, o coeficiente de partição e a pressão de vapor de alguns contaminantes.

- **Coeficiente de partição:** o coeficiente de partição octanol-água (Kow) é determinado pela razão entre a partição na fração lipídica (expressa pela solubilidade no octanol) e a partição na fração aquosa.

$$Kow = \frac{\text{concentração da substância no octanol}}{\text{concentração da substância na água}}$$

Reflete a concentração da substância nas duas fases, quando o equilíbrio é atingido, ou seja, líquidos não polares como o octanol, o hexano e o óleo combustível são imiscíveis com a água. Se um líquido não polar é misturado à água, duas fases serão formadas.

O coeficiente de partição será maior quanto menor for a polaridade da substância. Esse valor é utilizado para predizer a distribuição ambiental e a bioconcentração dos contaminantes.

- **Pressão de vapor:** reflete a tendência do líquido ou sólido em volatilizar e eleva-se com o aumento da temperatura (Tabela 1.1).

- **Partição entre diferentes compartimentos do meio ambiente:** a distribuição entre diferentes fases pode ser descrita por diferentes coeficientes de partição. A constante de Henry, por exemplo, relata a distribuição de uma substância volátil entre o ar e a água.

- **Estabilidade da molécula:** o tempo de residência de uma substância química no meio ambiente e, conseqüentemente, a distância que ela pode percorrer a partir do ponto de emissão dependem da estabilidade da molécula às transformações ambientais (Walker *et al.*, 2001).

Tabela 1.1 Propriedades físico-químicas de alguns contaminantes.

Substância	Solubilidade em água a 20°C-5°C (mg/L)	Log K_{OW}	Pressão de vapor (Torr)
Cloreto de sódio	$2,6 \times 10^5$		
Cloreto de cálcio hexahidratado	$4,3 \times 10^5$		
Cloreto de mercúrio	$6,9 \times 10^4$		$6,0 \times 10^{-3}$
Cloreto de chumbo	$6,4 \times 10^3$		
Malation	145	2,36	$1,0 \times 10^{-5}$
Carbaril	40		$5,0 \times 10^{-3}$
Cipermetrina	$< 0,2$		$3,9 \times 10^{-12}$
p, p' – DDT	$1,2 \times 10^{-3}$	6,96	$1,9 \times 10^{-7}$
Dieldrim	$< 0,2$		$1,8 \times 10^{-7}$
2,2'; 4,4'; 5,5'– HCB	$5,5 \times 10^{-3}$	6,57	$8,1 \times 10^{-7}$
2,3,7,8 – TCDD	$8,0 \times 10^{-6}$	6,53	$1,5 \times 10^{-9}$
Benzo(a)pireno	$4,0 \times 10^{-3}$	5,97	$5,5 \times 10^{-9}$
Cloreto de metilmercúrio			$8,5 \times 10^{-3}$

Fonte: Walker *et al.*, 2001.

No meio ambiente, as substâncias químicas podem ser degradadas por processos químicos, como hidrólise e fotoxidação, e bioquímicos. A estabilidade da substância está relacionada a sua própria estrutura e a fatores ambientais, como temperatura, nível de radiação solar, pH e concentração de matéria orgânica. Esses fatores determinam a velocidade de degradação da substância no ambiente. Algumas moléculas recalcitrantes, ou seja, particularmente resistentes à degradação química e bioquímica, apresentam meia-vida longa na biota, no solo, nos sedimentos e na água, causando maior impacto ao ecossistema. Outras, por sua vez, ao sofrer degradação, resultam em produtos com toxicidade maior que a do precusor.

TRANSPORTE NO MEIO AQUOSO

Os contaminantes presentes nas águas superficiais podem encontrar-se em solução ou em suspensão. O material em suspensão pode ser encontrado na forma de partículas ou de gotículas (como o óleo) e os contaminantes podem estar dissolvidos ou adsorvidos a essas gotículas ou partículas sólidas. Essas formas podem ser transportadas pela água por longas distâncias.

As distâncias percorridas pelos contaminantes dependem da estabilidade e estado físico do contaminante e do fluxo do corpo d'água. Compostos mais estáveis e em solução tendem a percorrer distâncias maiores, dependendo do fluxo do rio ou da corrente marítima. Tanto as partículas como as gotículas podem depositar-se no sedimento, dependendo de sua densidade. Por exemplo, na contaminação de um aqüífero com petróleo, o óleo mais leve atinge ou permanece na superfície e a fração mais pesada sedimenta.

Nos oceanos, as várias correntes superficiais favorecem o transporte dos contaminantes. A densidade da água do mar também é fator relevante que pode ser modificado pela diminuição da temperatura ou pelo aumento na concentração de sal. Quando a massa de água aumenta em densidade, o contaminante se move em direção ao fundo do oceano.

O destino das substâncias no meio aquoso depende também de suas propriedades físico-químicas, especialmente lipossolubilidade, pressão de vapor e estabilidade química. Compostos menos estáveis são facilmente hidrolisáveis, representando menor risco para o ecossistema aquático, a não ser que o produto de hidrólise apresente toxicidade maior que a do precursor.

A polaridade é importante na distribuição e na persistência dos contaminantes nesse meio. Substâncias hidrofílicas tendem a se dissolver no meio e a se distribuir ao longo da superfície da água. As lipofílicas associam-se ao material particulado, especialmente ao sedimento.

Nos sedimentos de rios, lagos e mares, os contaminantes orgânicos adsorvidos às partículas têm sua mobilidade e disponibilidade reduzidas. A natureza da substância, da força da ligação, da temperatura do meio, do pH e do teor de oxigênio determinam a disponibilidade química da substância. O teor de oxigênio na água determina a natureza e a velocidade das transformações químicas e bioquímicas; esses teores diferem nos sedimentos. No fundo dos oceanos as condições são anaeróbicas, enquanto nos cursos d'água de fluxo intenso os níveis de oxigênio são relativamente elevados (Walker, 2001; van Straalen, 1996).

TRANSPORTE NA ATMOSFERA

A translocação de poluentes presentes na atmosfera depende de seu estado físico e da movimentação das massas de ar. O tempo de residência na atmosfera é determinado por escalas temporais e espaciais de dispersão do contaminante, como ilustra a Tabela 1.2. Os processos de remoção dos contaminantes da atmosfera compreendem a deposição seca, a úmida ou aquela por intermédio de reações químicas.

Os gases solúveis e as partículas presentes na atmosfera podem ser incorporados às gotículas de chuva e podem atingir o solo ou as águas superficiais durante precipitações ou nevascas. Podem, ainda, atingir o meio aquoso e o solo por deposição seca em locais distantes da fonte de emissão. Essa movimentação dos contaminantes entre os diferentes compartimentos do meio ambiente deve ser considerada na construção de modelos preditivos da distribuição ambiental.

Tabela 1.2 Correspondência entre as escalas temporal e espacial.

Transporte horizontal		Tempo	Transporte vertical
Local	0-10 km 0-30 km	Minutos Horas	Camada intermediária
Mediano	> 1.000 km	Dia	
Continental	> 3.000 km	Muitos dias	Troposfera
Hemisférico		Mês	
Global		Ano	Estratosfera

Observação: a troposfera é a camada da atmosfera abaixo de 15 km de altitude e a estratosfera se localiza a uma distância compreendida, aproximadamente, entre 15 km e 50 km da superfície da Terra.
Fonte: Walker, 2001.

A velocidade de deposição seca depende, portanto, da partição do composto entre a fase de vapor e a particulada. Na fase sólida (aerossóis), o tamanho da partícula determina a taxa de deposição. Os compostos orgânicos com pressão de vapor superior a 10^{-4} Pa encontram-se preferencialmente na fase gasosa. Aqueles com baixa pressão de vapor tendem a se ligar a aerodispersóides.

A remoção úmida é muito eficiente para material particulado. Novamente, o tamanho da partícula determina a eficiência do processo de deposição úmida para aerossóis. Para compostos gasosos, a solubilidade é o fator determinante (Walker, 2001; van Straalen, 1996).

TRANSPORTE NO SOLO

O solo apresenta porosidade variada, e geralmente esses poros se encontram preenchidos por gases ou fluidos. Os contaminantes que chegam à litosfera se movimentam por difusão por intermédio desses fluidos ou da movimentação da água pelos espaços entre as partículas de solo. A velocidade de difusão dos contaminantes depende do peso molecular, da temperatura e do pH do solo, do gradiente de concentração do contaminante, bem como dos constituintes do solo (matéria orgânica, cátions e ânions), dentre outros fatores (Walker, 2001; van Straalen, 1996).

Se o contaminante apresenta elevada pressão de vapor e baixa afinidade com os constituintes do solo, sofre rápida volatilização. Se é uma substância hidrossolúvel, pode ser lixiviada facilmente, atingindo águas subterrâneas ou aqüíferos,[1] como ilustra a Figura 1.3.

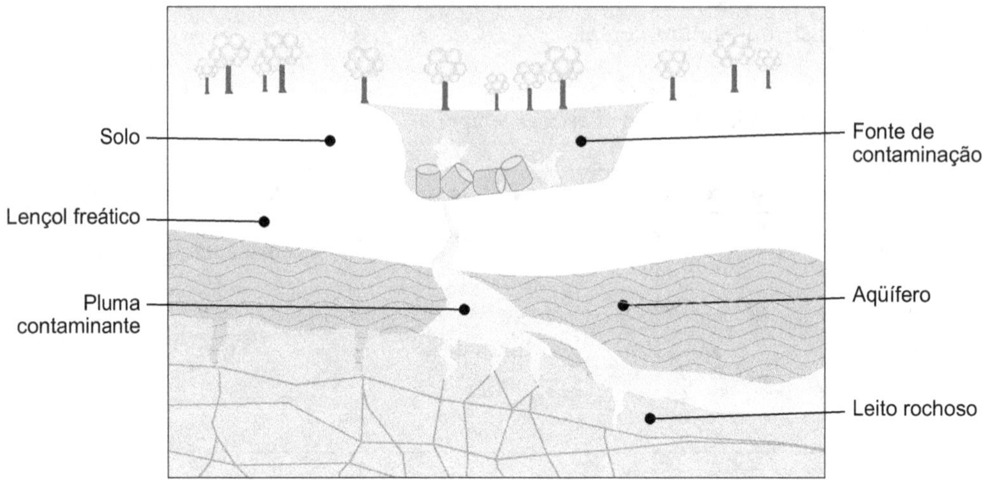

Figura 1.3 Lixiviação de contaminantes do solo. *Fonte*: USEPA, 1998.

Como mencionado anteriormente, uma substância lançada no meio ambiente sofre alterações durante seu transporte e distribuição entre suas várias fases. A degradação é uma das propriedades intrínsecas à substância mais importante na determinação do dano potencial ao meio ambiente. Substâncias não degradáveis persistirão no meio podendo, conseqüentemente, causar efeitos crônicos adversos à biota.

A velocidade de degradação está relacionada não só à substância e a sua estrutura molecular, mas também às condições do compartimento onde foi lançada, isto é, potencial redox, pH, presença de microrganismos, concentração de substratos e constituintes normais do referido compartimento (Walker, 2001; van Straalen, 1996).

---

1. Entende-se por água subterrânea aquela confinada a pequenos espaços entre rochas e solo. Os locais onde a água subterrânea se acumula em grande quantidade são chamados de aqüíferos. Os aqüíferos são camadas de solo ou rocha que podem armazenar ou suprir água para poços e fontes. A maior parte das águas subterrâneas se move lentamente, em geral cerca de 30 cm por dia. Eventualmente, os aqüíferos são repostos por fontes, rios, poços, águas de chuva, lagos, pântanos e oceanos como parte do ciclo hidrológico terrestre.

Segundo a OECD (2001), a degradação consiste na decomposição de moléculas orgânicas em moléculas menores e, eventualmente, em dióxido de carbono, água e sais. Para compostos inorgânicos e metais, o conceito utilizado tem significado limitado ou não se aplica. Essas substâncias, no entanto, podem se transformar por meio de processos que normalmente ocorrem no meio ambiente, os quais podem elevar ou diminuir a disponibilidade de espécies tóxicas. A degradação pode ser abiótica ou biótica.

DEGRADAÇÃO ABIÓTICA

A degradação abiótica compreende transformações químicas e fotoquímicas. Geralmente, as transformações abióticas resultam em novos compostos orgânicos. As transformações químicas mais relevantes são a hidrólise, a fotólise e as reações de oxi-redução. A hidrólise é a reação entre os nucleófilos H_2O e OH^- com a substância química, ocorrendo a troca de um grupamento ligado à substância pelo grupo OH^-. Muitas substâncias, especialmente os ácidos orgânicos, são suscetíveis à hidrólise (função do pH e da temperatura do meio).

A fotólise primária pode ser subdividida em direta e indireta. A direta consiste na absorção de luz pela substância química, resultando em sua transformação. A indireta, por sua vez, implica transferência de energia, elétrons ou átomos H para a substância química a partir de espécies excitadas, o que induz a transformação. Denomina-se fotólise secundária as reações que ocorrem entre a substância química e as espécies reativas de meia-vida curta como radicais hidroxilas, radicais peroxila ou oxigênio singlet – espécies formadas na presença de luz (Walker, 2001; van Straalen, 1996).

A adsorção/complexação com constituintes orgânicos também é considerada degradação abiótica. Nos sedimentos e no solo, metais e outras substâncias inorgânicas podem encontrar-se adsorvidos à superfície de óxidos ou à matéria orgânica, como os ácidos húmicos e fúlvicos. As substâncias húmicas do solo geralmente são derivadas da decomposição de plantas e animais e são constituídas por componentes da parede celular da planta, como lignina e polissacárides naturais, e de lipídeos e material protéico. Em pântanos, as substâncias húmicas podem ser derivadas de fontes autóctones (organismos aquáticos, como fitoplâncton) ou alóctones (plantas e solos do entorno). Por ação de microrganismos da biota dos pântanos, a composição da matéria orgânica pode ser marcadamente alterada, com reposição de muitos compostos lixiviados do solo.

Em geral, as substâncias húmicas de procedência variada apresentam composição química semelhante, mas estruturalmente diferente. Essas diferenças sugerem que esses materiais foram submetidos a graus variáveis de biodegradação e humificação nos diversos ambientes em que se encontram. São principalmente caracterizadas por compostos nitrogenados, produtos alifáticos, lignina, carboidratos e substâncias aromáticas. As substâncias húmicas presentes na água e no solo pantanoso apresentam elevada abundância de carboidrato e compostos derivados da lignina, enquanto essas substâncias procedentes da turfa contêm elevada porcentagem de biopolímeros alifáticos e as procedentes da hulha são constituídas predominantemente por compostos aromáticos. Essas diferenças se devem à seqüência cronológica durante o processo de humificação (Lu *et al.*, 2000).

DEGRADAÇÃO BIÓTICA

A degradação biótica ou biodegradação é o mecanismo de degradação mais importante para os compostos orgânicos na natureza, em termos de massa de material transformado e extensão de degradação. Ao contrário de outros processos, a biodegradação elimina os contaminantes sem dispersá-los nos meios. Os produtos finais dessa degradação são dióxido de carbono, água e biomassa microbiana.

A velocidade de biodegradação dos hidrocarbonetos, por exemplo, depende da composição química do produto liberado para o meio ambiente, associado a fatores ambientais específicos do local de contaminação. Esse processo pode ser aeróbico ou anaeróbico e dentre as variáveis ambientais que o afetam se encontram:

- **Temperatura:** todas as transformações biológicas são afetadas pela temperatura. Em geral, conforme a temperatura se eleva, a atividade biológica tende a aumentar até a temperatura em que ocorre desnaturação enzimática. A atividade microbiana é encontrada no ambiente em temperaturas que variam de menos de 0°C a 100°C. No entanto, a temperatura ótima para biodegradação varia de 10°C a 30°C; grosseiramente, pode-se afirmar que a velocidade de degradação dobra a cada 10°C de elevação na temperatura.

- **pH:** o pH ideal para a biodegradação é próximo do neutro (6 a 8). Para a maioria das espécies, o pH ótimo é ligeiramente alcalino, ou seja, maior que 7. Para as bactérias, em pH menor que 5 a atividade bacteriana encontra-se significativamente diminuída. Para os fungos, condições ligeiramente acídicas favorecem a atividade: pH ótimo entre 5 e 6.

- **Potencial redox:** na biodegradação aeróbica, a presença de oxigênio é fundamental, uma vez que as etapas iniciais do catabolismo envolvem a oxidação dos substratos por oxigenases. O teor de oxigênio e o potencial redox relacionado determinam a presença de diferentes tipos de microrganismos, aeróbios e anaeróbios. A decomposição anaeróbica de hidrocarbonetos ocorre muito lentamente em alguns casos, como para os constituintes do petróleo. Alguns compostos, como benzoato, hidrocarbonetos clorados, benzeno, tolueno, xileno, naftaleno e acenafteno, são degradados na ausência de oxigênio (Rosato, 1997).

Na maior parte do ambiente aquático e na parte superior dos sedimentos, as condições aeróbias prevalecem. Entretanto, em algumas partes do meio aquático a concentração de oxigênio pode ser muito baixa em alguns períodos do ano, em razão da eutrofização e do conseqüente decaimento na produção de matéria orgânica.

Os parâmetros convencionais de oxidação medidos são: demanda bioquímica de oxigênio (BOD), demanda química de oxigênio (COD), carbono orgânico total (TOC), demanda total de oxigênio (TOD) e demanda teórica de oxigênio (ThOD).

A BOD é um bioensaio que mede o oxigênio dissolvido e consumido pela microbiota durante a oxidação da matéria orgânica presente. Uma amostra de resíduo é incubada no escuro durante 5 dias, a 20°C, e a redução da concentração de O_2 dissolvido durante esse período resulta na BOD. Os valores de BOD apresentam, algumas vezes, grande variação. Isso se deve à capacidade de adaptação dos microrganismos.

Como a determinação do BOD leva 5 dias, outros métodos foram propostos. O COD é um método popular que consiste no consumo de oxigênio por uma solução fervente de dicromato de potássio (Walker, 2001; van Straalen, 1996).

- **Concentração do contaminante:** em geral, o crescimento dos microrganismos competentes não ocorre quando a concentração do substrato (contaminante) se encontra abaixo do valor-limite, em torno de 10 µg/L. Em concentrações abaixo desse valor, provavelmente não há estímulo suficiente para iniciar a resposta enzimática e o contaminante não é utilizado como substrato primário da microbiota. No ambiente aquático, a maioria dos contaminantes orgânicos está presente em concentrações baixas e será degradada como substratos secundários.

- **Concentração de microrganismos viáveis:** biodegradação no ambiente aquático e terrestre depende da presença de microrganismos competentes em número suficiente. A comunidade microbiana natural consiste numa biomassa diversa e, quando uma nova substância é introduzida em concentração suficientemente elevada, a biomassa deve se adaptar para degradar a substância. Freqüentemente, a adaptação da população microbiana é causada pelo crescimento de espécies específicas capazes de degradar a substância. Outros processos podem ocorrer durante a adaptação, como indução enzimática, troca de material genético e desenvolvimento de tolerância à toxicidade do contaminante em questão.

- **Tempo de adaptação:** adaptação consiste no intervalo decorrido entre a exposição e o início da efetiva degradação. É óbvio que esse intervalo depende da presença de espécies competentes, ou seja, da comunidade de microrganismos. Dessa forma, quanto maior a ubiqüidade do contaminante, maior a probabilidade de encontrar espécies competentes e menor o tempo de adaptação.

- **Quantidade e qualidade de nutrientes, vitaminas e traços de metais:** há ao menos 11 macro e micronutrientes essenciais que devem estar presentes no solo em quantidades, forma e relações adequadas para manter o crescimento microbiano. São eles: nitrogênio, fósforo, potássio, sódio, enxofre, cálcio, magnésio, ferro, manganês, zinco e cobre. O nitrogênio é o principal nutriente limitante, determinando a velocidade de decomposição dos hidrocarbonetos do petróleo. Não obstante, pequenas quantidades de fósforo fertilizante podem ser necessárias para estimular a biodegradação. No solo, o ajuste do balanço C/N/P pode ser facilmente efetuado pela adição de fertilizantes. Entretanto, no ambiente aquático, o ajuste desse balanço oferece maiores problemas, devendo ser efetuado de forma a não ser dissipado da interface óleo–água. Duas estratégias têm sido utilizadas: o encapsulamento do fertilizante em uma matriz que permita a flutuação e a liberação lenta ou o uso de componentes oleofílicos que permaneçam na interface. Entre os fertilizantes oleofílicos, podem ser empregados uréias parafinadas, octilfosfato, octoato férrico, fosfato duplo de amônia e magnésio parafinado, que podem estimular a biodegradação em ecossistemas aquáticos.

- **Teor de água:** o teor de água do solo contaminado afeta a biodegradação dos óleos em razão da dissolução dos componentes residuais, da ação dispersora da água e pelo fato de ser necessária para o metabolismo microbiano. Esse teor afeta também a locomoção microbiana, a difusão do soluto, o suprimento do substrato e a remoção dos produtos do metabolismo. A umidade excessiva limita o suprimento de oxigênio. A maioria dos estudos indica que os teores ótimos de umidade se encontram entre 50% e 70% da capacidade retentora de água.

Sumarizando, os mecanismos de destino e transporte ambiental (Figura 1.4) devem-se à volatilização, à erosão, aos depósitos seco e úmido, à lixiviação (transporte por água subterrânea), ao transporte por água superficial, à ressuspensão e ao depósito em sedimentos e à bioacumulação. Os principais processos de transformação são reações hidrólise/fotólise, oxidação/redução e biodegradação (bactérias).

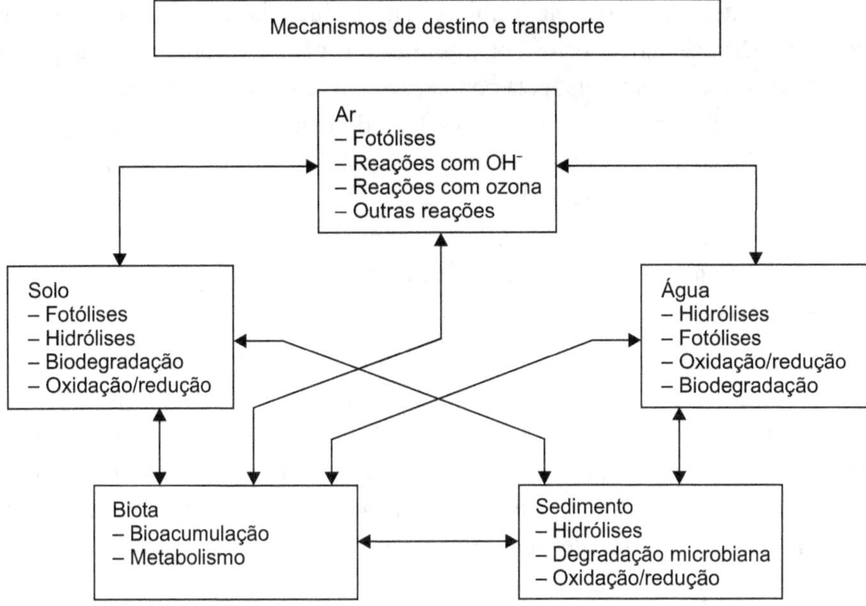

Figura 1.4   Mecanismos de destino e transporte. *Fonte*: OPAS/USEPA, 1996.

Esses parâmetros determinam a disponibilidade química[2] da substância (concentração disponível no ambiente para interagir com os sistemas biológicos) e devem ser considerados na avaliação do risco da exposição a determinado toxicante.

A disponibilidade química dos metais, por exemplo, depende de sua espécie e das características do meio, como pH, potencial de oxi-redução da água, presença de cátions competidores (Ca^{+2}, Fe^{+2} e Mg^{+2}, por exemplo) e concentração de ligantes orgânicos e inorgânicos aos quais o metal pode se complexar ou se adsorver. Quanto aos hidrocarbonetos

---

2. Segundo Rand & Petrocelli (1985), apud WHO (1998), entende-se disponibilidade química por biodisponibilidade (*bioavailability*): a quantidade da substância presente no meio ambiente (água, sedimento, solo e alimentos) que pode ser absorvida pelos organismos vivos. Entretanto, em Toxicologia, utiliza-se o termo "disponibilidade" para se referir à quantidade da substância em condições de ser absorvida por qualquer organismo, dependendo das características da exposição. Desse modo, neste tópico, o termo *bioavailability* está sendo traduzido por disponibilidade.

do petróleo, as interações no meio ambiente são influenciadas pela quantidade e pela natureza da matéria orgânica; pelos constituintes inorgânicos, com particular referência ao tamanho do poro e da estrutura; pela população de microrganismos; e pela concentração do poluente. A adsorção aos constituintes do solo, sedimento ou água favorece a persistência do componente nessa matriz. Quanto maior a disponibilidade, maior o potencial tóxico ou a bioacumulação da substância.

B) INFERÊNCIA SOBRE OS FENÔMENOS TOXICOCINÉTICOS E TOXICODINÂMICOS NOS ORGANISMOS VIVOS

Outro fenômenono a ser considerado é a bioacumulação ou bioconcentração, que pode ser conceituada como rede de absorção das substâncias pelos microrganismos, plantas ou animais a partir de seu entorno (água, sedimento, solo e dieta). A extensão da bioacumulação é determinada pela espécie específica do agente, assim, para o mesmo metal, dependendo da especiação, a concentração na cadeia alimentar será diferente ou, ainda, a lipossolubilidade do hidrocarboneto determinará as diferenças na absorção e na velocidade de excreção entre plantas e animais.

A concentração das substâncias na biota é determinada pelo equilíbrio entre absorção, biotransformação e excreção, o que, portanto, depende da substância e do organismo. Algumas substâncias tendem a se acumular bastante na biota, outras não; alguns organismos acumulam muitas substâncias, enquanto outros não.

Bioconcentração (BCF) é o fenômeno em que, no equilíbrio, a concentração da substância no organismo é maior que do compartimento de seu entorno (água, sedimento ou solo). O termo bioacumulação é utilizado para se referir à concentração da substância no organismo, considerando todas as vias e rotas de exposição (ar, água, sedimento, solo e alimento). Finalmente, a biomagnificação é definida como acúmulo e transferência das substâncias via cadeia alimentar, resultando em cargas corpóreas maiores, quanto mais elevado for o nível trófico do organismo (OECD, 2001).

O BCF é determinado experimentalmente e, em geral, para ocorrer bioconcentração, a substância precisa ser lipossolúvel, estar presente no meio e ser absorvida. Propriedades que alteram a disponibilidade da substância no meio alterarão a bioconcentração da substância. Por exemplo, substâncias rapidamente biodegradáveis permanecem por curto período no meio aquático ou no solo. Igualmente, os processos de volatilização, adsorção e hidrólise reduzirão o tempo de contato entre a substância e o organismo. Usualmente, afirma-se que substâncias com Log Kow ≥ 4 e BCFs ≥ 500 apresentam potencial para se bioconcentrar.

Para substâncias químicas altamente lipossolúveis, isto é, com Log Kow > 6, os valores experimentais de BCF tendem a decrescer com o aumento do Log Kow. As explicações conceituais dessa não linearidade se referem principalmente à redução na permeabilidade da membrana ou na lipossolubilidade para moléculas grandes (OECD, 2001)

Fatores externos e internos interferem no potencial de bioconcentração de substâncias orgânicas. Podem estar relacionados à absorção ou à velocidade de excreção.

Dentre os fatores que interferem na absorção, tem-se:

- **Tamanho do organismo**: absorção das substâncias, por exemplo em peixes, é controlada pela fluxo de água através das guelras, pela difusão através do epitélio, pelo fluxo de sangue e pela capacidade de ligação com constituintes do mesmo. Como peixes grandes apresentam a superfície das guelras relativamente menor em relação a seu peso, a velocidade de absorção é menor quando comparada aos peixes pequenos.

- **Tamanho da molécula**: quanto maior a molécula, menor seu coeficiente de difusão e, portanto, menor a absorção. Substâncias ionizadas também não são absorvidas prontamente; o pH do meio influencia na absorção.

- **Disponibilidade**: adsorção de partículas orgânicas, complexação com cátions e ânions presentes no meio e diminuição da solubilidade em determinada faixa de pH reduzem a disponibilidade da substância e sua absorção pelo organismo.

- **Fatores ambientais**: parâmetros ambientais podem interferir na fisiologia do organismo e afetar a absorção. Por exemplo, quando a concentração de oxigênio na água fica diminuída, o peixe deve filtrar mais água pelas guelras para atingir a demanda respiratória. Dessa forma, se uma maior quantidade de água contaminada passa pelas guelras, maior a oferta e a absorção do contaminante (Walker, 2001; van Straalen, 1996).

Dentre os fatores que afetam a velocidade de excreção, tem-se:

- **Tamanho do organismo**: em razão da maior superfície das guelras em relação ao peso nos organismos menores (como larvas), o estado de equilíbrio é atingido mais rapidamente do que nas fases juvenil e adulta. O tempo necessário para atingir o equilíbrio está relacionado ao tamanho do organismo; este fator deve ser considerado na determinação do BCF.

- **Teor lipídico**: organismos com elevado teor lipídico tendem a acumular mais substâncias lipossolúveis.

- **Metabolismo**: em geral, o metabolismo ou a biotransformação do contaminante determina a formação de produtos mais hidrossolúveis que podem, então, ser facilmente excretados. A biotransformação também pode alterar a toxicidade do composto. O produto de biotransformação formado pode apresentar toxicidade maior que o precursor, como é o caso do benzo(a)pireno.

Os organismos terrestres apresentam sistema de biotransformação, geralmente, mais desenvolvido que o dos aquáticos. Essa diferença se deve à menor necessidade de biotransformação nesses organismos, pela presença das guelras que permitem a excreção da substância para a água. A capacidade de biotransformação de xenobióticos em organismos aquáticos cresce no seguinte sentido: molusco < crustáceo < peixe (Walker, 2001; van Straalen, 1996; OECD, 2001).

Todos os fatores anteriormente abordados guardam estreita relação com a estrutura química do agente tóxico e integram complexos estudos dos chamados ciclos geoquímicos dos potenciais toxicantes estudados na ecotoxicologia e que serão abordados mais adiante, no Capítulo 7.

Cabe salientar que a presença de determinado toxicante no meio ambiente não é condição *si ne qua non* para promoção e observação do efeito nocivo. A expressão da toxicidade de uma substância química depende das características de sua exposição e de seu comportamento no organismo, relacionado aos mecanismos de transporte (toxicocinética) e de interação com sítios ou órgãos-alvo (toxicodinâmica).

Além das propriedades físico-químicas do agente, deve-se considerar magnitude, duração e freqüência da exposição, via de introdução e suscetibilidade dos sistemas biológicos intra e interespécies, este último diretamente interligado aos processos toxicocinéticos e dinâmicos, cujos fundamentos serão abordados mais adiante. Os fenômenos relacionados à toxicocinética no organismo humano serão abordados no Capítulo 2.

CÓDIGOS DE IDENTIFICAÇÃO DOS AGENTES TÓXICOS

Na caracterização do agente químico potencialmente tóxico há vários códigos internacionais que o catalogam de acordo com suas especificações físico-químicas e periculosidade. Dessa forma, além do nome químico, da estrutura molecular e da massa molecular, têm-se os chamados identificadores, determinados por várias agências e organizações. Os principais identificadores estão listados na Tabela 1.3.

Tabela 1.3 Alguns identificadores de substâncias químicas e agências responsáveis pela elaboração das listas e dos respectivos localizadores.

Identificador (Nº)	Agência/ Instituição	Atribuições	Localizador
CAS	Chemical Abstract Service	Organizado pelo Serviço de Resumos Químicos (*Chemical Abstracts Service*). Atribui um número que corresponde à identificação química da substância.	*http://www.cas.org/*
DOT	U.S. Department of Transportation	Identifica uma substância química particular pelo Serviço de Resumos Químicos (*Chemical Abstracts Service*). Atribui um número que corresponde à identificação química da substância.	*http://www.dot.gov/*
EC	European Community	Número designado pela Comunidade Européia para rotulagem de substâncias químicas.	*http://europa.eu.int/*
EINECS/ELINCS	European Inventory of Existing Chemical Substances	Atribui códigos numéricos que devem preceder o nome comercial e o nome genérico da substância, constando nas placas de identificação em negrito.	*http://ecb.jrc.it/*
EPA	U.S. Environmental Protection Agency	Órgão governamental responsável pela administração de leis para controle e/ou redução da poluição do ar e dos sistemas aquáticos e terrestres. Atribui código numérico aos insumos químicos.	*http://www.epa.gov/*
HSDB	Hazardous Substances Data Bank	HSDB é um banco de dados toxicológicos, cujo foco é o potencial de toxicidade das substâncias químicas. Provê informações sobre exposição humana, higiene industrial, procedimentos de emergência (*emergency handling procedures*), dados regulatórios e outros relacionados.	*http://www.nlm.nih.gov/ pubs/factsheets/hsdbfs.html*
IATA	International Air Transport Association	Associação internacional que atribui códigos numéricos para transportes aéreos.	*http://www.iata.org/ index.htm*
IMO	International Maritime Organization	Associação internacional que atribui códigos numéricos para transportes marítimos. Trata da segurança e da prevenção da poluição de embarcações marítimas.	*http://www.imo.org/index.htn*
ONU (UN/NA)	United Nations	Número definido pela Organização das Nações Unidas para identificar substâncias químicas quando transportadas.	*http://www.un.org/ depts/dhl/*
RTECS	Registry of Toxic Effects of Chemical Substances	Constituído por um banco de dados extraído de publicações científicas. Consta de ao menos seis tipos de dados de toxicidade: 1. irritação; 2. efeitos mutagênicos; 3. efeitos na reprodução; 4. efeitos carcinogênicos; 5. toxicidade aguda; e 6. outros dados de toxicidade.	*http://www.cdc.gov/niosh/ rtecs.html*

AS FASES DA INTOXICAÇÃO

Didaticamente, os processos envolvidos na intoxicação humana podem se desdobrar em quatro fases (Moraes *et al.*, 1991), expressas na Figura 1.5.

a) **Fase de exposição**: fase de contato das superfícies externas ou internas do organismo com o toxicante (depende da via de introdução, da freqüência e da duração da exposição, da dose ou da concentração do xenobiótico, das propriedades físico-químicas do agente e de fatores relacionados à suscetibilidade individual). Nessa fase, a disponibilidade química (concentração do agente em condições de ser introduzido no organismo) é de suma importância.

b) **Fase de toxicocinética**: inclui processos envolvidos desde a disponibilidade química até a concentração do toxicante nos órgãos-alvo (absorção, distribuição, armazenamento, biotransformação e eliminação das substâncias inalteradas e/ou metabólitos).

c) **Fase de toxicodinâmica**: compreende os mecanismos de interação entre o toxicante e os sítios de ação do organismo, assim como o aparecimento dos efeitos nocivos decorrentes da ação tóxica.

d) **Fase clínica**: há evidências de sinais e sintomas ou alterações detectáveis por provas diagnósticas que caracterizam os efeitos deletérios causados ao organismo.

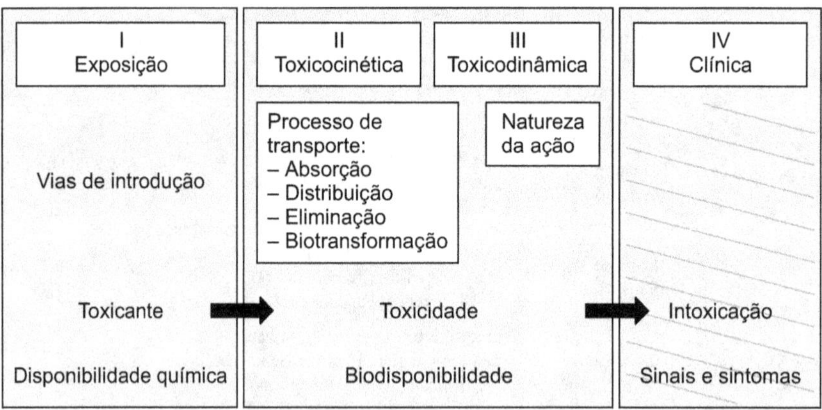

Figura 1.5   Fases da intoxicação. *Fonte*: Moraes *et al.*, 1991.

O detalhamento de cada uma das fases da intoxicação e a importância de cada uma delas na caracterização do risco atribuído à exposição aos toxicantes serão abordados nos capítulos seguintes.

Referências bibliográficas

DELLA ROSA, H.V.; SIQUEIRA, M. E. P. B., COLACIOPPO, S. Toxicologia ocupacional. In: OGA, S. *Fundamentos de Toxicologia*. 2. ed. São Paulo: Atheneu, 2003. p. 145-162.

GALLO, M. A. History and scope of Toxicology. In: KLAASSEN, C. D.; AMDUR, M. O.; DOULL, J. *Casarett and Doull's Toxicology:* the basic science of poisons. 5. ed. New York: McGraw-Hill, 1996, p. 3-11.

GAMBERALE, F. Behavioral toxicology: a new field of job health research. *Ambio*, v. 4, n.1, p. 43-46, 1975.

LOOMIS, T. A.; HAYES, A. W. *Loomis essentials of Toxicology*. 4. ed. London: Academic Press, 1996, p. 17-30 and 208-245.

LU, X. Q.; HANNA, J. V.; JOHNSON, W. D. Source indicators of humic substances: an elemental composition, solid state ^{13}C CP/MAS NMR and Py-GC/MS study. *Appl. Geochem.*, v. 15, p. 1019-1033, 2000.

MORAES, E. C. F.; SZNELWAR, R. B.; FERNÌCOLA, N. A. G. G. *Manual de Toxicologia Analítica*. São Paulo: Roca, 1991. 229 p.

OECD – ORGANIZATION FOR ECONOMIC CO-OPERATION AND DEVELOPMENT. *Harmonised integrated classification system for human health and environmental hazards of chemical substances and mixtures*. Paris, 2001.

OGA, S.; SIQUEIRA, M. E. P. B. Introdução à Toxicologia. In: OGA, S. *Fundamentos de Toxicologia*. 2. ed. São Paulo: Atheneu, 2003. p. 1-8.

OPAS/USEPA – ORGANIZACIÓN PANAMERICANA DE LA SALUD Y AGENCIA DE PROTECCIÓN AMBIENTAL DE LOS ESTADOS UNIDOS DE AMÉRICA. *Taller nacional de introducción a la evaluación y manejo de riesgos*. Brasília: OPAS/EPA, mai. 1996.

PAOLIELLO, M. M. B.; CAPITANI, E. M. de. Saber y Ciencia: los desafios de la Toxicología. *Rev. Toxicol.*, v. 17, p. 55-60, 2000.

ROSATO, Y. B. Biodegradação do petróleo, 1997. In: MELO, I. S.; AZEVEDO, J. L. *Microbiologia ambiental*. 1. ed. São Paulo: Hamburg Gráfica, 1997. 438 p.

TRUHAUT, R., 1977. In: BUTLER, G. C. Introduction. Principles of toxicology. Scientific Committee the Problems of the Environmentat (SCOPE) of the International Council of Scientific Unions. *SCOPE Report* 12. John Wiley & Sons, 1978. 350 p.

VAN STRAALEN, N. M. Ecotoxicology. In: NIESINK, R. J.; VRIES, J.; HOLLINGER, M. A. *Toxicology*. New York: Boca Raton, 1996.

WALKER, C. H.; HOPKIN, S. P.; SIBLY, R. M.; PEAKALL, D. B. *Principles of ecotoxicology*. 2. ed. London: Taylor & Francis, 2001.

WORLD HEALTH ORGANIZATION. *Copper*. Geneva: WHO, 1998. (Environmental Health Criteria 200).

Capítulo 2

TOXICOCINÉTICA

Fausto Antonio de Azevedo e Irene Videira de Lima

INTRODUÇÃO

A *Toxicocinética* é o ramo da Toxicologia que busca conhecer o comportamento, no sentido de destino, do tóxico após seu contato com o organismo, ou seja, conhecer os processos de sua absorção, distribuição e acumulação em tecidos afins, de biotransformação e de eliminação. Tal conhecimento é, em parte, proporcionado por modelos e cálculos matemáticos que possibilitam prever com boa probabilidade de acerto o quanto do tóxico estará no sítio de ação em diferentes tempos após sua absorção. Vale ressaltar que a intensidade do efeito toxicológico de substâncias depende da quantidade de sua forma ativa que atinge o sítio de ação.

A *Toxicodinâmica* é a área da Toxicologia que se ocupa do estudo dos mecanismos de ação dos tóxicos, inclusive no plano molecular, e de seus efeitos bioquímicos e fisiológicos. A Figura 2.1 mostra o inter-relacionamento dos diferentes fenômenos anteriormente mencionados.

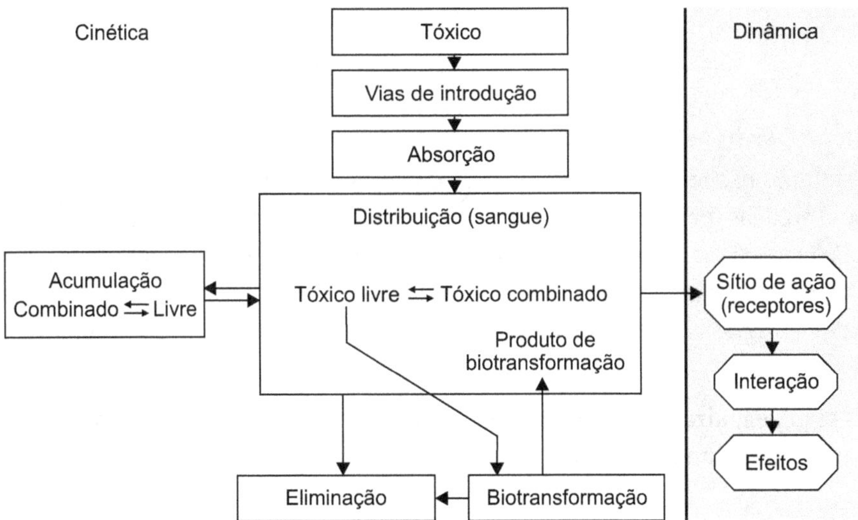

Figura 2.1 Comportamento cinético do agente tóxico no organismo.

TRANSPORTE ATRAVÉS DE MEMBRANAS

O fenômeno da absorção significa a passagem do tóxico do meio exterior para o interior do organismo, ou seja, sua presença no sangue. Para isso ocorrer, bem como para o tóxico deixar a circulação, penetrar em tecidos e vice-versa, barreiras biológicas, representadas por membranas celulares, precisam ser vencidas. A passagem através de membranas depende de fatores relacionados à substância e das características da membrana a ser transposta.

FATORES RELACIONADOS À SUBSTÂNCIA

A) HIDROSSOLUBILIDADE E LIPOSSOLUBILIDADE

A hidrossolubilidade é conferida à molécula por grupos que permitem a formação de pontes de hidrogênio com a molécula de água quando em solução: grupamento hidroxila $-OH$; carboxila $-COOH$; amino $-NH_2$; sulfidrila $-SH$; carbonila $-C=O$, etc. A lipossolubilidade é conferida à molécula por grupamentos alquílicos, fenílicos, naftílicos, etc.

B) COEFICIENTE DE PARTIÇÃO ÓLEO–ÁGUA

O coeficiente de partição é dado pela relação lipossolubilidade/hidrossolubidade. Quanto maior, mais fácil o transporte da substância através da membrana. Para calculá-lo, basta determinar a fração de uma quantidade da substância que se dissolve em solvente orgânico por aquela que o faz em água, quando agitada com volumes iguais nos dois meios:

$$\text{Coeficiente de partição óleo/água} = \frac{\text{quantidade dissolvida no óleo}}{\text{quantidade dissolvida na água}}$$

C) GRAU DE IONIZAÇÃO

Muitos tóxicos (e agentes tóxicos) são ácidos ou bases fracas e podem estar presentes em soluções sob duas formas: ionizada e não ionizada. A porção não ionizada é, geralmente, lipossolúvel e pode se difundir prontamente através da membrana celular. A fração ionizada é, muitas vezes, incapaz de penetrar a membrana lipóide por ser pouco lipossolúvel, ou incapaz de atravessar os poros da membrana (no caso dos íons formados serem maiores que os poros).

O grau de ionização ou dissociação de um eletrólito fraco depende do seu pKa e do pH do meio. Para um ácido fraco, a dissociação ocorre conforme a equação:

$$R - COOH \rightleftharpoons R - COO^- + H^+$$

De acordo com Henderson-Hasselbach, pode-se escrever:

$$pKa = pH + \log \frac{(R - COOH)}{(R - COO^-)}$$

R – COOH: forma molecular (lipossolúvel);

R – COO⁻: forma ionizada (hidrossolúvel).

Por isso, a absorção do ácido acetilsalicílico será facilitada no plano estomacal, o que é mostrado pela aplicação da equação:

pKa   ácido acetilsalicílico   = 3,4

pH   suco gástrico   = 1,4

pH   plasma   = 7,4

No suco gástrico acontecerá:

$$10^{pKa - pH} = \frac{(forma\ molecular)}{(forma\ ionizada)}$$

$$10^{3,4 - 1,4} = \frac{(forma\ molecular)}{(forma\ ionizada)}$$

$$10^2 = \frac{(forma\ molecular)}{(forma\ ionizada)}$$

ou seja, uma relação de 100 moléculas não ionizadas para cada uma que se dissocia. Portanto, prevalece a forma molecular, lipossolúvel, capaz de vencer a membrana celular.

Uma vez no plasma, o ácido acetilsalicílico se ionizará:

$$10^{3,4 - 7,4} = \frac{(forma\ molecular)}{(forma\ ionizada)}$$

$$10^{-4} = \frac{(forma\ molecular)}{(forma\ ionizada)}$$

A relação é de uma molécula na forma não ionizada para cada 10 mil que se dissociam. Portanto, prevalece a forma ionizada, não lipossolúvel, incapaz de atravessar a membrana celular. A difusão no sentido sangue–conteúdo estomacal praticamente não ocorre, resultando na absorção do ácido.

No caso de uma base fraca, a dissociação é representada pela equação:

$$R - NH_3 \rightleftharpoons R - NH_2 + H^+$$

De acordo com Henderson-Hasselbach, pode-se escrever:

$$pKa = pH + \log \frac{(forma\ ionizada)}{(forma\ molecular)}$$

Por isso, a absorção da papaverina será, principalmente, no intestino:

pka   papaverina   = 6,4

pH   suco gástrico   = 1,4

pH   intestino   = 7,4

pH   plasma   = 7,4

No estômago, prevalecerá a forma ionizada, não lipossolúvel e que não vence a membrana celular:

$$10^{6,4-1,4} = \frac{(forma\ ionizada)}{(forma\ molecular)}$$

$$10^5 = \frac{(forma\ ionizada)}{(forma\ molecular)}$$

No intestino, a papaverina se encontrará mais sob a forma não ionizada e será absorvida:

$$10^{6,4-7,4} = \frac{(forma\ ionizada)}{(forma\ molecular)}$$

$$10^{-1} = \frac{(forma\ ionizada)}{(forma\ molecular)}$$

d) Tamanho e carga da partícula (molécula, íon) a ser absorvida

Embora ainda não comprovado, admite-se a existência de poros na membrana celular. Eles permitiriam a passagem de partículas hidrossolúveis de até 8 Å. Aquelas com diâmetro superior não sofreriam tal filtração. Certos cátions teriam dificultada sua passagem, uma vez que os poros apresentariam cargas positivas em razão das proteínas e do cálcio lá presentes. Os ânions se filtrariam com maior facilidade.

Características da membrana

Desde há muito os pesquisadores têm se encantado com a sutileza e a eficiência das membranas celulares e vêm procurando entender sua estrutura e funcionamento. Assim, em 1895, Overton desenvolveu a teoria do caráter lipídico da membrana celular. Em 1925, Gortner e Grandel formularam a "hipótese da unidade da membrana", explicando a combinação das estruturas de lipídios e proteínas. Em 1952, Davson e Daniell propuseram o modelo globular ou de subunidade, o qual explica a existência dos "poros". Eles também estabeleceram que sobre a superfície da camada protéica estão localizados os polissacarídeos. Em 1972, Singer e Nicolsan postularam o modelo do "mosaico fluido", dando atenção especial à localização das moléculas de proteínas. De acordo com sua hipótese, as proteínas (polipeptídeos) podem ser divididas em dois grupos:

- proteínas extrínsecas (periféricas), que estão imprecisamente ligadas à superfície da membrana e são facilmente extraídas;

- proteínas intrínsecas (integrais), mais de 70% do total de proteínas, estão incorporadas na estrutura lipídica.

A maior parte das membranas tem proteínas intrínsecas e extrínsecas (Figura 2.2).

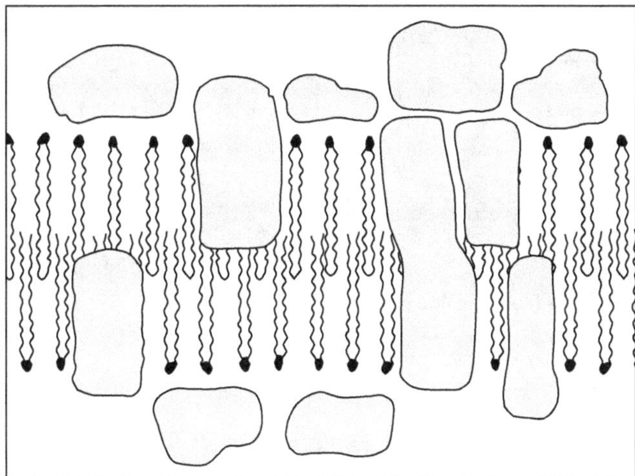

Figura 2.2 Localização das proteínas na membrana. *Fonte*: Djuric, 1979.

A membrana citoplasmática e as membranas das organelas internas são basicamente iguais em composição, estrutura e função. Elas contêm cerca de 40% de lipídios e 60% de proteínas, com consideráveis variações: membrana mitocondrial – 20% a 25% de lipídios;

e membrana da bainha de mielina – 75% de lipídios (Djuric, 1979). Os lipídios contêm cerca de 65% de fosfolipídios, 25% de colesterol e 10% de outros lipídios (Guyton, 1973).

As moléculas de lipídios e de proteínas representam o material básico das membranas. A molécula de lipídio apresenta duas partes (estrutura anfipática):

- cabeça polar, hidrofílica (solúvel na água), constituída de glicerol ou amino-álcool ligados a ácido fosfórico;

- cauda não-polar hidrofóbicas (insolúvel em água), consistindo em cadeias alifáticas de ácidos graxos.

A membrana celular contém glicolipídios, lipídios neutros não carregados e fosfolipídios (Figura 2.3). Nas membranas internas os lipídios são quase exclusivamente fosfolipídios.

As proteínas são feitas de longas cadeias de aminoácidos: polipeptídeos. Algumas proteínas estão associadas a carboidratos: glicoproteínas.

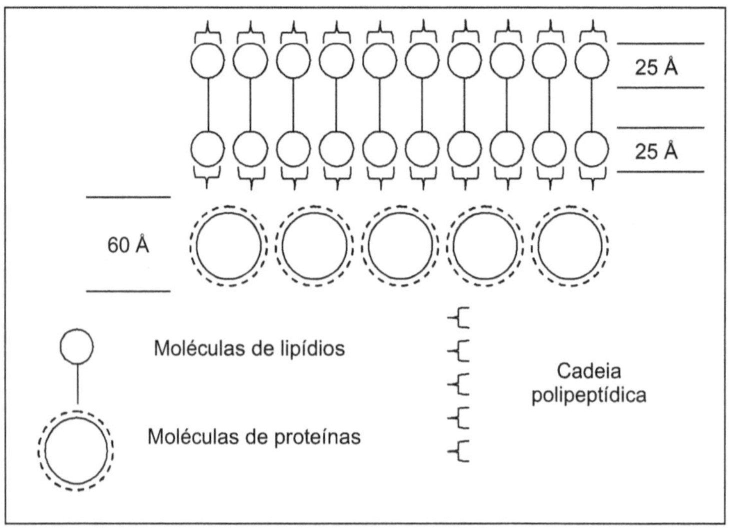

Figura 2.3   Estrutura geral da membrana. *Fonte*: Djuric, 1979.

Os lipídios são responsáveis pela integridade estrutural da membrana (Lodish & Rothman, 1979). Cada molécula de lipídio apresenta uma parte hidrofílica que se combina eletroquimicamente com a camada protéica externa. Os lipídios estão arranjados de tal maneira que formam uma bicamada (duas camadas de moléculas costa a costa), sendo que as cabeças hidrofílicas formam as superfícies da membrana. As caudas hidrofóbicas ficam para o interior. A bicamada lipídica tem cerca de 20 a 50 Å de espessura. No interior da bicamada de lipídios há água de cristalização contendo vários íons, principalmente cálcio e magnésio. Parece que os íons cálcio podem aumentar a proximidade das moléculas adjacentes, influenciando a permeabilidade da membrana (solidificação) (Djuric, 1979).

O colesterol é encontrado quase exclusivamente no lado externo da membrana e sua região hidrofílica é o grupo hidroxila (Figura 2.4). Nos fosfolipídios, tal região inclui uma carga negativa do grupo fosfato (PO_4) e, em muitos deles, pode ocorrer uma carga positiva de compensação, tal como um grupo NH_3 (Figura 2.4).

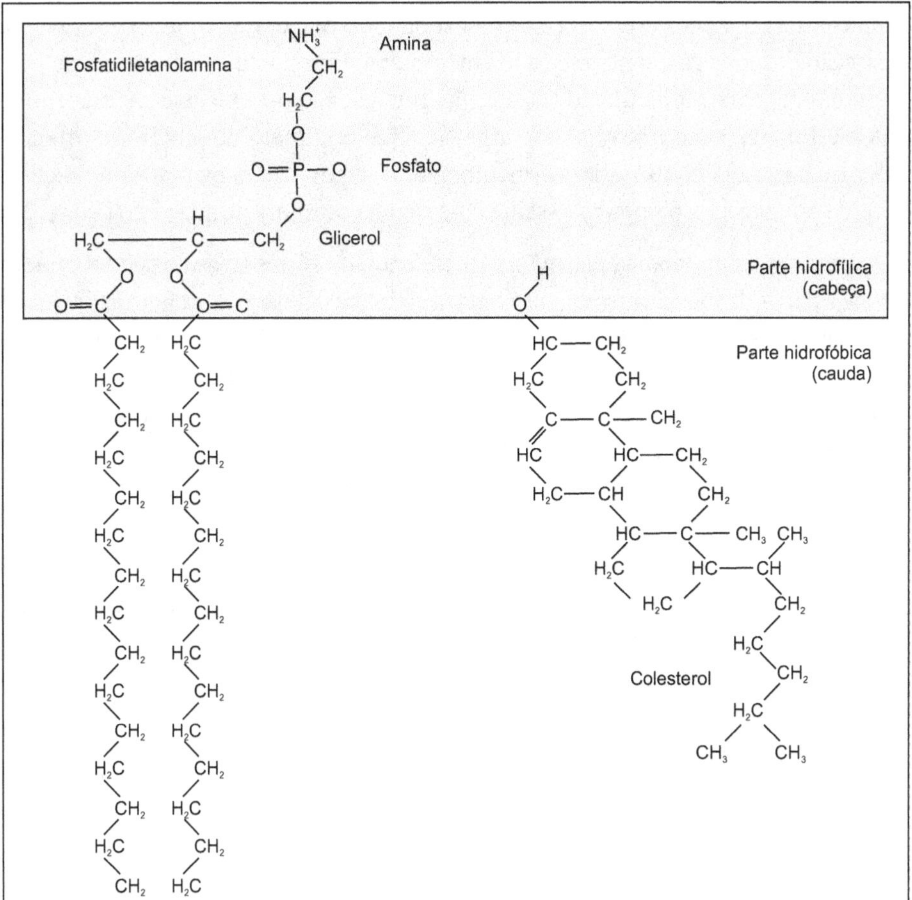

Figura 2.4 Lipídios da membrana celular.

A presença de proteínas e mucopolissacarídeos na fase externa da membrana torna-a hidrofílica, o que significa que a água adere a ela com facilidade. A fina camada de mucopolissacarídeos diferencia o lado exterior do interior, polarizando a membrana e conferindo à superfície externa características químicas distintas daquelas da superfície interna.

As proteínas (polipeptídeos) e as glicoproteínas podem atuar como enzimas, carregadores, transdutores de energia, receptores e, por alteração de sua conformação, formar poros, verdadeiros canais aquosos ao longo da membrana. A diversidade da estrutura protéica dá a cada membrana particular um caráter distinto (Djuric, 1979).

A estrutura da membrana não é estática: as moléculas de lipídios e proteínas têm certa liberdade de movimento. A fluidez da matriz lipídica cristalina depende da extensão da saturação das ligações dos carbonos da cauda da molécula de lipídios e, também, da concentração dos íons cálcio no interior da membrana. Entretanto, as moléculas de lipídios nas vizinhanças das moléculas de proteínas intrínsecas ou extrínsecas incorporadas ("fronteira lipídica") são imóveis. Isso significa que o número de proteínas influenciará a fluidez ou a rigidez da estrutura da membrana. A combinação da matriz lipídica e dos glóbulos de proteínas incorporados assemelha-se a uma estrutura de mosaico (Djuric, 1979).

A estrutura da membrana plasmática difere entre os vários tipos de células ou mesmo em distintas partes da mesma membrana. Como a estrutura é dinâmica, a camada lipídica pode ser temporária e localmente quebrada, para depois ser reconstruída, conforme as necessidades ou as funções. Por exemplo, a membrana plasmática da superfície livre das células colunares no epitélio intestinal parece mudar drasticamente, de acordo com as necessidades da absorção. Muitos fatores físico-químicos, químicos, fisiológicos e outros podem influenciar a construção química, a estrutura e as funções da membrana ou da própria célula. As membranas são uma estrutura ativa, especialmente quando se considera que representam a matriz para várias enzimas. Dessa forma, tomam parte na troca de elétrons e em outros processos enzimáticos.

Há certas evidências morfológicas de diferenças entre as membranas internas e externas. Porém, basicamente, as membranas são construídas seguindo um mesmo plano de sistemas de multicamadas (*sandwich*).

As funções das membranas podem ser assim resumidas:

- proteção mecânica da célula ou de organelas;

- transporte de várias substâncias através de estrutura seletivamente permeável;

- compartimentalização da matriz citoplasmática, para dividir enzimas, substratos e produtos;

- desempenho de papel matriz para moléculas de enzimas;

- execução de processos bioelétricos em razão da diferença de potenciais na superfície;

- manutenção da homeostase celular.

Poros na membrana (Guyton, 1973)

Embora não demonstrados pelo microscópio eletrônico, admite-se que a membrana apresenta numerosos pequenos poros. É por eles que partículas de peso molecular reduzido (dimensões de até 8 Å), insolúveis nos lipídios (como moléculas de H_2O e uréia), passam com relativa facilidade entre o interior e o exterior da célula. Talvez esses poros sejam pequenas fendas redondas na membrana celular ou talvez grandes moléculas hidrofílicas que atravessam a membrana inteira, propiciando, assim, uma via para o movimento das substâncias hidrossolúveis ao longo do eixo central da molécula (Guyton, 1973).

Formas de transporte através das membranas

Para penetrar no interior do organismo, os tóxicos e outras substâncias necessitam atravessar membranas celulares. A passagem de tais agentes pelas membranas biológicas pode ocorrer por difusão simples ou passiva, filtração ou transporte especializado, o qual envolve a difusão facilitada, a pinocitose e o transporte ativo. Seja qual for a forma de transporte, para que aconteça é preciso que a substância a ser transportada se dissolva no meio em contato com a membrana.

a) Difusão simples

As moléculas e os íons nos líquidos do organismo, inclusive na água, estão em constante agitação; cada partícula move-se independentemente. Tal agitação – vibração fisicamente chamada de calor – é maior e ininterrupta quanto mais alta for a temperatura, exceto no zero absoluto.

Quando uma partícula A vai de encontro a outra B, estacionária, suas forças eletrostáticas a repelem, adicionando momentaneamente parte de sua energia à mesma. Em conseqüência, a partícula B ganha cinética, enquanto a A perde. Assim, uma partícula em solução caminha entre as outras, ora numa, ora noutra direção, chocando-se e desviando-se de centenas a milhares de vezes por segundo. Esse contínuo movimento de moléculas e íons em líquido ou gases é chamado difusão. Os íons difundem-se do mesmo modo que as moléculas, bem como partículas coloidais em suspensão.

Uma quantidade maior de substância solúvel colocada na extremidade de um recipiente implicará difusão de moléculas ou íons dissolvidos da zona mais concentrada para a menos concentrada. Tal difusão será diretamente proporcional à diferença (gradiente) entre as duas concentrações. A diferença é chamada de gradiente de concentração ou de difusão (Guyton, 1973).

A difusão simples é um processo de transporte passivo, do qual a membrana não participa. Ela ocorre através dos lipídios da membrana, a favor de um gradiente de concentração.

Compostos não polarizados, bem como substâncias polarizadas que possuem solubilidade suficiente nos lipídios, quando entram em contato com a membrana celular logo se dissolvem na camada lipídica e continuam a difusão do mesmo modo que no meio aquoso de cada um dos lados da membrana. Em outras palavras, as moléculas continuam seu movimento irregular dentro da membrana, tal qual nos líquidos que a envolvem. O transporte é diretamente proporcional ao gradiente de concentração através da membrana e ao coeficiente de partição óleo/água da substância.

Quanto mais alto o coeficiente, maior a concentração da substância na membrana e mais rápida sua difusão. Atingido o equilíbrio estável, a concentração fica a mesma em ambos os lados da membrana.

O grau de difusão (D) será dado pela Lei de Ficke:

$$D = \frac{K \cdot A\left(c_1 - c_2\right)}{d}$$

em que:

A = área da membrana a ser cruzada;

$(c_1 - c_2)$ = diferença de concentração da substância entre os dois lados (1 e 2) da membrana;

d = espessura da membrana;

K = constante de difusão da substância, a qual está relacionada ao coeficiente de partição óleo/água e ao grau de ionização.

B) FILTRAÇÃO

É a passagem ou difusão da substância pelos poros da membrana. Como resultado de diferenças hidrostáticas ou osmóticas, a água fluirá através da membrana e arrastará consigo qualquer molécula hidrossolúvel suficientemente pequena para vencer o poro. A filtração é um caminho comum de transferência para muitas moléculas pequenas, polarizadas ou não solúveis na água. A uréia, por exemplo, é uma substância que pode sofrer filtração.

A filtração será influenciada pelo tamanho e pela carga da partícula a ser filtrada. As partículas de dimensões maiores que as do poro (8 Å) não poderão passar livremente; íons de carga positiva (Na⁺, K⁺) atravessarão a membrana celular com grande dificuldade. A razão talvez seja a presença de carga positiva de proteínas ou de íons Ca⁺⁺ ao longo do poro. Cada carga positiva projeta um espaço de carga eletrostática na luz do poro, o que dificulta a passagem de cátions, enquanto os ânions caminham com maior facilidade. Sob certas condições, a permeabilidade dos poros se altera: o excesso de cálcio no líquido extracelular a diminui e o decréscimo, a eleva. O aumento do hormônio antidiurético do hipotálamo faz crescer o diâmetro dos poros, o que permite fácil difusão de água e outras substâncias dos túbulos renais para o sangue (Guyton, 1973).

c) Transporte especializado

DIFUSÃO FACILITADA

Substâncias como os açúcares, embora insolúveis nos lipídios, atravessam a membrana pelo processo da difusão facilitada. Por exemplo, a glicose (G) combina-se na superfície externa da membrana com um transportador (C), formando um composto CG, que se torna solúvel nos lipídios, podendo, então, se difundir para o lado interno da membrana. Aí a combinação é desfeita, ficando a glicose no interior da célula, enquanto o transportador se difunde para a superfície externa, a fim de captar mais glicose. O papel do transportador é, portanto, tornar o açúcar solúvel na membrana. A velocidade com que ocorre a difusão facilitada depende do gradiente de concentração da substância entre os dois lados da membrana, da quantidade de transportador disponível e da rapidez das reações químicas (Guyton, 1973).

PINOCITOSE

É o processo do qual se serve a membrana para ingerir, por inclusão, parte do líquido extracelular e seu conteúdo. É um fenômeno semelhante ao da fagocitose. Partículas pequenas do líquido extracelular se aderem ou justapõem à membrana, talvez por adsorção. Sua presença induz alterações na tensão superficial da membrana e ela se invagina. A porção invaginada separa-se, então, da superfície, formando a vesícula pinocítica, que penetra com profundidade no citoplasma, afastando-se da membrana. A pinocitose ocorre apenas em resposta ao contato de certos tipos de substâncias com a membrana, dentre as quais as duas mais importantes são: proteínas e soluções fortes de eletrólitos. No caso das proteínas é o único processo para sua passagem através da membrana celular (Guyton, 1973). As proteínas plasmáticas de menor peso molecular, que são filtradas na membrana glomerular, têm sua reabsorção tubular por esse mecanismo, assim como a passagem de alergenos, toxinas, anticorpos e outras proteínas pela mucosa gastrintestinal.

TRANSPORTE ATIVO

Muitas vezes, apenas uma concentração mínima de certa substância está presente no líquido extracelular, ao passo que, no intracelular, a mesma substância existe em concentração muito maior (como os íons K^+). Outras substâncias entram com freqüência na célula e devem ser removidas, ainda que no lado interno sua concentração seja muito menor que no externo (como os íons Na^+). O processo de movimentar moléculas ou íons contra um gradiente de concentração, de pressão ou elétrico chama-se transporte ativo (Guyton, 1973).

O mecanismo do transporte ativo deve ser semelhante para todas as substâncias e depende de transportadores. Uma substância S, ao ser ativamente transportada, combina-se na superfície externa da membrana com seu transportador C, formando o complexo CS sob a ação de enzimas e, provavelmente, consumindo energia. No lado interno, S separa-se do transportador e é liberado. O transportador volta para a superfície da célula a fim de transportar mais S. Não se conhece precisamente como a energia é utilizada no processo. Ela pode promover a formação ou a separação do combinado CS. É mais provável que a energia seja transferida ao sistema de transporte na face interna da membrana, pois o fornecedor de energia (ATP) para as reações químicas fica no interior da célula (Guyton, 1973). O transporte ativo pode ser bloqueado por inibidores metabólicos que influem na produção de energia. Esse tipo de transporte é importante no caso de tóxicos que têm estrutura química semelhante a certos substratos naturais, seja na absorção intestinal, na remoção de substâncias do SNC, na excreção biliar de alguns tóxicos, na secreção renal de íons orgânicos ou na recapturação neuronal ou extraneuronal (Giesbrecht & Zyngier, 1994).

São características do transporte ativo:

- seletividade: é determinada pela natureza química do transportador (que permite apenas a combinação com certas substâncias) ou pela natureza das enzimas (que catalisam de modo específico certas reações químicas);

- saturabilidade: o transportador ocorre em número limitado, portanto, quando todo ele está em uso há a saturação e maiores quantidades da substância não são transportadas;

- consumo de energia: o transporte é feito contra um gradiente e, portanto, requer energia para ser efetuado.

VIAS DE INTRODUÇÃO

Distinguem-se a seguir as principais vias de introdução de tóxicos, de substâncias e de agentes tóxicos no organismo:

Enteral:

- via oral, digestiva ou trato gastrintestinal;
- via sublingual;
- via retal.

Parenteral:

- via intramuscular;
- via intravenosa ou endovenosa;
- via subcutânea.

Outras:

- via cutânea ou transepidérmica;
- via pulmonar ou respiratória;
- outras vias: ocular ou conjuntival, nasal, intra-arterial, intracardíaca, intraperitoneal, intratecal e vaginal.

A importância de cada uma dessas vias varia. Por exemplo, as vias digestiva e parenteral são muito usadas na administração de medicamentos, sendo, portanto, importantes em farmacologia. A via oral é essencialmente importante no que concerne ao ingresso de agentes tóxicos por meio da contaminação de alimentos. Já as vias pulmonar e cutânea têm real importância na introdução e na absorção de agentes tóxicos na exposição em ambientes de trabalho, sobretudo o industrial.

Via oral, digestiva ou trato gastrintestinal

Esta é uma via muito usual no caso de administração de medicamentos. Contudo, é a de trajeto mais variável e complicado para a chegada dos fármacos aos tecidos. Certos tóxicos são absorvidos já no estômago, pela mucosa, porém o sítio onde mais intensamente vai ocorrer absorção é o duodeno, por conta de sua maior superfície de absorção. É importante salientar que a maior parte do tóxico absorvido pela via gastrintestinal cai na circulação porta e vai para o fígado, onde sofre o processo de biotransformação. Os fatores que determinam a taxa de absorção por essa via são:

- lipossolubilidade da substância;
- grau de dissociação;
- capacidade de produzir irritação da mucosa e induzir vômitos;

- facilidade com que sofre transformação pelas enzimas digestivas;

- estado de plenitude ou vacuidade gastrintestinal (alimentos no estômago retardam o esvaziamento gástrico, fazendo aumentar o tempo de contato do tóxico ou do fármaco com o suco ácido. Por isso, a penicilina, que se destrói no meio ácido se administrada por essa via, torna-se inaproveitável para a absorção).

A absorção pode ser iniciada pela mucosa oral, por processos de difusão e filtração. Nesse caso, a substância absorvida não passa pelo fígado e não sofre a ação de enzimas digestivas, por isso é capaz de atingir níveis sangüíneos mais elevados do que quando a absorção acontece nas porções inferiores do trato digestivo.

No trato gastrintestinal, a absorção ocorre por difusão simples, filtração e, em alguns casos, por pinocitose. O pH ao longo do trato influi de maneira decisiva na absorção. Os não-eletrólitos solúveis nos lipídios, como o álcool, são rapidamente absorvidos por difusão simples.

Alimentos de alto conteúdo gorduroso, como o leite, podem facilitar a absorção gastrintestinal das substâncias lipossolúveis. Exatamente por isso, ao contrário do que prega a prática leiga, o leite não pode ser visto como um antídoto universal para casos de envenenamento por essa via, posto que, em muitas situações, facilitará a absorção do tóxico ou do veneno.

VIA CUTÂNEA OU TRANSEPIDÉRMICA

Um tóxico pode entrar em contato com o organismo por via cutânea e exercer ação local ou ser absorvido e provocar uma resposta geral (sistêmica).

Três grupos de fatores condicionam a penetração de substâncias pela pele (Weil, 1975):

- fatores ligados ao agente – lipossolubilidade, grau de ionização, peso molecular, volatilidade e viscosidade;

- fatores ligados ao indivíduo – região da pele (Maibach *et al.*, 1971), seu estado de integridade, vascularização e pilosidade locais;

- fatores ligados às condições do contato ou da exposição – duração (ou seja, tempo de contato), tipo de contato, temperatura local da pele e do ambiente.

A dupla origem embriológica, ecto e mesodérmica, confere à pele múltiplas funções, dentre as quais a proteção representa o aspecto mais conhecido (Weil, 1975). Para desempenhar esse papel, o revestimento cutâneo dispõe de um posto avançado de defesa, constituído por um filme emulsionado de composição lipídica e hídrica. Os lipídios provêm, ao mesmo tempo, da ruptura de estruturas lipoprotéicas durante os processos de queratinização e de secreção das glândulas sebáceas. Sua composição química complexa (hidrocarbonetos alifáticos de cadeia longa, em particular o esqualeno; álcoois e ácidos graxos não saturados, livres ou esterificados; e ceras) permite-lhe opor-se à passagem de substâncias hidrossolúveis e, por outro lado, facilita a penetração de compostos de estruturas químicas semelhantes, como os hidrocarbonetos alifáticos e aromáticos e seus derivados oxigenados ou halogenados (alcoóis, aldeídos, éteres e solventes clorados).

No plano biológico, a penetração é um reflexo bastante fiel das propriedades físico-químicas evidenciadas pela substância no plano técnico, como o poder dissolvente, qualidade fundamental dos solventes industriais, os quais podem atravessar essa barreira de proteção graças a seu caráter lipófilo mais ou menos acentuado (Weil, 1975).

A intensidade de penetração de um composto por via cutânea varia na razão inversa de sua volatilidade e viscosidade. Como essas propriedades estão intimamente ligadas ao peso molecular, pode-se admitir, como regra elementar, que numa mesma série homóloga há um composto de peso molecular tal que oferece uma conjunção ideal dos dois fatores precedentes. Na prática, parece que este é o caso dos hidrocarbonetos alifáticos e dos álcoois de C6 a C9, em que nem a volatilidade, nem a viscosidade são demasiado pronunciadas, tendo em conta suas concentrações em carbono.

Se é possível admitir tais propriedades puramente físicas em favor da penetração, a presença de ácidos graxos na camada hidrolipídica permite, por sua vez, a realização de verdadeiras combinações químicas, sob a forma de sabão, lipo e hidrossolúvel. Esse mecanismo é a base para a penetração de alguns fármacos e de certos tóxicos minerais (em particular, os compostos minerais do chumbo e do mercúrio, conforme Weil, 1975).

Seja na forma física ou química, a penetração dos agentes tóxicos é particularmente fácil nos órgãos cutâneos anexos (aparelho pilossebáceo e poros), em que, precisamente, a epiderme é delgada e a camada córnea está ausente. Esse tipo de penetração não chega a ser de grande importância, desde que os órgãos anexos ocupem área de apenas 0,1% a 1% do total da pele.

A água, originada das glândulas sudoríparas e da transpiração, serve de veículo aos sais, à uréia, aos aminoácidos e aos ácidos lático e cítrico, que conferem o pH indispensável à pele e asseguram efeito protetor, sendo necessária, portanto, a manutenção de suas presenças (Weil, 1975).

Após a ruptura da frente hidrolipídica, será estabelecido contato com a segunda linha de defesa, representada pelas diferentes camadas epidérmicas, através das quais o agente poderá caminhar por difusão interior ou transcelular.

O gel protídico, constituinte essencial das células, assegura a solidez e a plasticidade e possui composição química muito complexa: proteínas diversas, em particular queratina, caracterizadas por sua estrutura polipeptídica e sua riqueza em cistina com as pontes dissulfeto (-S-S-), que resultam da oxidação de duas moléculas de cisteína. As ligações dissulfeto estão em estado de equilíbrio com os grupamentos sulfidrila (–SH) da seguinte maneira:

$$2\ Cy-SH \rightleftharpoons Cy-S-S-Cy$$

Cisteína   Cistina redutase   Cistina

$$(E,C,1.6.4.1)$$
$$NAD^+ \rightarrow NADH + H^+$$

$$2\ G-SH \longrightarrow G-S-S-G$$

Esses fenômenos de oxi-redução parecem mais acentuados à medida que há afastamento das camadas superficiais, mais queratinizadas, mais ricas em pontes dissulfeto e menos hidratadas que as camadas profundas (Weil, 1975).

A importância desses grupamentos tiólicos para numerosas reações de natureza enzimática é atualmente bem conhecida, e a pele não pode escapar à regra. Em conseqüência, toda alteração desse mecanismo, notadamente por inativação da função tiol, se traduzirá fatalmente em distúrbios cutâneos. Essa característica é válida para muitas substâncias que evidenciam toxicidade cutânea, ditas tiol-privas, as quais vencem a barreira lipídica, se infiltram e entram em contato com o gel protídico. A alteração resultante ocorre em função da estrutura química da substância e da natureza dos constituintes celulares atingidos. Certas substâncias agem na superfície, precipitando ou modificando a estrutura protéica. Contudo, esse mecanismo não exclui difusão passiva posterior, penetração trans ou intercelular, contato com as camadas mais profundas e, finalmente, absorção pelos capilares da derme (Weil, 1975).

É na derme que se situa a linha dos órgãos anexos – glândulas sudoríparas e folículos pilosos – que podem assegurar a passagem direta do exterior para o interior, sem que necessariamente o tóxico entre em contato com as camadas celulares epidérmicas.

A penetração trans ou intercelular é feita através de várias camadas de células (enquanto no epitélio alveolar e no epitélio gastrintestinal por apenas duas), sendo a introdução pela pele da palma das mãos e da planta dos pés a mais difícil, em razão da maior resistência córnea (Weil, 1975).

O tipo de transporte por membrana envolvido na penetração pela pele é a difusão passiva. Várias substâncias lipossolúveis podem difundir-se por essa via (Quadro 2.1). A intensidade de penetração e absorção são condicionadas por três elementos: o indivíduo, o tóxico e as condições de aplicação ou contato.

Quadro 2.1 Substâncias absorvíveis por via cutânea.

Hidrocarbonetos:
- hidrocarbonetos aromáticos: benzeno, isopropibenzeno;
- derivados halogenados alifáticos: bromofórmio, cloropreno, hexacloroetano, iodeto de metila, tetracloroetano, tetracloreto de carbono, tricoloetileno, tricloroetano;
- derivados halogenados cíclicos: aldrin, bifenilas cloradas, clordano, DDT, dieldrin, HCH, heptacloro, hexacloronaftaleno, octacloronaftaleno, pentacloronaftaleno, tetracloronaftaleno.

Compostos oxigenados:
- álcoois, aldeídos e cetonas: álcool alílico, butinediol, butilglicol, etilglicol, metilisobutilcarbinol, metilglicol, furfural, metilciclohexanona, etilenocloridrina (derivado do etano);
- ésteres: acetato de etilglicol, acetato de metilglicol, acrilato de etila, acrilato de metila, sulfato de dimetila, ésteres fosfóricos;
- éteres: isopropilglicidiléter, metildipropilenoglicoléter, éter diclorídrico, dioxano;
- fenóis e derivados clorados: fenol, pentaclorofenol, ácido triclolofenoxiacético.

Compostos nitrogenados:
- aminas, iminas, amidas e derivados clorados e nitrados: acrilamida, anilina, anisidina, cloranilinas, dietilenotriamina, disopropilamina, dimetilacetamida, dimetilanilina, dimetilformamida, dimetil-hidrazina, etilenimina, hidrazina, monometil-anilina, monometil-hidrazina, nitroanilina, fenilenodiamina, fenil-hidrazina, propilenodimina, tetrametilenonitramina, tetril, xilidina;
- nitrilas: acetona cianidrina, ácido cianídrico, acrilonitrila, dinitrila do ácido adípico, tetrametilsuccinodinitrila, isocianato de metila;
- derivados nitrados alifáticos: notroglicerina, nitroglicol;
- derivados nitrados aromáticos: ácido pícrico, cloronitrobenzeno, dinitrobezeno, dinitrocresol, dinitrotolueno, nitrobenzeno, nitrotolueno, trinitrotolueno;
- compostos heterocíclicos: metiletilpiridina, metilvinilpiridina, nicotina.

Derivados organometálicos:
- chumbo tri e tetraetila, composto orgânico do estanho e do mercúrio.

Substâncias químicas diversas:
- compostos minerais do tálio, do mercúrio, do chumbo, fluoracetato de sódio, decaboranos, sulfeto de carbono;
- cromato de butila, cromato de ciclo-hexilamina.

Fonte: Weil, 1975 (modificado).

VIA RESPIRATÓRIA, PULMONAR OU INALATÓRIA

A inalação de um tóxico possibilita seu contato rápido com a grande superfície formada pelas membranas mucosas do trato respiratório e do epitélio pulmonar, facilitando a absorção e com efeito quase tão instantâneo quanto o que se dá com a injeção intravenosa. No caso de um fármaco, para que ele tenha sua administração por essa via, é preciso que seja um gás – como certos anestésicos – e que esteja na fase de vapor ou esteja disperso na forma de aerossol. Essa via é eficiente e adequada para os portadores de perturbações respiratórias, como os asmáticos ou os pacientes de doença pulmonar obstrutiva crônica (DPOC), porque o fármaco é aplicado diretamente no local de ação e eventuais efeitos sistêmicos adversos ficam minimizados (Harvey & Champe, 1998).

A via respiratória é para a Toxicologia Ocupacional a via de maior importância na penetração de agentes tóxicos no organismo. A ação dos tóxicos absorvidos por essa via e o tipo e a gravidade da ação e dos efeitos dos agentes tóxicos dependerão da natureza química da molécula, da quantidade absorvida, do coeficiente de absorção, da susce-tibilidade individual, etc. Os tóxicos que penetram por via respiratória podem exercer efeito local ou podem ser absorvidos e distribuídos, atingindo, então, diferentes sítios orgânicos e exercendo efeitos sistêmicos (por exemplo, gases anestésicos).

O homem poderia ser comparado a um coletor de vapores e poeiras. A analogia entre os fenômenos mecânicos da respiração e aqueles realizados por um aparelho de captação de ar permite admitir tal imagem sob um plano estritamente dinâmico. Ambos constituem uma bomba aspirante, e nos dois casos há substituição do meio externo em "proveito" do meio interno, que faz papel de receptor. Porém, para o homem, a comparação cessa aí. Para ele, não apenas os fatores mecânicos, mas também os anatômicos, fisiológicos e bioquímicos entram em jogo na determinação do ritmo de penetração, da intensidade de absorção e da possibilidade de retenção (Weil, 1975).

A superfície pulmonar total é de aproximadamente 90 m^2, a superfície alveolar, 70 m^2 e o total da área da rede capilar é de cerca de 140 m^2. O fluxo sangüíneo contínuo efetua extraordinária dissolução das substâncias que penetraram pela via pulmonar e, assim, muitas podem ser absorvidas a partir dos pulmões com grande rapidez.

Além da recepção passiva propriamente dita, o meio biológico pode desempenhar o papel ativo de um reagente diante das características físico-químicas da substância e de sua concentração no ar inalado ou na atmosfera. Há diversas substâncias que se combinam com componentes do tecidos pulmonar, o que impede sua solubilização no sangue e/ou sua remoção leucocitária, como, por exemplo, substâncias de uso industrial como sílica, berílio e di-isocianato de tolueno (usado para produção de resinas sintéticas).

Nesses casos podem acontecer: irritação, inflamação, fibrose, alterações malignas, sensibilização alérgica, etc. Por outro lado, as substâncias também podem se combinar quimicamente com constituintes sangüíneos.

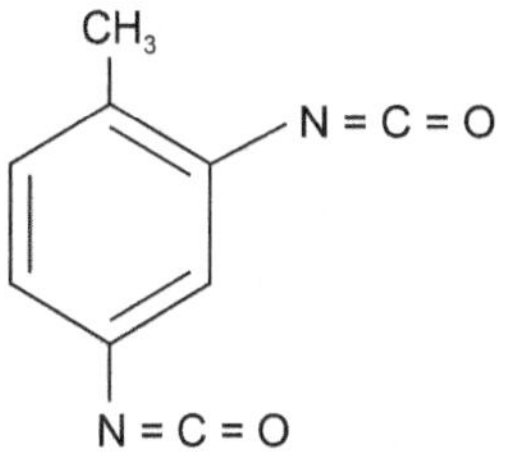

Di-isocianato de tolueno (TDI)

Para estabelecer as linhas essenciais que caracterizam a penetração, a absorção e a retenção de agentes pelas vias respiratórias, parece indispensável seguir, passo a passo, o caminho percorrido por partículas, gases e vapaores após a inalação.

a) Vias respiratórias superiores

Consideradas vias de passagem, isto é, sem papel ativo, as vias respiratórias superiores tomam parte na retenção e na absorção de tóxicos e outros agentes químicos e sua atuação nesses fenômenos depende, fundamentalmente, do estado físico da substância (Weil, 1975).

PARTÍCULAS

Diâmetro, forma, densidade e carga elétrica são fatores condicionantes da chegada ou não das partículas aos alvéolos pulmonares. As partículas mais lesivas à saúde pulmonar são as que apresentam diâmetro de aproximadamnete 1 µm. Partículas grandes não permanecem no ar por muito tempo, diminuindo a possibilidade de inalação e, quando inaladas, ficam retidas nas partes superiores do aparelho respiratório. Partículas menores são mais dificilmente removidas do pulmão e, por isso, mais prejudiciais. A densidade também influi sobre a quantidade depositada e retirada pelos pulmões.

As fossas nasais – cujo papel consiste em aquecer e umidificar o ar inspirado – retêm uma importante fração das partículas inaladas. A intervenção desse filtro natural permite retenção de cerca de 50% das partículas de diâmetro superior a 8 µm (enquanto, nas mesmas condições, a respiração pela boca não retém mais de 20%) (Weil, 1975). Partículas menores são retidas em proporções mais baixas: de 10% a 20%.

Comparativamente à mucosa nasal, a faringe e a laringe não desempenham mais que um papel acessório. Quanto à traquéia, aos brônquios e aos bronquíolos, a importância de retenção está em grande parte ligada à dimensão das partículas.

O organismo dispõe de um triplo meio de defesa contra a penetração das partículas: a atividade incessante dos cílios vibráteis; a incorporação ao muco secretado pelas células; e o reflexo nervoso ocasionado pela presença de corpos estranhos. Juntos, esses mecanismos concorrem para a rejeição das partículas e impedem sua penetração nos estágios mais profundos. Eles têm, igualmente, valor de sinal clínico (Weil, 1975). Os dois primeiros são meios de " limpeza" muito eficientes, cuja velocidade de depuração é de mm a cm/min. Assim, cerca de 90% do material depositado na mucosa pode ser expulso em aproximadamente uma hora. A tosse aumenta essa velocidade. Atingindo a glote, as partículas podem ser deglutidas ou expectoradas (Klaasen, 1975).

GASES E VAPORES

Geralmente, não é dada muita atenção à absorção de gases tóxicos pelas vias respiratórias superiores, o que é errrado. O papel desse espaço morto, que não participa das trocas gasosas sob o ponto de vista fisiológico, não deve ser subestimado sob o plano toxicológico. Para certos agentes, a absorção pela mucosa nasal pode ser tal que pode chegar a obstar uma penetração em níveis mais profundos e, de certo modo, evitar um prejuízo dos alvéolos pulmonares no caso de se tratar de um agente tóxico (Weil, 1975).

A retenção parcial ou total pelas vias superiores está ligada à solubilidade dos agentes, de tal sorte que pode ser admitido, em primeira aproximação, que, quanto mais essa solubilidade é pronunciada, maior é a tendência de o agente ser retido pelas vias aéreas superiores. Vista sob certo ângulo, a umidade permanente das mucosas que revestem essas vias constitui certamente fator favorável. Porém, contra esse mecanismo puramente físico, surge a eventualidade de uma reação química de hidrólise, que pode originar compostos nocivos tanto para as vias respiratórias superiores quanto para os alvéolos. Assim, por exemplo, ao contato com a água, o tricloreto de fósforo libera o ácido fosfórico e o ácido clorídrico. Da mesma maneira, o cloreto de enxofre se decompõe em enxofre, anidrido sulfuroso e ácido clorídico (Weil, 1975).

O nível das vias respiratórias atingido por gases e vapores reflete, de certo modo, seu grau de solubilidade. Assim, a excelente solubilidade da amônia e do ácido clorídrico implica prejuízo para as vias respiratórias superiores, enquanto os vapores de óxidos de nitrogênio, menos solúveis no meio aquoso, penetram mais profundamente e lesam particularmente os alvéolos (Weil, 1975) (Tabela 2.1).

Tabela 2.1 Solubilidade de gases e vapores.

Gás	Solubilidade (L/L água a 20°C)
Amônia	702
Ácido clorídrico	442
Dióxido de enxofre	36,4
Hidrogênio sulfurado	2,5
Cloro	2,26
Protóxido de nitrogênio	0,67
Dióxido de nitrogênio	0,047
Metano	0,033
Monóxido de carbono	0,023

Fonte: Weil, 1975.

B) ALVEÓLOS

Sendo bem-sucedido em seu trajeto, isto é, sem incidentes no percurso ao longo das vias aéreas superiores, o tóxico se encontrará nos espaços alveolares. Nesse estágio, como nos precedentes, seu comportamento está estritamente ligado às características físico-químicas.

PARTÍCULAS

De modo geral, quanto menor o diâmetro da partícula maior sua penetração. Contudo, a densidade da partícula também desempenha papel de destaque em sua retenção ou não. Por exemplo, partículas de amianto de tamanho superior a 5 μm podem penetrar profundamente em razão da baixa densidade, enquanto outras menores, porém de elevadas densidades, como as partículas de metais ou seus óxidos, são retidas pelas vias aéreas superiores.

Outros fatores que podem afetar a intensidade de efeito das partículas são: velocidade e intensidade da respiração (freqüência respiratória) e atividade física realizada. A respiração lenta e profunda tende a depositar maior quantidade de partículas nos pulmões. Uma grande atividade física produz efeito similar, não apenas pelo aumento do ritmo e da profundidade da respiração, mas também em razão do aumento do ritmo cardíaco, com conseqüente aumento da velocidade de transporte do tóxico aos tecidos através da circulação. Quanto a compostos tóxicos inalados, a temperatura também modifica sua toxidade: em geral, nas altas temperaturas os danos produzidos são maiores.

Tendo a partícula alcançado os alvéolos, seu destino poderá ser um dos seguintes:

- Passagem (translocação) direta do alvéolo para o sangue. Dependerá principalmente do tamanho (1-3 μm) e da solubilidade da partícula. Por exemplo, cerca de 80% do $BaSO_4$ pode ser assim absorvido, enquanto menos de 5% do UO_2 o será, em razão da baixa solubilidade.

- Remoção até os brônquios seguida de deglutição ou expectoração. Tal remoção vai depender do número de macrófagos no local e do líquido que banha os alvéolos (transudação da linfa e secreções). O mecanismo pelo qual as partículas chegam aos broquíolos é desconhecido. Sabe-se, contudo, que esse movimento é constituído de duas fases: uma rápida, que leva cerca de um dia e independe da natureza do agente, e outra demorada, que leva de meses a anos e é influenciada pela natureza química do composto. Esse mecanismo desempenha papel muito importante, já que 80% das partículas depositadas nos alvéolos podem ser removidas.

- Passagem para o sistema linfático. As partículas livres ou fagocitadas podem penetrar no líquido intersticial do pulmão e daí migrar para o sistema linfático, onde podem permanecer por muito tempo.

- Retenção nos alvéolos. Algumas partículas podem permanecer indefinidamente nos alvéolos ocasionando as pneumoconioses.

GASES E VAPORES

Um gás é um fluido informe que ocupa completamente um recipiente fechado e pode passar aos estados líquido ou sólido pelos efeitos combinados de aumento da pressão e diminuição da temperatura. Exemplo: CO.

Um vapor é o estado gasoso de uma substância que normalmente se apresenta na forma sólida e pode voltar ao estado original pelo aumento da pressão ou pela diminuição da temperatura. Exemplos: vapores de CS_2, de gasolina e de naftaleno.

Gases e vapores podem ter atividade farmacológica e/ou toxicológica e ser divididos em: narcóticos ou anestésicos, irritantes (primários e secundários), asfixiantes (simples e químicos) e outros. Os irritantes podem exercer sua ação preferencialmente nas vias aéreas superiores ou nos pulmões.

No alvéolo pulmonar, duas fases estão em contato: uma gasosa, formada pelo ar alveolar; e outra líquida, representada pelo sangue. Elas são separadas por uma dupla barreira: o epitélio alveolar e o endotélio capilar. As trocas entre as duas fases ocorrem nos 400 milhões de alvéolos, cujas células estão intimamente ligadas aos capilares e permitem a passagem de 6 a 8 m^3 de ar por dia.

Vários fatores terão influência na direção, na velocidade e na intensidade das trocas entre os dois meios (ar alveolar e sangue), isto é, aumentará a relação concentração do tóxico no ar/concentração no sangue. A concentração da substância no ar exterior depende unicamente de leis físicas. Quanto à composição do ar alveolar, no estado normal ela é relativamente fixa e não varia além de estreitos limites. Por outro lado, não há uniformidade na distribuição de gases pela totalidade dos alvéolos. A concentração do tóxico no sangue é igualmente regida por leis físicas. Entretanto, a elas se adicionam fatores anatômicos, fisiológicos e bioquímicos, próprios do indivíduo e que fazem variar o denominador da relação precedente (Weil, 1975).

Diante de um gás ou de um vapor, o sangue se comporta de duas maneiras diferentes: como veículo inerte ou como meio reativo. Noutros termos, o agente químico pode se dissolver por simples processo físico ou, ao contrário, combinar-se quimicamente com um constituinte plasmático ou globular do sangue (Weil, 1975).

Dissolução

Em física este termo indica um fenômeno preciso pelo qual um gás ou vapor passa ao estado líquido, distribuindo-se de maneira homogênea num dissolvente.

Quando se considera essa transformação de um estado a outro, dois fatores devem ser analisados: as características físico-químicas da substância que vai se dissolver (tóxico) e a natureza do solvente (o sangue).

Substância soluto

Para um tóxico alcançar determinada concentração sangüínea, duas leis físicas exercem influência determinante (Weil, 1975): a Lei de Dalton, segundo a qual, em contato com um líquido, a absorção de um gás ou vapor efetua-se de maneira independente para cada gás ou vapor; e a Lei de Henry, que diz que a quantidade de gás ou vapor dissolvida é diretamente proporcional à pressão exercida por eles sobre a superfície do líquido.

A pressão parcial ou, similarmente, a concentração do agente no ar alveolar, intervém de maneira preponderante para determinar sua concentração sangüínea. Contudo, do ar exterior ao ar alveolar, um duplo processo merece atenção: a passagem da temperatura exterior àquela do corpo e a umidificação do ar inspirado.

A elevação da temperatura, característica da passagem do ar exterior para o alvéolo, tem duas conseqüências: primeiro, em razão do aumento excessivo da pressão parcial, tende a favorecer a absorção; segundo, pela diminuição da solubilidade – comum a todos os gases – tende a dificultar a absorção (Weil, 1975).

A saturação por vapor de água, conseqüência da umidificação, modifica a equação 1, que dá a pressão parcial de um gás ou vapor no alvéolo pulmonar (Weil, 1975):

$$P_X = P_B \cdot F_X \tag{1}$$

em que:

P_X = pressão parcial do gás x;

P_B = pressão barométrica (atmosférica);

F_X = concentração fracionária do presente gás ou vapor.

A nova forma da equação 1 passa a ser:

$$P_{AX} = (P_B - P_{H_2O}*) \cdot F_X \tag{2}$$

* a pressão de vapor d'água a 37°C é de 47,1 mm Hg.

$$P_{AX} = \text{pressão parcial do gás x no ar alveolar}$$

Em verdade, é estabelecido entre as fases gasosa e líquida um fluxo de moléculas no sentido do meio de pressão mais elevada para o meio de pressão mais baixa, até que o estado de equilíbrio seja alcançado, o que acontece quando a pressão é idêntica nos dois meios. O que determina a direção das trocas é a pressão de um gás x no ar alveolar (P_{AX}) menos aquela que ele exerce no sangue capilar (P_{aX}). Em resumo, quando P_{AX} for maior que P_{aX}, acontecerá a absorção. Caso contrário ($P_{AX} < P_{aX}$) ocorrerá a eliminação pulmonar da substância (Weil, 1975).

A importância da concentração fracionária do tóxico é percebida pela substituição da pressão parcial no ar alveolar (P_{AX}) pelo valor correspondente obtido na equação 2:

$$P_{AX} - P_{aX} \text{ (direção das trocas)} = (P_B - P_{H_2O}) \cdot F_X - P_{AX}$$

Natureza do solvente

O sangue, por apresentar 3/4 de água, constitui excelente solvente para certos gases e vapores, sendo melhor absorvidos os mais hidrossolúveis. Essa dissolução pode ser facilitada pela presença de determinados constituintes. Também pode ser diminuída por certos sais, de forma que a solubilidade dos compostos químicos na água, tal como ela é estabelecida experimentalmente, é uma aproximação útil de se conhecer, mas que não reflete a realidade do fenômeno biológico (Weil, 1975) (Tabela 2.2).

Tabela 2.2 Solubilidade de alguns compostos químicos na água.

Composto	Solubilidade (g/L)
Amônia	798
Éter	75
Benzeno	68
n-butanol	67
Bromo	66
Cloreto de metileno	20
Dicloroetano	9
Clorofórmio	8,2
Cloro	6,8
Hidrogênio sulfurado	2,5
Acetato de amila	2
Sulfeto de carbono	2
Tetracloroetano	1,3
Tetracloreto de carbono	1
Tricloroetileno	1
Tolueno	0,6
Clorobenzeno	0,5
Arsina	0,17

Fonte: Weil, 1975.

Certas substâncias empregadas como solventes industriais, em particular etanol, metanol acetonitrila, dioxano e piridina, são completamente solúveis na água e igualmente no plasma.

A importância da solubilidade na absorção de alguns compostos surge de maneira ainda mais evidente quando se recorda que a duração do contato entre o ar alveolar e o sangue é apenas de uma fração de segundo. Assim, para gases e vapores que não estabelecem combinações químicas, apenas suas solubilidades assegurarão boa absorção. Na prática, e para traduzir a realidade dos fatos, é usado o coeficiente de distribuição, expresso pela relação: concentração do tóxico num volume definido de ar alveolar/concentração num volume idêntico de sangue, no momento em que se instala o estado de equilíbrio. Em virtude das diferenças de solubilidade, essa relação varia de uma substância a outra (Tabela 2.3).

Da análise do coeficiente de distribuição (ou partição) pode-se concluir que um quociente baixo indica boa solubilidade no sangue e conduz a uma concentração elevada e, além disso, que a passagem através dos alvéolos se efetua rapidamente. Mas, precisamente em razão da excelente solubilidade, a saturação sangüínea será lenta, a retenção, mais longa e a transferência aos tecidos, mais tardia. Quando o quociente é alto, tendendo à unidade, acontecem os fenômenos inversos.

Essas concentrações teóricas têm aplicação analítica: o conhecimento do coeficiente de partição permite avaliar a concentração do agente no sangue a partir de sua concentração no ar alveolar (Weil, 1975).

Tais determinações são correntemente efetuadas para o caso do álcool: o conteúdo de 1 cm^3 de sangue (alcoolemia) corresponde a 200 cm^3 de ar alveolar.

Tabela 2.3 Coeficiente de participação ar alveolar/sangue para alguns vapores.

Vapor	Coeficiente
Álcool metílico	1/1.700
Álcool etílico	1/1.300
Álcool isoamílico	1/836
Álcool *n*-amílico primário	1/804
Álcool isoamílico secundário	1/550
Acetona	1/330
Metil *n*-propilcetona	1/167
Dietilcetona	1/157
Metilisopropilcetona	1/101
Éter	1/15
Clorofórmio	1/10
Benzeno	1/6,6
Tolueno	1/6,5
Dissulfeto de carbono	1/2,5; 1/5
Tricoloroetileno	1/2,6
Tetracloroetano	1/2
Tetracloreto de carbono	1/1,8 a 1/2,5

Fonte: Patty, 1967; Weil, 1975.

A afinidade do tóxico com a água não deve fazer esquecer a possibilidade de solubilização em outros constituintes sangüíneos, em particular nos lipídios.

A intervenção de um desses solventes – água ou lipídios – é a base não apenas para dissolução propriamente dita, mas também para repartição do tóxico entre as duas fases: plasmática e globular do sangue. Assim, o álcool se acumula mais no plasma, enquanto os hidrocarbonetos aromáticos o farão preferencialmente nos glóbulos vermelhos, conforme sua afinidade particular. O conhecimento de tal repartição é importante para a escolha do material analítico: plasma, soro, glóbulos ou sangue total.

Até agora destacou-se a importância de dois fatores físicos essenciais para que ocorra a absorção: a pressão exercida pelo gás ou vapor e sua solubilidade. Considerou-se o contato entre os dois meios – ar alveolar e sangue – sem levar em conta a presença do epitélio alveolar e do endotélio capilar, os quais se interpõem à passagem de gás ou vapor. O fenômeno da difusão deve ser igualmente discutido e um certo número de fatores anatômicos precisam ser acrescidos aos mecanismos físicos precedentes.

Na realidade, na difusão dois elementos estão presentes (Weil, 1975):

- as moléculas, que devem se difundir, cuja difusibilidade K é diretamente proporcional à solubilidade e inversamente proporcional à raiz quadrada de seu peso molecular;

- as membranas, que funcionam como barreiras, nas quais a superfície S e a espessura d desempenham papel importante.

A superfície alvéolo-capilar oferecida à passagem das moléculas (50 a 100 m^2) é tal que por si só explica a importância das trocas e também a rapidez da difusão. Não há, entretanto, homogeneidade absoluta e a difusão não é idêntica em todas as regiões alveolares, em razão de uma diferença de ventilação e perfusão sangüínea (Weil, 1975).

Em condições fisiológicas normais, a espessura das membranas é da ordem de 1 µm. Na prática, sua influência sobre a difusão pode ser comparada a de uma solução isotônica de mesma espessura. Todavia, tal comportamento sofre alterações em condições patológicas, nas quais o estado da membrana pode se modificar de maneira considerável: a parede pode engrossar e líquidos podem se interpor. A presença de um ou outro estado perturba o andamento normal dos processos de absorção e eliminação pulmonar, por prejudicar a capacidade de difusão de gases e vapores.

Por fim, o volume x de um gás ou vapor capaz de entrar em contato e se dissolver no sangue é definido por uma equação que considera o conjunto de fatores físicos e anatômicos precedentes (Weil, 1975).

Por mais importante que seja essa expressão, ela é apenas a tradução matemática de um fenômeno estático entre os dois meios e não corresponde, de modo algum, à realidade fisiológica em que predominam as dinâmicas de ventilação e circulação (Weil, 1975).

$$\left(\left(P_{B} - P_{H_2O}\right)\cdot F_x - P_{AX}\right)\cdot K \cdot \frac{S}{D}$$

Segundo as circunstâncias, o débito respiratório V pode variar em função do volume de ar corrente V_C e da freqüência f:

$$V = V_C \cdot f$$

A freqüência normal é de 5 a 6 L/min, em repouso. Ela pode se elevar gradualmente até 15, 20 ou mesmo 30 L/min ao curso de um trabalho muscular intenso. Pode-se concluir que tais variações de volume são acompanhadas de penetração mais intensa do agente por unidade de tempo e conduzem à saturação mais rápida do sangue.

As modificações dos débitos respiratório e circulatório não provocam as mesmas conseqüências na saturação do sangue pelo agente – tudo depende das características de difusibilidade do último. Assim, boa difusibilidade, isto é, boa solubilidade, é sinônimo de saturação lenta. Nessas condições, não adiantará oferecer um volume maior de solvente (sangue) para acelerar a saturação. Apenas um aumento do débito respiratório, ou seja, da freqüência respiratória, assegurará saturação mais rápida. Por outro lado, uma fraca difusibilidade conduz à rápida saturação, e maior absorção do agente poderá ser obtida pela renovação do solvente (sangue). Na prática, isso acontece pelo aumento do débito cardíaco (Weil, 1975) (Quadro 2.2).

Quadro 2.2   Influência dos débitos respiratório e cardíaco sobre a saturação do sangue pelo tóxico.

Difusibilidade do agente	Saturação sangüínea	Fatores que favorecem
Boa	Lenta	> Débito respiratório
Baixa	Rápida	> Débito cardíaco

Fonte: Weil, 1975.

Convém ressaltar que o sangue funciona num circuito fechado. Ele irriga todos os tecidos, perde ou ganha tóxico no contato com os órgãos, elimina ou acumula o agente pela via pulmonar, é depurado pela via renal, transporta os produtos de biotransformação, de tal sorte que a concentração do tóxico depende, a cada momento, de dois fenômenos opostos: absorção e eliminação.

Sempre que a concentração da substância no ar exterior permanece constante, um limite no sangue é atingido e não é ultrapassado, ainda que se prossiga respirando aquele ar por mais tempo. Por exemplo, 100 ppm de CO no ar respirado produzirão em 4 a 6 horas uma carboxiemoglobinemia de aproximadamente 13% e, continuando constante o nível de CO no ar, seguirá constante a taxa de carboxiemoglobina. Aumentando a concentração de CO do ar, um novo degrau de equilíbrio será estabelecido.

Quando acontecer inalação única de uma atmosfera contendo gás ou vapor, é fácil perceber que a concentração sangüínea do agente, em função do tempo, segue a curva exponencial, comparável àquela estabelecida para o álcool. Tal curva é composta por três partes distintas (Weil, 1975):

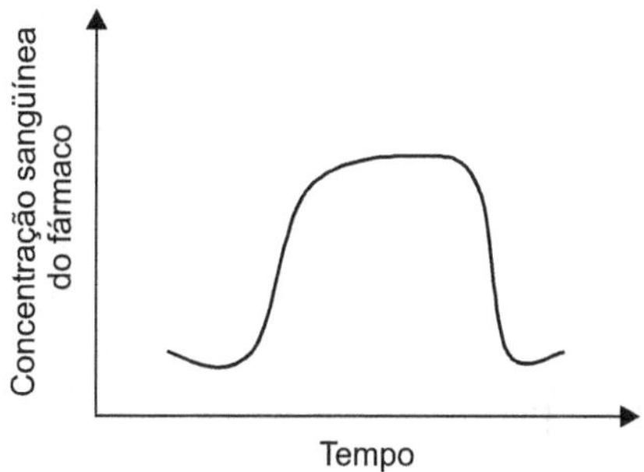

- um traço regularmente ascendente que reflete a predominância da absorção sobre a eliminação;

- uma linha progressivamente descendente e, às vezes, irregular, que traduz um processo oposto ao anterior;

- entre a primeira e a segunda parte da curva, um platô, que representa o máximo de absorção e corresponde a um estado de equilíbrio momentâneo entre a absorção e a eliminação.

Combinação química

Opostamente à dissolução puramente física, a combinação se caracteriza por uma fixação que depende da afinidade química entre o tóxico e certos constituintes do sangue. De certo modo, trata-se de uma difusão–dissolução no primeiro caso e de uma difusão–transferência no segundo.

Esse comportamento apresenta, como primeira conseqüência, o fato de impedir a instalação de um estado de equilíbrio entre os dois meios – ar alveolar e sangue – isto é, esse mecanismo não segue a Lei de Henry.

O monóxido de carbono e outros gases e vapores são capazes de estabelecer ligações, seja com certas proteínas plasmáticas ou globulares, seja com sais minerais ou orgânicos, como bicarbonatos, fosfatos ou glicerofosfatos. É provável que esses últimos representem a forma de transporte de cátions tóxicos, como o berílio e o chumbo.

O sulfeto de carbono tem a tendência de se fixar nas frações cisteína das proteínas do sangue por meio do grupamento –SH livre. Ele também se combina com aminoácidos para formar ácidos ditioaminocarboxílicos:

$$
\begin{array}{ccc}
\overset{\displaystyle R}{|} & & \overset{\displaystyle R}{|} \quad \overset{\displaystyle H}{} \quad \overset{\displaystyle S}{\diagup\diagup} \\
HC \!-\!\!-\!\!-\! NH_2 \quad + \quad CS_2 \quad \longrightarrow \quad & & HC \!-\!\!-\!\!-\! N \!-\!\!-\!\!-\! C \\
| & & | \qquad\qquad \diagdown SH \\
COOH & & COOH
\end{array}
$$

Parte do CS_2 absorvido será fixada em glóbulos vermelhos e parte no plasma, preferencialmente sob a forma livre, não combinada. Esse comportamento físico-químico diferente é explicado pela solubilidade do CS_2 nos glóbulos vermelhos, mais ricos em lipídios e aminoácidos do que o plasma, e na água. O modo de eliminação das duas formas, a livre e a combinada, não é idêntico. A fração livre é mais facilmente eliminada pela via pulmonar e pode ser detectada no ar expirado, a fração ligada é responsável pela eliminação urinária de certas formas de enxofre, o que constitui um índice de exposição ao agente (Weil, 1975).

Seja física ou química, a absorção do agente parece ligada a duas características: a da molécula, como doador, com sua identidade físico-química; e a do indivíduo, como receptor, não apenas com uma identidade físico-química, mas também anatômica, fisiológica e bioquímica.

DISTRIBUIÇÃO E ARMAZENAMENTO

Depois da absorção e, portanto, presente no sangue, o tóxico se reparte entre a fração globular (que equivaleria a uma fase lipídica) e a fração plasmática (que corresponderia a uma fase aquosa), conforme suas características físico-químicas.

A distribuição desigual do tóxico entre a fração globular e a plasmática não representa um fenômeno isolado e particular da Toxicologia. Ela é constatada também na distribuição eritroplasmática clássica, para elementos minerais e para os tóxicos, no caso da Toxicologia. Não é surpreendente que a repartição eritroplasmática dos tóxicos minerais siga um mecanismo da mesma ordem. É verdade que a fixação sobre certas moléculas de proteínas desempenha papel importante em certos casos (Weil, 1975) (Tabela 2.4).

Tabela 2.4 Repartição eritroplasmática de tóxicos minerais.

Tóxico	Plasma	Eritrócitos
Antimônio III	+	++
Antimônio IV	++	+
Arsênico	++	+
Bário	++	+
Berílio	++	+
Cádmio	+	++
Chumbo	+	++
Cobre	++	+
Mercúrio mineral	++	+
Mercúrio orgânico	+	++
Rádio	+	++
Selênio	+	++
Telúrio	++	+
Urânio	++	+

Fonte: Weil, 1975.

O tóxico absorvido entrará nos vários compartimentos líquidos do organismo: plasma, líquido intersticial e líquido intracelular. Certas substâncias não podem passar pelas membranas celulares, ficando, portanto, restringidos sua distribuição e seus locais de ação. Outras substâncias passam pelas membranas celulares e são distribuídas por todos os compartimentos líquidos. Algumas podem se acumular em várias áreas, como resultado de ligação, dissolução em gorduras ou transporte ativo. Tal acumulação pode ocorrer no sítio de ação da substância ou, mais freqüentemente, em outra localização (Goodman & Gilman, 1973).

FATORES QUE INFLUEM NA DISTRIBUIÇÃO E NO ARMAZENAMENTO

A) FATORES LIGADOS À SUBSTÂNCIA

LIPOSSOLUBILIDADE

Quanto maior a lipossolubilidade, maior a distribuição no organismo, pois maior é a facilidade de atravessar membranas. O álcool, por exemplo, atravessa todas as barreiras do organismo.

As formas orgânicas de metais (metilmercúrio) são lipossolúveis e podem transpor as barreiras hematoencefálica e placentária. Já o mercúrio inorgânico não mostra a mesma capacidade, agindo principalmente sobre as vísceras (rins).

GRAU DE IONIZAÇÃO

A distribuição de substâncias que se ionizam depende da concentração plasmática e da lipossolubilidade da forma não ionizada.

AFINIDADE QUÍMICA DO AGENTE

O agente se depositará em maior extensão em órgãos ou tecidos mais afins:

- CO – afinidade pela hemoglobina;

- Pb^{2+} – nos ossos, sob a forma de fosfato, competindo com o Ca^{2+};

- cádmio, manganês, mercúrio, chumbo e arsênio – afinidade por grupamentos sulfidrila (–SH) de enzimas e proteínas.

GRAU DE OXIDAÇÃO

- o As^{3+} é acumulativo, o As^{5+} não;

- o U^{4+} se acumula no tecido hepático, o U^{6+} no tecido renal e na medula óssea.

B) FATORES LIGADOS AO ORGANISMO

IRRIGAÇÃO DO ÓRGÃO

A maior vascularização de um órgão facilita o contato do tóxico com o mesmo. Assim, as vísceras (fígado, baço e rins), que recebem 3/4 do fluxo sangüíneo, tendem a acumular agentes químicos. Nesse aspecto os rins merecem destaque, pois, apesar de constituírem menos de 1% do peso corpóreo, recebem de 20% a 25% do débito cardíaco.

CONTEÚDO DE ÁGUA OU LIPÍDIO DE ÓRGÃOS E TECIDOS

Conforme tal conteúdo, o agente se fixará mais ou menos. Exemplos:

- solventes orgânicos e compostos organometálicos dão preferência a tecidos ricos em gordura, especialmente o SNC (os efeitos da ação farmacológica ou tóxica serão decorrentes dessa localização);

- compostos inorgânicos ionizáveis e compostos solúveis em água fixam-se de preferência nos rins, como o Hg inorgânico, que lesa o parênquima do órgão.

BIOTRANSFORMAÇÃO DO AGENTE TÓXICO

O organismo pode ter capacidade de biotransformar a molécula do tóxico em um derivado mais lipossolúvel, dificultando sua eliminação renal e facilitando sua acumulação, como é o caso do DDE (diclorodifenileteno), produto de biotransformação do DDT (diclorodifeniltricloroetano), um inseticida organoclorado.

INTEGRIDADE DO ÓRGÃO

Às vezes, uma lesão do órgão pode provocar a acumulação de um tóxico. Por exemplo, o mercúrio inorgânico tem afinidade pelo tecido renal, mas danifica o néfron, podendo causar desde oligúria até anúria. Isso dificulta sua eliminação, incrementando ainda mais sua deposição renal.

Depósitos de armazenamento no organismo

Os tóxicos são concentrados em órgãos ou tecidos afins. Alguns atingem sua mais elevada deposição no próprio sítio de ação, como o monóxido de carbono, por conta de sua grande afinidade com a hemoglobina, e o paraquat, que se acumula nos pulmões. Outros agentes armazenam-se em locais distintos do sítio de ação, como acontece com o chumbo, que se deposita nos ossos (Klaasen, 1975). Os tóxicos em seus depósitos estão sempre em equilíbrio com a fração livre do plasma; quando ocorre sua biotransformação e sua eliminação do organismo, mais é liberado do sítio de armazenamento. Como resultado, a meia-vida biológica dos compostos que são estocados pode ser muito longa (Klaasen, 1975). Os principais locais de armazenamento são comentados a seguir.

a) Proteínas plasmáticas e outros depósitos extracelulares

Diversas proteínas plasmáticas podem ligar-se a constituintes normais (fisiológicos) do organismo, bem como a substâncias estranhas. A albumina tem a capacidade de estabelecer ligações com muitos compostos, destacando-se o p, p'-DDT e o p, p'-DDE (Morgan *et al.*, 1972). A β1-globulina, transferrina, é importante no transporte de ferro do organismo. Outra importante proteína ligante de metal é a ceruloplasmina, que transporta a maior parte do cobre sérico. A α e a β lipoproteínas são fundamentais para o transporte de compostos lipossolúveis, como vitaminas, colesterol, hormônios esteróides, bem como dieldrin (Mick *et al.*, 1971).

As γ-globulinas interagem especificamente com antígenos (Klaasen, 1975). O conjunto dessas ligações é mostrado na Figura 2.5.

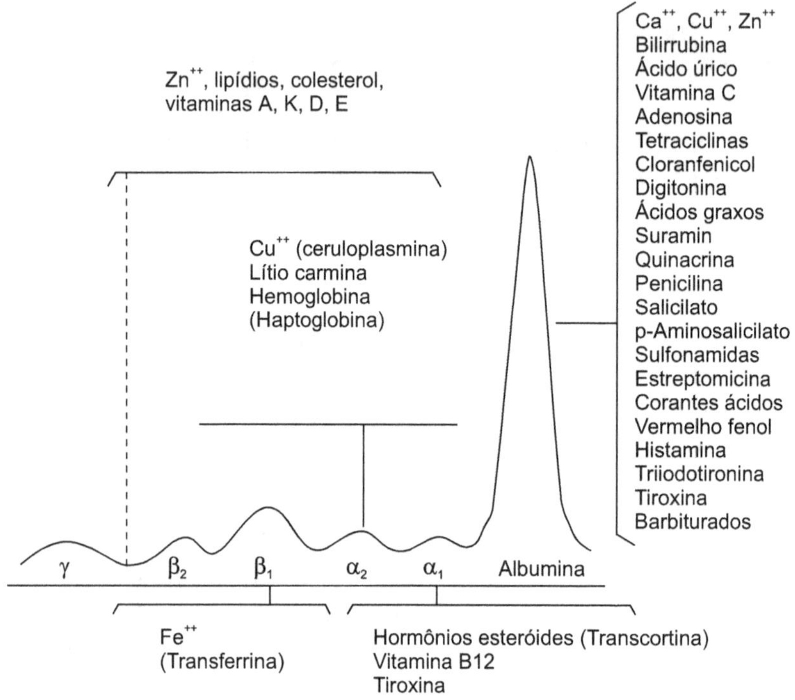

Observação: as proteínas estão representadas conforme suas quantidade relativas (eixo y) e mobilidade eletroforética (eixo x).

Figura 2.5 Interações de substâncias químicas com proteínas plasmáticas. *Fonte*: Klaasen, 1975.

A maioria das substâncias estranhas ao organismo que se liga às proteínas do plasma, o faz com a albumina. A união envolve interações reversíveis, como pontes de hidrogênio, forças iônicas e força de Van der Waals. A fração do tóxico ligada às proteínas plasmáticas está em equilíbrio com a porção livre, e apenas esta pode atingir o sítio de ação ou ter filtração renal (Klaasen, 1975).

A extensão da ligação entre tóxicos e proteínas plasmáticas pode variar consideravelmente. Alguns praticamente não se ligam, como a antipirina; outros se unem a taxas médias, como o secobarbital (50%); e outros, ainda, apresentam alto grau de ligações, como a fenilbutazona (98%) e a tiroxina (99,9%). As proteínas plasmáticas podem ligar compostos ácidos (fenilbutazona), básicos (imipramina) e neutros (digitoxina) (Klaasen, 1975).

Outros depósitos extracelulares são:

- Tecido conjuntivo, capaz de armazenar substâncias que se ligam a grupos fortemente iônicos dos mucopolossacarídeos (Goodman & Gilmam, 1973).

- Osso, capaz de armazenar, tetraciclinas, metais pesados, etc., provavelmente em razão de sua absorção na superfície cristalina ou à incorporação na grade de cristal (Goodman & Gilman, 1973). Aproximadamente 90% do chumbo no organismo é encontrado no esqueleto, possivelmente substituindo o cálcio no cristal. A ação osteolítica do paratormônio leva à mobilização do chumbo depositado no osso e concomitante elevação de seus níveis sangüíneos (Klaasen, 1975).

b) Depósitos celulares de substâncias

Muitas substâncias se acumulam em concentrações mais altas nas células do que nos líquidos extracelulares. Se a concentração for alta dentro da célula, o tecido pode servir como grande depósito de armazenamento. Essa acumulação pode ser executada por sistemas de transporte ativo ou por ligação com constituintes celulares. A ligação das substâncias aos tecidos ocorre, normalmente, com proteínas, fosfolipídios ou nucleoproteínas e é geralmente reversível. Por exemplo, a quinacrina (antimalárico) se liga a nucleoproteínas, depositando-se no fígado (Goodman & Gilman, 1973).

c) Gordura como depósito de substâncias

Substâncias de alta lipossolubilidade podem ser armazenadas por dissolução física na gordura neutra (Klaasen, 1975), a qual, num indivíduo obeso, constitui cerca de 50% do peso corpóreo e, no magro, atlético, cerca de 20%. Barbitúricos como o tiopental, após 3 horas de sua administração, podem apresentar até 70% de seu conteúdo na gordura. Os inseticidas organoclorados têm elevada lipossolubilidade e se depositam inalterados ou biotransformados no tecido adiposo do homem. Vários trabalhos encontrados na literatura, inclusive no Brasil, têm apontado a presença de tais substâncias no organismo humano (Azevedo, 1979; Almeida, 1972).

d) Depósitos transcelulares de substâncias

As substâncias absorvidas podem atravessar células epiteliais, passar para os líquidos transcelulares e se acumular. O mais importante depósito transcelular do organismo é o trato gastrintestinal. Um agente pouco solúvel no líquido gastrintestinal será lentamente absorvido, como se estivesse armazenado, abastecendo o plasma e aumentando sua permanência no organismo. Bases fracas são concentradas passivamente no estômago, a partir do sangue, em virtude do gradiente de pH entre os dois meios (Goodman & Gilman, 1973).

Geralmente, as substâncias não se acumulam no líquido cefalorraquidiano por várias razões: por não haver proteína presente para ligação; porque elas o abandonam de maneira relativamente rápida através das vilosidades aracnoidianas; porque algumas são ativamente transportadas para fora do líquido cerebrospinal; e porque o gradiente de pH ao longo do plexo coróide é pequeno (Goodman & Gilman, 1973).

Outros líquidos transcelulares – humor aquoso, endolinfa e líquidos articulares – normalmente não acumulam substâncias e constituem apenas depósitos menores de armazenamento no organismo.

O líquido luminar da tireóide serve de principal depósito de armazenamento de iodo e pode concentrar também percloratos e alguns outros ânions monovalentes.

Passagem de substâncias para o interior das células e através delas

Eletrólitos fracos penetram nas células por difusão simples, na forma não ionizada, proporcionalmente a seu coeficiente de participação óleo/água, e se distribuem entre os líquidos extra e intracelular conforme o gradiente de pH entre os dois. Sendo este pequeno (7,4 para 7,0), o gradiente de concentração através da membrana também será pequeno. Bases fracas são concentradas ligeiramente no interior das células, enquanto os ácidos estão levemente aumentados no líquido extracelular. A redução do pH do líquido extracelular eleva a concentração intracelular de ácidos fracos e diminui a de bases fracas, desde que a alteração do pH não afete simultaneamente fatores como ligação, biotransformação e eliminação da substância. O aumento do pH acarreta efeitos contrários. Não eletrólitos penetram nas células por difusão simples, proporcionalmente à sua lipossolubilidade, mas moléculas pequenas (uréia) penetram por filtração pelos poros da membrana. A penetração de ácidos e bases completamente ionizados depende da permeabilidade da membrana celular e da diferença de potencial através dela (Goodman & Gilman, 1973).

A penetração das substâncias nas organelas subcelulares, como nas mitocôndrias, segue os mesmos princípios referentes às membranas celulares, pois tais organelas apresentam membranas de caráter lipídico.

Penetração no sistema nervoso central (SNC) e no líquido cefalorraquidiano (LC)

A entrada de substância no SNC e no LC é aspecto especial da penetração celular. Todavia, em geral, segue os mesmos princípios relativos à transferência através de outras células. A "barreira hematoencefálica" se localiza entre o plasma e o espaço extracelular do cérebro, na membrana basal das células do endotélio e no plexo coróide (Goodman & Gilman, 1973).

O transporte de substâncias através das membranas dos neurônios é semelhante ao que ocorre em qualquer outra membrana celular. Substâncias não-lipossolúveis e íons inorgânicos entram no cérebro muito mais lentamente do que substâncias lipossolúveis. A velocidade de penetração é proporcional ao tamanho das moléculas – as grandes, como as de insulina, penetram lentamente; já as pequenas, como as de uréia, penetram de modo mais rápido, mas, ainda assim, lentamente em comparação ao que ocorre em outros tecidos. O plexo coróide também é lentamente permeável a pequenos íons e substâncias não-lipossolúveis, mas é pouco permeável ou impermeável a moléculas não-lipossolúveis grandes.

Vários agentes tóxicos de caráter lipossolúvel vencem a barreira hematoencefálica e agem no SNC, entre eles: compostos de alquilmercúrio, inseticidas organoclorados e organofosforados, chumbo tetraetila, solventes clorados, etc.

As vias de saída das substâncias do LC diferem das de entrada. Ocorrem, independentemente da lipossolubilidade ou do tamanho molecular (mesmo para moléculas grandes, como as da albumina sérica), junto com o copioso fluxo líquido que circula através das vilosidades aracnoidianas. A velocidade de saída é a mesma para todas as substâncias e depende da velocidade do volumoso fluxo de LC. Além disso, se a substância é lipossolúvel, pode sair pela mesma via de entrada: difusão simples através das porções lipídicas dos limites do LC com o sangue (Goodman & Gilman, 1973).

Transferência placentária de substâncias

O transporte de substâncias pela membrana placentária ocorre principalmente por difusão simples; o transporte mediado por portadores é restrito, geralmente, a substratos endógenos. Substâncias não ionizadas de elevada solubilidade entram prontamente no sangue fetal a partir da circulação materna. A penetração é menor com substâncias de elevado grau de dissociação e/ou baixa lipossolubilidade (Goodman & Gilman, 1973).

Metais pesados, como chumbo, mercúrio, cádmio e monóxido de carbono, podem ser transferidos pela placenta (Buchet *et al.*, 1978; Lauwerys *et al.*, 1978; Roels *et al.*, 1978), sendo esta um tecido útil como indicador da exposição da mãe e do feto (Baglan *et al.*, 1974). Compostos organometálicos também passam pela placenta, atingindo o feto e podendo produzir efeitos teratogênicos, conforme foi registrado com relação ao metilmercúrio em Minamata, Japão. Além de transferir esses metais, a placenta pode concentrar alguns deles, como acontece com o cádmio, concentrado cerca de dez vezes mais na placenta do que sangue materno (Roels *et al.*, 1978).

DISTRIBUIÇÃO DE AGENTES TÓXICOS NO LEITE MATERNO

A mulher que amamenta e faz uso de certos medicamentos ou se expõe a determinados agentes tóxicos pode passá-los para o leite com conseqüentes prejuízos ao lactente. Sendo o leite mais ácido que o plasma, os compostos básicos (alcalóides) podem ser concentrados nesse líquido. Em contraste, a concentração de compostos ácidos no leite é mais baixa que no plasma. Os não eletrólitos, como etanol, uréia e antipirina, entram prontamente no leite e atingem a mesma concentração do plasma, independente do pH do leite.

REDISTRIBUIÇÃO

Embora o término do efeito de uma substância seja obtido geralmente por biotransformação e eliminação, também pode resultar da redistribuição da substância de seu local de ação para outro tecido. Ela é, todavia, armazenada neste em forma ativa e sua saída definitiva do corpo depende, ainda, da biotransformação e da eliminação. Se a dose inicial satura o local de armazenamento, uma dose subseqüente pode produzir efeito prolongado. Um exemplo de substância que sofre redistribuição é o tiopental (Goodman & Gilman, 1973).

BIOTRANSFORMAÇÃO

A biotransformação pode ser compreendida como o conjunto de alterações químicas (transformações estruturais) que as substâncias sofrem no organismo, geralmente por processos enzimáticos, com o objetivo de formar derivados mais polares e solúveis em água, resultando, quase sempre, na diminuição ou na perda de seu efeito farmacológico e/ou de sua toxicidade, facilitando a eliminação renal.

No entanto, nem sempre a biotransformação conduz à diminuição da atividade farmacológica ou tóxica. Há vários exemplos de substâncias que devem aos produtos de biotransformação a natureza de seus efeitos.

a)

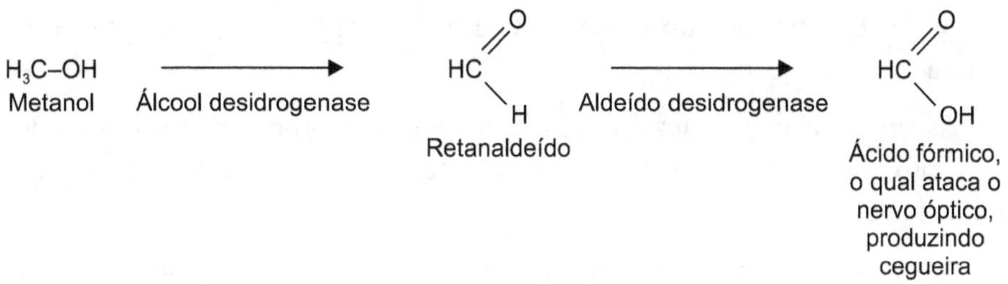

H₃C–OH
Metanol   Álcool desidrogenase   →   Retanaldeído   Aldeído desidrogenase   →   Ácido fórmico, o qual ataca o nervo óptico, produzindo cegueira

$H_3C{-}OH$

Metanol — Álcool desidrogenase → **Retanaldeído** — Aldeído desidrogenase → **Ácido fórmico, o qual ataca o nervo óptico, produzindo cegueira**

b)

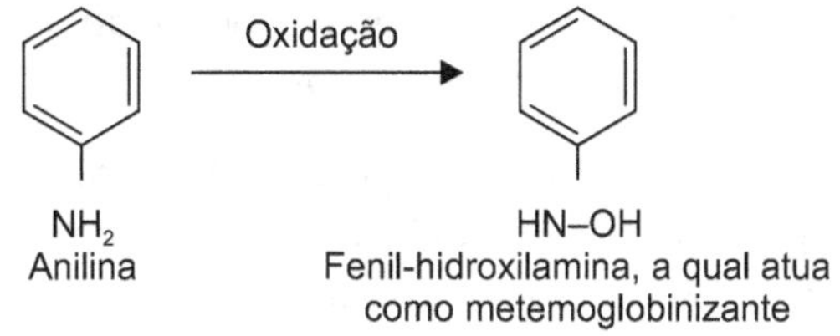

Anilina (NH_2) — Oxidação → **Fenil-hidroxilamina, a qual atua como metemoglobinizante** ($HN{-}OH$)

c)

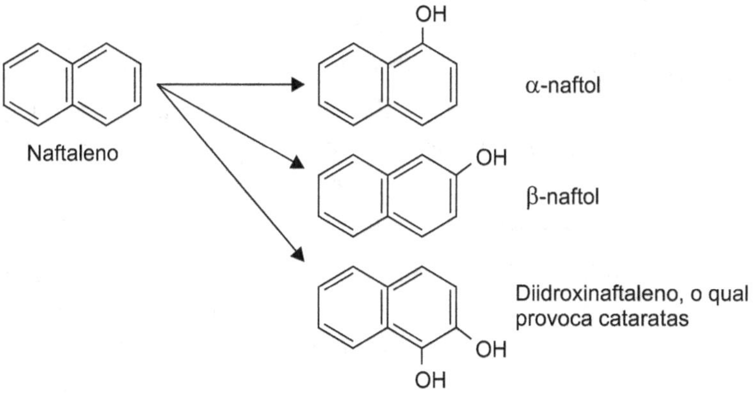

Naftaleno →
- α-naftol (OH)
- β-naftol (OH)
- Diidroxinaftaleno, o qual provoca cataratas (OH, OH)

d)

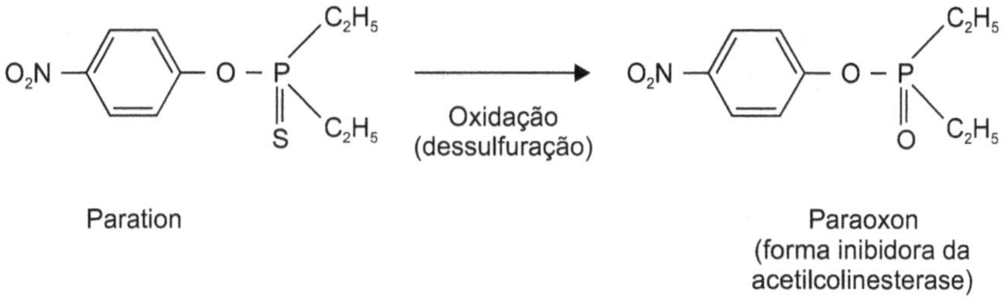

Paration (O_2N— —O–P(=S)(C₂H₅)(C₂H₅)) — Oxidação (dessulfuração) → **Paraoxon (forma inibidora da acetilcolinesterase)** (O_2N— —O–P(=O)(C₂H₅)(C₂H₅))

Assim, o termo desentoxicação não pode ser empregado como sinônimo de biotransformação.

As substâncias introduzidas no organismo, após produzirem seus efeitos farmacológicos ou tóxicos, podem ser eliminadas intactas ou sob forma de seus produtos de biotransformação.

A biotransformação é um dos meios utilizados pelo organismo para facilitar a eliminação de substâncias químicas, sendo o fígado o principal órgão envolvido, embora outros também possam participar dessa função em grau variável.

As enzimas da biotransformação não apresentam especificidade própria aos tóxicos e, qualquer que seja a substância, o organismo procura "defender-se" de maneira idêntica, por meio, principalmente, de reações de oxidação e de redução.

Localização e preparação de enzimas

Quando os tecidos são homogeneizados, as células se rompem e o retículo endoplasmático é fragmentado, formando pequenas vesículas chamadas microssomos. A centrifugação do homogenato (10.000 g/10 min) deposita restos celulares, mitocôndrias e núcleos. A centrifugação posterior do sobrenadante (100.000 g/1 h) deposita os microssomos e o segundo sobrenadante é denominado fração solúvel (Parke, 1968).

Desde que se descobriu a N-desalquilação oxidativa das aminas sob a ação da fração microssômica do fígado de mamíferos, muitas pesquisas foram efetuadas a fim de identificar a natureza das enzimas atuantes, bem como os mecanismos de ação. Sabe-se atualmente que o sistema enzimático responsável pela maioria das oxidações está localizado no interior das células, associado ao retículo endoplasmático, principalmente ao liso.

O retículo endoplasmático das células do fígado e de outros tecidos é uma lipoproteína tubular em forma de malha que se estende desde a parede celular até todo o citoplasma (Figura 2.6). O retículo é de dois tipos: rugoso, no qual a superfície é recoberta por ribossomos (pequenas partículas densas – os sítios da síntese protéica); e liso, o qual não possui ribossomos. Associadas ao retículo endoplasmático de vários tecidos, particularmente ao fígado, estão certas enzimas, conhecidas como "oxidases de função mista", relacionadas à biotransformação de compostos estranhos e ao metabolismo de esteróides e lipídios. O grau mais alto de atividade enzimática é verificado no retículo endoplasmático liso. A síntese de enzima parece não ocorrer no retículo rugoso, mas esse, quando saturado de enzimas, perde seus ribossomos e se transforma em retículo liso (Parke, 1968).

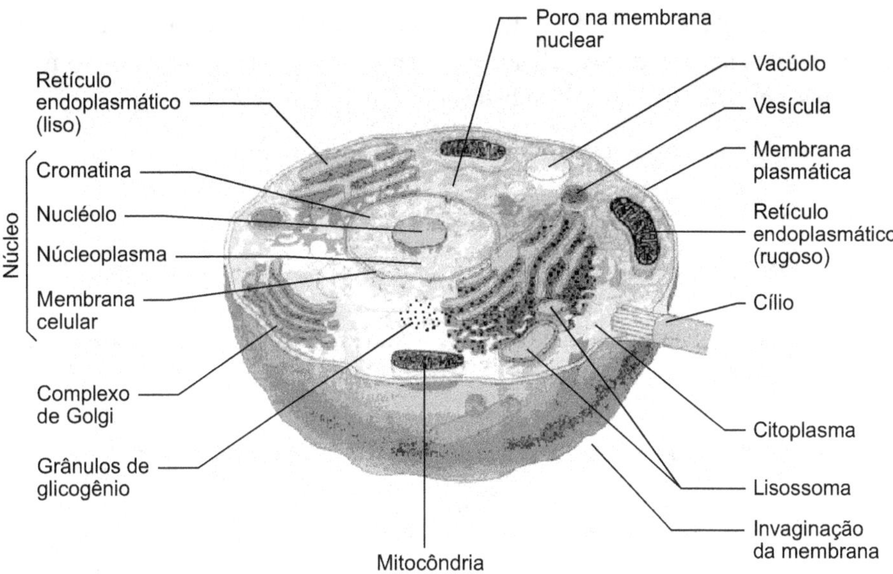

Figura 2.6 Diagrama da estrutura geral de uma célula animal. *Fonte*: modificado de Pelczar Jr. *et al.*, 1997.

A solubilização do sistema de enzimas microssomal é excepcionalmente difícil, do que se deduz que as enzimas estão intimamente associadas à membrana lipoprotéica do retículo endoplasmático. Por isso, as enzimas microssômicas geralmente biotransformam as substâncias lipossolúveis, as quais conseguem entrar em contato com elas após atravessarem a barreira lipídica. Contudo, compostos polares também podem ser biotransformados por essas enzimas (Parke, 1968).

Quimicamente, a fração microssomal do fígado contém a maioria do RNA presente na célula (70% a 90%) e é rica em lipídios e proteínas. O RNA está quase exclusivamente nos ribossomos, a proteína é uniformemente distribuída entre ribossomos e membrana e os lipídios estão localizados exclusivamente na membrana (Gram & Gillette, 1971).

Quanto à natureza das enzimas que constituem o sistema microssômico, sabe-se que são hemoproteínas. Omura & Sato (1964) denominaram tal sistema de citocromo P-450, pelo fato de o complexo formado com o monóxido de carbono (citocromo – CO) apresentar um pico de absorção característico no comprimento de onda de 450 nm.

Nas reações oxidativas, as isoenzimas que compõem o citocromo P-450 (CYP), juntamente com outras enzimas, como NADPH-citocromo-c-redutase e NADPH-citocromo-P-450-redutase, requer oxigênio molecular além de NADPH ou NADH (Oga, 1979). Tal feito sugere que NADPH e NADH atuam como doadores de elétrons para produzir o citocromo P-450, que, por sua vez, ativará o oxigênio molecular. O oxigênio assim ativado seria responsável pela oxidação do substrato.

Portanto, as funções do citocromo P-450 são as seguintes:

- na oxidação: ativação do oxigênio;

- na redução: fornecimento de elétrons à substância.

O sistema de transporte de elétrons envolvidos na oxidação microssomal hepática pode ser assim esquematizado (Parke, 1968):

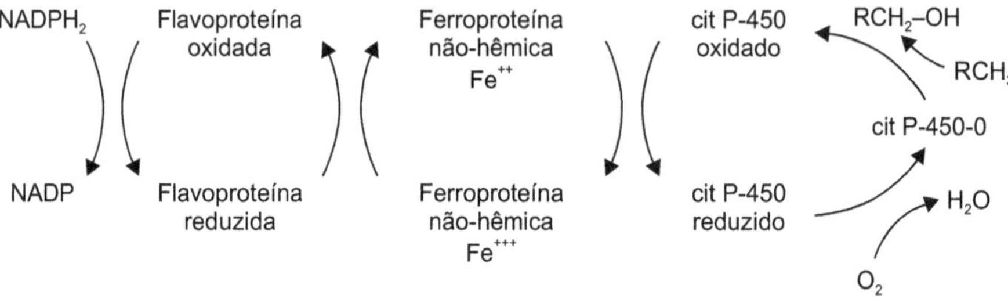

Tipos de reações na biotransformação

Sob ação de diversas enzimas as substâncias são transformadas. A maioria das reações é catalisada por enzimas inespecíficas, comumente chamadas enzimas biotransformadoras de substâncias.

As reações que ocorrem, de modo geral, transformam os compostos pouco polares (lipossolúveis) em compostos mais polares (hidrossolúveis), tornando-os fáceis de ser eliminados pelos rins. Contudo, nem sempre substâncias ativas (medicamentos ou tóxicos) são transformadas em inativas. Às vezes, uma substância inativa pode ser transformada em substância terapeuticamente ativa ou tóxica. Ademais, uma substância pode sofrer mais de uma transformação no organismo:

a)   A ———— Ativação ————▶ B ———— Inativação ————▶ C

um composto A, inativo, é convertido em B, intermediário ativo, para, em seguida, ser inativado, originando C. Exemplos:

REDUÇÃO DO PRONTOSIL

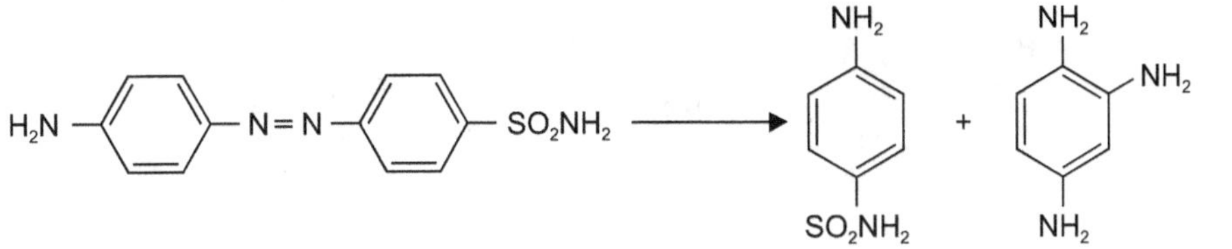

H_2N —⟨ ⟩— N=N —⟨ ⟩— SO_2NH_2 ⟶

Sulfanilamida
(princípio ativo)

1, 2, 4
Triaminobenzeno

OXIDAÇÃO DO PARATION

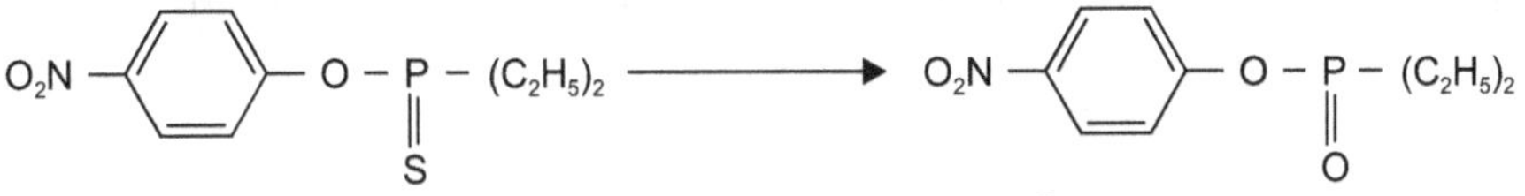

O_2N —⟨ ⟩— $O - P - (C_2H_5)_2$
                    ‖
                    S

Paration

⟶

O_2N —⟨ ⟩— $O - P - (C_2H_5)_2$
                    ‖
                    O

Paraoxon

Em alguns casos, a substância A, biologicamente ativa, pode ser convertida em outra, B, também ativa e de ação semelhante ou não à de A. Exemplo:

BIOTRANSFORMAÇÃO DA CODEÍNA EM MORFINA

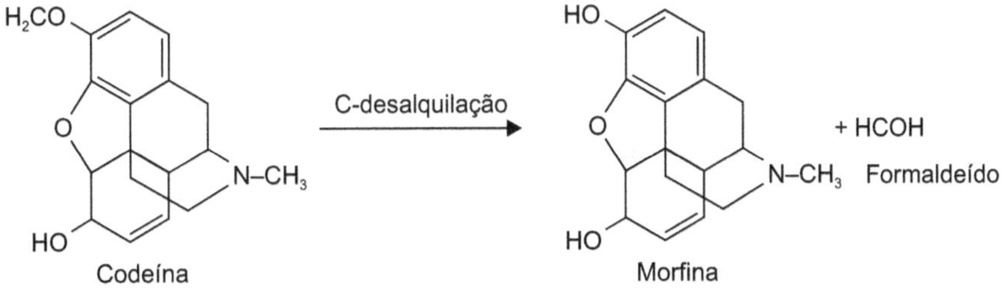

Codeína

C-desalquilação ⟶

Morfina

+ HCOH
Formaldeído

b)   A ——— Inativação ——→ B ——————————→ C

um composto A, ativo, é convertido em B, intermediário inativo, que é em seguida transformado no produto C final. Exemplo:

DEGRADAÇÃO DO FENOBARBITAL POR HIDROXILAÇÃO INICIAL E POSTERIOR CONJUGAÇÃO

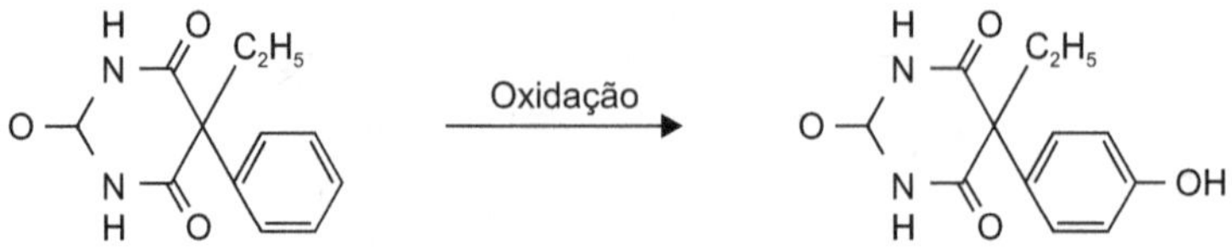

Oxidação

Fenobarbital   p-hidroxifenobarbital

c)   A   Inativação   C

um composto A, ativo, é transformado diretamente em um produto C final inativo. Exemplo:

SULFANILAMIDA

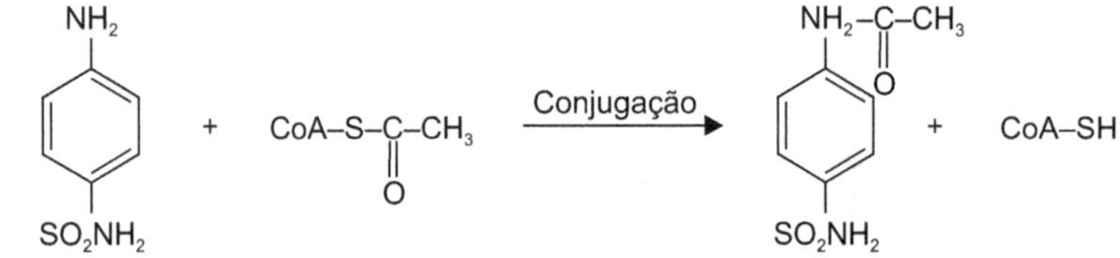

NH_2 + CoA–S–C–CH_3 Conjugação   + CoA–SH

Sulfanilamida   Acetil–CoA   N-acetilsulfanilamida coenzima A

CLORPROMAZINA

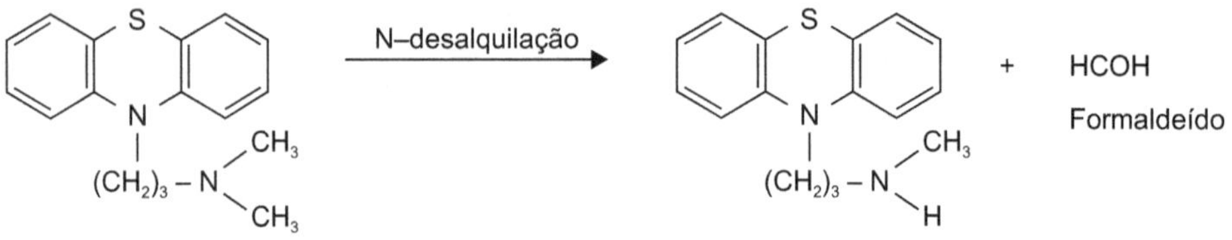

N–desalquilação   + HCOH   Formaldeído

Clorpromazina

Uma substância pode ser biotransformada por vias diferentes. Tais variações se verificam entre espécies animais distintas, provavelmente em virtude da presença e da atuação de diferentes sistemas enzimáticos.

É importante lembrar que a biotransformação não se limita apenas a uma ou duas fases, como foi visto, mas, conforme o substrato, pode ocorrer em diversas etapas. Inicialmente as reações são de ativação ou inativação e posteriormente, via de regra, de inativação. Embora tais reações sejam de grande variedade, as principais são as de: oxidação, redução, degradação e conjugação ou síntese (Reeves, 1981).

Reações da fase pré-sintética da biotransformação

a) Reações de oxidação

Reações oxidativas catalisadas pelo sistema enzimático dos microssomos

Hidroxilação aromática

HIDROXILAÇÃO ALIFÁTICA

H – C = C – Cl $\longrightarrow$ CL₃C – CH₂OH
      | |
      Cl Cl
Tricoloroetileno   Tricloetanol

Cicloexano $\longrightarrow$ Cicloexanol

O₂N–⟨ ⟩– CH₃ $\longrightarrow$ O₂N–⟨ ⟩– CH₂ — OH

p-nitrotolueno   Álcool *p*-nitrobenzílico

Outros: meprobamato, pentobarbital, amobarbital, secobarbital, tolbutasina.

FORMAÇÃO DE EPÓXIDOS

Representa uma reação oxidativa largamente utilizada pelo organismo para hidrocarbonetos aromáticos, hidrocarbonetos halogenados e inseticidas clorados. A enzima responsável é a epoxidase da fração microssomal hepática.

H – C = C – Cl $\longrightarrow$ Epóxido

Tricloroetileno   Epóxido de tricloroetileno

Aldrin (endo-exo)   Dieldrin (endo-exo)
Isodrin (endo-endo)   Endrin (endo-endo)

Heptacloro   Heptacloroepóxido

FORMAÇÃO DE ÓXIDOS

Sulfoxidação: enzimas microssômicas também catalisam a oxidação de átomo de enxofre dos derivados fenotiazínicos.

Clorpromazina

Clorpromazina sulfóxido

N–oxidação

Imipramina

DESSULFURAÇÃO

Paration

Paraoxon

DESALOGENAÇÃO

DDT
(diclorodifeniltricloroetano)

DDD
(diclorodifenildicloroeteno)
(tecido adiposo)

DESAMINAÇÃO

Certas fenilisopropilaminas que são resistentes à degradação pela MAO (monoaminooxidase) são desaminadas pelas enzimas microssômicas. Exemplos: anfetamina, efedrina, metanfetamina e norefedrina. Os produtos liberado são cetonas e amônia.

Anfetamina → Fenilacetona

REAÇÕES OXIDATIVAS CATALISADAS POR OUTROS SISTEMAS ENZIMÁTICOS

OXIDAÇÃO DE ÁLCOOIS E ALDEÍDOS

As oxidações de álcoois são catalisadas pelo álcool desidrogenase da fração solúvel obtida de diversos órgãos, como fígado, pulmões e rins. Da oxidação de álcoois resultam aldeídos correspondentes que, por sua vez, são oxidados por ação da aldeído desidrogenase, também da fração solúvel.

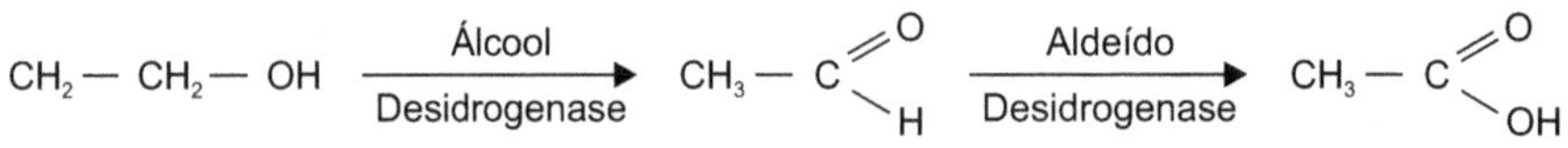

Etanol — (Álcool Desidrogenase, $NAD \rightarrow NADH_2$) → Acetaldeído — (Aldeído Desidrogenase) → $CH_3 - COOH$

Ácido acético, que pode entrar no ciclo de Krebs, resultando em $CO_2 + 2H_2O$:

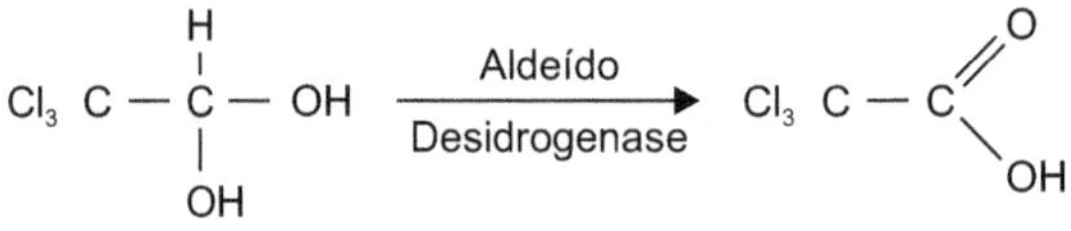

Cloral hidratado — (Aldeído Desidrogenase, $NAD \rightarrow NADH_2$) → TCA (ácido tricloroacético)

OXIDAÇÃO DE PURINAS

Derivados purínicos são oxidados pelas enzimas da fração solúvel:

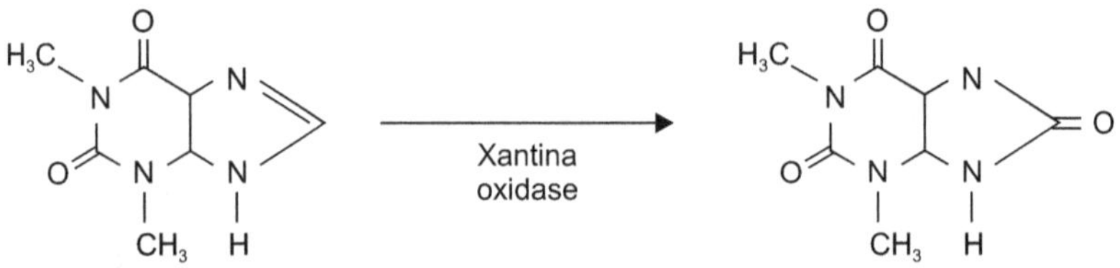

1, 3-dimetilxantina (teofilina) — (Xantina oxidase) → Ácido 1, 3-dimetilúrico

OXIDAÇÃO PELA MAO (MONOAMINOOXIDADE)

A MAO é uma enzima localizada nas mitocôndrias, principalmente no fígado, rins, intestino e tecido nervoso. Seus principais substratos são: feniletilamina, tiramina, catecolaminas (dopamina, norepinefrina e epinefrina) e derivados triptofânicos (triptamina e serotonina).

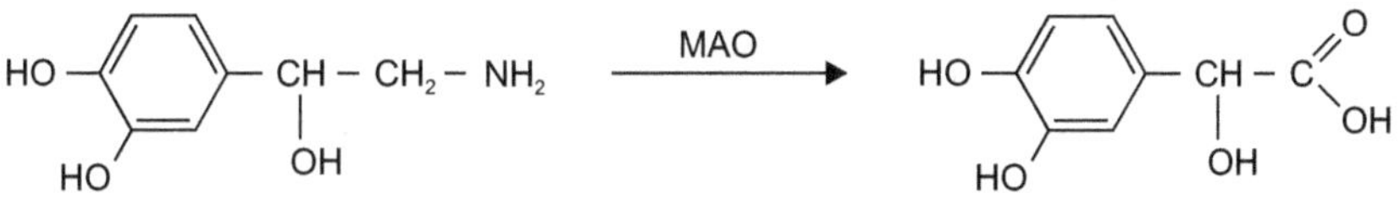

Norepinefrina → (MAO) → Ácido 3, 4-diidroximandélico

B) REAÇÕES DE REDUÇÃO

REAÇÕES DE REDUÇÃO CATALISADAS POR ENZIMAS MICROSSÔMICAS

– Nitro-redução

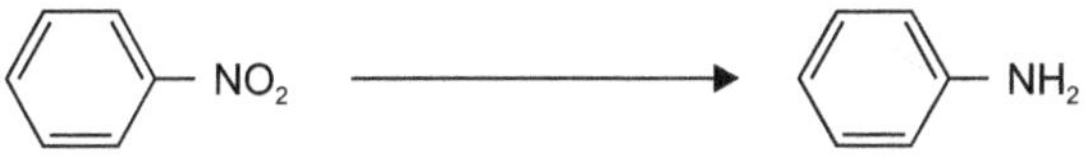

Nitrobenzeno → Anilina

– Azo-redução

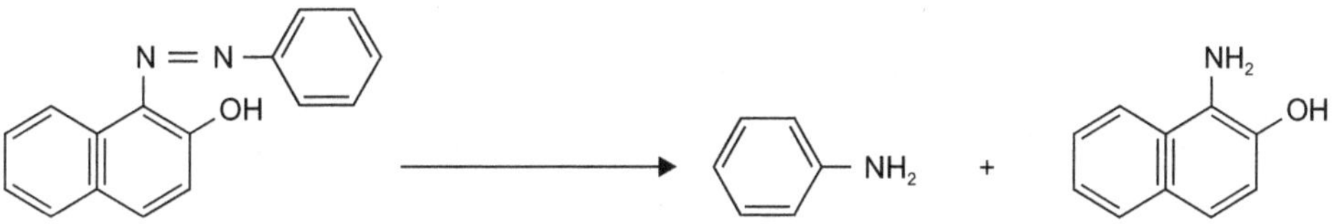

Sudan I (1-fenil azo-2-naftol) → Anilina + 1-amino-2-naftol

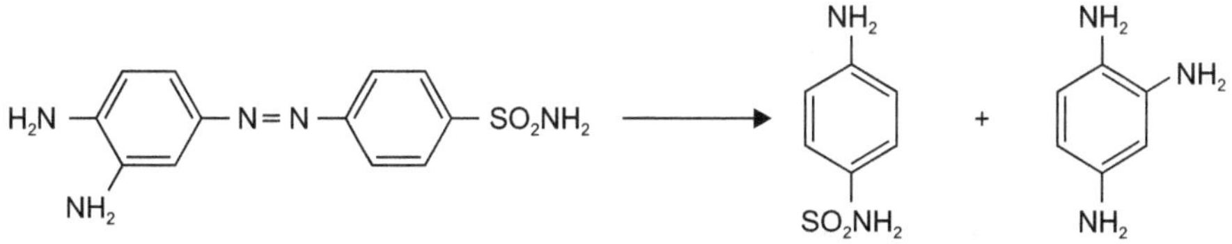

Prontosil → Sulfanilamida + 1, 2, 4 Triaminobenzeno

A nitro-redução e a azo-redução são inibidas pelo oxigênio, provavelmente em virtude da auto-oxidação dos produtos de biotransformação em sua presença.

OUTRAS REAÇÕES DE REDUÇÃO NÃO MICROSSOMAIS

REDUÇÃO DE ALDEÍDOS

$$Cl_3C - \overset{\overset{\displaystyle H}{|}}{C} = O \quad \xrightarrow[\text{Desidrogenase}]{\text{Álcool}} \quad Cl_3C - \overset{\overset{\displaystyle H}{|}}{\underset{\underset{\displaystyle OH}{|}}{C}} - OH$$

Cloral   Tricloroetanol

REDUÇÃO DE DISSULFETOS

$$H_5C_2 - S - S - C_2H_5S \quad \xrightarrow{\text{Redutase}} \quad C_2H_5 - SH$$

Dietil dissulfeto   Etil mercaptana

REDUÇÃO DE VALÊNCIA

$$As^{5+} \quad \xrightarrow{\text{Redutase}} \quad As^{3+}$$

Arsenatos   Arsenitos

$$Se^{6+} \quad \xrightarrow{\text{Redutase}} \quad Se^{4+}$$

Selenatos   Selenitos

Essas reduções estão freqüentemente associadas ao aumento da toxicidade (Reeves, 1981).

DESALOGENAÇÃO

DDT
(diclorodifeniltricloroetano)   DDD
(diclorodifenildicloroetano)

c) Reações de degradação

HIDRÓLISE DE NITRILAS

$$CH_3 - CN \xrightarrow{H_2O} HC\langle^{O}_{OH} + CN^-$$

Acetonitrila   Ácido fórmico   Íon cianeto

HIDRÓLISE DE ÉSTERES E AMIDAS

Verifica-se a biotransformação por meio de hidrólise principalmente com ésteres e amidas. As enzimas responsáveis – esterases e amidases – são encontradas no plasma sangüíneo e nas frações solúveis de diversos órgãos, inclusive do fígado.

Exemplos:

$$\text{Esterases inespecíficas do plasma}$$

Procaína → Ácido p-aminobenzóico + $HO-CH_2CH_2-N(C_2H_5)_2$ (Dietilaminoetanol)

Outros: acetilcolina, succinilcolina e atropina.

DESALQUILAÇÃO

O–DESALQUILAÇÃO

Codeína $\xrightarrow{\text{Enzima microssomal}}$ Morfina + HCOH (Formaldeído)

N–DESALQUILAÇÃO

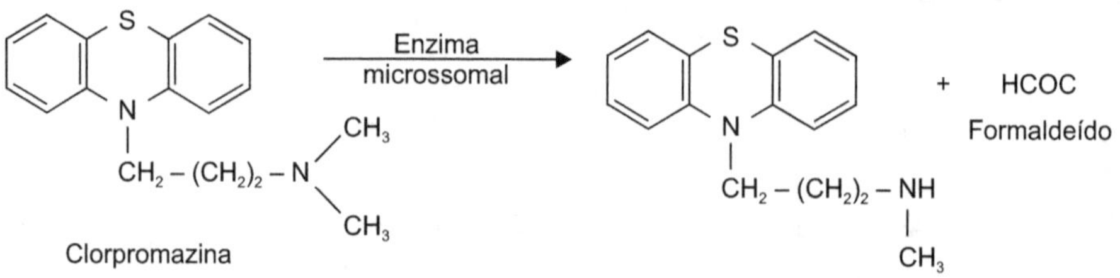
S
N
$CH_2 - (CH_2)_2 - N$
CH_3
CH_3
Clorpromazina
Enzima
microssomal
S
N
$CH_2 - (CH_2)_2 - NH$
CH_3
+ HCOC
Formaldeído

Outros: morfina, codeína (dando norcodeína), meperidina, efedrina, metanfetamina, clorfeniramina e aminopirina.

S–DESALQUILAÇÃO

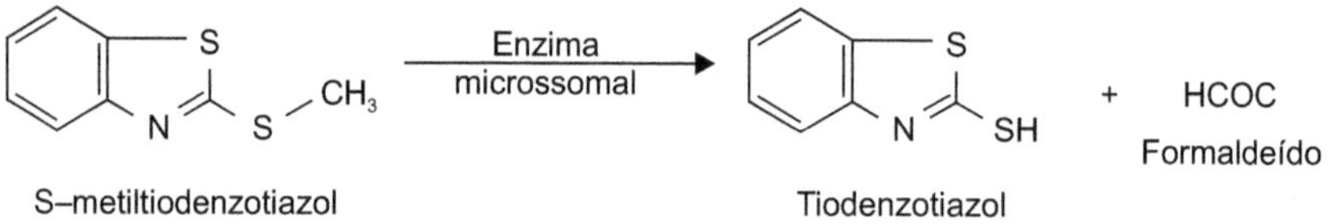
S
N
S
CH_3
S–metiltiodenzotiazol
Enzima
microssomal
S
N
SH
Tiodenzotiazol
+ HCOC
Formaldeído

Outras desalquilações:

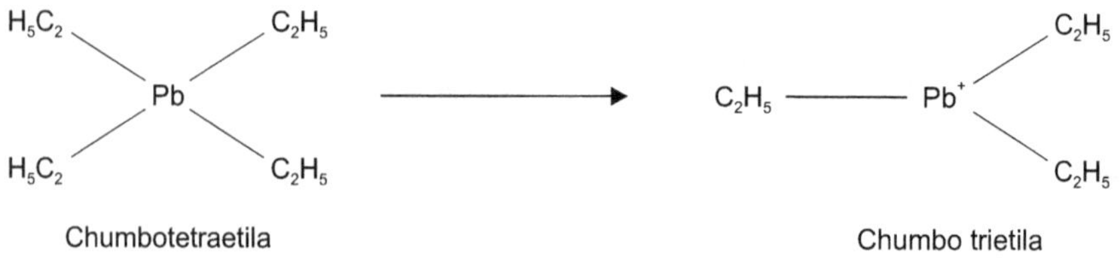
H_5C_2
C_2H_5
Pb
H_5C_2
C_2H_5
Chumbotetraetila
C_2H_5
Pb^+
C_2H_5
C_2H_5
Chumbo trietila

A mudança da valência confere ao derivado propriedades diferentes, permitindo que os efeitos do SN ocorram com maior rapidez.

ABERTURA DE ANÉIS

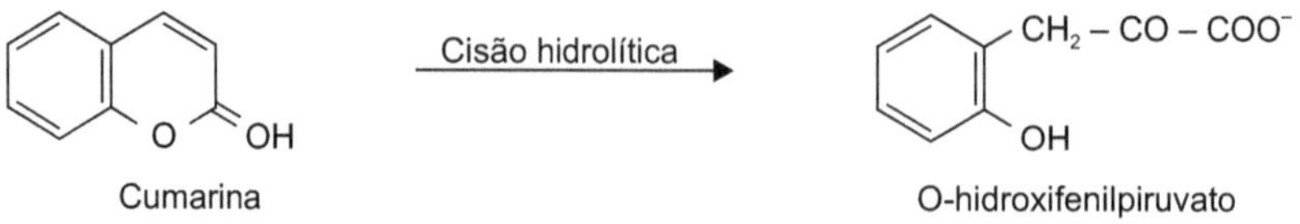
O
OH
Cumarina
Cisão hidrolítica
$CH_2 - CO - COO^-$
OH
O-hidroxifenilpiruvato

Reações da fase sintética da biotransformação

O organismo pode executar verdadeiras sínteses, tendo por objetivo formar uma ligação química entre uma substância ou seu produto de biotransformação e um substrato endógeno que resulte num complexo pouco tóxico ou atóxico e ionizável, a fim de facilitar a excreção urinária. A construção da nova molécula é possível graças à presença de certos grupamentos funcionais preexistentes ou formados ao longo de etapas anteriores. Há sete tipos principais de reações de conjugação ou síntese.

a) Conjugação glicurônica (glicuroconjugação)

A conjugação com o ácido glicurônico é o processo mais freqüente. Todo composto orgânico que possui um grupamento –COOH, –OH, –SH ou $-NH_2$ é suscetível de se combinar com o ácido glicurônico endógeno.

Inicialmente, o ácido uridina-difosfato-glicurônico (UDPGA) é sintetizado sob a ação de enzimas da fração solúvel do fígado:

Glicose-l-fosfato + UTP $\xrightarrow{\text{Uridil transferase}}$ UDP-2-D-glicose (UDPG) + $P_2O_7^{4-}$

UDPG + 2NAD$^+$ + 2H$_2$O $\xrightarrow{\text{UDPG desidrogenase}}$ Ácido UDP-2-D-glicurônico (UDPGA) + 2NADH + 2H$^+$

O UDPGA é o doador do ácido glicurônico a diversos aceptores. As enzimas que catalisam esse processo são chamadas transferases e são encontradas nos microssomos do fígado e de outros órgãos.

UDPGA + Anilina → (UDP trans-glicuronilase) → Glicuro-conjugado + UDP

UDPGA + Fenol → (UDP trans-glicuronilase) → Glicuro-conjugado + UDP

B) Conjugação com sulfato (sulfoconjugação)

O ânion sulfato é transferido de um co-fator, adenosina 3'-fosfato 5'-fosfossulfato (PAPS), a um aceptor, sob ação de enzimas conhecidas como sulfotransferases ou sulfoquinases. As enzimas que catalisam a formação do PAPS, bem como de sulfoquinases, estão na fração solúvel do fígado.

$$ATP + SO_4^{2-} \xrightarrow{\text{ATP–sulfatoadenililtransferase}} \text{Adenosina–5'–fosfossulfato (AP5)} + P_2O_7^{4-}$$

$$APS + ATP \xrightarrow{\text{ATP–adenilil–sulfato–3'–fosfotransferase}} PAPS + ADP$$

Esse tipo de conjugação é importante para compostos com grupo –OH fenólico ou grupo –NH$_2$.

Fenol + PAPS → (Sulfotransferase) → Fenil-sulfato + ADP

c) Conjugação peptídica

Acontece entre um aminoácido endógeno, especialmente glicina, e um ácido carboxílico aromático sob ação de enzimas da mitocôndria, resultando em amidas correspondentes.

Como exemplo, o ácido benzóico originado da oxidação da cadeia lateral do tolueno. O resultado da conjugação é a benzoil-glicina, ou ácido hipúrico, que representa a maior forma de eliminação do tolueno ($\approx 80\%$).

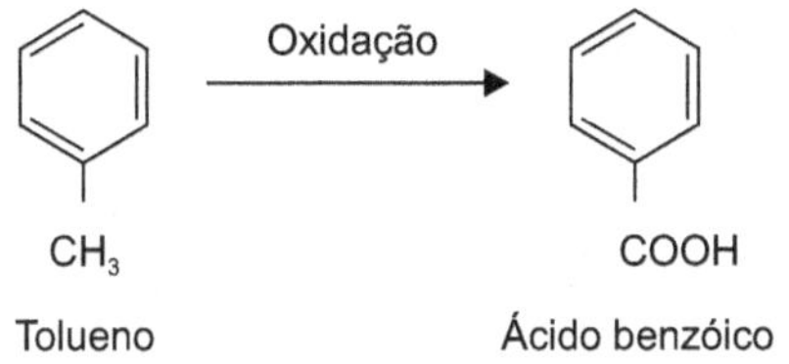

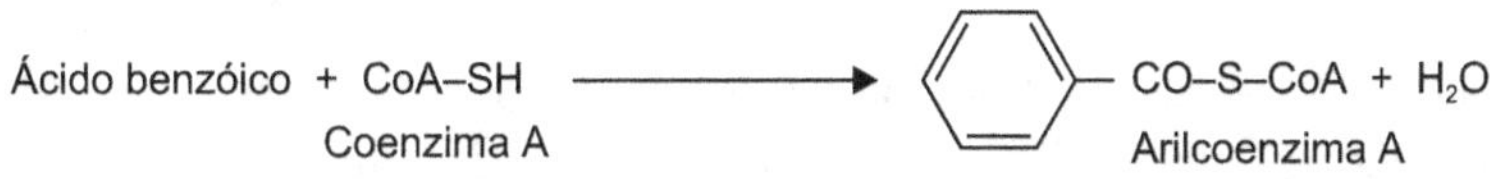

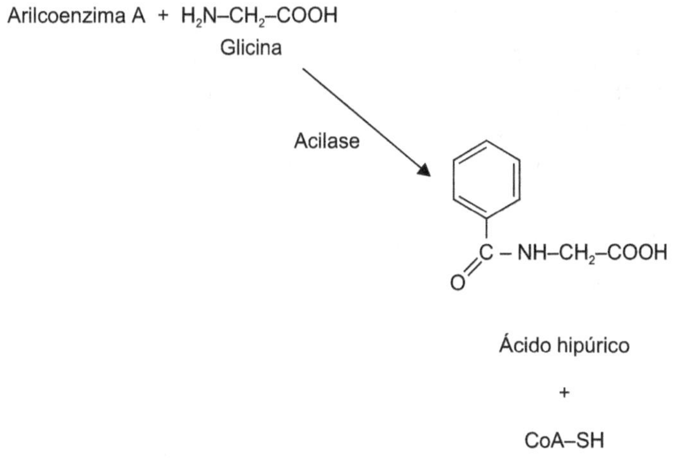

Ácido benzóico + CoA–SH → Arilcoenzima A + H_2O
Coenzima A

Arilcoenzima A + $H_2N–CH_2–COOH$
Glicina

Acilase

Ácido hipúrico

+

CoA–SH

d) Conjugação mercaptúrica

O glutation, presente em todas as células, possui em sua molécula um resto de cisteína capaz de conjugar-se, sob forma de derivados mercaptúricos, com certos hidrocarbonetos aromáticos, como benzeno e naftaleno:

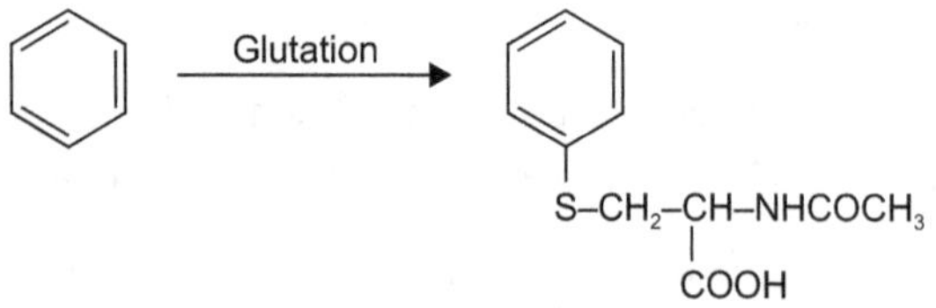

S–CH$_2$–CH–NHCOCH$_3$
COOH

Benzeno   Ácido fenilmercaptúrico

E) TIOCIANATO CONJUGAÇÃO

Consiste na transferência do enxofre dos tiossulfatos provenientes do metabolismo da cisteína para o íon CN⁻ (cianeto):

$$Na_2S_2O_3 \;+\; NaCN \xrightarrow{\text{Tiossulfato–sulfur–transferase}} NaSCN \;+\; Na_2SO_3$$

Tiossulfato   Cianeto   Tiocianato   Sulfito
de sódio   de sódio   de sódio   de sódio

Nas condições fisiológicas normais, o organismo dispõe de reserva limitada de enzima responsável pela transferência, presente no fígado, nas supra-renais e nos glóbulos vermelhos.

F) CONJUGAÇÃO COM ÁCIDO ENDÓGENO – ACILAÇÃO

A coenzima A (ou enzima de acetilação), por intermédio de seu grupo sulfidrílico livre, reage com a forma ativada de um ácido carboxílico para formar acilcoenzima A. O acil-grupo é então transferido a um receptor, por exemplo, à amina aromática. As enzimas responsáveis estão localizadas na fração solúvel do fígado.

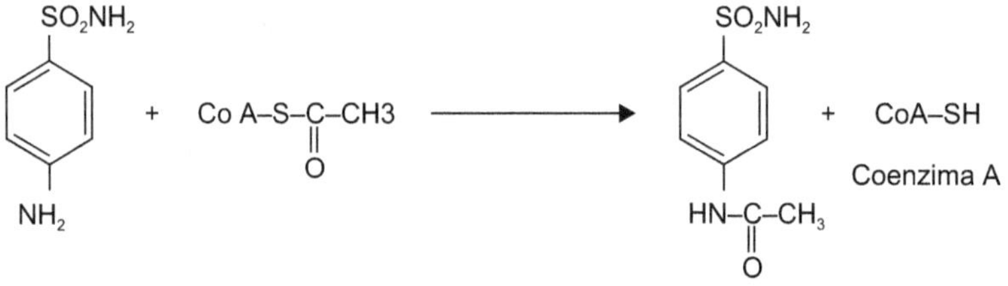

SO$_2$NH$_2$ SO$_2$NH$_2$

+ Co A–S–C–CH3 ⟶   + CoA–SH
O   Coenzima A

NH$_2$ HN–C–CH$_3$
O

Sulfanilamida   Acetil CoA   N-acetil sulfanilamida

G) N, O, S METILAÇÃO

Nesses tipos de reações, o grupo metílico é transferido da S-adenosilmetionina para os aceptores, como epinefrina e outros catecol-derivados. O doador S-adenosilmetionina é sintetizado sob ação de enzima da fração solúvel.

$$CH_3$$
$$|$$
$$S - CH_2 - CH_2 - CH - COOH + ATP$$
$$|$$
$$NH_2$$

L-metionina

$$CH_3$$
$$|$$
$$Adenosil - S - CH_2 - CH_2 - CH - COOH + P_2O_7^{4-} + PO_4^{3-}$$
$$|$$
$$NH_2$$

S-adenosilmetionina

INTERAÇÃO ENTRE AS SUBSTÂNCIAS E AS ENZIMAS BIOTRANSFORMADORAS

A atividade do sistema enzimático dos microssomos pode ser alterada por numerosas substâncias, bem como por influência do estado nutricional e do equilíbrio hormonal do organismo. A principal conseqüência dessas alterações é a aceleração ou retardo da biotransformação, o que, por sua vez, provoca aumento ou diminuição do efeito das substâncias.

a) Indução enzimática

A atividade das enzimas microssomais pode ser notadamente aumentada quando animais de experiência são previamente tratados com certos hormônios, derivados de barbitúricos, inseticidas clorados e hidrocarbonetos policíclicos carcinogênicos.

A indução enzimática caracteriza-se principalmente pelo aumento do conteúdo de isoenzimas específicas do citocromo P-450 (CYP) e pela ativação da biotransformação de substâncias lipossolúveis. Muitas substâncias administradas em animais pré-tratados com indutor sofrem pronta biotransformação, com formação de derivados. Em conseqüência, a concentração no sangue diminui rapidamente. Os efeitos dependem da atividade relativa da substância e de seus produtos de biotransformação.

Investigações científicas têm sido realizadas por diversos autores na tentativa de encontrar algumas explicações terapêuticas para o fenômeno de indução enzimática. Estudos recentes têm provado que algumas doenças causadas pelo desarranjo genético específico da síntese ou da atividade de enzimas no homem pode ser corrigido parcialmente por administração de indutor apropriado. Foi sugerido um tratamento de paciente galactosêmico com progesterona, que aumenta o metabolismo da galactose.

A administração de barbitúricos em camundongos estimula a conjugação glicurônica de bilirrubina pelo microssomo hepático. Tal observação sugeriu a aplicação de barbitúrico em casos de hiperbilirrubinemia do homem.

Citam-se, ainda, outras possíveis aplicações clínicas, entre as quais: a) indivíduos intoxicados com inseticidas halogenados, para acelerar a degradação e a eliminação de praguicidas residuais; b) indivíduos com função hormonal anormal do fígado, graças à propriedade dos indutores de acelerar a síntese de proteínas; e c) profilaxia do câncer, para proteger indivíduos contra agentes carcinogênicos do meio ambiente.

Dentre os indutores mais potentes são conhecidos o fenobarbital, os inseticidas clorados (Krampl *et al.*, 1973) e o 3-metilcolantreno (carcinogênico).

Por outro lado, o uso inadequado ou desprevenido de associações medicamentosas, em que um dos fármacos age como indutor enzimático, pode acarretar sérias complicações.

O tratamento de paciente com griseofulvina e Warfarin diminui o efeito anticoagulante do Warfarin. Porém, após suspensão de griseofulvina, o efeito do Warfarin é restaurado.

Hemorragias podem ocorrer em pacientes que recebem uma combinação de hidrato de cloral e bis-hidroxicumarina (Dicumarol) ao suspender o hidrato de cloral. Foi provado em animais de experiência que o hidrato de cloral realmente estimula a biotransformação da bis-hidroxicumarina (Dicumarol). A repetida administração de uma substância freqüentemente estimula a atividade enzimática, aumentando sua própria biotransformação. Dentre muitos compostos que estimulam a própria degradação, estão: fenilbutazona, hexobarbital, fenobarbital e meprobamato. Tal mecanismo explica, em parte, o fenômeno da tolerância, ocasionado pela exposição ou administração crônica de uma substância.

b) Inibição Enzimática

INIBIDORES DE ENZIMAS MICROSSÔMICAS

O primeiro inibidor descrito foi o éster dietilaminoetanol, do ácido difenilpropilacético (SKF 525-A). O SKF 525-A, administrado previamente em animais de laboratório, prolonga o efeito hipnótico do hexobarbital. Em alguns tipos de peixes, o tratamento com SKF 525-A antes da administração de paration faz aumentar a depressão da acetilcolinesterase, produzida pelo inseticida (Gibson & Ludke, 1973). Entretanto, o SKF 525-A é desprovido de atividade farmacológica. Seu mecanismo íntimo de inibição é desconhecido; sabe-se apenas que sua ação se faz sobre o sistema enzimático dos microssomos, retardando a biotransformação de muitas substâncias lipossolúveis.

A etionina, a puromicina e a actinomicina D agem igualmente como inibidores enzimáticos por mecanismos ainda não bem elucidados. A etionina diminui principalmente o nível de ATP no fígado; a puromicina bloqueia a transferência de aminoácidos combinados com RNA às proteínas dos microssomos; a actinomicina D parece agir inibindo a síntese de DNA.

INIBIDORES DA ALDEÍDO-DESIDROGENASE

O conhecido bissulfeto de tetraetiltiuram (Dissulfiram, Antabuse), que possui a fórmula $(C_2H_5)_2NCSS-SSCN(C_2H_5)_2$, é outro exemplo de inibidor enzimático. Esse composto é praticamente desprovido de ação farmacológica, porém, após sua administração, a ingestão de álcool etílico causa uma síndrome profundamente desagradável.

O bissulfeto inibe a aldeído desidrogenase, possivelmente competindo com o NAD. Em conseqüência dessa inibição, acumula-se aldeído acético no organismo, produzindo distúrbios fisiológicos. A hipotensão causada pode ser tão intensa a ponto de gerar choque e lesão do miocárdio. O fármaco foi introduzido para combater o alcoolismo crônico. Entretanto, graves conseqüências já observadas em indivíduos tratados fazem limitar seu uso para esse fim.

INIBIDORES DA MAO

A monoaminoxidade (MAO) é uma enzima existente nas mitocôndrias e responsável pela biodegradação de muitas aminas e derivados triptofânicos.

Pela inibição da MAO, eleva-se a concentração da norepinefrina, da dopamina e da serotonina no cérebro e no coração. Entre os inibidores mais conhecidos da MAO citam-se as hidrazidas (isoniazida e iproniazida), as aminas (anfetamina, pargilina e tranil-cipromina) e os agentes simpatomiméticos (efedrina).

INIBIDORES DA COLINESTERASE

Certos agentes, como prostigmina e inseticidas fosforados, agem sobre a enzima que catalisa a hidrólise da acetilcolina, inibindo-a. Como conseqüência, verifica-se acúmulo de acetilcolina nos locais onde ela normalmente é liberada.

A prostigmina e outros compostos naturais inibem reversivelmente a colinesterase, enquanto os organofosforados a inibem irreversivelmente.

VIAS DE ELIMINAÇÃO

Para eliminar a ação farmacológica ou tóxica de determinada substância, o organismo pode recorrer a duas possibilidades diferentes:

- Fixação do agente tóxico na forma de molécula mineral ou orgânica de natureza protéica, as quais podem estar contidas no sangue ou em outros tecidos. Esse mecanismo, na verdade, funciona como uma camuflagem em que o potencial tóxico da substância se conserva, apesar de tudo. O complexo formado poderá não facilitar nem a biotransformação, nem a eliminação por via renal do agente.

- Eliminação pura e simples do agente ou de seu produto de biotransformação pelas vias: renal, fecal, respiratória, cutâneo-mucosa, etc.

As substâncias absorvidas são eliminadas do organismo inalteradas, ou na forma de seus produtos de biotransformação. Geralmente, os compostos mais polares eliminam-se inalterados. Substâncias menos polares ou lipossolúveis não são rapidamente eliminadas, pois precisam ser biotransformadas em compostos menos lipossolúveis e mais polarizados (Goodman & Gilman, 1973).

VIA RESPIRATÓRIA

Vapores, gases, gases anestésicos e alguns produtos de biotransformação de substâncias tóxicas podem ser eliminados por essa via. Os gases e os vapores podem ser eliminados total ou parcialmente na forma primitiva. A proporção eliminada inalterada é muito variável, conforme mostra a Tabela 2.5.

Tabela 2.5 Proporção média de eliminação da forma inalterada pela via pulmonar.

Agente químico	% de eliminação na forma inalterada
Tetracloroetano	98
Hidrocarbonetos alifáticos	92
Clorofórmio	90
Éter	90
Metanol	50
Benzeno	40
Tricloroetileno	19
Tulueno	18
Dissulfeto de carbono	10
Acetona	7
Cicloexano	5
Estireno	2
Anilina	1

Fonte: Weil, 1975.

A eliminação por via respiratória depende de:

- intensidade da ventilação pulmonar;
- solubilidade da substância no sangue;
- coeficiente de difusibilidade no sangue;
- pressão alveolar da substância;
- tensão de vapor da substância no sangue.

Uma eliminação moderada por via pulmonar pode ser considerada indício de que a substância é biotransformada. Quanto mais uma substância é apta a sofrer biotransformação, menos chance tem de ser eliminada *in natura*.

O odor do hálito, na eliminação pulmonar, é um importante fator de ajuda sob o ponto de vista clínico:

- odor de alho – produtos de biotransformação do tolueno ou selênio;
- odor aromático – eliminação de hidrocarbonetos cíclicos.

Via renal

O rim é o órgão mais importante na eliminação de substâncias. A eliminação pela urina envolve três processos (Lauwerys & Lavenne, 1972):

- filtração glomerular;
- secreção tubular ativa;
- difusão tubular passiva.

A via renal só é praticável quando a molécula apresenta polaridade suficiente, isto é, ser hidrossolúvel é condição necessária para que haja eliminação na urina. Para conseguir essa polaridade indispensável, quando a substância já não a possui, o organismo recorre à biotransformação.

A quantidade de substância que entra na luz tubular por filtração depende da velocidade de filtração e do grau de ligação da mesma às proteínas plasmáticas. A combinação com as proteínas desfavorece a eliminação renal em razão da impossibilidade de filtração glomerular para compostos com peso molecular da ordem de 70 mil.

No túbulo contornado proximal, ácidos e bases fortes são adicionados ao filtrado glomerular por secreção tubular ativa, mediada por transportadores (Goodman & Gilman, 1973).

Nos túbulos proximal e distal, as formas não ionizadas de ácidos e bases fracas e as substâncias lipossolúveis sofrem reabsorção ou secreção por difusão passiva.

As substâncias podem se difundir através das células tubulares nos dois sentidos, dependendo de suas concentrações e do pH nos dois lados das células tubulares.

Em condições normais, mesmo quando o gradiente de pH no túbulo distal favorece a difusão para a urina, o efeito resultante é a reabsorção, já que a maior parte da substância se difundirá para fora da urina, porque a reabsorção de eletrólitos fortes e de água cria um gradiente de concentração da forma não ionizada da substância, na direção da urina para o sangue (Goodman & Gilman, 1973).

Quando a urina tubular é mais alcalina que o plasma, os ácidos fracos são eliminados com maior rapidez, pois estão mais sob a forma dissociada e há decréscimo na reabsorção passiva da forma não ionizada. Quando o filtrado é mais ácido que o plasma, as bases fracas são eliminadas com maior rapidez (Goodman & Gilman, 1973). Tais conhecimentos são muito úteis para que se possa acelerar a eliminação renal de substâncias em situações específicas, por exemplo, no caso de intoxicações.

Vias hepática e fecal

O fígado é o principal órgão de biotransformação e os produtos formados, livres ou conjugados, são, em seguida, transportados para a circulação sangüínea e para a bile. Com certas substâncias a concentração sangüínea e a biliar será a mesma, mas alguns compostos altamente polares são preferencialmente secretados na bile por um processo de transporte ativo. A eliminação biliar parece aumentar com o peso molecular da substância. As substâncias estranhas eliminadas por ela sob a forma de conjugados (por exemplo, o ácido glicurônico) podem ser secundariamente hidrolisadas pelas enzimas presentes na bile, nas secreções e na flora intestinal. Enquanto os conjugados são compostos polares e, por conseguinte, não reabsorvíveis pelos intestinos, os produtos de hidrólise podem, eventualmente, ser não polares e, então, sofrer reabsorção intestinal, transporte até o fígado ou ressecreção biliar, novamente como conjugados. Esse é o ciclo enteroepático que ocorre para muitas substâncias orgânicas (Lauwerys & Lavenne, 1972).

Vias salivar e sudorípara

A eliminação por essas duas vias ocorre por mecanismos similares, mas é quantitativamente de menor importância. Ela depende da forma não ionizada e lipossolúvel do agente tóxico, que se difunde pelas células epiteliais das glândulas (Klaasen, 1975).

Assim, o pKa da substância e o pH da secreção primária, formada nos ácinos das glândulas, influem decisivamente na velocidade de eliminação. Provavelmente nos ductos das glândulas ocorra reabsorção da forma não ionizada da substância, dependendo do pH do líquido na luz do ducto. Não se sabe se ocorre secreção ativa através dos ductos (Goodman & Gilman, 1973).

Os compostos não lipossolúveis (uréia e glicerina) entram na saliva e no suor por processo de filtração através dos poros da membrana celular, mas na dependência de seus pesos moleculares (Goodman & Gilman, 1973).

Os compostos tóxicos eliminados no suor podem causar dermatites (Klaasen, 1975). As substâncias eliminadas na saliva são, geralmente, deglutidas e reabsorvidas pelo trato gastrintestinal.

ELIMINAÇÃO NO LEITE

Muitos compostos podem ser secretados no leite, apesar de essa não ser uma via de eliminação de grande importância, porque: a) um agente tóxico pode passar da mãe para o lactente por meio do leite materno – por exemplo, álcool, inseticidas organoclorados, etc. (Knowles, 1974); e b) agentes tóxicos, como inseticidas organoclorados, bifenilas policlorados, resíduos de metais e antibióticos, podem atingir o homem pela ingestão do leite de vaca (Luquet *et al.*, 1979).

Entre os fatores envolvidos na transferência das substâncias do plasma para o leite estão a solubilidade, o grau de ionização, a concentração e os mecanismos de transporte (Knowles, 1974). O conteúdo de gordura do leite é mais variável do que o de qualquer outro constituinte natural. Ele varia conforme a dieta, mas, em média, é de 3,5% (Knowles, 1974). Portanto, as substâncias com elevada lipossolubilidade (como compostos organoclorados) serão concentradas no leite por difusão simples (Klaasen, 1975; Knowles, 1974).

O leite é mais ácido que o plasma (pH de 6,6). A acidez é resultado, em parte, dos fosfatos ácidos solúveis. A ação tampão é fornecida por proteínas, fosfatos, citratos e bicarbonatos (Knowles, 1974). Sendo o leite mais ácido que o plasma, a concentração de compostos básicos é favorecida, enquanto a de ácidos normalmente é menor do que a verificada no plasma (Knowles, 1974).

REFERÊNCIAS BIBLIOGRÁFICAS

ALMEIDA, W. F. *Níveis sangüíneos de DDT em indivíduos profissionalmente expostos e em pessoas sem exposição direta a este inseticida no Brasil*. 1972. Tese (Doutorado) – Faculdade de Saúde Pública, Universidade de São Paulo.

AZEVEDO, F. A. *Determinação dos níveis séricos de inseticidas organoclorados em trabalhadores expostos*. 1979. Dissertação (Mestrado) – Faculdade de Ciências Farmacêuticas, Universidade de São Paulo.

BAGLAN, R. J. et al. Utility of placental tissue as an indicator of trace element exposure to adult and fetus. *Environ. Res.*, n. 8, p. 64-70, 1974.

BUCHET, J. P.; ROELS, H.; HUBERMONT, G.; LAUWERYS, R. Placental transfer of lead, mercury, cadmium and carbon monoxide in women: II, influence of some epidemiological factors on the frequency distributions of the biological indices in maternal and umbilical cord blood. *Environ. Res.*, n. 15, p. 494-503, 1978.

DJURIC, D. *Molecular*: cellular aspects of toxicology. Beograd: Institute of Occupational and Radiological Health, 1979, p. 18-20.

GIBSON, J. R.; LUDKE, J. L. Effects of SKF 525-A on brain acetylchlolinesterase inhibition by parathion in fishes. *Bull. Environ. Contam. Toxicol.*, n. 9, v. 3, p. 140-142, 1973.

GIESBRECHT, A. M.; ZYNGIER, S. B. Absorção e distribuição de fármacos. In: ZANINI, A. C.; OGA, S. *Farmacologia aplicada*. São Paulo: Atheneu, 1994. p. 25-31.

GOODMAN. L. S.; GILMAN, A. E. D. *As bases farmacológicas da terapêutica*. 4. ed. Rio de Janeiro: Guanabara-Koogan, 1973. p. 8-10.

GRAM, T. E.; GILLETTE, J. R. Biotransformation of drugs. In: *Fundamentals of biochemical phrmacology*. Oxford: Pergamon Press, 1971. p. 571-609.

GUYTON, A . C. *Tratado de fisiologia médica*. 4. ed. Rio de Janeiro: Guanabara-Koogan, 1973. p. 14-49.

HARVEY, R. A.; CHAMPE, P. C. *Farmacologia ilustrada*. 2. ed. Porto Alegre: Artmed, 1998. p. 1-16.

KLAASEN, C. D. Absorption, distribution and excretion of toxicants. In: CASARETT, L. J.; DOULL, J. *Toxicology, the basic science of poison*. New York: Macmillan Pub. Co., Inc., 1975. p. 30-42.

KNOWLES, J. A. Breast milk: source of more than nutrition for the neonate. *Clin. Toxicol.*, n. 7, v. 1, p. 69-82, 1974.

KRAMPL, V.; VARGAYÁ, M.; VLADÁR, M. Induction of hepatic microssomal enzymes after administration of a combination of heptachlor and phenobarbital. *Bull. Environ. Contam. Toxicol.*, n. 9, v. 3, p. 156-162, 1973.

LAUWERYS, R.; BUCHET, J. P.; ROELS, H.; HUBERMONT, G. Placental transfer of lead, mercury, cadmium and carbon monoxide in women: I. Comparison of the frequency distributions of the biological indices in material and umbilical card blood. *Environ. Res.*, n. 15, p. 278-289, 1978.

LAUWERYS, R.; LAVENNE, F. *Précis de toxicologie industrielle et des intoxications professionnelles*. Gembloux: Editions J. Duculot, 1972. p. 60-63.

LODISH, H. F.; ROTHMAN, J. E. The assembly of cell membranes. *Scient. Am.*, n. 240, v. 1, p. 38-53, 1979.

LUQUET, F. M.; MAHIEV, H.; MOUILLET, L.; BOURDIER, J. F. Pesticides, résidues métalliques, antibiotique. *L'Alim. Et la vie.*, n. 67, v. 2, p. 73-90, 1979.

MAIBACH, H. I.; FELDMANN, R. J.; MILBY, T. H.; SERAT, W. F. Regional variation in percutaneous penetration in man. *Arch. Environ. Health*, n. 23, p. 208-211, 1971.

MICK, D. L.; LONG, K. R.; DRETCHEN, J. S.; BONDERMAN, D. P. Aldrin and dieldrin human blood components. *Arch. Environ. Health*, n. 23, p. 177-80, 1971.

MORGAN, D. P.; ROAN, C. C.; PASCHAL, E. H. Transport of DDT, and dieldrin in human blood. *Bull. Environ. Contam. Toxicol.*, n. 8, v. 6, p. 321-326, 1972.

OGA, S. Biotransformação e excreção de drogas. In: ZANINI, A. C.; OGA, S. *Farmacologia aplicada*. São Paulo: Atheneu, 1979. p. 45-52.

OMURA, T.; SATO, R. The carbon monoxide-binding pigment of liver microssomes I. Evidence for its hemoprotein nature. *J. Biol. Chem.*, n. 239, p. 2370-2378, 1964.

PARKE, D. V. *The biochemistry of foreign compounds*. 5. ed. Oxford: Pergamon Press, 1968. p. 34-55.

PATTY, F. A. (Ed.). *Industrial hygiene and toxicology*. 2. ed. New York: John Wiley & Sons, 1967. p. 154.

PELCZAR Jr., M. J.; CHAN, E. C. S.; KRIEG, N. R. *Microbiologia*: conceitos e aplicações. 2. ed. São Paulo: Makron Books do Brasil, 1997. v. 1, p. 128.

REEVES, A. L. The metabolism of foreign compounds. In: REEVES, A. L. (Ed.). *Toxicology*: principles and practice. New York: John Wiley & Sons, Inc., 1981. p. 1-28.

ROELS, H. et al. Placental transfer of lead, mercury, cadmium, and carbon monoxide in women. *Environ. Res.*, n. 16, p. 236-247, 1978.

SINGER, S. J.; NICOLSON, G. L. The fluid mosaic model of the struture of cell membranes. *Science*, n. 175, p. 720, 1972.

ZANINI, A. C.; OGA, S. Introdução à Farmacologia. In: ZANINI, A. C.; OGA, S. *Farmacologia aplicada*. São Paulo: Atheneu, 1994. p. 3-10.

WEIL, E. *Eléments de toxicologie industrielle*. Paris: Masson et Cie, 1975. p. 17-40.

Capítulo 3

TOXICODINÂMICA

Monica Maria Bastos Paoliello e Erasmo Soares da Silva

RELAÇÃO ENTRE TOXICOCINÉTICA E TOXICODINÂMICA

A geração de efeitos tóxicos em organismos vivos, distante do local de introdução do agente tóxico, requer a consideração de dois aspectos distintos: absorção no local de entrada e alcance do órgão-alvo; e os eventos celulares mediados pelos agentes químicos no órgão-alvo ou nas células. Para que o toxicante alcance o alvo, fatores como duração e magnitude da exposição e potencial de acumulação são importantes. Portanto, a produção da toxicidade pode ser subdividida em Toxicocinética (movimento dos agentes químicos dentro dos sistemas biológicos) e Toxicodinâmica (ações dos agentes químicos no órgão-alvo) (Renwick, 1999).

A Figura 3.1 apresenta a relação entre Toxicocinética e Toxicodinâmica. Estudos sobre absorção, distribuição, metabolismo e excreção fazem parte de um primeiro passo essencial na avaliação sobre o que vai ocorrer com o toxicante no organismo. Todos esses fenômenos determinam a biodisponibilidade, ou seja, a concentração disponível na corrente sangüínea em condições de atingir o sítio-alvo e que, portanto, reflete a concentração no sítio de ação em condição de agir (exercer o efeito tóxico). O termo biodisponibilidade é um conceito muito importante em Toxicocinética, sendo um fator mais crítico do que a dose administrada na determinação da toxicidade de um agente. É a dose que reflete a quantidade absorvida pelo organismo, considerando as diferentes vias de introdução (dose interna), ou que atinge o sítio de ação (dose efetiva), determinada pela velocidade e pela quantidade da substância que alcança intacta a circulação sistêmica (Medinsky & Klaassen, 1996).

O processo de liberação do agente tóxico no local onde ocorre o efeito depende desses processos. Enquanto a Toxicocinética relaciona a dose externa à quantidade que alcança o órgão-alvo, a Toxicodinâmica relaciona a quantidade liberada no sítio de ação em condições efetivas de agir (ou dose interna) à resposta do órgão-alvo.

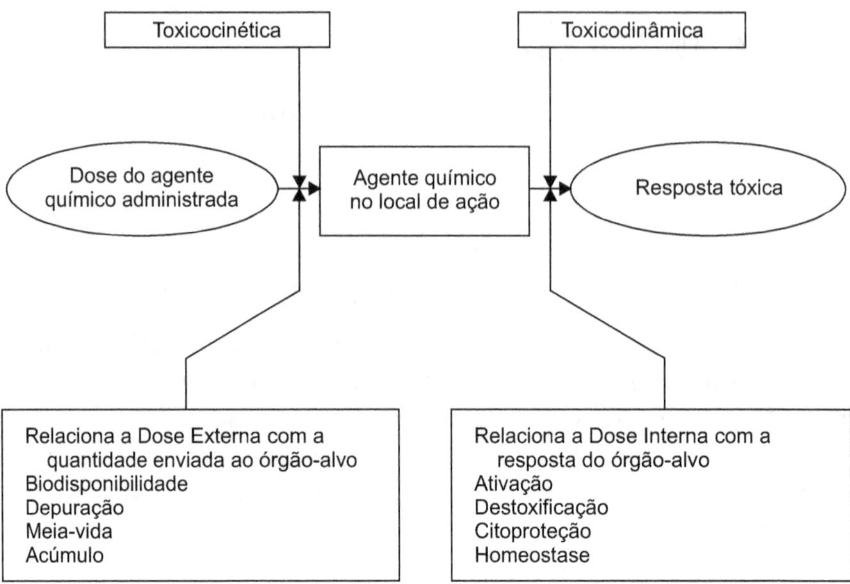

Figura 3.1   Relação entre Toxicocinética e Toxicodinâmica. *Fonte*: Renwick, 1999.

Fatores como biodisponibilidade, depuração (*clearance*), meia-vida e acúmulo de um agente tóxico interferem diretamente no movimento desse agente no organismo. O termo *clearance* (CL) ou depuração é definido pela equação abaixo:

$$CL = \frac{\text{taxa de eliminação do agente químico}}{\text{concentração plasmática}} \qquad (1)$$

Portanto, *clearance* é o processo pelo qual o agente químico é removido permanentemente da circulação, por biotransformação ou excreção. Está diretamente relacionado à meia-vida de eliminação, correspondente ao tempo necessário para que a concentração de um agente tóxico presente no organismo seja reduzida à metade (Mídio, 1992).

Ainda em relação à Figura 3.1, observa-se que, após a liberação no local de ação, o agente tóxico pode ser modificado por fatores como ativação, destoxificação, citoproteção e homeostase, que interferirão na manifestação da resposta tóxica. No processo de ativação, também chamado de toxificação, a substância química tem sua reatividade aumentada. De acordo com Mídio (1992), destoxificação é a conversão de um agente tóxico para formas mais facilmente excretáveis, geralmente por meio de reações de biotransformação.

Importância da Toxicodinâmica

Um dos principais objetivos da Toxicologia está relacionado ao entendimento dos caminhos pelos quais os agentes químicos exercem efeitos nocivos ao organismo, bem como o uso dessa informação para minimizá-los.

A importância do conhecimento dos mecanismos de toxicidade dos agentes químicos torna-se fundamental no âmbito da toxicologia porque:

- fornece uma base racional para interpretação descritiva dos dados toxicológicos;
- estima a probabilidade de um agente químico causar efeito nocivo;
- estabelece procedimentos para prevenir e antagonizar os efeitos tóxicos;
- auxilia no desenvolvimento de medicamentos e agentes químicos industriais com menor chance de causar danos;
- auxilia no desenvolvimento de praguicidas mais seletivos aos organismos-alvo.

Desenvolvimento da toxicidade

Como resultado de um grande número de agentes tóxicos e de estruturas biológicas e processos fisiológicos que podem sofrer danos, há uma variedade de manifestação de efeitos tóxicos. Conseqüentemente, há vários caminhos que podem levar à expressão toxicidade. A Figura 3.2 mostra os estágios potenciais no desenvolvimento da toxicidade após a exposição a xenobióticos. Uma via comum é quando o toxicante alcança a molécula-alvo e reage com ela, resultando em disfunção celular. Outras vezes, o xenobiótico não alcança o alvo específico, mas influencia adversamente o microambiente biológico, causando disfunção molecular, celular e de organelas ou órgãos, levando a efeitos deletérios. O caminho mais complexo envolve mais etapas. Primeiro, o toxicante alcança o alvo e interage com moléculas endógenas, causando perturbações na função ou na estrutura celular e iniciando mecanismos que provocam dano. Quando essas perturbações induzidas pelo toxicante excedem a capacidade de reparação do organismo, a toxicidade se manifesta, podendo ocorrer, por exemplo, necrose tissular, câncer ou fibrose.

A Figura 3.3 demonstra que a presença do toxicante no sítio de ação é condição primeira para que ocorra o dano. A intensidade de um efeito tóxico depende primariamente da concentração e da permanência do toxicante no respectivo sítio de ação. O toxicante é a espécie química que reage com moléculas endógenas alvo (por exemplo, receptor, enzima, DNA, proteína e lipídio) ou altera criticamente o microambiente biológico, iniciando alteração estrutural ou funcional que resulta na toxicidade. Freqüentemente, esse toxicante "final" é um metabólito do composto inicial, ao qual o organismo é exposto, gerado na biotransformação. Ocasionalmente, pode ser uma molécula endógena.

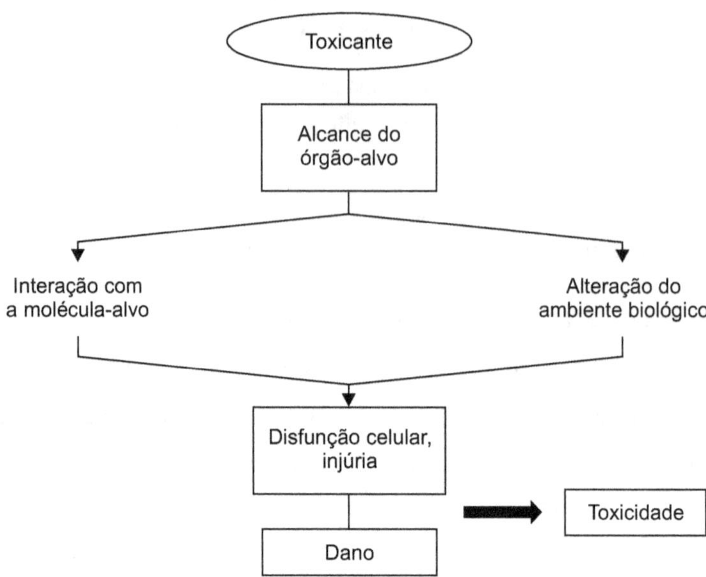

Figura 3.2   Estágios potenciais no desenvolvimento de toxicidade após exposição a toxicantes. *Fonte*: Gregus & Klaassen, 2001.

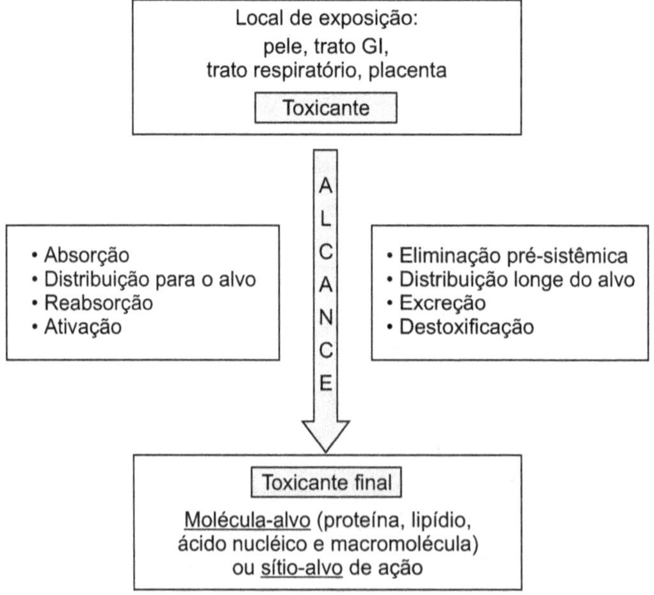

Figura 3.3   Processo de alcance do toxicante no sítio-alvo de ação. *Fonte*: Gregus & Klaassen, 2001.

Para atingir o sítio-alvo, o toxicante precisa atravessar várias barreiras. Esse caminho depende de vários fatores, descritos a seguir.

a) Absorção *versus* eliminação pré-sistêmica

Conforme definido anteriormente, o processo de absorção corresponde à transferência de um agente químico do local de exposição para a circulação sistêmica. Durante o processo de absorção, o toxicante pode ser eliminado, ocorrendo diminuição de sua disponibilidade sistêmica.

Quando absorvidos pelo trato gastrintestinal, os toxicantes podem sofrer eliminação pré-sistêmica durante a passagem pela mucosa gastrintestinal e pelo fígado, os quais apresentam capacidade de eliminar significativas frações desses compostos. Com isso, haverá redução dos efeitos tóxicos dos xenobióticos. O etanol, por exemplo, é oxidado pela enzima álcool-desidrogenase na mucosa gástrica, já o manganês é recapturado do sangue para o fígado e excretado pela bile.

Entretanto, pode ocorrer injúria dos tecidos e órgãos envolvidos na eliminação pré-sistêmica, como, por exemplo, no caso dos pulmões, pelo paraquat, um herbicida que apresenta alta toxicidade.

b) Distribuição para o alvo *versus* longe do alvo

Conforme abordado no Capítulo 2, os toxicantes saem da circulação sangüínea durante a fase de distribuição e entram no espaço extracelular, podendo penetrar nas células.

Compostos solúveis em lipídeos movem-se rapidamente para dentro das células por difusão. Em contraste, substâncias altamente ionizadas e xenobióticos hidrofílicos estão restritos ao espaço extracelular, a menos que ocorra transporte especializado na membrana.

Os principais mecanismos que facilitam a distribuição ao alvo são:

- porosidade do endotélio capilar;
- transporte especializado através da membrana plasmática;
- acúmulo nas organelas celulares;
- ligação intracelular reversível (por exemplo, ligação com a melanina).

Os principais mecanismos que dificultam a distribuição ao alvo:

- ligação com proteínas plasmáticas;
- barreiras especializadas (por exemplo, baixa porosidade aquosa dos capilares do cérebro);
- distribuição para sítios de armazenamento;

- associação com proteínas intracelulares;

- exportação das células (toxicantes intracelulares podem ser transportados de volta para o espaço extracelular).

c) Excreção *versus* reabsorção

Excreção é definida como remoção de xenobióticos do sangue e seu retorno para o ambiente externo. É um mecanismo físico, enquanto a biotransformação é um mecanismo químico para eliminação de um toxicante.

Para substâncias não voláteis, a maior estrutura excretora dentro do organismo é o glomérulo renal, que filtra moléculas pequenas através dos poros; as células dos túbulos proximal transportam ativamente agentes químicos do sangue para os túbulos renais.

A rota e a velocidade de excreção dependem das propriedades físico-químicas do toxicante.

Não há mecanismo eficiente de eliminação de compostos altamente lipofílicos como, por exemplo, bifenilas polihalogenadas e praguicidas clorados. Quando resistentes à biotransformação, são eliminados muito lentamente e tendem a se acumular no organismo após repetidas exposições.

A reabsorção por difusão é um processo que depende da lipossolubilidade do composto. Para ácidos e bases orgânicas, a difusão está inversamente relacionada à extensão da ionização. Como visto anteriormente, a ionização é fortemente dependente do pH. A acidificação da urina favorece a excreção de bases fracas e a alcalinização, de ácidos fracos.

d) Toxificação *versus* destoxificação

Uma variedade de xenobióticos apresenta diretamente toxicidade, enquanto outros são tóxicos em razão de seus metabólitos. A biotransformação para produtos mais tóxicos é chamada de toxificação ou ativação metabólica. No processo de toxificação, o xenobiótico tem sua reatividade aumentada após formação de eletrófilos, radicais livres, nucleófilos ou reagentes redox.

O processo de biotransformação que elimina o toxicante final (aquele que alcança o sítio-alvo) ou previne sua formação é chamado destoxificação. Esse processo pode tomar vários caminhos, dependendo da natureza do agente químico.

A toxicidade é mediada por reação do toxicante final com a molécula-alvo. Ainda em relação à Figura 3.3, se o toxicante tiver chegado ao sítio-alvo de ação, conseqüentemente, uma série de eventos bioquímicos secundários ocorrerão, levando à disfunção ou injúria, manifestada em vários níveis de organização biológica. A toxicidade pode se relacionar com a molécula-alvo, as organelas celulares, as células, os tecidos, os órgãos ou mesmo todo o organismo. Praticamente todos os componentes endógenos podem ser alvos potenciais para toxicantes.

Mecanismos de ação tóxica

Inibição enzimática

Há várias substâncias cujo mecanismo de ação tóxica se baseia na inibição de diferentes enzimas nos organismos vivos.

Os inseticidas organofosforados inativam as colinesterases e, em conseqüência, reforçam os efeitos dos nervos colinérgicos e os da acetilcolina exógena. Agem pelo mesmo mecanismo os derivados do ácido N-metil-carbâmico (carbamatos) (Oga, 2003).

As colinesterases possuem dois sítios de ação: um aniônico e um esterásico. O sítio aniônico liga-se ao nitrogênio da acetilcolina, carregado positivamente, enquanto no sítio esterásico há hidroxila de um resíduo do aminoácido serina, que se liga covalentemente à carboxila da acetilcolina (Mídio & Silva, 1995).

Os compostos organofosforados inibem a enzima ligando-se à hidroxila do resíduo de serina, conforme a Figura 3.4 (Mídio & Silva, 1995).

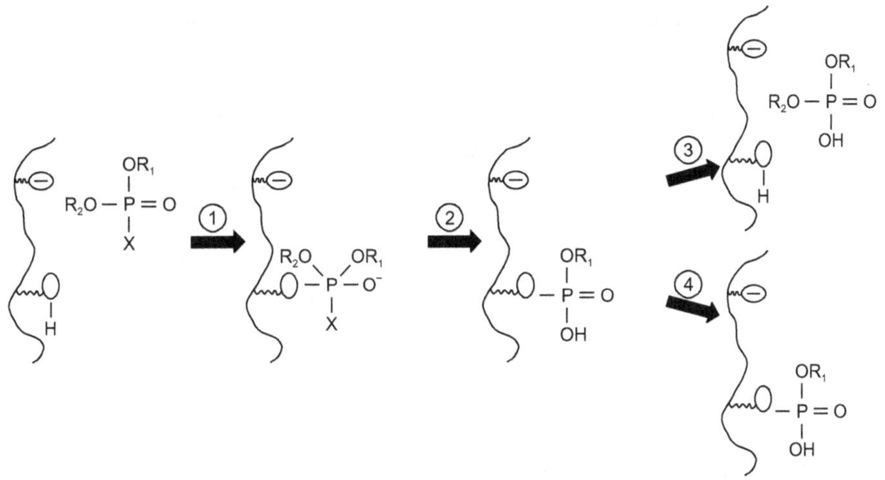

Figura 3.4 Mecanismo de inibição de colinesterases pelo inseticida organofosforado. *Fonte*: Mídio & Silva, 1995.

No caso dos inseticidas carbamatos, ocorre ligação entre a hidroxila do resíduo de serina e o carbono do grupo amida da molécula do inseticida (Figura 3.5) (Mídio & Silva, 1995).

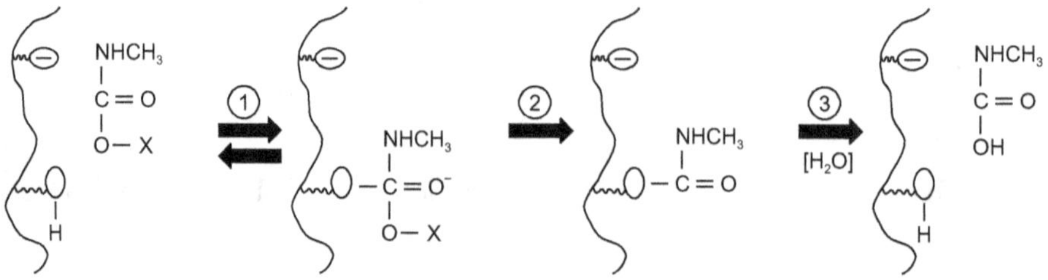

Figura 3.5 Mecanismo de inibição de colinesterase pelo inseticida carbamato. *Fonte*: Mídio & Silva, 1995.

Apesar de esses dois grupos de compostos apresentarem o mesmo mecanismo de ação, a ligação do inseticida carbamato com a enzima pode ser revertida, enquanto a ligação do inseticida organofosforado com a enzima é praticamente irreversível, como se pode observar na Figura 3.4, em que a etapa nº 4 da reação gera um complexo bastante estável (Mídio & Silva, 1995).

Os sintomas decorrentes da intoxicação por esses compostos são caracterizados por um quadro colinérgico, dentre os quais se destacam: sudorese, hipersialose, miose, vômitos, aumento de secreções no trato respiratório, bronquioconstrição, entre outros (Mídio & Silva, 1995).

Apesar de os sinais e os sintomas da intoxicação se manifestarem por inibição enzimática no sistema nervoso, as colinesterases podem estar presentes em vários locais do organismo humano, inclusive no sangue. Logo, a medida da atividade de colinesterases sangüíneas pode ser utilizada como parâmetro de avaliação da exposição ou da intoxicação por esses compostos. Nesse caso, a toxicodinâmica é ferramenta essencial para prevenção e diagnóstico de uma intoxicação (Mídio & Silva, 1995).

O chumbo é um metal que também apresenta como mecanismo de ação tóxica a inibição enzimática. Sua ação mais estudada é a interferência na biossíntese do heme, agindo em várias reações enzimáticas nos eritroblastos da medula óssea durante o processo de formação da hemoglobina (Mídio & Martins, 2000).

As enzimas inibidas pelo chumbo são: ácido-deltaminolevulínico desidratase, coproporfirinogênio oxidase, ferro quelatase e heme oxidase (Goyer, 1996).

Pela inibição da síntese do heme, ocorre acúmulo de ácido deltaminolevulínico, excretado pela urina, e de protoporfirina no eritrócito. Como não ocorre ligação do ferro com o grupo heme, em função da inibição da ferro quelatase, encontra-se o grupo heme ligado ao zinco. Portanto, a medida do ácido deltaminolevulínico urinário e da zinco-protoporfirina eritrocitária pode ser usada como indicadora de exposição ao chumbo (Salgado, 1996).

A ação tóxica do mercúrio é fundamentada na grande afinidade que o metal apresenta com os grupamentos sulfidrila de enzimas. A fácil união do mercúrio com o enxofre, por meio de ligação covalente, se dá pela substituição de átomos de hidrogênio, formando os chamados mercaptídeos (Mídio & Martins, 2000).

O mercúrio pode inibir a enzima monoaminooxidase, resultando em acúmulo de serotonina endógena, que gerará distúrbios neuropsíquicos, como alteração da personalidade, perda de capacidade de concentração, depressão, irritabilidade, insônia, etc. (Salgado *et al.*, 1987).

MECANISMOS DE TRANSDUÇÃO

Os receptores desencadeiam muitos tipos diferentes de efeitos celulares, os quais podem ser muito rápidos ou lentos, levando várias horas para a manifestação do efeito. Em função da estrutura molecular e da natureza do mecanismo de transdução, pode-se dividi-los em quatro grupos (Rang *et al.*, 2001).

- TIPO 1 (receptores ligados a canais): também chamados de receptores ionotrópicos. São receptores de membrana acoplados diretamente a um canal iônico, onde atuam neurotransmissores rápidos (receptor nicotínico da acetilcolina, receptor GABA e receptor de glutamato). Estudos demonstram que, quando a acetilcolina se liga ao receptor nicotínico, há alteração na conformação das proteínas componentes do receptor, de forma que se abre um poro entre essas proteínas, permitindo a passagem de íons sódio e potássio.

- TIPO 2 (receptores acoplados à proteína G): conhecidos como receptores metabotrópicos ou receptores de sete domínios transmembrana. Estão acoplados a sistemas efetores intracelulares por meio de uma proteína G. Nessa classe estão incluídos receptores para muitos hormônios e transmissores lentos, como os receptores muscarínicos para acetilcolina e receptores adrenérgicos. A proteína G é uma proteína de membrana que consiste em três subunidades ($\alpha\beta\gamma$). Quando o receptor é ocupado pelo agonista, a subunidade α se dissocia e fica livre para ativar um efetor (uma enzima de membrana ou canal iônico). Em alguns casos, a subunidade $\beta\gamma$ pode ser a espécie ativadora. Os três sistemas efetores acoplados à proteína G são: sistema adenilato/AMPc (adenosina monofosfato cíclico), sistema da fosfolipase C/fosfato de inositol e regulação de canais iônicos. O sistema adenilato ciclase/AMPc ativa várias proteínas quinases que controlam a função celular de muitas maneiras diferentes, causando a fosforilação de várias enzimas, transportadores e outras proteínas. O sistema fosfolipase C/fosfato de inositol catalisa a formação de dois mensageiros intracelulares, o IP3 e o DAG, a partir do fosfolipídeo de membrana. O IP3 atua ao aumentar o cálcio citossólico livre por meio da liberação do cálcio dos compartimentos intracelulares. O aumento de cálcio livre inicia numerosos eventos, incluindo contração, secreção, ativação enzimática e hiperpolarização de membrana. O DAG ativa a proteína quinase C, que controla muitas funções celulares por intermédio da fosforilação de uma variedade de proteínas. A proteína G ligada a receptores também controla a fosfolipase A (e, portanto, a formação de ácido aracdônico e eicosanóides, bem como os canais iônicos, como, por exemplo, canais de potássio e cálcio, afetando, assim, a excitabilidade da membrana, a liberação de transmissores, a contratilidade, etc.).

- TIPO 3 (receptores ligados à quinase): são receptores de membrana que incorporam um domínio intercelular de proteína quinase (em geral, tirosina quinase) em sua estrutura. Como exemplo, têm-se os receptores de insulina e de várias citocinas e fatores de crescimento. Os receptores de citocina possuem um domínio intracelular que se liga a quinases citossólicas e as ativa quando o receptor está ocupado. Em geral, a transdução envolve dimerização dos receptores, seguida de autofosforilação dos resíduos de tirosina. Os resíduos de fosfotirosina atuam em uma variedade de proteínas intracelulares, permitindo, assim, o controle de numerosas funções. Estão envolvidos em eventos que controlam o crescimento e a diferenciação celulares e atuam indiretamente ao regular a transcrição de genes. Eventos mediados por esses receptores envolvem a fosforilação de proteínas, que controla o funcionamento e as propriedades de ligação de proteínas intracelulares.

- TIPO 4: são receptores que regulam a transcrição de genes. Conhecidos também como receptores nucleares, embora alguns deles estejam na realidade localizados no citossol e não no compartimento nuclear. Incluem receptores para hormônios esteróides, hormônio tireoideano e outros agentes, como ácido retinóico e vitamina D. Esses receptores normalmente se localizam no núcleo e os ligantes são todos compostos lipofílicos capazes de atravessar facilmente a membrana celular. Por meio da ligação de uma molécula de esteróide, o receptor muda sua configuração, facilitando a formação de dímeros do receptor. Esses dímeros se ligam a seqüências específicas do DNA nuclear, conhecidas como elementos responsivos a hormônios, havendo aumento na atividade da RNA polimerase e na produção de RNA mensageiro específico poucos minutos após a adição do esteróide. O padrão de ativação dos genes depende tanto do tipo celular quanto da natureza do ligante, de modo que os efeitos são altamente diversos. Diferentes hormônios esteróides são capazes de induzir ou reprimir genes específicos e, portanto, iniciar padrões completamente diferentes de síntese protéica. Por exemplo, os glico-corticóides inibem a transcrição do gene da ciclooxigenase-2, que pode ser responsável por suas propriedades antiinflamatórias.

A Figura 3.6 apresenta a organização molecular de membros típicos de cada uma dessas quatro famílias de receptores.

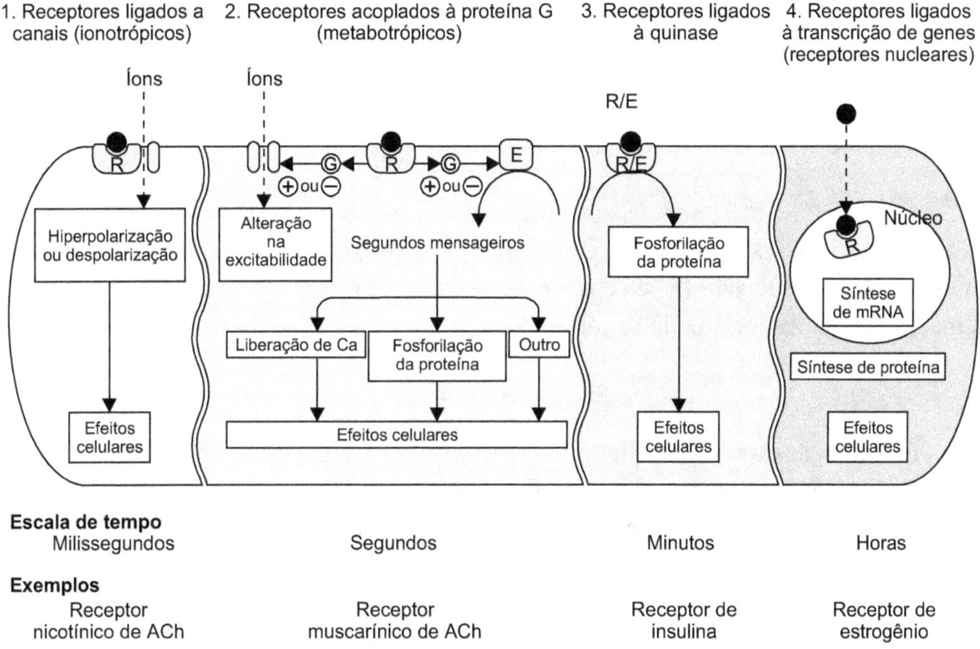

Figura 3.6 Tipos de ligação receptor–efetor (R = receptor; G = proteína; E = enzima). *Fonte*: Rang, 2001.

Vários agentes tóxicos podem exercer sua ação por meio de interação com receptores. A ligação entre o receptor e o ligante normalmente é reversível e pode ser descrita pela expressão (Oga, 2003):

$$R + S \rightleftharpoons RS \tag{2}$$

A constante de dissociação do complexo formado pode ser expressa por:

$$Kd = k1/k2 = [R][S]/[RS] \tag{3}$$

em que [R], [S] e [RS] representam, respectivamente, as concentrações do receptor livre, do agente ligante e do receptor complexado com o ligante. O ligante pode ser uma substância que promova ativação (agonista) ou bloqueio (antagonista) da resposta.

O número total de receptores pode ser escrito da seguinte forma:

$$[R]t = [RS] + [R] \tag{4}$$

$$[R] =] [R]t - [RS] \tag{5}$$

Substituindo a equação 5 na equação 3 e efetuando rearranjo, obtém-se:

$$[RS]/[R]t = [S]/Kd[S]$$

A relação [RS]/[R]t representa a fração de receptores que está ocupada pelo ligante quando o toxicante está presente na concentração [S]. Se o efeito (E) resultante da interação entre ligante (S) e receptor (R) é dependente da fração de receptores ocupados pelo ligante, a magnitude de resposta pode ser obtida por:

$$E = [S]/ Kd[S]$$

Essa equação expressa uma função hiperbólica e é a base da cinética de Michaelis-Menten, descrita para interação enzima–substrato. Essas ligações possuem alta estéreo-seletividade de ação e qualquer alteração estrutural do ligante tende a modificar ou abolir o efeito.

Nos sistemas nervosos central e autônomo a atropina e a escopolamina fixam-se e bloqueiam os receptores muscarínicos da acetilcolina. Os receptores nicotínicos da acetilcolina situados nos gânglios são bloqueados pelo hexametônio, enquanto os da placa terminal da junção neuromuscular, pelo decametônio e pela d-tubocurarina. Em todos os casos eles bloqueiam a ação da acetilcolina, que é o mediador fisiológico normal nesses sítios de ação (Oga, 2003).

Os agentes benzodiazepínicos atuam de modo muito específico sobre os receptores do GABA (ácido gama-aminobutírico) que medeiam a resposta sináptica inibitória rápida produzida pela atividade dos neurônios GABA-érgicos. O efeito dos benzodiazepínicos consiste em potencializar a resposta ao GABA, facilitando a abertura de canais de cloreto ativados por esse neurotransmissor (Rang *et al.*, 2001).

Os benzodiazepínicos ligam-se a um sítio regulador do receptor, distinto do sítio de ligação do GABA, e atuam de modo alostérico, aumentando a afinidade do GABA com o receptor (Rang *et al.*, 2001).

Fosforilação oxidativa

A fosforilação oxidativa é um dos eventos mais importantes na produção de energia celular e ocorre na mitocôndria das células.

A membrana mitocondrial interna (MMI) contém complexos da cadeia respiratória (numerados, I, II, III e IV) e ATP sintase (complexo V, responsável direto pela fosforilação oxidativa).

As membranas biológicas oferecem enorme resistência à corrente elétrica, por serem formadas por uma bicamada de lipídeos. Entretanto, a MMI é facilmente percorrida por elétrons.

Permanentemente, uma corrente elétrica de 1 A flui do complexo I ao complexo IV, numa ddp = 1,2 V. O fluxo dessa corrente elétrica é possível porque os complexos da cadeia respiratória contêm átomos de cobre e ferro (em centros ferro-enxofre, em grupamentos heme, dentre outras formas) por onde os elétrons fluem sem entrar em contato com os lipídeos da membrana.

Cada complexo está separado pelos lipídeos de membrana. Os elétrons podem passar de um complexo para outro por meio de transporte pela coenzima Q (ubiquinona) e pelo citocromo C.

A ubiquinona é solúvel nos lipídeos de membrana. Apesar de o citocromo C ser hidrossolúvel, ele transporta elétrons do complexo III ao complexo IV, porque esses complexos atravessam a membrana mitocondrial de um lado a outro – o citocromo C percorre a superfície externa da MMI, servindo de transportador de elétrons um a um.

A coenzima Q transporta os elétrons que estão nos complexos I e II para o complexo III; o citocromo C faz o transporte do complexo III para o IV, o último da cadeia de transporte.

A corrente elétrica que percorre a MMI aciona bombas que transportam prótons (H^+) para fora da mitocôndria, criando uma diferença de concentração de prótons (ΔpH) de cada lado da MMI. Esse fenômeno ocorre graças às desidrogenases que geram $NADH+H^+$ e $FADH_2$, que, na cadeia respiratória, produzem uma corrente elétrica capaz de fazer transporte ativo de prótons para fora da mitocôndria. A energia contida nas moléculas combustíveis (glicose e ácidos graxos) é transferida aos prótons.

Os prótons adquirem energia cinética, permanecendo em elevada agitação térmica fora da mitocôndria, no espaço intermembranas (Rang *et al.*, 2001).

Esses prótons se chocam violentamente uns contra os outros e todos contra a MMI; possuem enorme tendência de reentrar na mitocôndria, movidos pelos gradientes elétrico (o interior é negativo) e químico (há mais prótons fora do que dentro da mitocôndria). O único caminho adequado é a ATP sintase.

O acoplamento entre as reações de oxi-redução da cadeia respiratória e a síntese de ATP ocorre no plano da ATP sintase. Esse complexo V não participa do transporte de elétrons nem contribui para aumentar o gradiente de prótons. Ao contrário, a ATP sintase consome esse gradiente.

O complexo V é conhecido como "ATP sintase F1Fo", em que F significa fator de acoplamento, *o,* sensibilidade à oligomicina (um antibiótico que bloqueia a enzima) e 1, primeiro sítio catalítico (em que ocorre a fosforilação do ADP, gerando ATP).

Isoladamente, F1 é uma enzima que hidrolisa ATP (F1 ATPase ou hidrolase 1). Fo é um canal iônico exclusivo para prótons capaz de dissipar completamente o gradiente de prótons se for separado de F1. Aqueles que penetram no canal Fo se ligam a aminoácidos (Rang *et al.,* 2001).

À medida que chegam à matriz, desviam o equilíbrio da reação abaixo no sentido da formação de ATP.

$$\text{ADP} + \text{Pi} + \text{H}^+ \; \rightleftharpoons \; \text{ATP} + \text{H}_2\text{O}$$

É relativamente fácil aproximar Pi e ADP no centro ativo, vencendo a repulsão de carga entre os átomos de fósforo. É ainda mais fácil separar um do outro, hidrolisando a ATP.

A ATP sintase originalmente é uma ATP hidrolase – daí também ser conhecida como ATPase Mitocondrial. Em razão do gradiente de prótons (elevada concentração local de H^+), a reação de hidrólise é revertida.

O processo é semelhante ao da produção de energia elétrica pelas hidrelétricas: a água é represada por uma barragem e obrigada a descer por um canal até atingir as pás do reator – a energia cinética da água em movimento é convertida em energia elétrica (Rang *et al.,* 2001).

Vários agentes químicos podem interferir na síntese do ATP mitocondrial. Essas substâncias são divididas em quatros grupos (Gregus & Klaassen, 1996):

- Grupo I: substâncias que interferem na liberação de hidrogênio para a cadeia de transporte de elétrons. Por exemplo, o monofluoracetato inibe o ciclo do ácido cítrico e a produção dos co-fatores reduzidos.

- Grupo II: substâncias como a rotenona e o cianeto, que inibem o transporte de elétrons pela cadeia de transporte até serem receptados pelo oxigênio.

- Grupo III: substâncias que interferem na liberação de oxigênio no transportador final de elétrons, a citocromo oxidase. Como exemplos, o monóxido de carbono, que complexa com a hemoglobina formando a carboxemoglobina e impedindo o transporte de oxigênio para os tecidos, e os agentes metemoglobinizantes, que oxidam o ferro da hemoglobina, impedindo também que o oxigênio se ligue a seu sítio nessa proteína.

- Grupo IV: substâncias que inibem a atividade de ATP sintase. Nesse caso, a síntese do ATP pode ser inibida de quatro maneiras: 1. inibição direta da ATP sintase (oligomicina); 2. interferência na liberação de ADP (DDT); 3. interferência na liberação de fosfato inorgânico (p-benzoquinona); e 4. substâncias desacopladoras da fosforilação oxidativa (2,4-dinitrofenol e pentaclorofenol). Esses agentes químicos transportam prótons para a matriz mitocondrial, impedindo, portanto, que estes sejam transportados pelo canal Fo. Assim, não há produção de ATP pela enzima F1.

Interações entre agentes tóxicos

Na exposição a mais de dois toxicantes, deve-se considerar a possibilidade de um composto interferir na ação do outro. Portanto, numa mistura de agentes tóxicos, pode haver alterações nos efeitos que produziriam separadamente.

No **efeito aditivo** o efeito tóxico final é igual à soma dos efeitos produzidos separadamente. Por exemplo, a exposição a chumbo e arsênico na inibição da biossíntese do heme gera aumento aditivo de coproporfirinogênio na urina.

No **efeito sinérgico** o efeito final é maior que a soma dos efeitos individuais. A exposição ao tetracloreto de carbono e a compostos clorados aromáticos promovem hepatotoxicidade sinérgica.

Na **potenciação** o efeito de um xenobiótico é aumentado por interagir com outro toxicante que, originalmente, não produziria tal efeito tóxico. O propanolol não é hepatotóxico, entretanto, junto com o tetracloreto de carbono sua hepatotoxicidade é aumentada.

Quando um toxicante reduz o efeito tóxico de outro, observa-se um antagonismo, em que o efeito tóxico final será menor. No **antagonismo competitivo**, o antagonista compete com o agonista pelo mesmo sítio de ação, sem reagir com este último nem com seus receptores. Por exemplo, os praguicidas organofosforados inibem a enzima colinesterase com o acúmulo de acetilcolina nas sinapses colinérgicas. A atropina (antagonista) bloqueia os receptores de acetilcolina, sendo usada no tratamento das intoxicações por organofosforados. No **antagonismo químico**, o antagonista reage com o agonista (responsável pela ação tóxica), inativando-o. Por exemplo, o EDTA forma complexos solúveis com o chumbo. Quando dois agonistas agem sobre o mesmo sistema, produzindo efeitos contrários, tem-se o **antagonismo funcional**. Os glicosídeos cardiotônicos, por exemplo, aumentam a pressão arterial e os bloqueadores α-adrenérgicos atuam diminuindo a pressão arterial.

MECANISMOS ESPECIAIS

CARCINOGÊNESE

O processo de carcinogênese envolve interações complexas entre vários fatores, tanto exógenos (ambientais) quanto endógenos (genéticos, hormonais, etc.).

O estabelecimento de modelos experimentais para o estudo da carcinogênese utilizando roedores permitiu a definição de duas fases distintas do processo: iniciação e promoção.

A iniciação geralmente é induzida por um potente agente mutagênico e é irreversível. Pode ser considerada uma fase crítica, uma vez que a célula com mutação permanece dormente até que um evento epigenético (alteração no padrão gênico decorrente de outros fatores que não a mutação) se manifeste.

A promoção é a fase seguinte, de duração variável e representada por uma série de eventos reversíveis que envolvem, principalmente, a ativação da transcrição de genes (Santelli, 2003).

A maioria dos tumores tem origem unicelular e a expansão clonal dessa célula inicial dá origem a uma população que apresenta vantagens quanto a sua capacidade proliferativa em relação às demais. Essa população exibe baixa estabilidade genética e novos mutantes são produzidos com maior freqüência que em uma população normal. A maioria dessas populações será eliminada, mas algumas, com vantagens seletivas adicionais, serão mantidas, dando origem a novas subpopulações de células tumorais. A progressão tumoral envolve ciclos sucessivos de mutação e seleção. Durante a progressão tumoral, o tumor pode sofrer modificações em suas características fenotípicas, adquirindo comportamento cada vez mais agressivo. Além da expansão da massa tumoral, há invasão dos tecidos adjacentes e, posteriormente, estabelecimento de metástase distante (Santelli, 2003).

Vários fatores podem estar relacionados ao aparecimento de câncer, como agentes físicos (radiações ionizantes e raios ultravioleta), biológicos (vírus) e, principalmente, químicos (Mídio & Martins, 2000).

De acordo com a ação biológica dos compostos, podem ser mencionados os carcinógenos químicos imunossupressores e os do tipo hormônio. Os primeiros, responsáveis pela supressão total ou pela diminuição da resistência imunológica, facilitam a produção de câncer, tanto por outros agentes químicos quanto, principalmente, por agentes biológicos, como o vírus. Já os agentes carcinógenos hormonais, tanto os naturais como os sintéticos, apresentam evidências bastante consistentes da produção de neoplasmas, quase sempre relacionada aos locais em que devem agir ou são produzidos. Assim, o câncer de mama, útero e próstata são quase sempre relacionados ao desequilíbrio hormonal do organismo afetado (Mídio & Martins, 2000).

Filmes plásticos e metálicos, bem como fibras, podem ser considerados carcinógenos químicos caracteristicamente no estado sólido. Os primeiros, sob a forma de implantes em animais de experimentação, podem provocar sarcomas. Já as fibras, principalmente as de amianto, desempenham papel importante na produção de sarcoma nos brônquios, tanto em animais de laboratório como em humanos (Mídio & Martins, 2000).

Muitos compostos químicos podem agir especificamente nas fases de iniciação e promoção do tumor.

Os agentes iniciadores são denominados genotóxicos, pois ocorre reação química entre a substância e o material genético, que pode ser formação de um aduto, alteração oxidativa ou mesmo quebra da cadeia de DNA. Na grande maioria dos casos a lesão é reparada pelo próprio organismo ou a célula é eliminada. Quando isso não ocorre, a célula sofre alteração hereditária, denominada mutação, que pode se perpetuar nas células filhas durante o processo de replicação. Normalmente, esses compostos são estruturas eletrofílicas que se ligam às bases nitrogenadas do DNA, como, por exemplo, radicais livres e epóxidos (Mídio & Martins, 2000; Pilot & Dragan, 1996).

As mutações podem ocorrer em proto-oncogenes ou em genes supressores de tumores. Os primeiros são os que codificam proteínas (proteínas oncogênicas), cuja função é estimular o ciclo celular. Uma vez tendo sofrido mutações, recebem a denominação de oncogenes, que codificam um proteína mutante, iniciando a transformação neoplásica da célula (Mídio & Martins, 2000).

No caso dos genes supressores de tumores, eles codificam proteínas que controlam a divisão celular. Se inibirem essas proteínas graças à mutação que sofreram, uma proliferação incontrolada de células ocorre, levando à formação do neoplasma.

A Figura 3.7 apresenta o processo de iniciação da carcinogênese química.

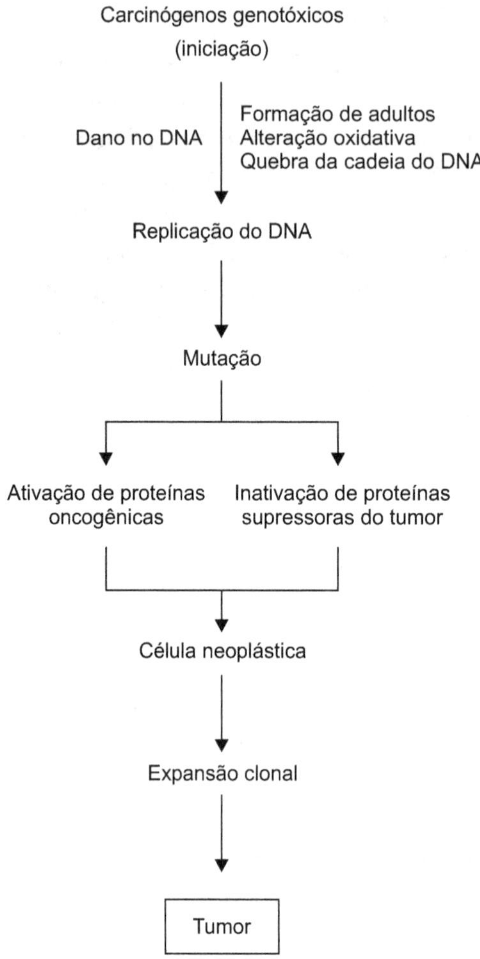

Figura 3.7 Processo de iniciação da carcinogênese química. *Fonte*: Mídio & Martins, 2000.

Vários genes são reconhecidos como proto-oncogenes ou genes supressores. Assim, têm-se os genes *Há-ras, c-myc, N-myc*, PRAD 1, *c-fos* e *c-sis*, como proto-oncogenes, e os Rb e p53, classificados como genes supressores de tumores (Santelli, 2003).

Dentre os agentes químicos carcinógenos eventualmente presentes na dieta destacam-se micotoxinas (como aflatoxinas B1 e M1, esterigmatocistina e fumonisinas), compostos N-nitrosos como dimetil e dietilnitrosaminas, arsênico, hormônios estrógenos sintéticos, bifenilas policloradas, hidrocarbonetos aromáticos policlorados, estireno, cloreto de vinila, etc. (Mídio & Martins, 2000).

Dentre os agentes iniciadores, destacam-se ainda os materiais radioativos e as radiações ionizantes, tais como: partículas alfa (α), emitidas por elementos de elevado número atômico, como urânio, tório, plutônio e neptúnio, formadas por 2 prótons e 2 nêutros, semelhantes ao núcleo do hélio; partículas beta (β), que são idênticas a um elétron, podendo ter carga negativa ou positiva, mas que são originadas no núcleo do elemento radioativo; e radiações eletromagnéticas (raios X e gama), idênticas à luz ou ondas de rádio, mas com energia muito maior. As radiações podem interagir com moléculas do organismo biológico, inclusive com o DNA, danificando suas estruturas. Moléculas de água, ao serem atingidas pelas radiações ionizantes, dão origem a radicais livres como OH-, H- e OH$_2$, podendo haver formação de H$_2$O$_2$ na presença de oxigênio. Essas espécies químicas são muito reativas e podem atingir moléculas biológicas mais complexas, danificando-as (Agudo, 2003).

Os agentes promotores não são capazes de iniciar o processo de produção de tumores, mas apenas de promover o que foi iniciado pelos agentes genotóxicos no DNA, ou o que foi danificado espontaneamente. Esse agentes recebem a denominação de epigenéticos (termo praticamente em desuso) ou promotores de carcinogênese para exposição a baixas concentrações por tempo prolongado (Mídio & Martins, 2000).

A Figura 3.8 apresenta o processo de promoção na carcinogênese química.

Os promotores promovem a expansão de clones de células iniciadas. Um dos possíveis efeitos dos promotores, por exemplo, é a ativação da proteína quinase C, que, entre outras coisas, ativa a transcrição de uma série de genes, incluindo os proto-oncogenes *C-myc*, *C-fos* e *C-sis*, havendo, então, a produção das oncoproteínas (Santelli, 2003).

Dentre os promotores, pode-se citar a sacarina, adoçante artificial e aditivo de alimentos que é um agente promotor de carcinogênese da bexiga urinária. O tetraclorodibenzo-p-doxina (TCDD), eventual contaminante de alimentos, é o promotor mais conhecido de carcinoma hepático de ratos (Mídio & Martins, 2000).

Alguns agentes, como o arsênico, as fibras de asbestos, o benzeno, entre outros, possivelmente apresentam característica de induzir aberrações cromossômicas, mas não necessariamente induzem a iniciação. Eles podem atuar, por exemplo, como inibidores dos reparos de DNA. Esses compostos agem, portanto, na fase de progressão do tumor (Pilot & Dragan, 1996).

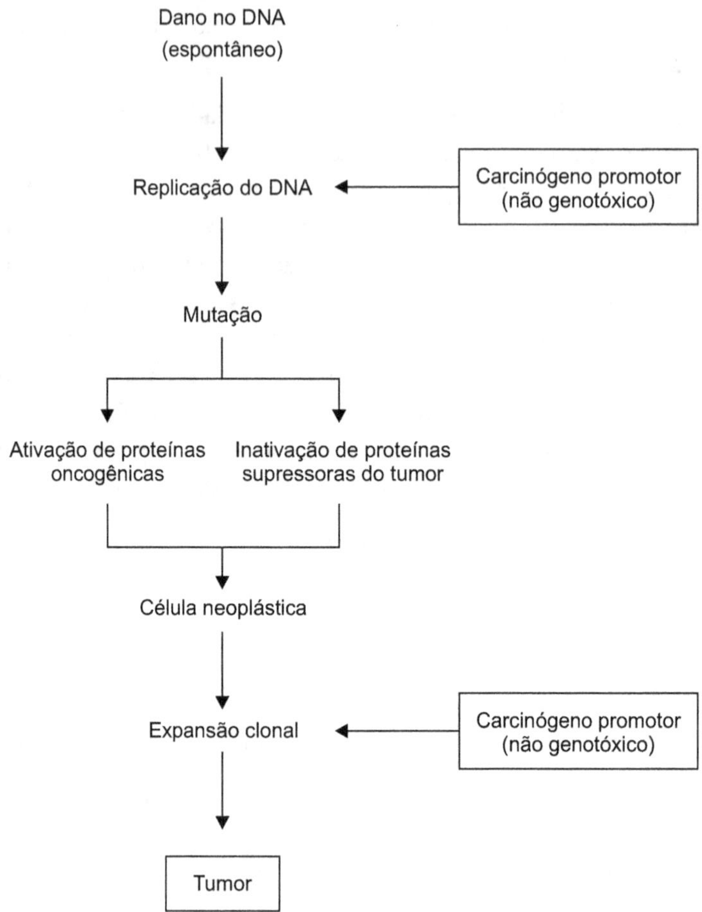

Figura 3.8   Processo de promoção da carcinogênese química. *Fonte*: Mídio & Martins, 2000.

Teratogênese

A teratogênese é um dos ramos de estudo da teratologia que avalia as causas que determinam o aparecimento de má formação fetal. Não só agentes químicos, mas também outros fatores, como a presença do vírus da rubéola e do citomegalovírus durante a gestação, podem gerar alterações no feto (Lemonica, 2003).

Um dos exemplos mais clássicos que envolve o estudo da teratogênese é o episódio da talidomida, na década de 1960, quando mulheres que utilizaram esse fármaco durante a gravidez deram origem a crianças com focomelia (encurtamento dos ossos longos dos membros) (Rogers & Kavlock, 1996).

O etanol, quando utilizado durante a gravidez, pode produzir alterações que são reconhecidas pela expressão *síndrome alcoólica fetal*, que compreende alterações craniofaciais, retardamento do crescimento intrauterino e pós-natal e retardamento do desenvolvimento psicomotor e intelectual (Rogers & Kavlock, 1996).

Atualmente, várias outras substâncias são reconhecidas como teratogênicos para o homem: ácido retinóico, ácido valpróico, aminopterina, anticoagulantes cumarínicos, antitireoidianos, dietilestilbestrol, fenitoína, misoprostrol, tetraciclinas, mercúrio orgânico, hormônios androgênicos, entre outras (Lemonica, 2003).

A gestação pode ser dividida em três períodos diferentes (Lemonica, 2003):

- Implantação do blastócito: esta fase ocorre até o 17º dia de gestação no homem. Dependendo do número de células que são atingidas pelo agente teratógeno, pode ocorrer morte do embrião.

- Período embriogênico ou organogênico: ocorre intensa proliferação celular, movimento e deslocamento de massa celular e complicados sistemas de interação núcleo/citoplasma e intercelulares. A 2ª até a 8ª semana de gestação é o período mais crítico, mais suscetível à ação dos teratógenos e único período teratogênico da gestação em que ocorre a má formação no embrião.

- Período fetal: ocorre a diferenciação histológica e funcional de diferentes órgãos e aparelhos, além de notável crescimento ponderal do concepto. Agentes teratógenos administrados à mãe nesse período não levam ao aparecimento de má formação, mas podem resultar em alterações funcionais de importantes sistemas, como o nervoso central, o imunitário e o endócrino, além de causar retardo geral de desenvolvimento.

Vários mecanismos têm sido associados ao desenvolvimento de má formação fetal. Dentre eles, destaca-se a capacidade de o agente causar alterações no DNA. Danos no DNA podem inibir o ciclo de progressão e, se o dano for muito extenso, pode ocorrer morte celular. Alterações celulares e moleculares podem afetar os processos de migração celular, interações entre células, a diferenciação e a produção de energia (Rogers & Kavlock, 1996).

A inibição enzimática pode ser um fator importante na teratogênese. A acetazolamida inibe a anidrase carbônica em camundongos. Acredita-se que o fator teratogênico principal nessa situação é a elevada pressão de CO_2 no plasma materno (Rogers & Kavlock, 1996).

A administração de fenitoína em camundongos gera diminuição do débito cardíaco; o mecanismo de teratogênese pode estar associado, portanto, a uma hipóxia embrionária (Rogers & Kavlock, 1996).

REFERÊNCIAS BIBLIOGRÁFICAS

AGUDO, E. G. Materiais radioativos e radiação ionizante. In: OGA, S. (Org.). *Fundamentos de Toxicologia*. 2. ed. São Paulo: Atheneu, 2003. p. 125-36.

GOYER, R. A. Toxic effects of metals. In: KLAASSEN, C. D. (Ed.). *Casarett and Doull's Toxicology*: the basic science of poisons. 5. ed. New York: McGraw Hill, 1996. p. 691-736.

GREGUS, Z.; KLAASSEN, C. Mechanisms of Toxicity. In: _____ (Eds.). *Casarett and Doull's Toxicology*: the basic science of poisons. New York. McGraw-Hill, 2001. p. 35-81.

LEMONICA, I. P. Embriofetotoxicidade. In: OGA, S. *Fundamentos de Toxicologia*. 2. ed. São Paulo: Atheneu, 2003. p. 91-99.

MEDINSKY, M. A.; KLAASSEN, C. D. Toxicokinetics. In: KLAASSEN, C. D.; AMDUR, M. O.; DOULL, J. (Eds.). *Casarett and Doull's Toxicology*: the basic science of poisons. 5. ed. New York: McGraw-Hill, 1996. p. 187-198.

MÍDIO, A. F. *Glossário de Toxicologia*. São Paulo: Roca, 1992. 95 p.

MÍDIO, A. F.; SILVA, E. S. *Inseticidas-acaricidas organofosforados e carbamatos*. São Paulo: Roca, 1995. 84 p.

MÍDIO, A. F.; MARTINS, D. I. *Toxicologia de alimentos*. São Paulo: Varela, 2000. 295 p.

OGA, S. Toxicodinâmica. In: OGA, S. (Org.). *Fundamentos de Toxicologia*. 2. ed. São Paulo: Atheneu, 2003. p. 27-35.

PILOT, H. C.; DRAGAN, Y. P. Chemical carcinogenesis. In: KLAASEN, C. D. (Ed.). *Casarett and Doull's Toxicology*: the basic science of poisons. 5. ed. New York: McGraw Hill, 1996. p. 201-267.

RANG, H. P.; DALE, M. M.; RITTER, J. M. *Farmacologia*. 4. ed. Rio de Janeiro: Guanabara Koogan, 2001. 703 p.

RENWICK, A. G. Toxicokinetics. In: BALLANTYNE, B.; MARRS, T.; SYVERSEN, T. (Ed.). *General applied Toxicology*. London: McMillan Reference, 1999. p. 67-95.

ROGERS, J. M.; KAVLOCK, R. J. Developmental Toxicology. In: KLAASEN, C. D. (Ed.). *Casarett and Doull's Toxicology*: the basic science of poisons. 5. ed. New York: McGraw Hill, 1996. p. 301-331.

SALGADO, P. E. T. Toxicologia dos metais. In: OGA, S. (Org.). *Fundamentos de Toxicologia*. 1. ed. São Paulo: Atheneu, 1996. p. 153-172.

SALGADO, P. E. T.; LARINI, L.; LEPERA, J. S. Metais. In: LARINI, L. *Toxicologia*. 1. ed. São Paulo: Manole, 1987. p. 123-151.

SANTELLI, G. M. M. Mutagênese e carcinogênese. In: OGA, S. *Fundamentos de Toxicologia*. 2. ed. São Paulo: Atheneu, 2003. p. 77-89.

Capítulo 4

Sistema imunológico e Toxicologia

Adelaide José Vaz

Introdução

Em meados do século XIX, quando a Toxicologia se firmou como Ciência e, como tal, teve identificado seu objeto de estudo – a intoxicação sob todos os aspectos – , consagrou-se que, para configurar a intoxicação, esta necessitaria de nexo causal, ou seja, estabelecimento quantitativo da relação de dose – dependência da resposta observada e da conseqüente premissa de que o efeito tóxico se embasava no postulado de Paracelsus: *Todas as substâncias são venenos; não há nenhuma que não seja um veneno. A dose correta distingue o veneno do remédio.*

Esse fundamento balizou por décadas os estudos de toxicidade, que, como será abordado mais adiante, eram caracteristicamente enfocados na exposição aguda a xenobióticos. Tais estudos orientavam os subagudos e crônicos e, com o advento do estabelecimento de índices de segurança e de desenvolvimento tecnológico, permitiram a elucidação da gênese do efeito tóxico.

Durante esse tempo, o efeito imunológico, por suas características peculiares, ou seja, não seguir o paradigma de *quanto maior a dose, maior o efeito observado*, não era abordado como pertencente ao escopo da Toxicologia. Porém, a inegável observação de que vários agentes tóxicos agem no sistema imunológico fez emergir um campo específico da Toxicologia, a Imunotoxicologia, que trata especificamente dessa questão. Assim, o efeito tóxico no sistema imunológico, que se reveste de características especiais, e alguns elementos que suportam esse entendimento serão abordados a seguir.

Sistema imunológico

O termo imunologia foi usado cientificamente pela primeira vez pelo médico inglês Edward Jenner, em 1798, relatando que indivíduos que tiveram contato com a varíola bovina e eqüina ficaram "protegidos" da forma grave da varíola humana. Em seguida, Jenner estabeleceu o procedimento da variolação, passo inicial para experimentos que depois introduziram a vacinação como meio de imunoprofilaxia de infecções graves. A imunologia, enquanto ciência, só foi definida a partir do nascimento da microbiologia, já no final do século XIX, quando teve início a era da biologia-ciência (Talmage, 1997).

A função do sistema imunológico é defender e proteger o hospedeiro contra agressões externas de origem física, química ou biológica. Há dois mecanismos pelos quais ocorre essa defesa, a imunidade natural e a adquirida, interligadas e colaborativas entre si. Ambas são ativadas na presença de agressões, mas a imunidade adquirida só atua na presença de agentes e organismos estranhos.

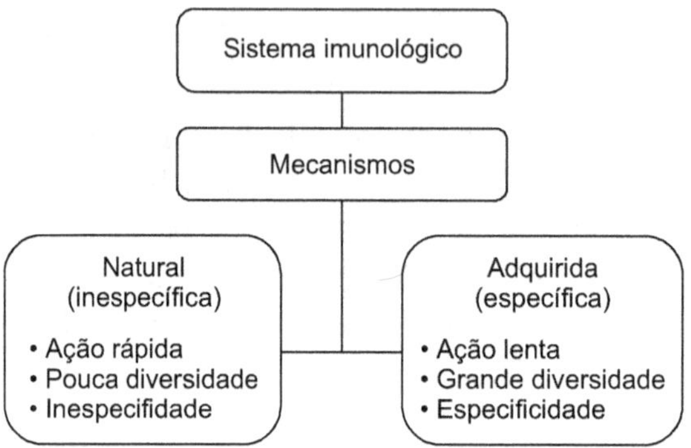

Por outro lado, substâncias estranhas ao organismo, bem como inúmeros patógenos parasitas, podem afetar a função do sistema de defesa, induzindo a mecanismos imuno-patogênicos lesivos ao organismo. Esses efeitos sobre o sistema imunológico podem ser expressos na forma de imunodeficiências, alergias e respostas de hipersensibilidade e auto-imunidades.

Se se considerar o impacto da diversidade genética do repertório de receptores de antígenos do hospedeiro humano, somado às variáveis temporais do *status* imune e co-fatores ainda não determinados, pode-se imaginar a dificuldade para estabelecer os efeitos da imensa variedade de substâncias estranhas a que o organismo humano está exposto.

IMUNIDADE NATURAL

As agressões geram lesões teciduais que iniciam a mobilização do sistema de defesa, ativando o processo inflamatório ou a imunidade natural. A inflamação tem por objetivo a restauração tecidual, sendo os fagócitos e vários mediadores pró-inflamatórios atores principais desse processo.

A imunidade natural representa a primeira linha de defesa, sendo inespecífica quanto ao estímulo agressor, ou seja, independente da etiologia da lesão, física, química ou biológica, os mecanismos são desencadeados da mesma forma, sem que haja aprimoramento para respostas futuras contra o mesmo agente. Barreiras físicas como a pele, os cílios do trato respiratório, o muco, o pH e as secreções de mucosas dos tratos respiratório, gastrintestinal e geniturinário são alguns exemplos dessa resposta.

A fagocitose promovida por leucócitos polimorfonucleares, monócitos e macrófagos, bem como a resposta inflamatória, são os principais mecanismos dessa defesa. Após a fagocitose, os macrófagos são capazes de processos digestivos intracelulares mediados por proteases ou reações oxidativas que contribuem para a morte e eliminação de agentes infecciosos, como bactérias, e de material particulado. Embora a atividade microbicida e enzimática dos macrófagos não seja tão eficiente quanto a dos neutrófilos, os macrófagos são células que fazem a interface com o sistema de imunidade adquirida, apresentando antígenos no contexto de moléculas de membrana necessárias à ativação de linfócitos T.

O termo *ativação de macrófagos* é uma simplificação da realidade, já que várias funções podem ser ativadas em determinados ambientes, dependendo do estado de diferenciação da célula e das citocinas predominantes no processo (Barbuto, 2001). Dentre os mediadores humorais liberados, produzidos ou ativados a partir do processo inflamatório, destacam-se proteínas da fase aguda e do sistema complemento, produzidas por hepatócitos, interferons α e β (IFN-α e IFN-β) e algumas citocinas, como interleucinas 1 e 6 (IL-1 e IL-6) e fator de necrose tumoral (TNF-α), produzidas por macrófagos ativados.

Células NK (*natural killer*), de origem linfóide, ao contrário dos linfócitos T e B, não possuem receptores de antígenos, portanto, também são consideradas participantes da imunidade natural. A função das células NK é citotoxicidade mediada por perforinas e enzimas, liberadas de grânulos citoplasmáticos da célula ativada, iniciando o processo de apoptose da célula-alvo, que pode ser representado por bactérias, protozoários e células infectadas, alteradas ou neoplásicas, do próprio indivíduo. Células NK expressam um marcador de membrana CD16 (*cluster differentiation*), que funciona como receptor para IgG, o que pode transformá-las em células-antígeno específicas, e aí serem estudadas na imunidade adquirida.

Imunidade adquirida

As células envolvidas na imunidade adquirida são os linfócitos, subdivididos em linfócitos T e B, maturados, respectivamente, no timo e na medula óssea. Morfologicamente, ambos são idênticos, e sua diferenciação se dá nas estruturas moleculares da membrana dessas células. Do ponto de vista funcional, a resposta imunológica pode ser dividida em celular T e humoral B, embora ambas funcionem interligadas, com modulação recíproca.

A resposta imunológica adquirida é desencadeada quando há substâncias estranhas ao organismo, chamadas de antígenos, ocorrendo concomitante à resposta natural inflamatória. As características da resposta imunológica incluem especificidade (para o antígeno que a induziu) e memória, que garante, nos contatos subseqüentes com o mesmo antígeno, resposta secundária mais intensa, rápida e de maior afinidade. A especificidade da resposta imunológica ocorre em função da diversidade desses receptores, estimada em ao menos 10^{11} possibilidades geradas por rearranjos gênicos, que formam o chamado repertório imunológico (Calich & Vaz, 2001).

A estrutura molecular dos receptores de antígeno dos linfócitos B interage diretamente com a conformação molecular espacial da molécula antigênica, enquanto os receptores de antígenos do linfócito T interagem com polipetídeos do antígeno, posicionados na superfície de células apresentadoras de antígenos e associados às moléculas do complexo principal de histocompatibilidade da célula. Ou seja, o reconhecimento da estranheza (*non-self*) do antígeno depende do contexto de antígenos de histocompatibilidade (*self*) do indivíduo.

ANTÍGENOS

O reconhecimento de antígenos como substâncias estranhas ao organismo é uma das características que distingue a imunidade adquirida da natural. Alguns conceitos a respeito de antígenos devem ser ressaltados. Eles representam estruturas solúveis, celulares ou particuladas, que possuem duas propriedades: são capazes de induzir resposta imune específica (imunogenicidade) e interagem com as imunoglobulinas solúveis ou com os receptores de antígenos dos linfócitos (antigenicidade). O termo *imunógeno* refere-se à substância que, interagindo com receptores específicos de linfócitos, estimula a resposta para esse antígeno. A menor porção da molécula antigênica que interage com os receptores de antígenos é chamada de epítopo ou determinante antigênico. Um epítopo corresponde a cinco ou seis resíduos de aminoácidos, não lineares, da estrutura da molécula, porém com a mesma conformação espacial da molécula.

Haptenos são moléculas de baixo peso molecular (abaixo de 4 kDa) que só induzem resposta imune quando ligada a proteínas ou células carreadoras. São exemplos de haptenos as drogas terapêuticas, como ácido acetilsalícilico e penicilinas. Produtos químicos e seus metabólitos, chamados de xenobióticos, também podem funcionar como haptenos e ser responsáveis pela ativação do sistema imunológico. Até metais como o níquel, acoplados a proteínas ou células do indivíduo, podem tornar-se imunógenos no contexto da molécula carreadora, provavelmente porque alteram a conformação das proteínas (Parslow, 1997).

Vários são os fatores que afetam a imunogenicidade das moléculas, como tempo e dose de exposição, via e forma de administração, solubilidade e complexidade molecular do antígeno e variações genéticas dos indivíduos. De modo geral, há necessidade de exposição prolongada e liberação lenta a partir do local de inoculação e, quanto maior a intensidade do processo inflamatório concomitante, melhor a imunogenicidade.

Resposta imunológica celular

Na resposta celular, os linfócitos T são os responsáveis pelas respostas de citotoxicidade (CD8+) e hipersensibilidade tardia, bem como atuam como auxiliares (CD4+) na modulação da resposta humoral, liberando citocinas importantes para a proliferação e a diferenciação de linfócitos B em plasmócitos secretores de imunoglobulinas.

A imunidade celular T pode ser dividida em etapas: fase de reconhecimento, na qual ocorre o processamento e apresentação de antígenos pelas células apresentadoras de antígenos e a ativação propriamente dita dos linfócitos T auxiliadores; e fase efetora da resposta imunológica celular. Os principais mecanismos efetores dessa resposta são: ativação de macrófagos e ativação de linfócitos T CD8+ citotóxicos.

Dentre as células que apresentam antígenos para linfócitos T, têm-se as células de Langerhans, um tipo especial de célula dendrítica presente em grande quantidade nos epitélios de revestimento e nas mucosas, as quais se deslocam via linfática para os linfonodos que drenam determinada região do organismo. Os linfócitos T, ativados especificamente pela interação de seus receptores de antígenos, e os epítopos apresentados entram em intensa atividade proliferativa, com produção de citocinas mediadoras do processo imuno-inflamatório, como IL-2 e IFN-γ. Outra via efetora da resposta celular inclui a citotoxicidade dependente de células NK, que não depende dos linfócitos auxiliadores, embora seja modulada por citocinas (IL-2 e IFN-γ) liberadas desses linfócitos T CD4+.

Uma resposta celular freqüente é a hipersensibilidade tardia, que ocorre em microrganismos intracelulares e se caracteriza por infiltrado mononuclear; havendo persistência crônica do antígeno, observa-se a formação de granulomas.

Citocinas

Citocinas são moléculas solúveis capazes de transmitir a outras células, em geral próximas à célula secretora (efeito parácrino), informações que induzem modificações funcionais, proliferação e até morte por apoptose. Algumas citocinas agem em receptores da própria célula secretora (efeito autócrino).

O papel desses mediadores é fundamental na interface respostas natural e adquirida e na modulação da resposta imune específica: IL-1 estimula linfócitos T e é um dos indutores de febre; IL-2 tem papel central nessa imunomodulação, pois estimula proliferação e diferenciação de linfócitos T, B e NK, monócitos e macrófagos; IL-4 estimula produção de IgE pelos linfócitos B ativados; IL-6 modula a hemopoese e participa da reação de fase aguda; IL-12 induz proliferação e diferenciação de linfócitos; TNF-α, além de citotóxico, participa na regulação da resposta imuno-inflamatória e mobiliza gordura, sendo um dos responsáveis pela caquexia em algumas doenças crônicas; IFN-γ estimula macrófagos, aumenta a expressão do receptor de IL-2 em linfócitos T citotóxicos e dos antígenos de histocompatibilidade, aumentando, assim, a eficiência da apresentação de antígenos (Male, 1988; Barbuto, 2001).

RESPOSTA IMUNOLÓGICA HUMORAL

A resposta humoral é a realizada por imunoglobulinas secretadas pelos plasmócitos, célula diferenciada do linfócito B ativado, cuja função principal é a de anticorpo, ou seja, a ligação específica aos epítopos antigênicos, neutralizando toxinas e impedindo a adesão de microorganismos às células do hospedeiro, papel predominante da IgA secretora em mucosas. Outras funções da imunoglobulina, variáveis de acordo com sua classe e subclasse e desencadeadas a partir de prévia interação com o respectivo antígeno, são: ativação do sistema complemento por IgG e IgM; degranulação de mastócitos (resposta anafilática, tipo I) envolvendo IgE; ligação de IgG a receptores celulares de células NK e macrófagos e monócitos ativados, facilitando a fagocitose; ou, ainda, habilidade de atravessar a placenta, somente observada para a IgG.

Por outro lado, linfócitos B ativados também secretam pequenas quantidades de citocinas, como IL-12, que estimula a função citotóxica de células NK e IL-10 (que amplifica atividade citotóxica de linfócitos T CD8+) (Burns *et al.*, 1996).

IMUNOPATOLOGIA

Embora o sistema imune seja considerado essencial à vida, há situações de imunodeficiências, raramente primárias por defeitos genéticos, mais freqüentemente secundárias a inúmeros fatores. Estudos de imunomoduladores estimulantes vêm se ampliando para auxiliar nessas situações.

O sistema imunológico também pode manifestar aspectos patológicos, como na hipersensibilidade (incluída a alergia quando o antígeno é inócuo e faz parte do meio ambiente) e na auto-imunidade (quando a resposta é contra antígenos do próprio hospedeiro). O uso de antiinflamatórios e, nos casos mais graves, imunossupressores pode auxiliar nesses casos.

Várias outras substâncias estranhas ao organismo e que são encontradas no meio ambiente podem estar envolvidas nos processos imunopatológicos. Uma vez identificada a etiologia do processo, o indivíduo deve ser afastado da causa.

Imunodeficiência

As imunodeficiências são freqüentemente identificadas por sinais e sintomas: infecções anormalmente recorrentes e crônicas; maior suscetibilidade a infecções e desenvolvimento de tumores; e freqüentes infecções por patógenos oportunistas, que por terem baixa capacidade virulenta apenas disseminam e se multiplicam em hospedeiros imunodeprimidos. Dentre as imunodeficiências secundárias está a causada pelo HIV (vírus da imunodeficiência adquirida) e, embora sejam muito mais freqüentes as causadas por desnutrição e infecções, bem como as idiopáticas causadas pelo uso de drogas antineoplásicas e imunossupressoras, estas últimas são usadas na prevenção de rejeição a transplantes e em algumas situações graves de auto-imunidade e hipersensibilidade.

Vários agentes químicos de exposição profissional, acidental, ambiental e até terapêutica têm sido incriminados como imunossupressores (Lu, 1996), seja por seus efeitos sobre a medula óssea ou por efeitos hepáticos, lembrando que as proteínas de fase aguda e as do sistema complemento são sintetizadas pelos hepatócitos ativados por mediadores inflamatórios. Quase todos os metais pesados têm sido suspeitos de induzir imunodeficiência em exposições a longo prazo, seja por serem deletérios às barreiras naturais de defesa, seja por serem hepatotóxicos ou reduzirem a hemopoese.

As imunodeficiências se classificam de acordo com o compartimento afetado do sistema imunológico. As mais graves são as que envolvem disfunção ou deficiência de linfócitos T CD4+, pois acabam afetando toda a cooperação celular e humoral da resposta imune adquirida.

Embora não causem imunodeficiências, várias situações que promovem alterações das barreiras naturais são suficientes para aumentar a suscetibilidade a infecções, como substâncias irritantes das mucosas respiratórias, que alteram a produção de muco ou causam redução do número de cílios.

Hipersensibilidades

Nas hipersensibilidades observa-se que o segundo contato com um mesmo agente infeccioso ou tóxico leva não só ao aumento da resistência, mas também a uma exacerbação da resposta, com lesões teciduais. Essa resposta alérgica também é relatada para substâncias inócuas e até alimentos e medicamentos. São características das hipersensibilidades: aparecimento no segundo contato com o mesmo imunógeno; resposta imune-inflamatória exacerbada; e lesões teciduais causadas por essa resposta (Loomis & Hayes, 1996). A cronicidade dessa hipersensibilidade pode levar a outra disfunção, a auto-imunidade, já que antígenos *self* podem ser apresentados nesse ambiente inflamatório e, por mecanismos não esclarecidos, desencadear uma auto-agressão concomitante.

As hipersensibilidades são classificadas em imediata e tardia, de mecanismo imunológico diferente. Nas imediatas há participação de anticorpos e na tardia, predomínio da resposta T, mas na maioria das vezes são concomitantes com predomínio de um deles.

As chamadas hipersensibilidades imediatas são divididas em anafilática (tipo I), citotoxicidade mediada por anticorpos (tipo II) e mediada por imunocomplexos (tipo III).

A anafilática parece ser a mais dramática, envolvendo a IgE, cuja Fc tem elevada afinidade com o receptor FcεR de mastócitos, células derivadas da medula óssea e que se diferenciam nos tecidos, sendo encontradas abaixo da superfície epitelial exposta ao ambiente externo, como tratos respiratório e gastrintestinal, pele e em volta de vasos e nervos. A etapa de sensibilização ocorre em contato anterior ao contato desencadeador da resposta alérgica. Em contato posterior com o mesmo antígeno, a ligação concomitante dessa molécula antigênica com duas moléculas IgE adjacentes no mastócito desencadeará alterações na membrana celular, facilitando a entrada de cálcio, cujo aumento intracelular inicia eventos bioquímicos que culminam em degranulação celular. Nos grânulos, há uma série de mediadores inflamatórios pré-formados (histamina, enzimas proteolíticas, heparina e fatores quimiotáticos para neutrófilos e eosinófilos) que são liberados. A partir da degranulação formam-se produtos derivados de membrana (via ciclooxigenase e lipooxigenase), como fator ativador de plaquetas, leucotrienos, prostaglandinas e tromboxanas. Os mediadores causam aumento da permeabilidade vascular, da vasodilatação, da contração da musculatura lisa, da produção de muco, além de afluxo de eosinófilos, neutrófilos e mononucleares (Macedo, 2001).

Após repetidas exposições ao antígeno, a mucosa fica hiper-reativa para o alergeno específico e são freqüentes os episódios de reagudização, que ocorrem de 2 a 8 horas após a exposição ao antígeno, podendo perdurar por dias. Nessa fase, os eosinófilos têm o papel principal, liberando mediadores como proteína básica principal e peroxidase do eosinófilo (citotoxicidade, liberação de histamina de basófilos e produção de leucotrienos por eosinófilos e basófilos), neurotoxina derivada de eosinófilo (possível causador do prurido), TNF-β e IL-5.

Na hipersensibilidade tipo II, ou citotoxicidade mediada por anticorpos, o antígeno está associado à célula e os anticorpos IgG ou IgM ligam-se ao antígeno, desencadeando fagocitose ou ativação do sistema complemento. Como conseqüência, ocorre lise da célula envolvida. Xenobióticos funcionado como haptenos podem induzir essa resposta ao se ligar às células dos hospedeiros.

A hipersensibilidade mediada por imunocomplexos tipo III ocorre em patologias com excesso de antígeno, como auto-imunidades ou infecções virais na fase aguda. Em conseqüência, são produzidos anticorpos e formados imunocomplexos circulantes de elevado peso molecular. Esses imunocomplexos são pouco solúveis e em parte serão fagocitados e eliminados. Mas parte deles deposita-se em endotélio de vasos e rim e iniciam processo inflamatório, com liberação de anafilatoxinas e lise das células, causando vasculites e glomerulonefrites.

Na hipersensibilidade tardia, ou tipo IV, observa-se intenso infiltrado imuno-inflamatório celular, monócitos, macrófagos e linfócitos T, apenas em parte antígeno-específico. Dentre as alergias do tipo IV, tem-se a dermatite por contato, em que metais, ligas metálicas ou outras substâncias químicas estranhas, por vezes, são o hapteno que, se ligando às células e às proteínas da pele, representam o alergeno envolvido. No caso da dermatite de contato, o mecanismo imunopatológico predominante é a hipersensibilidade tipo IV ou tardia, com intensa resposta celular do tipo infiltrado linfomononuclear contra o tecido cutâneo ao qual os metais estão ligados. Não raro, formam-se granulomas crônicos, principalmente se o contato é persistente, com produção de IL-2, IL-12 e IFN-γ, que acabam perpetuando o processo agressivo até que o alergeno seja eliminado (Barbuto, 2001).

A Figura 4.1 representa o mecanismo de sensibilização a xenobióticos (haptenos), induzindo resposta alérgica.

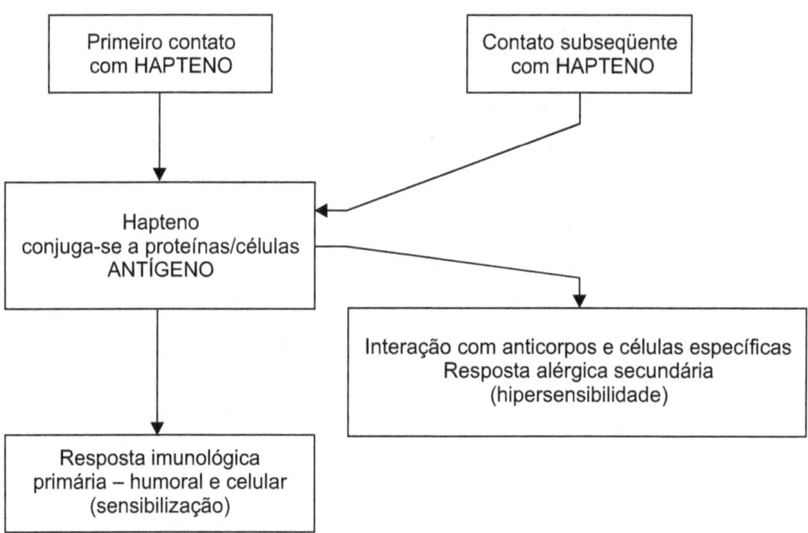

Figura 4.1 Mecanismo de sensibilização a xenobióticos (haptenos) induzindo resposta alérgica (adaptado de Loomis & Hayes, 1996).

AUTO-IMUNIDADE

Auto-imunidade representa o processo patológico de auto-agressão aos tecidos do próprio indivíduo. Caracteriza-se por excesso de antígenos e exacerbação da resposta imuno-inflamatória, com mecanismos adicionais de hipersensibilidade por imunocomplexos e com complicações graves de glomerulonefrites e vasculites. Na auto-imunidade, a resposta imuno-inflamatória inclui componentes celulares e humorais, tanto específicos quanto inflamatórios. A memória imunológica e o difícil controle terapêutico tornam as auto-imunidades fenômenos graves.

A auto-imunidade desenvolve-se quando os mecanismos de autotolerância falham, por causas que incluem predisposição genética; associação com alguns tipos de antígenos de histocompatibilidade (possivelmente melhores apresentadores de antígenos *self*); seme-lhança antigênica entre antígenos exógenos e endógenos; modificação molecular dos auto-antígenos, como ocorre na ligação de haptenos às células e às proteínas *self*; e deficiência de mecanismos de supressão da auto-reatividade (Rizzo & Barbuto, 2001).

AVALIAÇÃO LABORATORIAL DA IMUNOCOMPETÊNCIA

Várias são as dificuldades laboratoriais para estabelecer métodos de avaliação da imuno-competência humana. Os testes empregados podem apresentar resultados falso-positivos e falso-negativos, nem sempre se conhecem os parâmetros de normalidade, nem sempre a distribuição da população saudável é gaussiana, além da quase impossibilidade de avaliar funções celulares *in vitro*, seja pela baixa viabilidade dessas células, seja pelo desconhecimento dos fatores envolvidos nos processo (Stites *et al.*, 1997). Apesar das limitações, têm sido empregados vários testes laboratoriais no estudo de imunodeficiências, hipersensibilidades e auto-imunidades, ou seja, tem sido mais fácil estudar o desvio da imunocompetência.

Dentre as determinações quantitativas rotineiras no laboratório, estão as dosagens de imunoglobulinas (IgG, IgM, IgA e IgE), proteínas do sistema complemento, proteínas inflamatórias (alfa-1-glicoproteína ácida, haptoglobulina, ceruloplasmina, alfa-1-antitripsina, etc.) e, mais recentemente, citocinas (IL-2, IL-4, IL-6, IFN-γ, dentre outras). A contagem dos elementos celulares pode ser feita em exames morfológicos do sangue periférico, como o hemograma, ou em biópsias da medula óssea ou outros órgãos linfóides, como timo e linfonodos. Na biópsia, além da avaliação quantitativa, também são analisados a localização das células e seu estado diferencial (Stites *et al.*, 1997). Mais recentemente, a citometria de fluxo, associada à técnica de imunofenotipagem, permitiu distinguir tipos celulares cuja morfologia era idêntica, como a diferenciação de linfócitos T CD4+, CD8+, B, NK, dentre outros. O estudo da função celular, apesar da complexidade técnica, permite avaliar o desempenho *in vitro* das células diante de estímulos mitogênicos ou antígeno-específicos; o estudo da atividade fagocítica; e a capacidade microbicida de monócitos.

Apesar da pouca disponibilidade e das dificuldades de interpretação, alguns testes *in vivo* são empregados. Os testes cutâneos de hipersensibilidade anafilática são usuais no estudo da alergia e determinam a presença de mastócitos sensibilizados com IgE para o antígeno em estudo. Para estudo da resposta celular T *in vivo*, tem-se o teste intradérmico de hipersensibilidade tardia, no qual após 48-72 horas da injeção do antígeno se detecta a formação de pápula ou nódulo no local da injeção. Esse nódulo é formado por migração de linfócitos T e monócitos, lembrando a formação de um granuloma, que não chega a ser formado porque os antígenos empregados são proteínas solúveis purificadas do microrganismo em estudo.

IMUNOTOXICOLOGIA

Considerando a função de manutenção da saúde, o sistema imunológico deve ser mantido na integridade de sua competência durante toda a vida do indivíduo. Mas a interação dos vários componentes celulares e humorais do sistema imune com xenobióticos (fármacos, contaminantes ambientais e substâncias químicas) pode induzir alterações que comprometam a imunocompetência (Burns *et al.*, 1996).

A imunotoxicologia é a área de estudo das disfunções causadas ao sistema imunológico como conseqüência de exposição ocupacional, acidental ou terapêutica a substâncias de origem química, biológica ou física, presentes no meio ambiente, abrangendo tanto o efeito supressivo (imunodeficiências) quanto a exacerbação da resposta imunológica, como alergia (hipersensibilidades) ou auto-imunidades (NRC, 1992; Koller, 2001).

O problema é como avaliar esses efeitos ou o potencial de risco dessas exposições, de modo a prevenir efeitos tóxicos, sem impedir o desenvolvimento de novos materiais que, muitas vezes, trazem benefícios sócio-econômicos, sendo alguns usados com finalidades terapêuticas, como próteses, medicamentos e vacinas.

Dessa forma, vários experimentos têm servido de base para estabelecer a imunotoxicidade de xenobióticos, antecipando informações que, na espécie humana, podem levar vários anos, dificultando a precisão do vínculo entre o xenobiótico e o efeito observado. Dados experimentais nem sempre podem ser inferidos para a espécie humana, bem como diferenças metabólicas não podem ser excluídas nos estudos comparativos entre células normais e tumorais ou entre espécies diferentes de microrganismos.

Curiosamente, alguns xenobióticos mostram efeitos importantes para as funções celulares e podem ser considerados imunomodulares essenciais para as funções imunológicas, como ferro, zinco, cobre e manganês. Parte do conhecimento é obtido a partir de experimentos em animais de laboratório e várias conclusões ainda devem ser validadas em estudos epidemiológicos retrospectivos ou experimentais *ex vivo* em células e tecidos humanos (Balls & Sabioni, 2001).

REFERÊNCIAS BIBLIOGRÁFICAS

BALLS, M.; SABBIONI, E. Promotion of research on *in vitro* immunotoxicology. *Science of Total Environmental*, v. 270, p. 21-25, 2001.

BARBUTO, J. A. M. Imunidade celular. In: CALICH, V.; VAZ, C. *Imunologia*. São Paulo: Revinter, 2001. p. 179-193.

BURNS, L. A.; MEADE, B. J.; MUNSON, A. E. Toxic responses of the immune system. In: CASARETT, L. J.; KLAASSEN, C. D.; AMDUR, M. O.; DOULL, J. *Casarett and Doull's Toxicology*: the basic science of poisons. New York: McGraw-Hill, 1996. p. 355-402.

CALICH, V.; VAZ, C. *Imunologia*. São Paulo: Revinter, 2001. 260 p.

KOLLER, L. D. A perspective on the progression of immunotoxicology. *Toxicology*, v. 160, p. 105-110, 2001.

LOOMIS, T. A.; HAYES, A. W. *Loomis's essentials of Toxicology*. 4. ed. San Diego: Academic Press, Inc., 1996.

LU, F. C. Toxicology of immune system. In: LU, F. C. *Basic toxicology*: fundamentals, target organs, and risk assessment. 3. ed. Washington: Taylor and Francis, 1996. p. 147-159.

MACEDO, M. S. Hipersensibilidade imediata. In: CALICH, V.; VAZ, C. *Imunologia*. São Paulo: Revinter, 2001. p. 223-244.

MALE, D. *Immunology* – an illustrated outline. 3. ed. St. Louis: Mosby International, 1988. 129 p.

NRC (National Research Council). *Biological markers in Immunotoxicology*. Washington, DC: National Research Council, National Academic Press, 1992.

PARSLOW, T. G. Immunogens, antigens and vaccines. In: STITES, D. P.; TERR, A. I.; PARSLOW, T. G. (Eds.). *Medical immunology*. 9. ed. San Francisco: Aplleton & Lange, 1997. p. 74-82.

RIZZO, L. V.; BARBUTO, J. A. M. Tolerância imunológica. In: CALICH, V.; VAZ, C. *Imunologia*. Rio de Janeiro: Revinter, 2001. p. 211-222.

RUSSO, M. Propriedades gerais do sistema imune. In: CALICH, V.; VAZ, C. *Imunologia*. Rio de Janeiro: Revinter, 2001. p. 1-9.

STITES, D. P.; FOLDS, J. D.; SCHMITZ, J. Laboratory evaluation of immune competence. In: STITES, D. P.; TERR, A. I.; PARSLOW, T. G. (Ed.). *Medical Immunology*. 9. ed. San Francisco: Aplleton & Lange, 1997. p. 319-326.

TALMAGE, D. W. History of immunology. In: STITES, D. P.; TERR, A. I.; PARSLOW, T. G. (Ed.). *Medical Immunology*. 9. ed. San Francisco: Aplleton & Lange, 1997. p. 1-8.

ZELIKOFF, J. T.; THOMAS, P. T. *Immunotoxicology of environmental and occupational metals*. London: Taylor & Francis, 1998. 374 p.

Capítulo 5

Intoxicação e avaliação da toxicidade

Alice A. da Matta Chasin e Fausto Antonio de Azevedo

Atributos da intoxicação

Conceito

Intoxicação é o conjunto de sinais e sintomas que demonstra o desequilíbrio orgânico promovido pela ação de uma substância tóxica. É, portanto, um estado patológico do organismo diante da presença de dada concentração de agente tóxico. Denota que a defesa ou a barreira homeostática do organismo foi rompida, com evidência de nocividade e prejuízo para sua fisioeconomia normal. O organismo em foco pode ser o homem ou qualquer outro animal ou vegetal. Em particular, quando se trata do amplo e desafiador domínio da Ecotoxicologia, esse organismo pode ser representado por um ecossistema inteiro (isto é, a reunião de inúmeros seres animais e vegetais) e o ecotóxico pode disparar uma ecointoxicação capaz de dizimar o ecossistema.

Classificações

A intoxicação pode ser classificada conforme distintos critérios decorrentes de suas características. Assim, ela pode variar quanto a rapidez de absorção da substância tóxica, a rapidez de aparecimento de sinais e sintomas e a severidade dos sintomas (Lauwerys & Lauenne, 1972).

Uma classificação arbitrária, porém útil na prática, é feita em relação à duração da exposição ao agente tóxico para o aparecimento da sintomatologia. Assim, a intoxicação poderá ser:

- A curto prazo (intoxicação aguda), quando a exposição é de curta duração e a absorção do agente tóxico é rápida. A dose administrada poderá ser única ou múltipla, num período que não ultrapasse 24 horas. Em geral, as manifestações da intoxicação se desenvolvem rapidamente. A morte ou a cura sobrevém sem demora (Lauwerys & Lauenne, 1972).

- A médio prazo (intoxicação subaguda), caso em que as exposições são freqüentes ou repetidas num período de vários dias ou semanas antes que os sintomas apareçam (Lauwerys & Lauenne, 1972).

- A longo prazo (intoxicação crônica), em que exposições repetidas durante um longo período de tempo (em geral durante toda a vida do animal de laboratório) precisam ocorrer para se dar a intoxicação. Os sinais clínicos da intoxicação se manifestam por dois mecanismos distintos.

I. Pela acumulação do tóxico no organismo (a quantidade eliminada é inferior à quantidade absorvida). A concentração do agente tóxico no organismo aumenta progressivamente até a obtenção de níveis suficientes para gerar manifestações. Esse é o caso da intoxicação a longo prazo por chumbo (saturnismo) (Lauwerys & Lauenne, 1972). Na Figura 5.1 é apresentado um gráfico que ilustra tal tipo de intoxicação. Às vezes o agente tóxico se acumula no organismo, mas sua ação não se expressa até que ele seja mobilizado nos tecidos em que está depositado. Assim, na exposição prolongada de ratos ao DDT, este agente se acumula no tecido adiposo em quantidades crescentes, onde, aparentemente, não provoca nenhuma alteração metabólica. Se, em seguida, o animal é forçado a jejuar, ele mobiliza suas gorduras do tecido adiposo e libera, dessa maneira, quantidade significativa de DDT na circulação, podendo exercer efeitos tóxicos sobre o sistema nervoso central (Lauwerys & Lauenne, 1972).

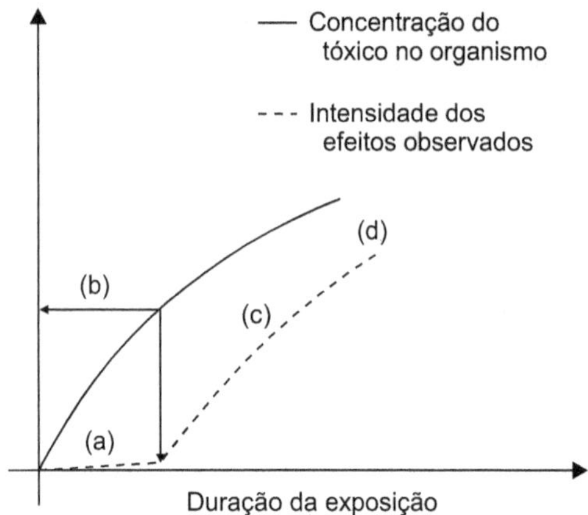

Figura 5.1 Intoxicação a longo prazo pela acumulação do agente tóxico no organismo. a) início das alterações bioquímicas ou fisiológicas; b) limiar de concentração em que o primeiro efeito tóxico se manifesta; c) sintomas clínicos aparecem; e d) morte do organismo. *Fonte*: Lauwerys & Lauenne, 1972.

II. Pela adição dos efeitos causados por exposições repetidas, sem que o tóxico se acumule no organismo. Esse é o caso da intoxicação a longo prazo pelo dissulfeto de carbono (C S$_2$) (Lauwerys & Lauenne, 1972). Na Figura 5.2 um gráfico ilustra esse tipo de intoxicação.

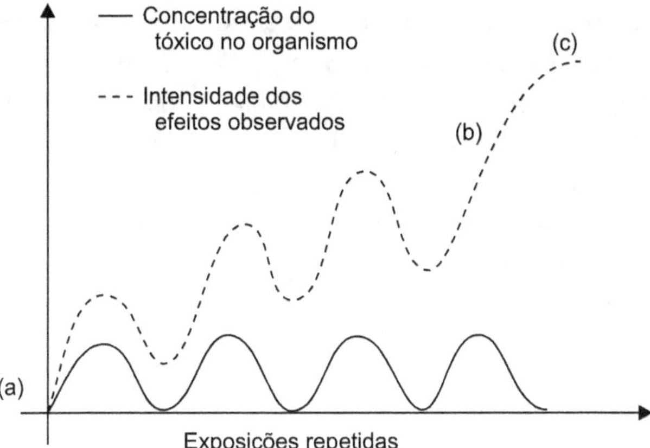

Figura 5.2 Intoxicação a longo prazo pela soma dos efeitos provocados pelo agente tóxico. a) Alterações bioquímicas ou fisiológicas que se acentuam após cada exposição; b) surgimento dos sintomas clínicos; e c) morte do organismo. *Fonte*: Lauwerys & Lauenne, 1972.

Deve-se fazer distinção entre exposição a curto (aguda) ou a longo prazo (crônica) e os efeitos agudos ou crônicos. Assim, uma única dose de triortocresilfosfato (TOCP) produz, no homem, lesão nervosa permanente. Uma exposição a curto prazo (aguda) conduziu, portanto, a um efeito crônico. Em certos casos, após uma exposição a curto ou médio prazo (aguda ou subaguda), a lesão só aparecerá depois de um período de latência, dessa forma, em seguida à administração de algumas doses de dimetilnitrosamina (um solvente) em ratos, sobrevem uma necrose hepática. A capacidade de regeneração do órgão permite rápida cura da lesão hepática. Contudo, se os animais são mantidos vivos e observados, constata-se que eles desenvolvem posteriormente tumores renais (Lauwerys & Lauenne, 1972).

- Quanto à intensidade dos efeitos observados, a intoxicação poderá ser: letal grave, moderada ou leve.

- Da mesma forma que para outras patologias, a intoxicação, como doença, poderá ser percebida nas fases subclínica e clínica. Na primeira, sua detecção pode se dar por meio de análises laboratoriais específicas, pelo uso de parâmetros toxicológicos propriamente ditos, bioquímicos, hematológicos, etc. Na segunda, o diagnóstico clínico se dá por meio da competente anamnese e da retaguarda confirmatória dos exames laboratoriais.

ESPECTRO DO EFEITO TÓXICO

Já foi assinalado que a Toxicologia pode ser entendida como estudo dos efeitos adversos dos agentes químicos sobre os sistemas biológicos (Loomis, 1996). Esse conceito basicamente envolve o conhecimento de todos os efeitos de todos os agentes sobre todos os sistemas biológicos, o que lhe confere amplidão irrestrita, uma vez que todas as substâncias químicas são capazes de, sob determinadas condições de exposição, produzir efeito tóxico em determinado sistema biológico. A caracterização dos efeitos tóxicos faz-se necessária não só para sua hierarquização (estabelecimento do efeito crítico), importante aspecto no estabelecimento dos padrões de segurança, mas também para fixação do *endpoint*, ou seja, do efeito biológico usado como índice de efeito de um toxicante em determinado organismo ou sistema (USEPA, 1989).

A grande variedade dos efeitos tóxicos pode ser agrupada, num verdadeiro espectro de ocorrências, de acordo com distintos classificadores, como (Eaton & Klaassen, 1996; Loomis, 1996; Lu, 1996):

- *Efeito local ou sistêmico:*

  - o efeito local é aquele que ocorre no local do primeiro contato entre o organismo e o agente tóxico. Como exemplo de agentes que produzem esse efeito citam-se as substâncias corrosivas e os agentes irritantes;

  - o efeito sistêmico, mais comum de ocorrer, requer absorção e distribuição do agente desde seu ponto de entrada até um local distante (órgão-alvo), onde os efeitos deletérios são produzidos. Muitos toxicantes exercem seus principais efeitos em um ou mais órgãos. Esses órgãos são referidos como órgãos-alvo. Nem sempre o órgão alvo é o que apresenta maior concentração do toxicante no organismo. Ao órgão ou sítio que concentra o agente tóxico se dá o nome de órgão de armazenamento. Por exemplo, o órgão-alvo do DDT é o Sistema Nervoso Central, porém tal agente se concentra no tecido adiposo.

- *Efeito imediato ou retardado*: efeito imediato é aquele que aparece ou se desenvolve logo após a exposição, única ou repetida. Efeito retardado é o que aparece após um lapso de tempo. Os efeitos carcinogênicos de um agente tóxico apresentam-se, usualmente, após um período de latência, geralmente 10 a 20 anos depois de cessada a exposição. Mesmo em experimentos com roedores, é necessário um lapso de tempo de vários meses para surgimento de efeito carcinogênico.

- *Efeito reversível ou irreversível*: o efeito tóxico reversível é aquele que ocorre em tecidos e desaparece após cessada a exposição. Em contraste, os irreversíveis persistirão mesmo após o término da exposição. Como exemplos de efeitos irreversíveis apontam-se carcinomas, mutações, danos neuronais e cirrose hepática.

- *Efeitos morfológicos, funcionais e bioquímicos:*

- efeitos morfológicos referem-se às mudanças macro e microscópicas na morfologia do tecido. Muitos desses efeitos, como a necrose e a neoplasia, são irreversíveis;

- efeitos funcionais usualmente representam mudanças reversíveis nas funções dos órgãos-alvo – os morfológicos não –, e as mudanças funcionais geralmente são detectadas antes ou em exposições a doses baixas, quando comparadas às mudanças morfológicas. Embora todos os efeitos tóxicos estejam associados a alterações bioquímicas, quando se trata da referência a "alterações ou efeitos bioquímicos", comumente isso se dirige a efeitos sem aparentes modificações morfológicas. Como exemplo, pode-se citar a inibição da colinesterase que se segue à exposição a inseticidas organofosforados e carbamatos.

- *Efeitos somáticos ou germinais*: o efeito somático é aquele que afeta uma ou mais funções da vida vegetativa, enquanto o efeito germinal diz respeito às perturbações das funções de reprodução, integridade dos descendentes e desenvolvimento de tumores.

- *Reações alérgicas e idiossincráticas:*

  - as reações alérgicas (também conhecidas como de hipersensibilidade ou sensibilização) a determinado toxicante resultam de sensibilização prévia a ele ou a outro toxicante que seja quimicamente similar. O agente químico age como hapteno e combina com a proteína endógena formando o antígeno, o que leva à formação de anticorpos. Uma exposição subseqüente ao agente resultará na interação antígeno-anticorpo, o que provoca manifestação tipicamente alérgica, diferente do efeito tóxico usual, porque requer exposição prévia e também porque não se observa uma curva dose–resposta típica;

  - a reação idiossincrática é aquela determinada geneticamente e se caracteriza por reatividade anormal ao agente químico. Como exemplo, citam-se a falência muscular prolongada e a apnéia que certos pacientes apresentam após doses-padrão de succinilcolina, em razão da deficiência de colinesterase sérica, responsável pela degradação da succinilcolina que ocorre, via de regra, rapidamente.

Em Ecotoxicologia, ao enfocar especificamente os efeitos, reporta-se àqueles evidenciados por testes de toxicidade que visam predizer o impacto de determinado xenobiótico ao meio ambiente. Como se verá adiante, há critérios para escolha desses ensaios que, freqüentemente, são objeto de legislação específica. Como exemplo, podemos citar a Portaria 84/96 do IBAMA (Brasil, 1996), que normaliza os testes exigidos para "registro e avaliação da periculosidade ambiental de agrotóxicos, componentes e afins", e a Instrução Normativa 001/2000 do IBAMA (Brasil, 2000), para concessão de registro de "dispersantes químicos empregados nas ações de combate a derrames de petróleo e seus derivados no mar".

Avaliação da toxicidade

A função precípua da Toxicologia é conhecer o risco de ocorrência do efeito tóxico. A avaliação de risco deve ser composta pela associação das técnicas de avaliação de risco ecológico e à saúde humana, a partir da abordagem de avaliação de risco integrada; denominada Avaliação de Risco Socioambiental (ARSA).

A ARSA busca prever a probabilidade de ocorrência de efeitos adversos resultantes da exposição da biota e/ou do homem a um ou mais estressores (de natureza física, química e/ou biológica), num dado sistema ambiental.

O processo de Avaliação de Risco Socioambiental deve sempre contemplar a simulação de vários cenários de exposição, incluindo o social, com o objetivo de garantir que os riscos ecológicos e aqueles associados à saúde humana não sejam subestimados.

O estabelecimento do risco deve basear-se na análise dos dados de toxicidade da substância sob determinadas condições de exposição. O efeito enfocado é crítico e pode ser de dois tipos: aqueles para os quais pode haver um limiar, ou limite (*threshold*); e aqueles para os quais se considera haver risco em qualquer grau de exposição (carcinogênicos, genotóxicos e mutagênicos para células germinativas) (WHO, 1999b).

Todos os dados disponíveis devem ser reavaliados quando informações adicionais de risco ou perigo emergirem. Esses dados incluem aqueles relativos ao homem, a animais, à relação estrutura–atividade dos toxicantes e a investigações *in vitro*.

De acordo com documento da Academia Nacional de Ciências (NAS) dos Estados Unidos (NAS, 1983), o processo de avaliação de risco pode ser dividido em quatro etapas básicas: identificação do perigo; avaliação da relação dose–resposta; avaliação da exposição; e caracterização do risco da integração das três anteriores.

A identificação do perigo e a avaliação dose–resposta compõem a "avaliação da toxicidade" (USEPA, 2002). Estabelecer a toxicidade de uma substância é o processo de caracterização da toxicidade inerente a ela e de quais efeitos essa substância pode causar nos organismos expostos (USEPA, 1989).

A primeira etapa da avaliação da toxicidade, identificação do perigo, é o processo que tenta reconhecer se a exposição a determinado agente pode estar relacionada ao aumento de incidência de determinado efeito adverso, como, por exemplo, câncer ou defeito congênito, e se há possibilidade de seu efeito ocorrer no homem. A identificação do perigo envolve caracterização da natureza da exposição e da força de evidência do nexo causal.

A segunda etapa, avaliação dose–resposta (coração e alma da Toxicologia), é o processo de vincular, quantitativamente, a informação da toxicidade e a caracterização da relação entre a dose de toxicante administrada ou recebida e a incidência do efeito adverso à saúde na população exposta. Dessa visão quantitativa da relação dose–resposta, os índices de toxicidade (dose de referência e fatores de inclinação, respectivamente, para os efeitos não carcinogênicos e carcinogênicos) são estabelecidos e podem ser usados para estimar a incidência ou o potencial de efeito adverso como função da exposição humana aos agentes. Esses índices de toxicidade são utilizados na etapa da caracterização do risco de ocorrência de efeitos adversos em humanos a diferentes níveis de exposição (USEPA, 2002). As etapas da avaliação da toxicidade e a posição da mesma na avaliação de risco estão ilustradas nas Figuras 5.3 e 5.4, respectivamente.

Assim, pelo que já se viu, a avaliação da toxicidade de determinada substância pode ser definida como a caracterização quali-quantitativa do potencial de efeitos adversos à saúde causados pela exposição a tal substância.

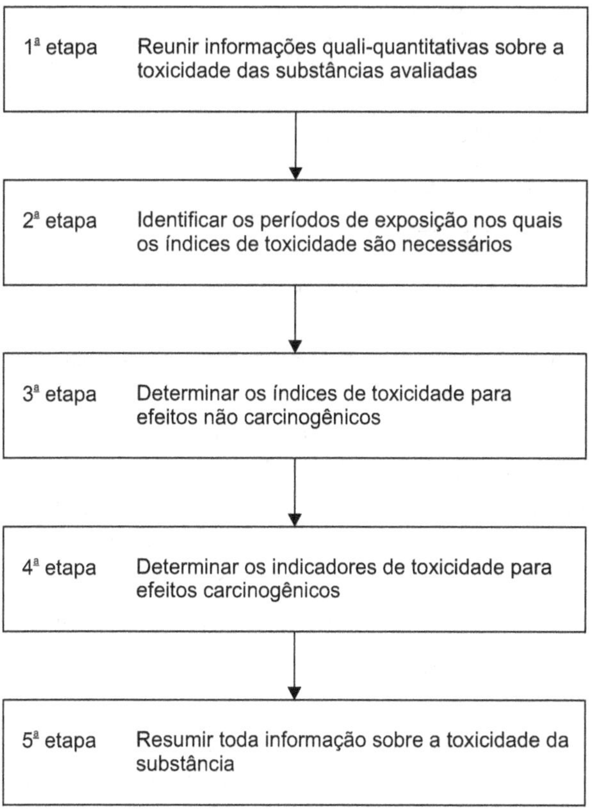

Figura 5.3 Etapas de avaliação de toxicidade. *Fonte*: modificado de USEPA, 2002.

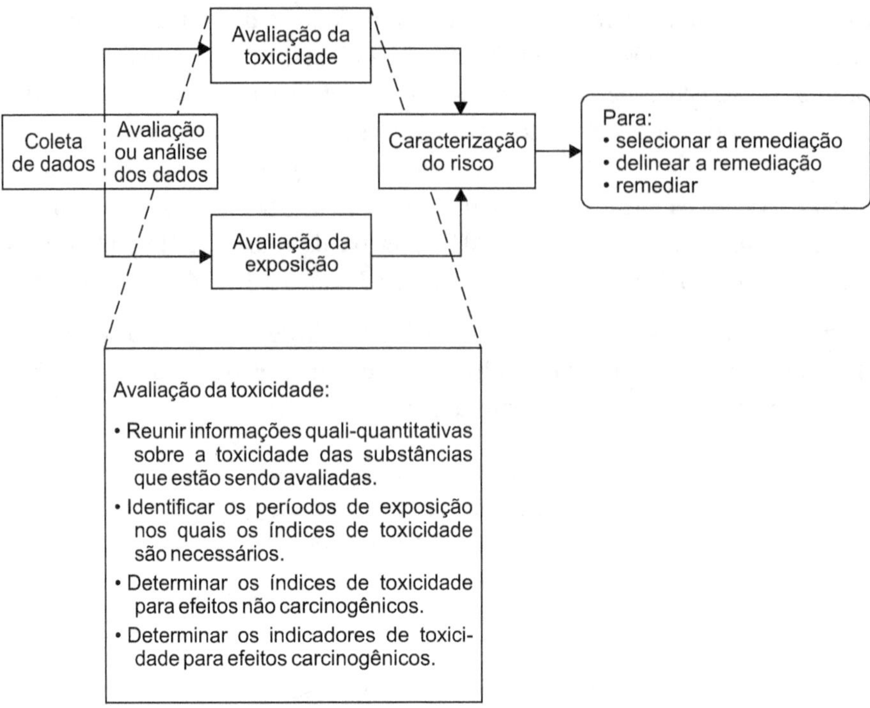

Figura 5.4 Avaliação de toxicidade na avaliação de risco. *Fonte*: modificado de USEPA, 2002.

O propósito da avaliação da toxicidade é ponderar as evidências disponíveis referentes ao potencial de determinado toxicante de causar efeitos adversos em indivíduos expostos e prover, sempre que possível, uma estimativa da relação entre a extensão da exposição e o aumento ou severidade do efeito adverso (USEPA, 2002). Leva em consideração a intensidade da exposição, as características da população exposta, as características ambientais e outros fatores que interferem na toxicidade (NAS, 1994). Sua avaliação é realizada, via de regra, por intermédio de estudos em animais e se baseia no fato de que, em alguns casos, os efeitos em humanos podem ser inferidos a partir dos observados em estudos com animais de laboratório.

Se a avaliação da toxicidade desenhada para se intentar conhecer/predizer os efeitos nocivos da exposição de humanos a um certo agente tóxico já é difícil, complexa e cara, bem mais intricada e laboriosa é a avaliação da ecotoxicidade de poluentes químicos do ambiente. Aqui se está lidando com uma multiplicidade simultânea de fatores e, não raro, com baixo conhecimento a respeito do próprio ecossistema e de suas intra-relações.

A Ecotoxicologia – que Truhaut definiu, em 1969, como o estudo dos efeitos das substâncias químicas sobre os ecossistemas e Kendall, em 1996, como o estudo do destino e dos efeitos das substâncias químicas sobre o ecossistema, com base em métodos de laboratório e de campo – estuda de forma quali-quantitativa os efeitos adversos das substâncias químicas, considerando suas inter-relações no ecossistema e atuação nos organismos. As principais diferenças entre a caracterização das condições sob as quais se estabelecem os estudos para avaliação da toxicidade em Toxicologia (denominada por Rand *et al.*, 1995, de "Toxicologia Clássica ou de Mamíferos") e Ecotoxicologia estão na Tabela 5.1.

Tabela 5.1 Diferenças entre a Toxicologia Clássica e a Ecotoxicologia.

Toxicologia clássica	Ecotoxicologia
Objetivo: proteger os seres humanos da ação de substâncias tóxicas em concentrações que estão ou podem estar associadas a efeitos adversos	Objetivo: proteger populações e comunidades de diferentes espécies da ação de substâncias tóxicas em concentrações que podem estar associadas a efeitos adversos
Utiliza animais de experimentação como modelos	Pode utilizar as próprias espécies em questão (embora possa haver muitas incertezas sobre a propriedade das mesmas como sendo o melhor indicador de efeito ou de suscetibilidade)
A espécie-alvo é conhecida (homem); maior precisão na extrapolação	Impossível conhecer e testar todas as espécies a serem protegidas; grau de extrapolação incerto
Os organismos de teste são homeotérmicos, o que permite melhor predição da toxicidade	Os organismos de teste vivem em ambientes variáveis e, na maioria, são pecilotérmicos (exceção de pássaros e mamíferos aquáticos), o que diminui a predição da toxicidade
A dose da substância administrada pode ser medida com precisão e também podem ser estabelecidas as vias de exposição	A exposição se dá pelas concentrações da substância no meio e a dose absorvida só é determinada por meio de experimentos de bioacumulação e metabolismo
Há dados disponíveis sobre pesquisa básica com ênfase na elucidação dos mecanismos de ação tóxica	A ênfase se dá na medição do efeito tóxico, com vistas ao estabelecimento de dados de concentrações-limite para cumprir exigências regulatórias
Os métodos dos testes de avaliação de toxicidade são bem estabelecidos no que tange a certezas e limites	Os testes utilizados são relativamente novos, sendo muitos deles padronizados. Entretanto, sua utilidade em predizer os impactos ambientais e de proteção aos ecossistemas é, freqüentemente, incerta

Fonte: adaptado de Rand *et al.*, 1995.

CRITÉRIOS DE AVALIAÇÃO DA TOXICIDADE

Antes de proceder ao estudo da toxicidade de uma substância ou preparação química, é importante estar seguro quanto a sua natureza e grau de pureza. Entre os critérios para avaliar a toxicidade distinguem-se:

- exame anátomo-patológico, que é o exame dos aspectos macroscópico (necrópsia) e microscópico dos órgãos, após administração de diferentes doses do agente tóxico;

- peso dos órgãos, expresso em % do peso corporal;

- crescimento do animal;

- testes fisiológicos;

  - irritantes pulmonares → provas funcionais pulmonares,

  - toxicidade hepática → duração da anestesia ao hexobarbital. Se o fígado é lesado, sua capacidade de biotransformar o barbitúrico diminui e a duração da anestesia aumenta,

  - função renal,

  - EEG, ECG;

- testes bioquímicos, como inibição de enzimas, por exemplo, ação de ésteres organofosforados sobre a acetilcolinesterase;

- avaliação do comportamento, estudo da ação e dos efeitos do tóxico sobre os reflexos condicionados (numerosas concentrações permissíveis, na Rússia, para ambientes de trabalho são baseadas em tais estudos);

- efeito sobre fertilidade e fetos (efeito teratogênico) (Lauwerys & Lauenne, 1972);

- DE_{50}, DL_{50}, CE_{50}, CL_{50}.

O método mais utilizado para exprimir a toxicidade de uma substância administrada por qualquer via a curto prazo, exceto a pulmonar, é a dose efetiva 50 (DE_{50}). Trata-se da quantidade de substância (habitualmente dada em mg, g ou ml por kg de peso corporal) que, em condições bem determinadas, afeta a metade de um grupo de animais de certa espécie. Esse critério é selecionado porque a dose necessária para causar uma resposta em 50% dos animais é mais reprodutível do que todas as outras (por exemplo, a DE_{100} ou a dose efetiva mínima) (Lauwerys & Lauenne, 1972). A prática tem, evidentemente, mostrado que a DE_{50} varia de uma espécie para outra e conforme as condições experimentais. Assim, é necessário especificar: espécies animais, habitat, sexo, idade, peso, estado de nutrição, regime alimentar, via de administração, estado físico do tóxico considerado, notadamente o solvente utilizado, e, é claro, sua concentração.

Ainda que o efeito mais comumente referido seja a mortalidade, tratando-se nesse caso da DL_{50} (dose letal 50), a avaliação da toxicidade de uma substância não é necessariamente limitada à determinação da dose letal. Outras manifestações como: vômitos, convulsão e aumento da pressão podem ser consideradas.

Quando se estuda a toxicidade de uma substância que ingressa no organismo por inalação, interessará sua concentração no ar e, então, se falará em CL_{50} (concentração letal 50) ou CE_{50} (concentração efetiva 50), mencionando também, além de todos os fatores já citados, a duração da exposição do animal ao composto químico (Lauwerys & Lauenne, 1972). A avaliação da CE_{50} é mais importante em Toxicologia Ocupacional, porque no desenvolver de suas atividades profissionais o homem se expõe a compostos químicos, principalmente por via respiratória.

Nos estudos de ecotoxicidade, avaliam-se os efeitos causados às espécies-teste, por meio da exposição de organismos representativos do ambiente às várias concentrações de uma ou mais substâncias, por período determinado. Em razão da multiplicidade de espécies existentes e das inúmeras relações de dependência entre elas, preconiza-se que os testes sejam realizados com, no mínimo, três organismos pertencentes a diferentes níveis tróficos, de modo a obter o resultado com o organismo mais suscetível, estimando com maior segurança o impacto. O desenvolvimento de métodos em ecotoxicidade é assunto complexo e, de maneira geral, tem por finalidade a predição de efeitos ambientais, a comparação entre substâncias e a monitoração de efluentes. Os critérios para escolher o organismo-teste devem levar em consideração (Rand, 1995):

- sua representatividade em relação a um determinado grupo de importância ecológica;

- a facilidade de manutenção em laboratório;

- sua estabilidade genética (populações uniformes);

- sua pertinência como membro de uma família que pertença à cadeia alimentar do homem.

Os parâmetros de avaliação ecotoxicológica devem contemplar os diferentes níveis tróficos. Assim, os testes de ecotoxicidade aquática devem ser conduzidos em:

- produtores (algas), ex: *Scenedesmus subspicatus*;

- consumidores primários (testes agudos com microcrustáceos), ex: *Daphnia magna*;

- consumidores secundários (testes agudos com peixes), ex: *Danio rerio*;

- decompositores (bactérias), ex: *Photobacterium phosphorium*.

Deve-se considerar, ainda, no escopo dos testes de ecotoxicidade, o conhecimento sobre o toxicante em termos de suas propriedades físico-químicas: hidrólise, oxidação, fotólise, estrutura molecular, solubilidade, volatilidade, bem como os fatores biológicos (biodegradação, potencial de absorção por organismos vivos, etc.), os quais determinam como agentes potencialmente tóxicos agem no ambiente e como o ambiente atua no agente para que se possa estimar o potencial de exposição dos toxicantes. É preciso, também, uma boa informação sobre a relação estrutura–atividade, uma vez que ela possibilita relações na cadeia alimentar (bioacumulação) e análises estatísticas apropriadas (Rand, 1995).

Os vários ensaios toxicológicos que dão suporte à avaliação de toxicidade são expressos por curvas que elucidam a relação da dose/concentração de determinado agente, com a resposta observada em determinada população. A relação dose/concentração–resposta forma a base da mais fundamental das percepções em Toxicologia, há séculos antecipada pelo notável Paracelsus ("a dose faz o veneno"), e constitui importante fase da avaliação de risco.

PARÂMETROS IMPORTANTES NA AVALIAÇÃO DA TOXICIDADE

A questão essencial no estabelecimento da avaliação da toxicidade é: qual a exposição máxima que pode ser considerada segura? A resposta depende de vários fatores, como propriedades físico-químicas do agente, via de exposição, duração e freqüência dessa exposição, espécies testadas, características individuais e natureza do *endpoint* do efeito tóxico que está sendo medido (USEPA, 1989). As principais considerações sobre cada um desses fatores são abordadas a seguir.

PROPRIEDADES FÍSICO-QUÍMICAS DA SUBSTÂNCIA

As propriedades físico-químicas da substância são importantes na determinação da velocidade com que atingem o sítio de ação e com qual concentração, o que determina, conseqüentemente, o aparecimento dos efeitos tóxicos e seu grau de severidade. Solubilidade, pressão de vapor, constante de ionização, reatividade química, estabilidade, dimensões das partículas, entre outras, influenciam muito o comportamento toxicocinético e ecocinético das substâncias e, por extensão, suas performances toxicodinâmicas e ecodinâmicas.

VIA DE EXPOSIÇÃO (VIA DE INTRODUÇÃO)

Para determinado agente exercer seu efeito tóxico, é necessário primeiro atingir o sítio de ação. A velocidade e a extensão com que isso ocorre depende da via de introdução, da dose/concentração, da velocidade de administração, do solvente, etc. Esse conjunto determina as velocidades de absorção, distribuição e biotransformação. Em humanos, as mais importantes vias de introdução são a oral, a inalatória e a dérmica.

Duração e freqüência da exposição

A toxicidade de várias substâncias depende do tempo de exposição. Há várias razões para essa dependência. Alguns xenobióticos não são prontamente eliminados do organismo, assim, a exposição, mesmo que a pequenas doses, pode levar a acúmulo do agente no organismo em níveis que são suficientes para exercer efeito tóxico. Como exemplo, tem-se o cádmio, que é retido significativamente no parênquima renal e cujos níveis se tornam altos o bastante (normalmente após anos) para produzir disfunção renal. Outros xenobióticos, embora sejam eliminados com relativa rapidez, exercem efeitos irreversíveis, os quais provocam danos também irreversíveis. Já alguns efeitos adversos requerem extenso período para manifestar-se, embora sejam resultantes de exposições que tenham cessado por vários anos. Como exemplo, pode-se citar o desenvolvimento de tumores após a exposição a carcinogênicos anos depois de cessada a exposição (USEPA, 1989).

Espécies testadas e características individuais

Aceita-se como verdade o fato de que, quando determinado agente tóxico exerce toxicidade em uma espécie de organismo, por exemplo ratos, será tóxico também para outros mamíferos, inclusive o homem. Entretanto, há, freqüentemente, diferenças significativas na suscetibilidade de diferentes espécies a determinado agente e, às vezes, há diferenças qualitativas no tipo de efeito que ocorre. A razão para essas diferenças entre as espécies usualmente é relativa a diferenças na absorção e no metabolismo do agente ou a diferenças fisiológicas ou anatômicas. Essas diferenças são responsáveis pelas dificuldades de extrapolação dos dados obtidos em estudos com animais para humanos. Os estudos de toxicocinética fornecem informações sobre as diferenças na absorção, na distribuição, na biotransformação, no armazenamento e na eliminação de substâncias. Como exemplo dessas diferenças entre as espécies, cita-se que o macaco é resistente aos agentes metemoglobinizantes, enquanto o homem é muito sensível; ou o fato de a piridina ser extensivamente metilada em gatos, *guinea pigs* e hamsters e pouco metilada em ratos, camundongos, coelhos e humanos. Nesse caso, como a metilação significa aumento da toxicidade da piridina, os efeitos produzidos para as mesmas doses nos dois grupos de animais serão mais adversos para os que metilam a piridina mais extensivamente (USEPA, 1989).

Deve-se considerar, ainda, as diferenças entre subgrupos das mesmas populações quanto a sexo, idade e raça. Os principais fatores envolvidos nessas diferenças são relativos a características genéticas, geralmente expressas pela presença ou ausência de determinadas enzimas que determinam a suscetibilidade diferenciada nos membros de determinada população. Por essa razão, é importante que os animais utilizados nos experimentos de toxicidade possuam alto nível de consangüinidade, a fim de que se tenha uniformidade genética satisfatória, de modo que a variação interindividual seja a menor possível. Em contraste, os humanos são geneticamente heterogêneos e as variações entre indivíduos, mesmo os de mesma idade, sexo e raça, podem ser significativas. Por exemplo, há na população humana dois subgrupos em relação à habilidade de acetilar algumas substâncias, os acetiladores rápidos e os lentos. Nestes, a lentidão se dá em razão da reduzida quantidade de N-acetiltransferase hepática que apresentam. Como a acetilação é um importante mecanismo na biotransformação de vários agentes tóxicos, os acetiladores lentos têm maior probabilidade de desenvolver efeitos tóxicos em razão da presença dessas substâncias.

As diferenças na expressão da toxicidade em decorrência das diferenças entre os sexos também ocorrem, conforme já amplamente demonstrado nos estudos do efeito de clorofórmio, benzeno e alguns inseticidas organofosforados. Por exemplo, fêmeas de camundongos mostram pequena resposta à exposição ao clorofórmio, que, no entanto, é letal para machos. Foi demonstrado que a diferença se dá em razão do controle hormonal (endócrino). Outro exemplo, ratos e coelhos fêmeas são mais suscetíveis aos efeitos tóxicos, respectivamente, do paration e do benzeno do que os machos dessas espécies. Esses efeitos relacionados ao sexo são revertidos depois da castração e administração de hormônios. Foi mostrado que a gravidez e, conseqüentemente, a elevação da atividade hormonal aumentou significativamente a suscetibilidade do camundongo a alguns tipos de pesticidas, e efeitos similares foram reportados para animais lactantes expostos a metais pesados.

Hipertireoidismo (excessiva secreção do hormônio da tireóide) e hiperinsulinismo (excessiva secreção do hormônio da insulina) também podem alterar a suscetibilidade de animais, inclusive humanos, a substâncias químicas tóxicas.

Posição nutricional e fatores da dieta

Seres humanos são capazes de grandes ajustes na absorção e no metabolismo de alimentos e minerais para compensar flutuações dos níveis na dieta ingerida. Essas adaptações metabólicas influenciam a absorção e/ou biotransformação de substâncias tóxicas. Por exemplo, a ingestão a longo prazo de dieta rica em minerais (ferro, cálcio, zinco) leva o corpo a aumentar a absorção e a retenção desses elementos. Entretanto, com tal adaptação para reter minerais essenciais, a absorção para metais tóxicos (cádmio e bário) também aumenta.

Idade e maturação

Muitos toxicantes apresentam toxicidade maior para um grupo populacional do que para outro (normalmente apresentam toxicidade maior para indivíduos jovens). Por exemplo, a ingestão de chumbo produz efeito mais severo no sistema nervoso central de crianças do que de adultos. Além disso, a habilidade de indivíduos jovens de biotransformar (e destoxificar) as substâncias é menor do que a dos adultos. Indivíduos idosos podem ser mais suscetíveis a alguns agentes, uma vez que a capacidade hepática de biotransformar e a renal de excretar tendem a ser menor nesse grupo.

Natureza do efeito

A exposição de um organismo a um agente tóxico freqüentemente resulta em efeitos múltiplos. Por exemplo, exposições a logo prazo a dioxinas resultam em hepatotoxicidade, genotoxicidade (dano ao cromossomo), teratogenicidade (anormalidades estruturais e funcionais), fetotoxicidade e carcinogenicidade. Os efeitos que são medidos e aceitos como indicadores da toxicidade do agente são chamados de *endpoint*, ou seja, constituem indicadores analíticos (efeito biológico usado como índice de efeito de um toxicante em um determinado organismo). O critério para identificar o *endpoint* mais apropriado à avaliação da toxicidade inclui: sensibilidade à dose, severidade do efeito e se o mesmo é reversível ou não (USEPA, 1989).

Estudo das relações dose–efeito e dose–resposta

O estabelecimento dos binômios dose/concentração–efeito e dose/concentração–resposta refere-se aos processos de caracterização da relação entre a dose de um toxicante e, respectivamente, a magnitude de determinado efeito adverso à saúde em um indivíduo e à taxa de incidência de determinado efeito numa população.

Assim, a relação dose/concentração–efeito indica a relação entre a dose/concentração de uma substância química e a magnitude de um efeito biológico qualitativamente especificado em um indivíduo; enquanto a relação dose/concentração–resposta indica a relação entre a dose de uma substância química e a proporção de indivíduos com magnitude quantitativamente especificada de um efeito qualitativamente especificado em um grupo de indivíduos. Embora ambas as expressões sejam comumente utilizadas na literatura toxicológica (e farmacológica) para designar o mesmo tipo de fenômeno, é recomendável estabelecer distinção entre as duas, já que, em definitivo, os limites admissíveis para exposição a agentes químicos se baseiam na relação dose–resposta, ou seja, na proporção de membros de uma população que apresenta resposta específica medida diante de uma dose dada. É o processo pelo qual se caracteriza a relação entre a dose ou a concentração de um agente tóxico e a incidência de determinado efeito adverso na população exposta e, ainda, a estimativa da incidência do efeito em função da exposição humana (WHO, 1999a).

Para estabelecer apropriadamente a curva dose/concentração–resposta, deve-se considerar três pressupostos básicos (Eaton & Klaassen, 1996):

- A resposta está inequivocamente relacionada à presença do agente tóxico no sítio de ação.

- A magnitude da resposta está, de fato, associada à dose:

  - há um sítio molecular ou receptor com o qual o agente químico interage, produzindo um efeito;

  - a produção e a magnitude desse efeito estão relacionadas à concentração do agente no sítio reativo;

  - a concentração no sítio está relacionada à dose administrada.

- Há um método quantificável para avaliar a resposta e um meio preciso de expressar a toxicidade (especificidade dos *endpoints*).

A relação dose–resposta descreve a proporção de respostas individuais em relação à magnitude da dose para um período específico de exposição. Essa relação deve ser estudada para cada substância química com sua toxicidade inerente e seu modo de ação (WHO, 1994b, 1999a). Consiste no processo de caracterização da relação entre a dose administrada ou recebida de uma ou mais substâncias e a incidência de um dado efeito deletério significativo no ambiente e/ou numa população exposta a essas substâncias (USEPA, 1989). Em geral, as curvas de dose–resposta são de dois tipos: para substâncias que apresentam limiar de segurança (*threshold*) e para substâncias para as quais não há estabelecimento desse limiar (carcinogênicos) (USEPA, 1989).

a) Curva de distribuição (ou freqüência) da resposta

A experiência tem mostrado que a variação da resposta biológica a um composto químico entre membros de uma mesma espécie geralmente é pequena, quando comparada à variação registrada entre espécies (Loomis, 1996). Assim, a administração de doses adequadas de uma substância química a um grupo de animais biologicamente uniforme deverá fornecer a curva de freqüência de resposta mostrada na Figura 5.5.

A curva dessa figura freqüentemente é referida como de resposta quantificada, porque apresenta as classes de doses requeridas para produzir uma resposta quantitativamente idêntica em ampla população de indivíduos testados. Indica que grande porcentagem de animais que recebem a dose X responderá de maneira quantitativamente idêntica. Alguns animais apresentarão a mesma resposta a baixas doses (muito suscetíveis), enquanto outros requisitarão doses elevadas (pouco suscetíveis). Essa curva segue as leis da distribuição gaussiana normal e é de considerável interesse por permitir o uso de procedimentos estatísticos.

Notam-se na curva dois principais pontos de inflexão (A, A', B, B') em cada lado da dose que provoca máxima freqüência de resposta. A dose identificada como X é a dose média e o total de animais que responde a doses superiores é igual ao total de animais que responde a doses inferiores. Por definição, a área sob a curva delimitada pelas ligações verticais de A e A'com o eixo das abscissas encerra a população total e corresponde à dose média mais ou menos 1 desvio-padrão. Também por definição, a área delimitada pela curva e suas ligações verticais de B e B' com o eixo das abscissas inclui a população total que responde à dose média mais ou menos 2 desvios-padrão. Na prática, raramente é obtida uma verdadeira curva gaussiana. Uma variação inclinada da curva usualmente é conseguida como melhor ou mais adequada para os dados experimentais.

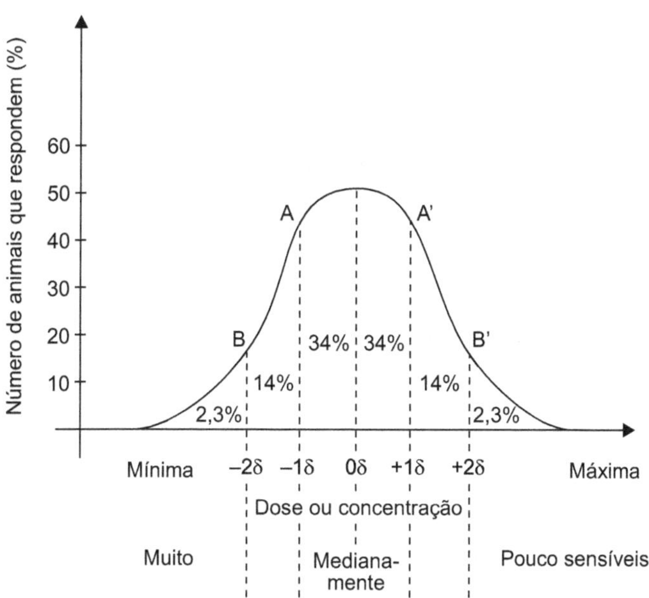

Figura 5.5 Curva hipotética de freqüência da resposta obtida após administração de uma substância química a uma população de animais biologicamente homogênea. *Fonte*: Loomis, 1996.

b) Curva de resposta acumulativa: curva dose–resposta

As curvas de freqüência de resposta não são comumente usadas. Pelo contrário, é mais empregada a curva que relaciona a dose da substância química à porcentagem acumulativa de animais que mostram resposta (como a morte). Essas curvas são conhecidas como curvas dose–resposta (Loomis, 1996). A Figura 5.6 apresenta a relação dose–resposta em curvas de distribuição de freqüência e distribuição de freqüência cumulativa e a Figura 5.7, as curvas de distribuição de freqüência cumulativa para dois compostos hipotéticos.

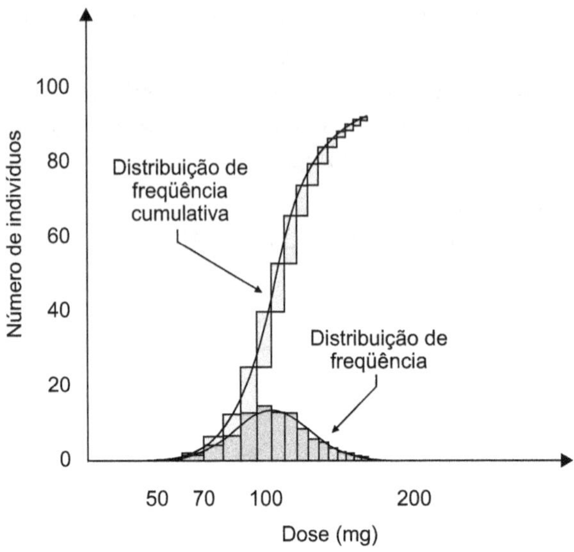

Figura 5.6 Curvas de distribuição de freqüência e curvas de freqüência cumulativa (dose–resposta). *Fonte*: OPAS/USEPA, 1996.

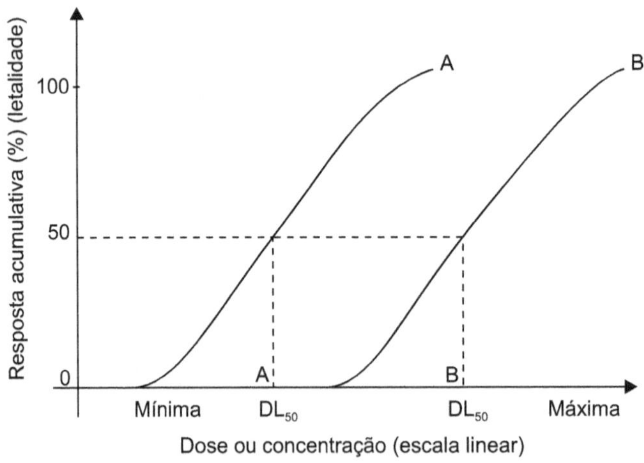

Figura 5.7 Curvas dose–resposta hipotéticas para dois agentes químicos (A e B) administrados a uma população uniforme de espécimes biológicos. *Fonte*: Loomis, 1996.

Os valores para a construção da curva podem ser obtidos experimentalmente da seguinte maneira: a grupos de animais de uma mesma espécie, por exemplo camundongos, é administrada uma solução da substância química por via específica de introdução. Somente pela experimentação é possível selecionar uma dose tal que não provoque morte ou sobrevivência de todos os animais. A dose inicial pode ser tão pequena que nenhuma resposta se manifeste nos animais. Com grupos subseqüentes de animais da mesma espécie, a dose é progressivamente aumentada de uma constante (por exemplo, multiplicando por 2) ou em base logarítmica, até obter uma dose suficientemente alta, de forma que todos os animais morram em conseqüência da exposição ao agente químico. Portanto, a única observação feita na experiência é a da morte ou sobrevivência dos animais. Sob tais condições, podem ser obtidas informações que permitam a construção de curvas como as apresentadas na Figura 5.7. Então, pode-se concluir que há doses de uma substância química suficientemente pequenas para não provocar a morte. Entretanto, quando a dose é aumentada, uma curva típica em forma de *S* é obtida, até a zona final, com doses suficientemente altas para produzir a morte de 100% dos animais.

O efeito medido não precisa ser necessariamente a morte do animal, mas qualquer tipo de efeito que possa ser quantificado. Ainda, o experimento não precisa ser conduzido com o animal, pode ser conduzido num sistema único celular (como uma determinada bactéria) ou tecido, órgão e células isoladas de um dado sistema biológico (Loomis, 1996).

O índice que expressa a toxicidade aguda (a DL_{50} ou CL_{50}) é um valor virtual estatisticamente obtido. É um valor calculado que representa a melhor estimativa da dose necessária para produzir a morte em 50% dos animais e é, portanto, sempre acompanhada de meios de estimar seu erro, como, por exemplo, a probabilidade de obtê-la. Os limites de probabilidade são arbitrariamente escolhidos pelo experimentador para indicar que resultados similares poderiam ser obtidos em 90 ou 95 de 100 testes realizados de maneiras idênticas àquele descrito.

Nas curvas dose–resposta mostradas na Figura 5.7, a DL_{50} é obtida traçando-se a horizontal ao eixo das abscissas, no ponto 50%, até atingir a curva e daí a vertical até alcançar o referido eixo. Pode-se também, a partir da curva, obter a DL_{95} ou a DL_{5}.

A curva dose–resposta obtida na escala aritmética é assimétrica, em forma de *S*, e vários pontos são necessários para elaborá-la com precisão. É assimétrica porque, como foi observado em numerosos processos biológicos, crescimentos iguais da resposta (por exemplo, aumento de 10% da mortalidade: de 30% a 40% e de 40% a 50%) somente são produzidos quando os estímulos (no caso a dose do agente) são aumentados de uma proporção constante e não de uma mesma quantidade (Lauwerys & Lauenne, 1972). Assim, se o aumento da dose de 50 a 100 mg/kg faz crescer a mortalidade de 50% até 70%, para aumentá-la de 70% até 90%, a dose precedente (100 mg) deverá ser incrementada não de mais 50 mg e sim de um fator 2 (100/50), resultando em 200 mg em vez de 150 mg/kg. Portanto, a curva da porcentagem de mortalidade em função do logaritmo da dose será simétrica, em forma de *S*. Porém tal curva ainda é de difícil elaboração e existe interesse em transformá-la, de maneira a obter uma linha reta, a qual oferece muitas vantagens: são necessários menos pontos para construí-la (na teoria, apenas 2) e um método estatístico simples permite determinar a melhor reta correspondente aos pontos obtidos. Há vários modelos matemáticos para proceder à transformação dessas curvas sigmóides em funções matemáticas que permitam extrapolação para baixas doses. O mais comumente utilizado para as substâncias para as quais há limiar de doses é chamado de probito (*unidades de probabilidade*) e se baseia na hipótese de que a sensibilidade dos indivíduos da população testada segue distribuição normal (curva de Gauss) (Lauwerys & Lauenne, 1972).

O porcentual da mortalidade pode ser convertido em probitos, de forma que 50% de mortalidade equivale a um probito de 5; 50% de mortalidade, + ou − 1 d.p., equivale a um probito de 6 e 4, respectivamente; 50% de mortalidade, + ou − 2 d.p., equivale a um probito 7 ou 3, etc. A Tabela 5.2 apresenta transformações de porcentagem em probito.

Tabela 5.2 Conversão de porcentual de mortalidade em probito.

Mortalidade	Dose (δ)	Unidade probito (somar cinco ao desvio-padrão)
2,3	−2	3
16	−1	4
50	0	5
84	1	6
97,5	2	7

Fonte : Lauwerys & Lauenne, 1972.

A Figura 5.8 mostra a transformação linear da curva de dose–resposta pelo método de probito.

Na análise dessas curvas verifica-se que a inclinação é determinada pelo aumento da resposta em função do aumento das doses. Na prática, a inclinação da curva é até mais importante que os valores numéricos de DL_{50} ou DE_{50}, porque informa mais sobre a toxicidade intrínseca da substância. Por exemplo, inclinação acentuada pode indicar rápida ação ou rápida absorção, significando que pequenas variações de doses levam a diferenças significativas da resposta (Ballantyne & Sullivan, 1997).

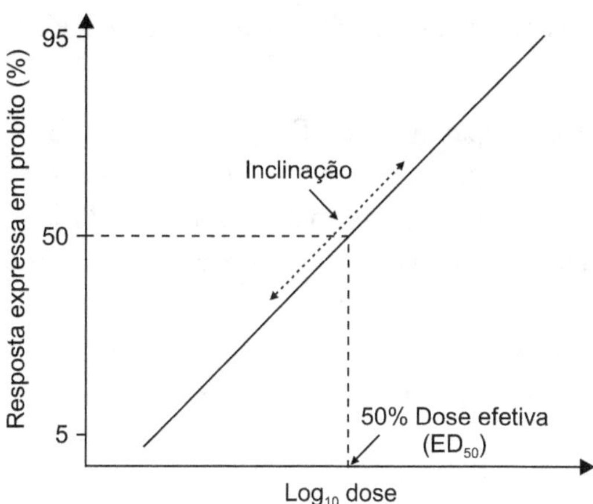

Figura 5.8   Transformação linear da curva de dose–resposta pelo método de probito. *Fonte*: Ballantyne, 1997.

Um dos aspectos mais atuais da Toxicologia, e sempre muito complexo, representando enorme desafio para os toxicólogos, é a avaliação dose–resposta e de risco para misturas de agentes químicos. Nesse sentido, a agência americana de proteção ao meio ambiente (USEPA) elaborou, em 1986, o *Guidelines for the Health Risk Assessment of Chemical Mixtures*, conjunto de diretrizes para estabelecer a avaliação de risco quando se trata de misturas químicas (USEPA, 1986). A escolha do efeito crítico e os critérios para atribuir o peso da evidência são determinantes na avaliação de risco das misturas.

Estudos de toxicidade aguda

Esses estudos visam a demonstrar a ocorrência de efeito adverso num curto período, de acordo com procedimentos protocolares. Geralmente, trata-se da administração de uma única dose (ou concentração x tempo nos estudos de ecotoxicidade) ou exposições múltiplas em 24 horas. Considera-se o aparecimento de efeito num período de até 14 dias (Paine, 1993).

Esses estudos freqüentemente envolvem a determinação de uma dose letal média (DL$_{50}$) ou de uma concentração letal média (CL$_{50}$), nos casos de inalação, absorção dérmica ou ambiente aquático. Normalmente, as provas baseiam-se na verificação do evento letal nas 24 horas que se seguem à administração e no acompanhamento dos sobreviventes durante 7 dias. A exposição se faz por duas vias, sendo uma delas a via de exposição provável no homem (OPAS/USEPA, 1996). Quando não há disponibilidade de dados referentes à toxicidade do agente em investigação, são indicados estudos de toxicidade aguda para identificar a toxicidade relativa da substância e investigar seu modo de ação e seu efeito tóxico específico (Paine, 1993). Nos estudos de toxicidade aguda, objetiva-se identificar órgãos que possam ser alvos potenciais, determinar a variabilidade das respostas ao agente entre as diferentes espécies e indicar a toxicidade comparativa (OPAS/ USEPA, 1996).

Quanto à toxicidade comparativa, se a DL_{50} do composto B é maior que a do A, para a mesma espécie e condições, pode-se dizer que ele é menos potente. Ademais, se a dose e a letalidade são as únicas considerações, o composto A pode ser dito mais perigoso que o B. Isso indica que potência (em termos de quantidade de substância envolvida) e toxicidade (em termos de perigo) são parâmetros relativos que podem ser usados apenas com referência a outras substâncias químicas. Portanto, um dos critérios possíveis para descrever as toxicidades relativas de dois agentes químicos é a relação das doses necessárias para produzir efeito igual. Assim, na avaliação da toxicidade de uma única substância, o valor absoluto da DL_{50} poderá ser de poucos microgramas ou de vários gramas. Se a DL_{50} é de apenas poucos microgramas para uma substância e de vários gramas para outra, a diferença entre as duas torna-se altamente significativa. É prática comum usar o termo potente para uma substância cuja dose solicitada a fim de produzir um efeito seja pequena, isto é, poucos miligramas. A Tabela 5.3 apresenta uma série de valores de DL_{50} para distintas substâncias.

Tabela 5.3 DL_{50} aproximada de alguns agentes tóxicos.

Agente	Animal	Via	DL_{50} (mg/kg)
Álcool etílico	camundongo	oral	10.000
Cloreto de sódio	camundongo	IP	4.000
Sulfato ferroso	rato	oral	1.500
Sulfato de morfina	rato	oral	900
Fenobarbital sódico	rato	oral	150
p, p'-DDT	rato	oral	100
Picrotoxina	rato	SC	5
Sulfato de estricnina	rato	IP	2
Nicotina	rato	IV	1
d-Tubocurarina	rato	IV	0,5
3-Hemicolínio	rato	IV	0,2
Tetrodotoxina	rato	IV	0,1
Dioxina (TCDBD)*	cobaia	IV	0,001
Toxina botulínica	rato	IV	0,00001

IP = intraperitoneal; IV = intravenosa; SC = subcutânea.

* 2,3,6,7-tetracloridibenzodioxina.

Fonte: Loomis, 1996.

Como já ficou claro, a toxicidade deve ser descrita como uma associação dose–resposta relativa entre substâncias químicas. Entretanto, o conceito de toxicidade, como um fenômeno relativo, é verdadeiro apenas se as obliqüidades das curvas da relação dose–resposta para as substâncias forem essencialmente idênticas, mas é possível que as inclinações para duas substâncias quaisquer sejam diferentes.

Com base nas prováveis DL_{50} para o homem, Hodge & Sterner (1944) classificaram as substâncias químicas em categorias de toxicidade, as quais permanecem até os dias atuais. No Quadro 5.1 são apresentadas substâncias classificadas conforme sua toxicidade para ratos (Hodge & Sterner, 1944). O Quadro 5.2 fornece alguns exemplos das substâncias citadas.

A Comunidade Européia utiliza os critérios expressos na Tabela 5.4 para classificar toxicidade.

Quadro 5.1 Classificação das substâncias conforme a toxicidade aguda para ratos.

Extremamente tóxicas	Altamente tóxicas	Moderadamente tóxicas	Levemente tóxicas	Praticamente não tóxicas	Relativamente não perigosas
100 µg/kg 1 mg/kg	10 mg/kg	100 mg/kg	1 g/kg	10 g/kg	100 g/kg

Tabela 5.4 Classificação de toxicidade com base em valores de DL_{50}; exposições agudas.

Categoria	DL_{50} oral para ratos (mg/kg peso corpóreo)
Muito tóxico	menor que 25
Tóxico	de 25 a 200
Nocivo	de 200 a 2.000

Fonte: WHO, 1994a.

Nos estudos de toxicidade aguda enquadram-se os relativos a efeitos tópicos em pele de coelho para substâncias cuja via de administração/exposição é a tópica e, nesses casos, deve-se avaliá-los em 24 horas e nos 7 dias subseqüentes (OPAS/USEPA, 1996).

O principal teste de ecotoxicidade aguda é a determinação de CL_{50} e de uma concentração efetiva média CE_{50} sob curta duração de exposição (minutos a horas), sendo que a curta exposição a concentrações maiores geralmente determina efeito letal.

Quadro 5.2   Classificação das substâncias químicas conforme a toxicidade.

Administração por via oral		
Categoria	**DL_{50} – ratos (dose oral única)**	**Exemplos**
Extremamente tóxica	≤ 1mg/kg	Fluoracetato de sódio, tetraetilpirofosfato (TEPP)
Altamente tóxica	1-50 mg/kg	Fluoreto de sódio, cianeto de potássio, paration
Moderadamente tóxica	50-500 mg/kg	DDT
Ligeiramente tóxica	0,5-5 g/kg	Acetanilida
Praticamente não tóxica	5-15 g/kg	Acetona, PABA
Relativamente atóxica	≥ 15 g/kg	Glicerol
Exposição por inalação		
Categoria	**CL_{50} (4 h) – ratos**	**Exemplos**
Extremamente tóxica	≤ 50 ppm	Acroleína, ozônio, fosfina, pentaborano, arsenamina, etilenoimina
Altamente tóxica	50-100 ppm	Fosgênio, dióxido de nitrogênio
Moderadamente tóxica	10-1.000 ppm	Formaldeído, ácido cianídrico, anidrido sulfuroso, brometo de metila
Ligeiramente tóxica	1.000-10.000 ppm	Amônia, dicloreto de etileno
Praticamente não tóxica	10.000-100.000 ppm	Acetona, tolueno
Relativamente atóxica	≥ 100.000 ppm	Freon

Fonte: Hodge & Sterner, 1944a.

Há vários testes para os diferentes níveis tróficos, como:

- para bactérias: determinação de inibição do consumo de oxigênio (CI_{50} ou CE_{50}) pela *Pseudomonas putida* – duração de 5 minutos; determinação da inibição da mobilidade da *Spirillum volutans* (CI_{50} ou CE_{50}) – duração de 120 minutos;

- para microalgas, como *Scenedesmus subscatus*: determinação de CI_{50} ou CE_{50}, com duração aproximada de 96 horas;

- para microcrustáceos, como *Daphnia* sp.;

- para peixes, como *Lapomis macrochirus, Poecilia raticulata*;

- para avaliação da ecotoxicidade terrestre: teste de germinação de sementes e alongamento da raiz, testes com minhocas, abelhas, aves, etc. (Rand, 1995).

ESTUDOS DE TOXICIDADE SUBCRÔNICA

As definições de toxicidade subaguda e subcrônica são controversas por conta do intervalo de tempo que as caracteriza. Geralmente, envolvem o estudo dos efeitos adversos decorrentes da exposição a doses/concentrações múltiplas do agente tóxico durante períodos que não excedem 10% da vida do animal. Como exemplo, estudos conduzidos em ratos durante 14, 21 e 28 dias são referidos como subagudos, enquanto estudos com duração de 90 dias são referidos como subcrônicos (Ballantyne & Sullivan, 1997).

Quase sempre esses estudos são conduzidos com duas espécies (habitualmente camundongos e cães) e são utilizados três níveis de dose, sendo eleita como via de administração a de exposição mais provável (OPAS/USEPA, 1996). Esses estudos devem fornecer informações sobre os principais efeitos tóxicos dos compostos, os órgãos-alvo afetados e a severidade dos efeitos após exposições repetidas, além de permitir a inferência das doses a serem utilizadas nos estudos de toxicidade crônica. Por meio desses ensaios pode-se estudar também o tempo de latência para surgimento de efeito relacionado à dose; a relação entre os níveis sangüíneos e tissulares do composto; e o desenvolvimento de lesões e da reversibilidade dos efeitos. A avaliação do estado de saúde dos animais deve ser realizada por pesagem, realização de exames físicos semanais, análises bioquímicas no sangue e na urina, exames hematológicos e provas funcionais em todos os animais doentes, e, ainda, deve-se realizar necrópsia completa em todos os animais, incluindo histologia de todos os órgãos (OPAS/USEPA, 1996). Os dados obtidos servem não apenas para caracterizar uma relação dose/resposta após administrações repetidas, mas também são freqüentemente empregados no delineamento de estudos de toxicidade crônica.

ESTUDOS DE TOXICIDADE CRÔNICA

Os estudos de toxicidade crônica são realizados num período correspondente a toda a vida do animal. Para determinar o efeito tóxico crônico de uma substância, os animais são expostos por períodos prolongados: superior a 3 meses até o período normal de vida da espécie animal.

Os estudos toxicológicos de longa duração são definidos como estudos nos quais os animais são observados durante toda ou boa parte de suas vidas e em que a exposição ao material de teste ocorre por todo ou boa parte do tempo de observação. O termo "teste de toxicidade crônica" é usado como sinônimo para os "testes de longa duração" (Ballantyne,

1997). A duração de um estudo dessa natureza pode ser de 2 a 7 anos, dependendo das espécies, as quais são selecionadas segundo os resultados dos estudos subcrônicos e toxicodinâmicos. De forma alternativa, deve-se usar duas espécies. Preconiza-se, no mínimo, dois níveis de dose, e a via de administração deve estar de acordo com a via de exposição mais provável. Os animais devem ser examinados clinicamente todas as semanas e deve-se realizar análises bioquímicas no sangue e na urina, bem como exames hematológicos e provas funcionais, em todos os animais, em intervalos de 3 a 6 meses. Ao final dos testes, deve-se realizar autópsia completa de todos os animais, incluindo histologia de todos os órgãos (OPAS/USEPA, 1996).

O objetivo é identificar anormalidades e/ou doenças que podem ser produzidas por substâncias químicas e caracterizar as condições de exposição e a dose/concentração para produzir formas específicas de doenças ou danos (OPAS/USEPA, 1996). Os testes de eco-toxicidade crônica, à semelhança do que ocorre com os agudos, também devem ser conduzidos em níveis tróficos diferentes e visam à determinação da *concentração de não-efeito observável* (CENO). São conduzidos durante 1/10 ou mais do ciclo de vida do organismo enfocado, sendo observados os efeitos subletais e fisiológicos (efeitos sobre o crescimento e a reprodução). Os testes crônicos variam de 7 (organismos plantônicos) a 28 dias (organismos bentônicos) (Rand, 1995).

ESTUDOS DE TOXICOCINÉTICA

O efeito de um agente químico sobre a saúde de seres vivos depende da concentração inalada, ingerida ou absorvida que efetivamente chega ao órgão-alvo da ação tóxica, pois somente quando lá está presente a substância pode exercer sua nocividade. Em resumo, o efeito deletério do contaminante no organismo depende de todos os fatores da toxicocinética, além das próprias especificidades toxicodinânicas do contaminante.

Os estudos de toxicocinética têm por objetivo identificar as características da absorção, da distribuição e da eliminação dos agentes tóxicos no organismo e os processos de biotrans-formação que os afetam. Esses estudos permitem avaliar as diferenças das vias de biotransformação entre diferentes espécies e a possível extrapolação para o homem, por meio de modelos experimentais que devem ser considerados na avaliação de risco.

AVALIAÇÃO DA TOXICIDADE PARA EFEITOS NÃO CARCINOGÊNICOS — DOSE DE REFERÊNCIA E FATORES DE INCERTEZA

Os dados obtidos da avaliação dose–resposta em estudos com animais de experimentação necessitam de extrapolação para que se possa predizer a relação dose–resposta para o homem. Para a maioria dos efeitos órgão-específicos (neurológicos, comportamentais, imunológicos, reprodutivos ou relacionados ao desenvolvimento e genotóxicos não carcinogênicos), considera-se que há uma dose ou concentração abaixo da qual o efeito adverso não ocorrerá, isto é, há um limite que separa o seguro do não seguro (risco) e, portanto, um valor-limite pode ser estabelecido. Para outros tipos de efeitos tóxicos, como o carcinogênico genotóxico, assume-se que há alguma probabilidade de ocorrência de dano, qualquer que seja o nível da exposição, ou seja, não há limite de segurança para a exposição (WHO, 1999b).

Para aquelas substâncias em que se admite que um limite pode ser estabelecido, assume-se, por corolário, a existência de um nível de exposição abaixo do qual acredita-se não haver efeitos adversos. Essa dose/concentração-limite é denominada, em inglês, *No Observed Adverse Effect Level* (NOAEL), que corresponde a um valor-limite resultante da relação dose–resposta que não representa efeitos adversos observáveis para o homem e para organismos expostos a determinados xenobióticos. O NOAEL, na maioria das vezes, deriva de estudos com animais em laboratório e, geralmente, tais experimentos são realizados com elevadas doses, nem sempre as que se encontram em situações reais de exposição, do que resultam muitas críticas de autores mais práticos. O NOAEL obtido depende de:

- espécie, sexo e idade da linhagem;

- número de animais da população em estudo;

- sensibilidade do método utilizado para medir a resposta (efeito crítico);

- variação das doses pré-selecionadas, em geral três. Se o intervalo for grande, o valor de NOAEL observado, pode, em alguns casos, ser consideravelmente menor que o verdadeiro.

É essencial conhecer os limiares para a relação dose–resposta, a fim de garantir que a exposição de indivíduos ou população não ultrapasse a dose para a qual há possibilidade de ocorrência de efeitos adversos. Duas grandezas são usadas para caracterizar esse limiar: o NOAEL, já discutido, e o *Low Observed Adverse Effect Level* (LOAEL), que se refere à dose mais baixa de um contaminante químico, ou estressor ambiental, que pode causar algum efeito adverso observável ao ecossistema e/ou ao homem. No caso de não haver um valor de NOAEL, é utilizado o valor observado experimentalmente. Esse valor é definido como a dose mais baixa para a qual há indicação estatística ou biológica significativa de aumento da incidência ou severidade de um ou mais efeitos adversos para o indivíduo ou grupo exposto (USEPA, 1989). A Figura 5.9 representa o NOEL (*No Observed Effect Level*) e o NOAEL para uma substância hipotética, não carcinogênica.

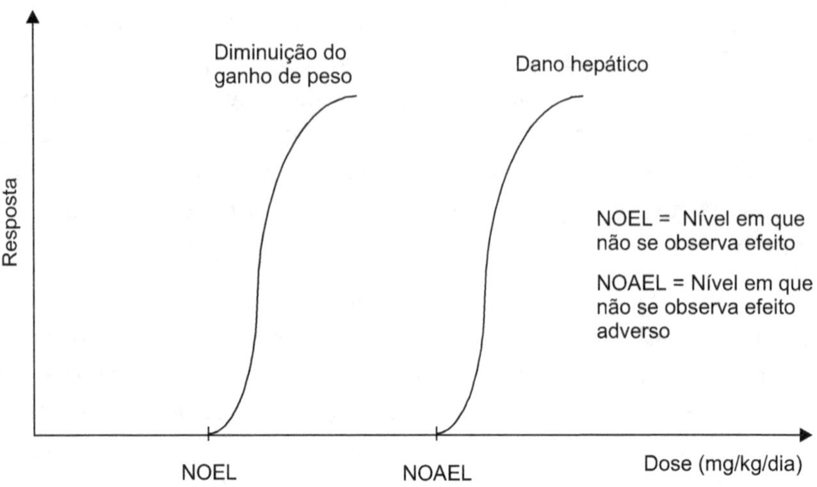

Figura 5.9 Determinação de limiar para efeitos não carcinogênicos. *Fonte*: OPAS/USEPA, 1996.

Para diminuir as variáveis de confusão (tendenciosidade) implícitas na determinação do NOAEL, vários modelos matemáticos foram propostos, dentre eles o de *Benchmarck*. A dose de Benchmark (DB) é o limite de confiança inferior (LCI) da dose que produz uma resposta (efeito crítico) em 5% a 10% da população em estudo (Figura 5.10). A DB apresenta inúmeras vantagens sobre o NOAEL, porque considera: a inclinação da curva dose–resposta para dado efeito crítico, o tamanho da população e a variabilidade dos dados obtidos. Um número pequeno de animais ou uma grande variação na resposta determina um intervalo de confiança grande, refletindo a incerteza contida nesses dados. O uso do limite de confiança inferior confere, portanto, qualidade e significância estatística ao achado (WHO, 1994a, 1999b; Farland & Dourson, 2000).

Para comparar a DB à dose de referência calculada a partir do NOAEL do efeito crítico, Farland & Dourson (1993) construíram uma associação apresentada resumidamente na Tabela 5.5. Para cada substância química, a dose de referência foi calculada com base em estudos de toxicidade crônica, utilizando um fator de incerteza de 100, e as DBs foram estimadas para todos os efeitos, caracterizados adequadamente pelas curvas dose–resposta nesse ou em outros estudos. Nessa avaliação, a DB considerada foi aquela associada ao limite de confiança inferior a 95% da dose que promoveu resposta em 10% da população. Para os efeitos em que se assume que seja possível estabelecer limites de segurança (efeitos não carcinogênicos), o mesmo se estabelece utilizando o nível de exposição para o qual se considera que não ocorre efeito adverso (NOAEL ou DB) e os chamados "fatores de incerteza" associados à medida (WHO, 1999b). Esses fatores de incerteza são números arbitrários pelos quais se divide o NOAEL, o LOAEL ou a DB, a fim de extrapolar esses dados para o homem.

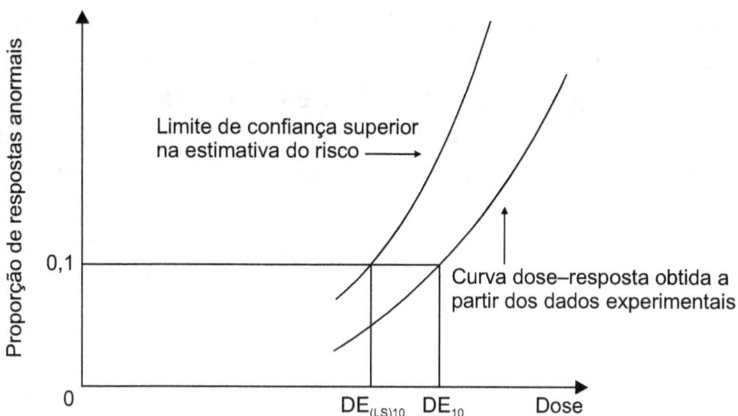

Figura 5.10   Ilustração gráfica da dose de Benchmark (DB). DE = dose efetiva; no exemplo, $DE_{(LS)10}$ = DB, que pode ser calculada como $DE_{(LS)5}$, $DE_{(LS)1}$ ou outros valores. *Fonte*: WHO, 1994.

Tabela 5.5   Comparação entre NOEL[a] e DB[b] estimados para algumas substâncias.

Substância	NOAEL (mg/kg/d) efeito crítico	Estudo espécie, sexo, efeito crítico	DB (mg/kg/d)	DB/NOAEL
Diclorvós	0,08 aumento do fígado (Monsanto, 1984)*	R, M, hiperplasia dutobiliar R, M, inflamação da próstata R, F, inflamação dutobiliar C, M, inflamação renal crônica C, F, inflamação renal crônica C, F, inflamação hepática crônica (NCI, 1977)*	2,2 5,8 8,9 12 20 49	30 70 100 200 300 600
Paraquat	0,45 pneumonite crônica (Shell Chemical, 1967)*	Cc, M, pneumonite crônica Cc, F, pneumonite crônica (Chevron Chem, 1983)*	0,16 0,36	0,4 0,8
Pentaclofenol	3 doenças renais e hepáticas (Schwetz et al., 1978)*	R, M, pigmentação hepática* R, F, pigmentação hepática* R, F, pigmentação renal* C, F, basofilia hepática* C, M, basofilia hepática* (Schwetz et al., 1978.; NTP, 1989)*	28 3 3,7 23 24	9 1 1,2 8 8

Notas: a) DNEAO (dose de nenhum efeito adverso observado) utilizada como dose de referência especificada no *Integrated Risk Information System* (USEPA), em 20/7/91. Os valores podem ter mudado desde então.
b) Quando informações em ambos os sexos (M = macho e F = fêmea) e diferentes espécies (R = rato, C = camundongo e Cc = cão) estavam disponíveis, DBs foram estimadas.
* = estudos referidos por Farland & Dourson. In: Cothern (1993), citado por Pedrozo (2000).

Fonte: Farland & Dourson.

A extrapolação para o ser humano dos dados obtidos com animais de laboratório e das doses mais elevadas para doses baixas deve considerar as diferenças inter e intra-espécie quanto à toxicocinética, à toxicodinâmica e à normalização da dose, o que imputa à avaliação da relação dose–resposta maior incerteza do que aquela obtida na identificação do perigo. As concentrações ou doses de referência são obtidas dividindo NOAEL ou DB por fatores de incerteza da ordem de 1 a 10.000. O valor do fator de incerteza a ser aplicado depende da natureza do efeito tóxico, da adequabilidade dos dados utilizados na obtenção de NOAEL ou DB e das variações interespécie e interindividual. Geralmente é utilizado um fator de incerteza equivalente a 100, considerando um valor base de 10 para as diferenças interespécie e outros 10 para as variações interindividuais na ausência de conhecimento específico sobre a toxicocinética e a toxicodinâmica. Se dados relevantes sobre a cinética e os mecanismos de ação estão disponíveis, esses fatores de incerteza podem ser reduzidos. O desenvolvimento dessa relação dose–resposta pode ter base no uso de modelos matemáticos. Essa fase do estudo de risco pode incluir avaliação das variações das respostas, como, por exemplo, da suscetibilidade entre indivíduos jovens e idosos. Esses estudos normalmente são usados como dados primários e/ou para complementar estudos epidemiológicos (USEPA, 2002; WHO, 1999b).

A extrapolação para o homem se faz dividindo o NOAEL por fatores de incerteza ou segurança, a fim de permitir uma margem de segurança (a Figura 5.11 apresenta um esquema de representação da margem de segurança para efeitos não carcinogênicos). Dessa maneira, obtém-se o limite de segurança, a chamada dose de referência RfD ou concentração de referência RfC, terminologia que, embora consagrada pelo uso, pode levar a interpretação equivocada do que seja dose/concentração ideal de exposição. Isso não procede, uma vez que, no caso em questão, "referência" significa limite, valor que separa o aceitável do não aceitável e que orientará decisões regulatórias.

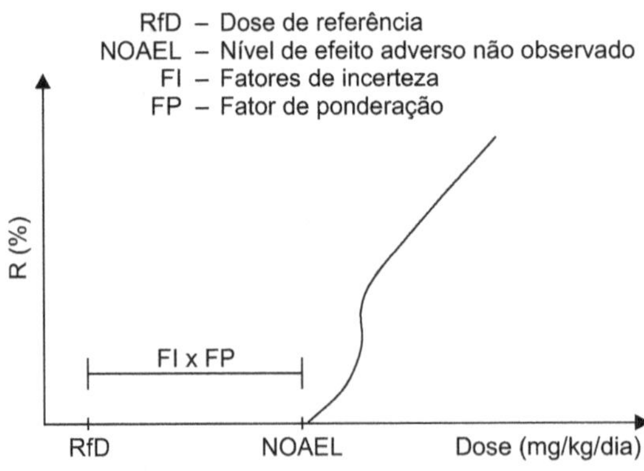

Figura 5.11 Esquema de representação da margem de segurança para efeitos não carcinogênicos. *Fonte*: OPAS/USEPA, 1996.

A agência de proteção ambiental americana (EPA) adota o critério da dose de referência (RfD – *reference dose*, ou RfC – concentração de referência) para avaliação da toxicidade sistêmica. A RfD é definida como uma estimativa cuja incerteza pode atingir valores de mais de uma ordem de grandeza para exposição diária de uma população humana, incluindo grupos mais sensíveis, e que provavelmente não resultará em efeitos adversos à saúde. A RfD é estabelecida a partir do NOAEL relativo ao efeito crítico, pois se assume que, se esse efeito é prevenido, então todos os demais também serão (Figura 5.12), e a cálculos matemáticos apropriados, que levam em consideração critérios que quantificam a incerteza dos dados científicos disponíveis e auxiliam no refinamento da análise.

Os elementos de julgamento na atribuição dos fatores de ponderação (FP) e evidência são, dentre outros: qualidade da informação, poder estatístico dos estudos, número e tipo de efeitos estudados, consistência das observações em diferentes estudos, diferenças inter e intra-espécies, relevância da duração e das vias de exposição utilizadas tanto para a espécie animal quanto para a situação humana, relevância dos níveis de dose e das espécies utilizadas para a situação humana e informações sobre toxicocinética e toxicodinâmica (OPAS/USEPA, 1996; WHO, 1999b). As incertezas referem-se à falta de conhecimento sobre quanto uma medida ou cálculo estão corretos. Portanto, deve-se ressaltar que as incertezas devem explicar considerações importantes, como: variação da suscetibilidade entre os membros da população humana; incerteza de extrapolação das informações de estudos realizados em animais para a situação humana; extrapolações de dados obtidos em estudos subcrônicos e, portanto, com exposições de duração menor do que a realidade; incerteza advinda da não identificação do NOAEL; e substituição pelos valores de LOAEL (Hacon, 1996; USEPA, 2002).

Além dos fatores de incerteza, há também o fator de ponderação (ou modificação), que varia de > 0 a 10 e é incluído para refletir incertezas adicionais não contempladas nos fatores de incerteza. A Figura 5.12 ilustra a relação do NOEL com fatores de segurança e ponderação, e os Quadros 5.3, 5.4 e 5.5 fornecem exemplos de cálculo de RfD.

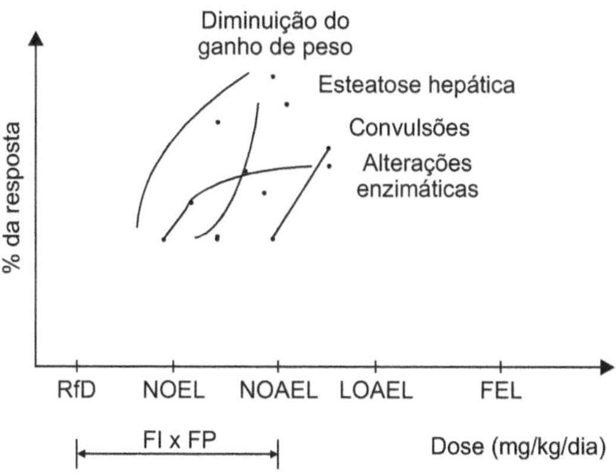

Figura 5.12 Determinação do efeito crítico. *Fonte*: OPAS/USEPA, 1996.

Quadro 5.3   Cálculo dos valores de RfD (dose de referência).

RfD
Dose de referência $DRf = \dfrac{NOAEL}{FI \times FP}$
Fator de incerteza (FI)
Fator de ponderção (FP)

Quadro 5.4   Fatores de incerteza e ponderação para cálculo da RfD (dose de referência).

PARA EFEITOS NÃO CARCINOGÊNICOS	
Fatores de incerteza	
Tema	**Valor**
Considera variações na sensibilidade da população humana	10
Ao extrapolar para o homem a informação obtida com animal	10
Quando para calcular a RfD se utiliza um NOAEL derivado de um estudo subcrônico, em vez de um obtido com estudo crônico	10
Quando se utiliza LOAEL em vez de NOAEL	10
Fatores de ponderação	
Tema	**Valor**
Considera fatores de incerteza não incluídos anteriormente	> 0 a 10

Fonte: OPS/USEFA, 1996.

Quadro 5.5   Aplicação dos valores de ponderação no cálculo da RfD (dose de referência).

FATOR DE PONDERAÇÃO (FP)		
	Substância A	**Substância B**
Nº de animais por experimento	5 por sexo e por dose	240 por sexo e por dose
NOAEL	150 mg/kg/dia	150 mg/kg/dia
FI	$10_H \times 10_A$	$10_H \times 10_A$
FP	3	0,3
FS = FI x FP	100 x 3	100 x 0,3
$RfD = \dfrac{NOAEL}{FS}$	$\dfrac{150}{300}$	$\dfrac{150}{30}$
RfD	0,5 mg/kg/dia	5 mg/kg/dia

Fonte: OPAS/USEPA, 1996.

Os valores de RfD e RfC encontram-se tabelados para diferentes contaminantes (Iris, 2002). É dessa forma, por exemplo, que se estabelece a ingestão diária aceitável (IDA), limite de segurança utilizado em Toxicologia de Alimentos.

AVALIAÇÃO DA TOXICIDADE PARA EFEITOS CARCINOGÊNICOS

Para os efeitos tóxicos mutagênicos e carcinogênicos genotóxicos, assume-se que há a probabilidade de ocorrência de dano em qualquer nível de exposição, ou seja, não há limiar de tolerância. Portanto, para as substâncias carcinogênicas, como já visto, não há limiar. Para esses agentes, adota-se a probabilidade de ocorrência de dano em qualquer nível de exposição. Não há, portanto, estabelecimento de dose de referência.

Não há consenso sobre metodologia apropriada para estabelecer o risco das substâncias para as quais o efeito crítico não é passível de estabelecer limites (carcinogênicos genotóxicos e mutagênicos de células germinativas). De fato, várias abordagens baseadas na caracterização das curvas de dose–resposta têm sido adotadas nesses casos. Os pontos críticos são aqueles que definem a inclinação da curva (fator de inclinação) que expressa a relação dose–resposta, em vez do NOAEL (WHO, 1999b).

Vários métodos têm sido adotados para caracterizar a dose–resposta em exposições a baixas doses. A exemplo das abordagens utilizadas para efeitos sistêmicos, os modelos utilizados tendem a incorporar mais os dados científicos disponíveis, incluindo a mutagenicidade, os diferentes estágios do processo carcinogênico e o tempo de latência do tumor, a toxicocinética e as variações interindividuais. Considerando a complexidade do efeito crítico em questão, várias proposições têm sido feitas, não se definindo até o momento o melhor modelo a ser adotado. Para os compostos carcinogênicos utiliza-se o fator de inclinação (SF do inglês, *slope factor*), também chamado por alguns autores (e desaconselhado por outros) de fator de potência, disponível na literatura específica, que representa o risco produzido pela exposição diária, durante toda a vida, a 1 mg/kg/dia da substância (USEPA, 1989; WHO, 1999a; USEPA, 2002).

Para essas substâncias, não há dose livre de risco, mas, conforme a dose/concentração, desce a níveis baixos; o mesmo ocorre com a probabilidade de ocorrência do efeito. Para esse tipo de agente, qualquer exposição está associada a algum grau de risco e a seleção de um limite "seguro" de exposição é feita com base num nível de risco que seja aceitável.

O risco de câncer é expresso como a freqüência; por exemplo, na Figura 5.13 a freqüência de 10^{-6} significa que, se 10^6 pessoas forem expostas durante seu período de vida, em média 1 caso de câncer ($1/10^{-6}$) ocorrerá. Essa figura ilustra que, para aquelas substâncias sem limiar de dose, à medida que ela decresce, o mesmo acontece com o risco (freqüência do efeito), mas a freqüência nunca atinge zero, a menos que a dose seja zero. Por exemplo, a dose de 10^{-3} mg/kg/dia (1 µg/kg/dia) causaria efeito em cerca de 1/10.000 (10^{-4}) organismos expostos.

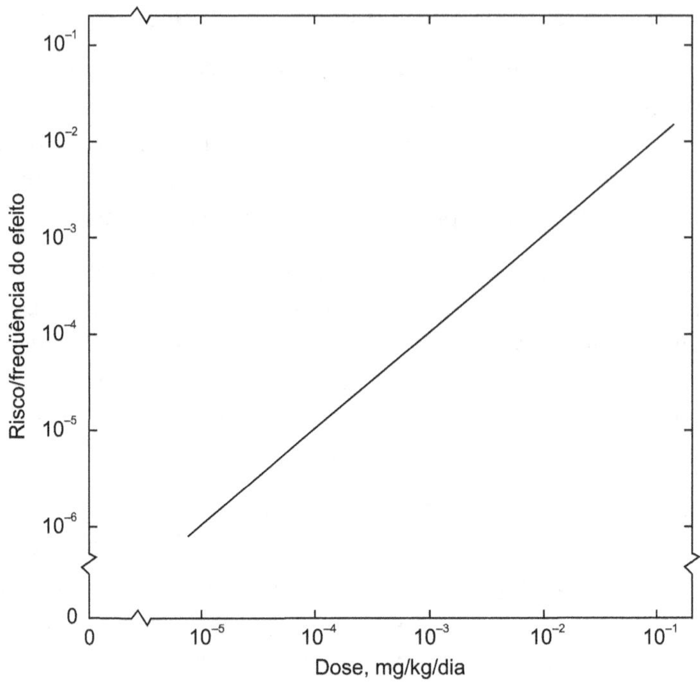

Figura 5.13 Relação hipotética entre risco e dose para substâncias sem limiar de dose. *Fonte*: USEPA, 1989.

A exemplo das abordagens utilizadas para os efeitos sistêmicos, os modelos utilizados tendem a incorporar os dados científicos disponíveis, incluindo mutagenicidade, diferentes estágios do processo carcinogênico e tempo de latência do tumor, toxicocinética e variações interindividuais.

Considerando a complexidade do efeito crítico em questão (câncer) e o problema da extrapolação para doses baixas, várias proposições têm sido feitas, não se definindo até o momento o melhor modelo a ser adotado. Entre os vários modelos utilizados para os carcinogênicos (Figura 5.14), o "modelo das etapas múltiplas linearizadas" é o mais empregado.

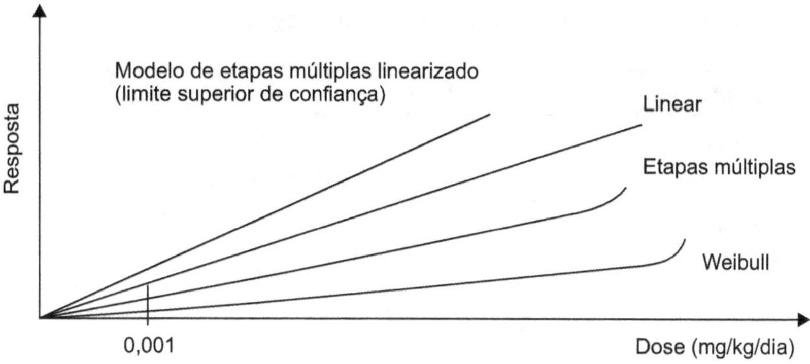

Figura 5.14 Escolha de modelos para extrapolação, para doses baixas, mais usados em substâncias carcinogênicas. *Fonte*: OPAS/USEPA, 1996.

A utilização de um ou outro modelo implica obter estimativas de doses diferentes, como mostram as Tabelas 5.6 e 5.7.

Tabela 5.6 Estimativas de doses virtualmente seguras à taxa de risco de 10^{-6} em diversos modelos (o modelo de dose única foi utilizado como unidade de comparação).*

Carcinógeno	Impacto único	Multifásico linearizado	Weibull**	Impactos múltiplos
Cloreto de vinila	1 (0,03)	1 (0,03)	1×10^{-7} (0,56)	2×10^{-3} (0,32)
Aflatoxina	1 (0,07)	20 (0,49)	1.000 (0,64)	8.000 (0,54)
Ácido nitriloacético	1(< 0,0001)	10 (0,09)	30.000 (0,48)	40.000 (0,48)
Dimetilnitrosamina	1 (0,04)	600 (0,57)	600 (0,63)	200 (0,72)

*Os valores entre parênteses representam o valor de *p* da BONDAD do ajuste dos resultados ao modelo utilizado.
** Nome do autor do método.
Fonte: FSC, 1980.

O mais adotado para os agentes carcinogênicos é o chamado "fator de inclinação" (*slope factor*), também chamado de "fator de potência" (terminologia não recomendada), que representa a relação quantitativa entre a dose e a resposta (inclinação da curva de dose–resposta), ou seja, o risco produzido, por unidade de dose, pela exposição diária durante toda a vida a 1 mg/kg/dia do composto. Normalmente, o fator de inclinação é o limite superior do intervalo de confiança ($\alpha = 0,05$) e o modelo mais utilizado para essa determinação é o modelo de etapas múltiplas linearizado (Figura 5.12) (OPAS/USEPA, 1996; USEPA, 2002).

Tabela 5.7 Modelos matemáticos para substâncias carcinogênicas.

Modelo aplicado	Risco durante a vida a 1,0 mg/kg/dia
Impacto único	$6,0 \times 10^{-5}$ (1 em 17.000)
Multifásico	$6,0 \times 10^{-6}$ (1 em 167.000)
Impactos múltiplos	$4,4 \times 10^{-7}$ (1 em 230.000)
Weibull	$1,7 \times 10^{-8}$ (1 em 59 milhões)
Probito	$1,9 \times 10^{-10}$ (1 em 5,2 milhões)

Fonte: OPAS/USEPA, 1996.

Esses valores dos fatores de inclinação encontram-se listados para diferentes carcinogênicos e, sempre que possível, se referem às doses absorvidas em vez de às doses administradas (Iris, 2002). Embora seja usual a utilização do fator de inclinação, ele deve ser sempre acompanhado de uma classificação sobre "peso da evidência" que indique a força da evidência que um determinado agente carcinogênico tem para o homem (Quadro 5.6). Na verdade, todas as substâncias consideradas, classificadas como A, B ou C, devem ter seu fator de inclinação investigado. Essa citação é exemplificada na Tabela 5.8 (USEPA, 2002).

Quadro 5.6 Classificação do peso da evidência segundo a Agência de Proteção Ambiental (USEPA).

Grupo	Descrição
A	Carcinogênico para humano
B1 ou B2	Provável carcinogênico para humano
	B1 – Informações insuficientes para humanos
	B2 – Evidências suficientes em animais de experimentação e evidências inadequadas ou falta de dados de estudos epidemiológicos
C	Possível carcinogênico para humanos
D	Não classificado como carcinogênico para humanos
E	Evidências de não carcinogenicidade para humanos

Fonte: adaptação de USEPA, 2002.

Tabela 5.8 Exemplo da apresentação de dados para valores de toxicidade de potenciais efeitos carcinogênicos.

Substância química	Fator de inclinação (SF) $(mg/kg/dia)^{-1}$	Peso da evidência Classificação	Tipo de cancer[b]	SF básico/ SF pesquisado
Via oral				
Benzeno	$0,029^a$	A[a]	Leucemia	Água[c] /IRIS
Clordane	$1,3^a$	B2[a]		Água[c] /IRIS

SF = *Slope Factor*.

a = Valores somente para ilustração; b = identificação de tipos de câncer somente para Classe A; e c = fator de inclinação (SF) baseado na administração de doses na água disponível para o animal e fator de absorção de 1,0.

Fonte: adaptação de USEPA, 2002.

Um dos desafios de nossa era é a questão da avaliação de risco para as misturas químicas. Desde 1986, a Agência de Proteção Ambiental discute a questão com proposições de modelos de avaliação dose–resposta para misturas de substâncias. O paradigma proposto começa com a formulação do problema e com o estabelecimento de modelos que determinem inequivocamente a relação dose–resposta para as misturas. A escolha do efeito crítico e os critérios para atribuir o peso da evidência são determinantes na avaliação de risco das misturas.

REFERÊNCIAS BIBLIOGRÁFICAS

BALLANTYNE, B. Exposure-dose-response relationships. In: SULLIVAN, J. B.; KRIEGER, G. R. *Hazardous materials toxicology*: clinical principles of environmental health. Baltimore: Williams & Wilkins, 1997. p. 24-30.

BALLANTYNE, B.; SULLIVAN, J. B. Basic principles of Toxicology. In: SULLIVAN, J. B.; KRIEGER, G. R. *Hazardous materials toxicology*: clinical principles ofenvironmental health. Baltimore: Williams & Wilkins, 1997. p. 9-23.

BRASIL. Ministério do Meio Ambiente. Instituto Brasileiro do Meio Ambiente e dos Recursos Naturais Renováveis – IBAMA. Portaria normativa nº 84, de 15/10/1996. Estabelece procedimentos a serem adotados junto ao IBAMA para efeito de registro e avaliação do potencial de periculosidade ambiental (ppa) de agrotóxicos, seus componentes e afins, 1996.

BRASIL. Ministério do Meio Ambiente. Instituto Brasileiro do Meio Ambiente e dos Recursos Naturais Renováveis – IBAMA. Instrução normativa nº 01, de 14/07/2000. Estabelece critérios a serem adotados pelo IBAMA para concessão de registro de dispersantes químicos empregados nas ações de combate a derrames de petróleo e seus derivados no mar, 2000.

EATON, D. L.; KLAASSEN, C. D. Principles of Toxicology. In: KLAASSEN, C. D.; AMDUR M. O.; DOULL, J. *Casarett and Doull's Toxicology*: the basic science of poisons. 5. ed. New York: McGraw-Hill, 1996. p. 13-34.

FARLAND, W.; DOURSON, M. Non cancer endpoints: approaches to quantitative risk assessment. In: COTHERN, C. R. *Comparative environmental risk assessment*. Boca Raton: Lewis Publisher, 1993. p. 87- 106. Citado por: PEDROZO, M. F. M. Disposição de resíduos gerados em laboratório: avaliação dos procedimentos adotados por três instituições públicas. 2000. 158 f. Tese (Doutorado). Faculdade de Saúde Pública, Universidade de São Paulo, São Paulo.

FOOD SAFETY COUNCIL (FSC). Proposed system for food safety assessment. *Fd. Cosmet. Toxicol.*, Washington, D.C., v. 18, p. 711-734, 1980.

HACON, S. *Avaliação de risco potencial para a saúde humana da exposição ao mercúrio na área urbana de Alta Floresta. Bacia Amazônica, MT, Brasil*. 1996, 172 f. Tese (Doutorado) – Universidade Federal Fluminense, Rio de Janeiro.

HODGE, H. C.; STERNER, J. H. Tabulation of toxicity classes. *Ind. Hyg. Quart.*, v. 10, p. 94-97, 1944.

HOOPER, L. D.; OEHME, F. W.; KRIEGER, G. K. Risk assessement for toxic hazards. In: SULLIVAN, J. B.; KRIEGER, G. R. *Hazardous materials toxicology*: clinical principles of environmental health. Baltimore: Williams & Wilkins, 1997. p. 65-76.

IRIS (Integrated Risk Information System) (data base). Washington, D.C.: US Environmental Protection Agency, Office of Research and Development, 2002.

KENDALL, R. J. et al. Aquatic and terrestrial ecotoxicology. In: KLAASSEN, C. D.; AMDUR, M.O.; DOULL, J. *Casarett and Doull's Toxicology*: the basic science of poisons. 5. ed. New York: McGraw-Hill, 1996. p. 883-906.

LAUWERYS, R.; LAVENNE, F. *Précis de toxicologie industrielle et des intoxications professionnelles*. Gembloux: J. Duculot, 1972. p. 11-27.

LOOMIS, T. A.; HAYES, A. *Wallace Loomis's essentials of Toxicology*. 4. ed. London: Academic Press, 1996. p. 17-30 e 208-245.

LU, F. C. *Basic Toxicology* – fundamentals, target organs and risk assessement. 3. ed. Washington: Taylor & Francis, 1996. p. 41-96 e 73-86.

NATIONAL ACADEMY OF SCIENCE (NAS). *Risk assessement in the federal Government* – managing the process. Washington, D.C.: Academy Press, Committee on the Institutional Means for Assessement of Risks to Public Health, Commission of Life Sciences and National Research Council. 1983. 39 p.

NATIONAL ACADEMY OF SCIENCE (NAS). *Science and judgment in risk assessment*. Washington, D.C.: Academy Press, Committee on the Institutional Means for Assessement of Risks to Public Health, Commission of Life Sciences and National Research Council, 1994. 42 p.

OPAS/USEPA (Organización Panamericana de La Salud y Agencia de Protección Ambiental de Los Estados Unidos de América). *Taller nacional de introducción a la evaluación y manejo de riesgos*. Brasilia: OPAS/EPA, mai. 1996.

PAINE, A. J. The design of toxicological studies. In: BALLANTYNE, B.; MARS, T.; TURNER, P. *General applyed Toxicology*. NY: McMillan Press, 1993. p. 231-245.

RAND, G. M. *Fundamentals of aquatic Toxicology*: effects, environmental fate and risk assessment. 2. ed. Washington: Taylor & Francis, 1995. 1125 p.

USEPA (United States Environmental Protection Agency). *Toxicology Handbook*. Government Institutes, Inc., 1989.

USEPA (United States Environmental Protection Agency). *Guidelines for the health:* risk assessment of chemical mixtures of 1986. 1986. Disponível em: <http://www.epa.gov./ncea/cfm/records> . Acesso em: 18 mar. 2003.

USEPA (United States Environmental Protection Agency). *Toxicity assessment:* risk assessment guidance for superfund (RAGS). 2002. Disponível em: <http://www.epa.gov./superfund/programs/risk/ragsa/ch.7.pdf>. Acesso em: 28 mar. 2003.

WHO (World Health Organization). Métodos utilizados para establecer niveles admisibles de exposición profesional a los agentes nocivos. *Serie de Informes Técnicos,* Ginebra, OMS, n. 601. p. 11, 1977.

WHO (World Health Organization). Investigación de brotes de enfermedades ambientales. *Manual de entrenamiento*. Geneva: Switzerland, 1993. (WHO/PEP/91.35).

WHO (World Health Organization). International Programme on Chemical Safety – IPCS. *Assessing human health risks of chemicals*: derivation of guidance values for health-based exposure limits. Geneva, 1994a. (Environmental Health Criteria, n. 170).

WHO (World Health Organization). Programa Internacional de Segurança Química – Organização das Nações Unidas. *Fundamentos de Toxicologia aplicada e características dos riscos causados por agentes químicos*. Tradução de Elizabeth Souza Nascimento. São Paulo: Fundacentro, 1994b, 97 p.

WHO (World Health Organization). International Programme on Chemical Safety – IPCS. *Assessing human health risks of chemicals*: derivation of guidance values for health-based exposure limits. Geneva, 1999a. (Environmental Health Criteria, n. 170).

WHO (World Health Organization). International Programme on Chemical Safety – IPCS. *Principles for the the assessment of risk to human health from exposure to chemicals*. Geneva, 1999b. (Environmental Health Criteria, n. 210).

Capítulo 6

Toxicovigilância (monitorização) da exposição de populações a agentes tóxicos

Maria de Fátima Menezes Pedrozo

Toxicologia como ciência dos limites

A finalidade primeira da ciência Toxicologia é a prevenção dos riscos decorrentes da exposição a diferentes toxicantes e, conseqüentemente, da intoxicação. Para cumprir esse objetivo é necessário adotar parâmetros que definam o arcabouço das medidas corretas de manipulação e disposição dos toxicantes, bem como da vigilância das condições de exposição. Nesse contexto, o estabelecimento de limites máximos aceitáveis em todas as áreas de estudo da Toxicologia torna-se essencial para o gerenciamento do risco de determinada exposição.

Esses valores-limite, conforme abordado no capítulo anterior, são extrapolados dos estudos de avaliação de toxicidade e da curva dose–resposta, de onde foram obtidos o NOAEL, o NOEL e a dose de referência.

Os estudos utilizados na definição de um valor-limite devem ser delineados adequadamente, considerando o tipo de exposição. As condições de exposição estão, por sua vez, relacionadas à área de estudo da Toxicologia. Por exemplo, na Toxicologia Ocupacional a principal via de introdução é a pulmonar e, secundariamente, a dérmica. Estudos utilizando a via oral como via de introdução não mimetizam as características de exposição do ambiente ocupacional, portanto, não devem ser empregados na inferência dos limites máximos adotados nessa área de estudo. De forma análoga, na área de Toxicologia de Alimentos, a via de introdução a ser considerada primordialmente é a oral.

Para garantir que esses valores-limite não estejam sendo ultrapassados, salvaguardando a saúde da população exposta, é necessário monitorizar a exposição, ou seja, implementar a Toxicovigilância.

VIGILÂNCIA AMBIENTAL

A compreensão de que o desenvolvimento da sociedade contemporânea deve ser realizado de modo sustentável inclui a percepção dos fatores e das situações ambientais, globais e locais, e de seu impacto sobre a saúde da população. Essa conscientização da população geral, paralelamente à ampliação do desenvolvimento científico, destacou o ambiente como um dos elementos mais importantes no plano da saúde da coletividade.

Segundo Câmara (2002), atualmente, muitos fatores ambientais estão sendo relacionados à morbidade e à mortalidade por doenças, notadamente o câncer, as intoxicações provocadas por substâncias químicas, as doenças pulmonares, neurológicas, cardiovasculares, renais, imunológicas, mutagênicas e teratogênicas e o estresse. Estudos epidemiológicos associando as condições de exposição ambiental aos efeitos observados estão sendo realizados de forma sistemática e crescente, originando um novo ramo da Epidemiologia: a Epidemiologia Ambiental. Esta, segundo Câmara (2002), definida como *o estudo dos fatores ambientais que determinam a distribuição e as causas dos efeitos adversos para a saúde*, exige, em razão da complexidade dos estudos, abordagem integradora por utilizar conceitos e variáveis de outras ciências e disciplinas, como a Toxicologia, a Geologia, a Meteorologia, a Ecologia, a Bioquímica, a Sociologia, a Educação e o Direito, dentre outras.

Diante da diversidade de problemas ambientais, a eleição e priorização destes pelas autoridades competentes requer a constituição de um sistema de vigilância ambiental que defina os critérios de identificação, prevenção e controle dos fatores de risco, doenças e agravos relacionados à exposição ambiental. No Brasil, a Fundação Nacional em Saúde (Funasa), "através do Centro Nacional de Epidemiologia (Cenepi) e respaldada pelo Decreto nº 3.450, de 10 de maio de 2000, que estabelece como atribuição do Cenepi a 'gestão do sistema nacional de vigilância ambiental' está estruturando, com vistas à implantação em todo território nacional, o Sistema Nacional de Vigilância Ambiental em Saúde (SNVA), que prioriza a informação sobre, no campo da vigilância ambiental, fatores biológicos (vetores, hospedeiros, reservatórios e animais peçonhentos), qualidade da água para consumo humano, contaminantes ambientais químicos e físicos que possam interferir na qualidade da água, ar e solo e os riscos decorrentes de desastres naturais e de acidentes com produtos perigosos" (Brasil, 2002a).

Segundo a Funasa, dentre os objetivos do SNVA destacam-se:

- "Normatizar os principais parâmetros, atribuições, procedimentos e ações relacionados à vigilância ambiental em saúde nos diversos níveis de competência.

- Identificar os riscos e divulgar as informações referentes aos fatores condicionantes e determinantes das doenças e dos agravos à saúde relacionados ao ambientes naturais e antrópicos.

- Intervir, com ações diretas de responsabilidade do setor ou demandando para outros setores, com vistas a eliminar os principais fatores ambientais de riscos à saúde humana.

- Promover ações junto a órgãos afins para proteção, controle e recuperação da saúde e do meio ambiente, quando relacionadas aos riscos à saúde humana.

- Conhecer e estimular a interação entre saúde, meio ambiente e desenvolvimento visando ao fortalecimento da participação da população na promoção da saúde e da qualidade de vida" (Brasil, 2002a).

Considerando que os riscos ambientais podem ser de natureza biológica, física e química, dentre outras, a Funasa estabeleceu duas áreas de atuação no SNVA, a saber:

a) vigilância ambiental dos fatores de risco biológicos, desmembrada em três áreas de concentração: vetores, hospedeiros e reservatórios e animais;

b) vigilância ambiental dos fatores de risco não biológicos, desmembrada em cinco áreas de agregação: contaminantes ambientais, qualidade da água para consumo humano, qualidade do ar, qualidade do solo, incluindo os resíduos tóxicos e perigosos, e desastres naturais e acidentes com produtos perigosos (Brasil, 2002a).

Para o desenvolvimento do SNVA, são necessários alguns instrumentos de vigilância e métodos de controle: 1. Epidemiologia Ambiental; 2. avaliação e gerenciamento de risco; 3. indicadores de saúde e ambiente, por intermédio dos modelos pressão, estado e resposta ou força motriz pressão, estado, exposição e efeitos; 4. sistemas de informação em saúde; 5. rede de laboratórios de vigilância ambiental em saúde. Para cada uma dessas áreas são definidas, por meio do Projeto Vigisus, as competências e as responsabilidades em cada uma das três esferas de governo.

INDICADORES EM SAÚDE AMBIENTAL

O conjunto de ações de promoção e prevenção a ser desenvolvido no controle dos riscos ambientais e na melhoria das condições do meio ambiente e da saúde das populações requer o estabelecimento de indicadores que permitam visão abrangente e integrada da relação saúde–ambiente.

Segundo a Organização Mundial da Saúde (OMS), o indicador de saúde ambiental exprime a relação entre ambiente e saúde, considerando os aspectos específicos relacionados à política, à mensurabilidade, ao custo/eficácia e à sensibilidade às alterações (WHO, 1999).

A Organização de Cooperação e Desenvolvimento Econômico (OECD) reconhece a existência de vários conjuntos de indicadores ambientais, cada um deles atendendo a objetivos específicos. A utilização desses indicadores, tanto em níveis internacionais como nacionais, permite relatar o estado do meio ambiente, definir as prioridades, planejar as ações de prevenção e controle, examinar os desempenhos ambientais e verificar os progressos alcançados quanto ao desenvolvimento sustentável (OECD, 2002).

Para elaborar os indicadores ambientais padronizados em escala internacional, a OECD, no modelo pressão-estado-resposta (PER), baseia-se: "na idéia de que as atividades humanas exercem pressões sobre o meio ambiente e afetam a sua qualidade e a quantidade de recursos naturais (estado); a sociedade responde a estas mudanças adotando políticas ambientais, econômicas e setoriais, tomando consciência das mudanças ocorridas e a elas adaptando o seu comportamento (respostas da sociedade)" (OECD, 2002).

O modelo adotado pela OMS é o descrito por Corvalán *et al.* (1996), amplamente utilizado atualmente. A estrutura proposta é constituída por:

- *Forças motrizes,* que se referem aos fatores que motivam e pressionam os processos ambientais envolvidos. Destes, possivelmente, o mais importante é o crescimento populacional; outros incluem o desenvolvimento tecnológico e econômico e as intervenções políticas. Dentre essas forças motrizes, pode-se selecionar indicadores que expressem os parâmetros mencionados.

- *Pressões.* Neste modelo, as forças motrizes geram pressões no meio ambiente que são normalmente expressas por ocupação humana ou exploração do meio ambiente e podem ser geradas por todos os setores da atividade econômica, incluindo mineração, atividades industriais, turismo, agricultura, transporte, dentre outros. Em cada caso, as pressões surgem em todos os estágios da cadeia de suprimento – da extração ao processamento, distribuição, consumo e disposição de resíduos.

- *Estado.* Como resposta a essas pressões, o estado do meio ambiente é freqüentemente modificado. Essas alterações podem ser de magnitude e localização geográfica diferentes e interferir na freqüência de perigos naturais (como inundações e erosão do solo), na disponibilidade e na qualidade dos recursos naturais (poluição atmosférica nos grandes centros urbanos e contaminação de água e solo no entorno de áreas industriais).

- *Exposição.* Quando as pessoas são expostas a esses perigos ambientais, o risco à saúde pode ocorrer. A exposição implica contato do homem ou da biota com um contaminante específico, em determinada concentração e intervalo de tempo. Os indicadores selecionados para avaliar a exposição refletem a dose externa (a quantidade do toxicante no meio ambiente, ou seja, disponível para ser absorvida pelo organismo por diferentes vias de introdução), a interna (a quantidade absorvida pelo organismo, considerando as diferentes vias de introdução) e a efetiva (quantidade presente no órgão ou sítio-alvo).

- *Efeitos*. A exposição, por sua vez, pode promover uma variedade de efeitos adversos. Esses efeitos podem variar de intensidade e magnitude, dependendo das condições de exposição e do número de pessoas expostas.

- *Ações*. Podem variar e estar relacionadas a qualquer um dos estágios anteriores. As mais efetivas são as relacionadas às forças motrizes.

Esse modelo é mais adequado aos riscos associados à poluição ambiental, em que a cadeia de eventos, envolvendo desde a força motriz até o efeito, é evidente. Pode ser aplicado, no entanto, para muitos efeitos psicológicos gerados pelo medo do perigo ambiental (por exemplo, estresse e ansiedade provocados pelo medo de exposição a radiações provenientes de usina de energia nuclear). É menos apropriado para riscos físicos, como inundações e acidentes de trânsito, em que o conceito de pressão é menos significativo.

De qualquer modo, os indicadores oriundos desse modelo são apresentados como um conjunto de indicadores relacionados aos diferentes estágios da estrutura proposta e são mais efetivos e significativos se interpretados em conjunto.

A Tabela 6.1 ilustra alguns dos indicadores ambientais selecionados a partir do modelo de Corvalán *et al.* (1996).

Câmara (2002) cita, como exemplo desse modelo, o uso do mercúrio na produção do ouro. As forças motrizes, que mobilizam um grande contingente de brasileiros, principalmente da área rural da região nordeste para o interior da Amazônia, são exemplificadas por indicadores econômicos. Durante a separação do ouro, a queima de amálgamas mercúrio-ouro emite mercúrio metálico para a atmosfera. Esse elemento pode ser transformado em metilmercúrio no ambiente e acumular-se nos peixes. A quantidade de mercúrio utilizada no processo é um indicador de pressão. Sua concentração na atmosfera e nos peixes são indicadores de estado.

Os indicadores de exposição mais apropriados seriam a determinação de mercúrio na urina ou no cabelo, e os de efeito, a incidência de efeitos neurológicos cognitivos para o mercúrio metálico e de incoordenação motora, para o metil mercúrio. Quanto aos indicadores de ação, incluiriam enclausuramento da queima do amálgama, programas de educação ambiental, tratamento dos intoxicados, bem como medidas mais abrangentes, como modificação das políticas sócio-econômicas e fixação do homem em sua terra natal.

Em relação aos riscos químicos, o número excessivo de substâncias utilizadas pelo homem representa uma dificuldade aos programas de vigilância em saúde ambiental, a definição de prioridades ou pressões para então definir os indicadores adequados de estado, exposição e efeito.

Tabela 6.1   Exemplos de indicadores ambientais selecionados a partir do modelo de Corvalán *et al.* (1996).

Questão	Tema/tópico	Indicador	Exemplo	Estágio do modelo
Contexto sócio-demográfico	Pobreza	Pobreza	Índice de pobreza humana	Força motriz
	Densidade populacional	Densidade populacional	Densidade populacional	Força motriz
	Estrutura etária	Razão de dependência	Porcentagem de indivíduos < 16 anos e > 65 anos	Força motriz
	Mortalidade infantil	Taxa de mortalidade infantil	Coeficiente anual de mortalidade infantil para menores de um ano.	Efeito
Poluição ambiental	Poluição atmosférica	Concentrações dos poluentes atmosféricos em áreas urbanas	Médias anuais de ozônio, óxidos de nitrogênio e material particulado na atmosfera	Estado
	Doenças respiratórias	Morbidade infantil em razão de infecções respiratórias agudas	Incidência de morbidade infantil em razão de infecções respiratórias agudas, para < 5 anos	Efeito
	Gerenciamento da qualidade do ar	Disponibilidade de gasolina livre de chumbo	Consumo de gasolina livre de chumbo em relação ao total consumido	Ação
Saneamento básico	Disposição de excretas	Acesso a saneamento básico	Porcentagem da população com acesso à disposição adequada de excretas	Exposição
Substâncias perigosas/tóxicas	Plumbemia	Plumbemia em crianças	Porcentagem de crianças com Plumbemia > 10 µg/ml	Exposição
	Intoxicação por produtos químicos	Mortalidade em decorrência de intoxicações	Mortalidade por causa (intoxicação)	Efeito
	Solo contaminado	Gerenciamento da contaminação do solo	Recuperação da área	Ação
Riscos ocupacionais	Riscos químicos	Exposição ocupacional	Monitorização ambiental	Exposição

Fonte: WHO (1999), modificado.

Ambiente geral

Para avaliar a pressão exercida por determinada substância química no meio ambiente e a conseqüente alteração no estado desse meio, é necessário determinar sua concentração nas diferentes fases do meio ambiente, comparando o resultado obtido às referências apropriadas, ou seja, aos valores-limite. Além desses estudos de disposição, há ainda que se considerar os transportes entre os vários meios dependentes de condições climáticas sazonais.

Padrões de qualidade do ar

A determinação sistemática da qualidade do ar é limitada a um restrito número de poluentes, definidos em função de sua maior freqüência de ocorrência, dos efeitos adversos que causam ao meio ambiente e dos recursos materiais e humanos disponíveis.

Os poluentes, consagrados universalmente, que servem de indicadores de qualidade do ar são: dióxido de enxofre (SO_2), material particulado (MP), monóxido de carbono (CO), ozônio (O_3) e dióxido de nitrogênio (NO_2). A Tabela 6.1 apresenta de forma resumida fontes de emissão, características e efeitos desses poluentes.

A monitorização da qualidade do ar é realizada diariamente porque, mesmo mantidas as emissões, a qualidade pode mudar em função das condições meteorológicas que determinam maior ou menor diluição dos poluentes.

Nos meses de inverno, a qualidade do ar piora em relação aos parâmetros CO, MP e SO_2, quando a dispersão dos poluentes é dificultada por condições meteorológicas. Em relação ao ozônio, as maiores ocorrências de ultrapassagem se dão na primavera e no verão, em razão da maior intensidade de luz solar.

Em relação aos poluentes secundários, ou seja, aqueles resultantes da reação entre poluentes primários e constituintes atmosféricos, o número de espécies reativas presentes em certa atmosfera determina a intensidade da interação entre os poluentes primários e os constituintes da atmosfera e o resultante nível de qualidade do ar e os impactos sobre o ecossistema e o homem.

Tabela 6.2 Fontes, características e efeitos dos principais poluentes na atmosfera.

Poluente	Características	Fontes principais	Efeitos gerais sobre a saúde	Efeitos gerais ao meio ambiente
Partículas totais em suspensão (PTS)	Partículas de material sólido ou líquido que ficam suspensas no ar, na forma de poeira, neblina, aerossol, fumaça, fuligem, etc. Faixa de tamanho < 100 micra	Processos industriais, veículos motorizados (exaustão), poeira de rua ressuspensa, queima de biomassa. Fontes naturais: pólen, aerossol marinho e solo	Quanto menor o tamanho da partícula, maior o efeito à saúde. Causam efeitos significativos em pessoas com doença pulmonar, asma e bronquite	Danos à vegetação, deterioração da visibilidade e contaminação do solo
Partículas inaláveis (MP_{10}) e fumaça	Partículas de material sólido ou líquido que ficam suspensas no ar, na forma de poeira, neblina, aerossol, fumaça, fuligem, etc. Faixa de tamanho < 10 micra	Processos de combustão (indústria e veículos automotores) aerossol secundário (formado na atmosfera)	Aumento de atendimentos hospitalares e mortes prematuras	Danos à vegetação, deterioração da visibilidade e contaminação do solo
Dióxido de enxofre (SO_2)	Gás incolor, com forte odor, semelhante ao gás produzido na queima de palitos de fósforos. Pode ser transformado em SO_3, que, na presença de vapor d'água, passa rapidamente a H_2SO_4. É um importante precursor dos sulfatos, um dos principais componentes das partículas inaláveis	Processos que utilizam queima de óleo combustível, refinaria de petróleo, veículos a diesel, polpa e papel	Desconforto na respiração, doenças respiratórias, agravamento de doenças respiratórias e cardiovasculares já existentes. Pessoas com asma, doenças crônicas de coração e pulmão são mais sensíveis ao SO_2	Pode levar à formação de chuva ácida, causar corrosão aos materiais e danos à vegetação – folhas e colheitas
Dióxido de nitrogênio (NO_2)	Gás marrom avermelhado, com odor forte e muito irritante. Pode levar à formação de ácido nítrico, nitratos (o qual contribui para o aumento das partículas inaláveis na atmosfera) e compostos orgânicos tóxicos	Processos de combustão envolvendo veículos automotores, processos industriais, usinas térmicas que utilizam óleo ou gás e incinerações	Aumento da sensibilidade à asma e à bronquite, redução de resistência às infecções respiratórias	Pode levar à formação de chuva ácida, danos à vegetação e à colheita
Monóxido de carbono (CO)	Gás incolor, inodoro e insípido	Combustão incompleta em veículos automotores	Altos níveis de CO estão associados a prejuízo dos reflexos, da capacidade de estimar intervalos de tempo, do aprendizado, do trabalho e visual	
Ozônio (O_3)	Gás incolor, inodoro nas concentrações ambientais e principal componente da névoa fotoquímica	Não é emitido diretamente à atmosfera. É produzido fotoquimicamente pela radiação solar sobre os óxidos de nitrogênio e compostos orgânicos voláteis	Irritação nos olhos e vias respiratórias, diminuição da capacidade pulmonar. Exposição a altas concentrações pode resultar em sensações de aperto no peito, tosse e chiado na respiração. O O_3 tem sido associado ao aumento de admissões hospitalares	Danos às colheitas, à vegetação natural, às plantações agrícolas e às plantas ornamentais

Fonte: Cetesb (2002).

Segundo a Cetesb (2002), "os principais objetivos do monitoramento da qualidade do ar são:

- fornecer dados para ativar ações de emergência durante períodos de estagnação atmosférica, quando os níveis de poluentes na atmosfera podem representar risco à saúde pública;

- avaliar a qualidade do ar à luz de limites estabelecidos para proteger a saúde e o bem-estar das pessoas;

- acompanhar as tendências e as mudanças na qualidade do ar, em razão das alterações nas emissões dos poluentes".

Para cumprir esses objetivos é necessário estabelecer valores-limite para cada um dos poluentes monitorizados. Esses valores-limite são denominados padrões de qualidade do ar.

A Resolução Conama nº 03/90, de 28/6/90, estabeleceu os padrões nacionais de qualidade do ar e os respectivos métodos de referência. Foram estabelecidos dois tipos de padrões: os primários e os secundários.

Segundo a Cetesb (2002):

"são padrões primários de qualidade do ar as concentrações de poluentes que, ultrapassadas, poderão afetar a saúde da população. Podem ser entendidos como níveis máximos toleráveis de concentração de poluentes atmosféricos, constituindo-se em metas de curto e médio prazo; e, são padrões secundários de qualidade do ar as concentrações de poluentes atmosféricos abaixo das quais se prevê o mínimo efeito adverso sobre o bem-estar da população, assim como o mínimo dano à fauna e à flora, aos materiais e ao meio ambiente em geral. Podem ser entendidos como níveis desejados de concentração de poluentes, constituindo-se em meta de longo prazo".

Os padrões secundários de qualidade do ar não se aplicam às áreas urbanas e mais desenvolvidas, ao menos no curto prazo. Foram estabelecidos com o intuito de constituir uma política de prevenção da degradação da qualidade do ar, devendo ser aplicados às áreas de preservação, como parques nacionais, áreas de proteção ambiental, estâncias turísticas, dentre outros.

Os padrões nacionais de qualidade do ar fixados na Resolução Conama nº 03/90 (Brasil, 1990) são apresentados na Tabela 6.3.

Esses padrões de qualidade do ar são fixados pelas agências regulamentadoras de cada país. Por exemplo, os valores adotados pela agência americana (EPA) são apresentados na Tabela 6.4. A Organização Mundial da Saúde, em 1995, também estabeleceu valores máximos para alguns poluentes atmosféricos (Tabela 6.5).

A resolução Conama 03/90 estabelece, ainda, os critérios para episódios agudos de poluição do ar, apresentados na Tabela 6.4.

Para a declaração dos estados de atenção, alerta e emergência é necessária, além da ultrapassagem dos valores estabelecidos (Tabela 6.6), a observação das condições meteorológicas, verificando-se se estas são desfavoráveis à dispersão dos poluentes.

Tabela 6.3   Padrões nacionais de qualidade do ar e seus respectivos métodos de medição.

Poluente	Tempo de amostragem	Padrão primário $\mu g/m^3$	Padrão secundário $\mu g/m^3$	Método de medição
Partículas totais em suspensão	24 horas[1]	240	150	Amostrador de grandes volumes
	MGA[2]	80	60	
Partículas inaláveis	24 horas[1]	150	150	Separação inercial/filtração
	MAA[3]	50	50	
Fumaça	24 horas[1]	150	100	Refletância
	MAA[3]	60	40	
Dióxido de enxofre	24 horas[1]	365	100	Pararosanilina
	MAA[3]	80	40	
Dióxido de nitrogênio	1 hora[1]	320	190	Quimiluminescência
	MAA[3]	100	100	
Monóxido de carbono	1 hora[1]	40.000 35 ppm	40.000 35 ppm	Infravermelho não dispersivo
	8 horas[1]	10.000 9 ppm	10.000 9 ppm	
Ozônio	1 hora[1]	160	160	Quimiluminescência

1. Não deve ser excedido mais de uma vez ao ano.

2. Média geométrica anual.

3. Média aritmética anual.

Nota: partículas totais em suspensão: partículas sólidas ou líquidas que se encontram em suspensão no ar, de composição química diversa, com diâmetro que varia entre 0,005 ml (miligramas) e 100 μm (micra); partículas inaláveis: partículas sólidas ou líquidas que se encontram em suspensão no ar, de composição química diversa, com diâmetro menor que 10 μm.

Fonte: Brasil, 1990.

Tabela 6.4   Padrões de qualidade do ar adotados pela Agência Americana de Proteção Ambiental (EPA) e seus respectivos métodos de medição.

Poluente	Tempo de amostragem	Padrão primário ($\mu g/m^3$)	Método de medição
Partículas inaláveis (MP10)	24h	150	Separação inercial/ filtro gravimétrico
	Média aritmética anual	50	
(MP2,5)	24h[1*]	65	Separação inercial/ filtro gravimétrico
	Média aritmética anual	15	
Dióxido de enxofre	24h[2]	365	Pararosanilina
	Média aritmética anual	80	
Dióxido de nitrogênio	Média aritmética anual[2]	100	Quimiluminescência
Monóxido de carbono	1h[2]	40.000 / 35 ppm	Infravermelho não dispersivo
	8h[2]	10.000 / 9 ppm	
Ozônio	1h[2]	235 / 0,12 ppm	Quimiluminescência
	8h[3*]	157 / 0,08 ppm	
Chumbo	Média aritmética trimestral	1,5	Absorção atômica

1. A média aritmética das médias anuais (calculadas a partir das médias de 24 horas) dos últimos três anos consecutivos não pode ultrapassar 15 $\mu g/m^3$ e a média de três anos dos percentis 98 de cada ano não pode ultrapassar 65 $\mu g/m^3$ para nenhuma estação da região.

2. Não deve ser excedido mais de uma vez ao ano.

3. Uma região atende ao padrão de 8 h de O_3 se a média de 3 anos do 4º valor mais alto (máximas diárias da média de 8 h) de cada ano for menor ou igual a 0,08 ppm.

* Esses padrões são apresentados apenas como informação, uma vez que ainda não foram implementados.
Fonte: Cetesb, 2002.

Tabela 6.5   Níveis máximos de alguns poluentes atmosféricos, recomendados pela Organização Mundial da Saúde.

Poluentes	Concentração	Tempo de amostragem
Dióxido de enxofre	125 $\mu g/m^3$	24 horas
Dióxido de nitrogênio	200 $\mu g/m^3$	1 hora
Monóxido de carbono	10 $\mu g/m^3$ (9 ppm)	8 horas
Ozônio	120 $\mu g/m^3$	8 horas

Fonte: Cetesb, 2002.

Tabela 6.6 Níveis dos poluentes primários que configuram os estados de atenção, alerta e emergência.

Parâmetros	Atenção	Alerta	Emergência
Partículas totais em suspensão ($\mu g/m^3$) – 24 horas	375	625	875
Partículas inaláveis ($\mu g/m^3$) – 24 horas	250	420	500
Fumaça ($\mu g/m^3$) – 24 horas	250	420	500
Dióxido de enxofre ($\mu g/m^3$) – 24 horas	800	1.600	2.100
SO_2 x PTS ($\mu g/m^3$)($\mu g/m^3$) – 24 horas	65.000	261.000	393.000
Dióxido de nitrogênio ($\mu g/m^3$) – 1 hora	1.130	2.260	3.000
Monóxido de carbono (ppm) – 8 horas	15	30	40
Ozônio (μ/m^3) – 1 hora	400*	800	1.000

* O nível de atenção é declarado pela Cetesb com base na legislação estadual, que é mais restritiva (200 $\mu g/m^3$).
Fonte: Brasil, 1990.

Para facilitar a divulgação dos dados para a imprensa, uma vez que a magnitude dos valores-limite varia de acordo com o poluente, foi adotado um índice de qualidade do ar cuja estrutura também foi estabelecida pela Resolução Conama nº 03, de 1990. Esse parâmetro foi obtido por uma função linear segmentada, em que os pontos de inflexão são os padrões de qualidade do ar. Correlaciona-se, nessa função, a concentração do poluente com o valor-índice, um número adimensional para cada poluente medido. Trata-se do índice de qualidade do ar que está relacionado aos padrões de qualidade do ar, como ilustra a Figura 6.1.

Após a monitorização da qualidade do ar, as concentrações obtidas são colocadas na função e o índice mais elevado (pior caso) é utilizado na divulgação do resultado. A qualificação do ar com base no valor-índice calculado obedece à escala apresentada no Quadro 6.1.

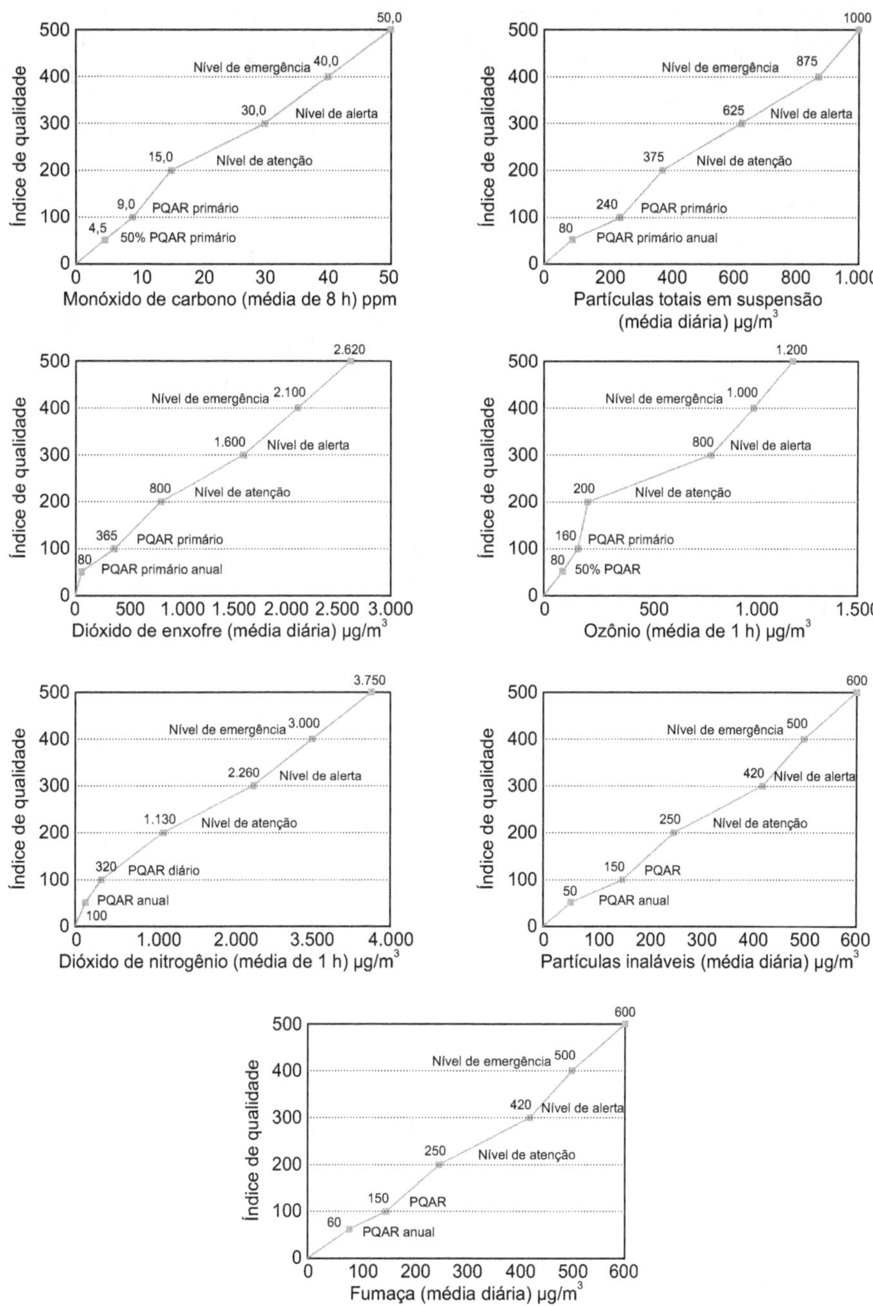

Figura 6.1 Relação entre concentração do poluente e valor índice de qualidade. *Fonte*: Cetesb, 2002.

Quadro 6.1   Escala do índice de qualidade do ar, descrição dos efeitos adversos à saúde e precauções recomendadas.

Qualificação/índice	Nível de qualidade do ar	SO_2 média 24 h $\mu g/m^3$	PTS média 24 h $\mu g/m^3$	Produto da média de SO_2 x PTS média 24h $\mu g/m^3$	MP_{10} média 24 h $\mu g/m^3$	Fumaça média 24 h $\mu g/m^3$	CO média 8 h $\mu g/m^3$	O_3 média 1 h $\mu g/m^3$	NO_2 média 1 h $\mu g/m^3$	Descrição dos efeitos sobre a saúde
0										
Boa (0-50)										
50	50% PQAR	80(a)	80(a)		50(a)	60(a)	4,5	80	100(a)	
Regular (51-100)										
100	PQAR	365	240		150	150	9,0	160	320	
Inadequada (101-199)										Leve agravamento de sintomas em pessoas suscetíveis, com sintomas de irritação na população sadia.
200	Atenção	800	375	65.000	250	250	15,0	200	1.130	
Má (201-299)										Decréscimo da resistência física e significativo agravamento dos sintomas em pessoas com enfermidades cárdio-respiratórias. Sintomas gerais na população sadia.
300	Alerta	1.600	625	261.000	420	420	30,0	800	2.260	
Péssima (301-399)										Aparecimento prematuro de certas doenças, além de significativo agravamento de sintomas. Decréscimo da resistência física em pessoas saudáveis.
400	Emergência	2.100	875	393.000	500	500	40,0	1.000	3.000	
Crítica (> 400)										Morte prematura de pessoas doentes e pessoas idosas. Pessoas saudáveis podem acusar sintomas adversos que afetam sua atividade normal.
500	Crítico	2.620	1.000	490.000	600	600	50,0	1.200	3.750	

SO_2 = dióxido de enxofre; PTS = partículas totais em suspensão; MP_{10} = partículas inaláveis; CO = monóxido de carbono; O_3 = ozônio; NO_2 = dióxido de nitrogênio; (a) = PQAR anual.
Fonte: Cetesb, 2002.

A Funasa, por meio de consulta pública sobre o subsistema nacional de vigilância da qualidade do ar relacionado à saúde humana, propõe, além dos padrões adotados para os poluentes atmosféricos clássicos, os seguintes padrões:

A) *PADRÕES DOS POLUENTES ATMOSFÉRICOS INORGÂNICOS NÃO CARCINOGÊNICOS*

- chumbo: média aritmética de 0,5 μg por metro cúbico de ar no período de um ano;
- manganês: média aritmética de 0,05 μg por metro cúbico de ar no período de um ano;
- mercúrio: média aritmética de 1 μg por metro cúbico de ar no período de um ano.

B) *PADRÕES DOS POLUENTES ATMOSFÉRICOS ORGÂNICOS VOLÁTEIS NÃO CARCINOGÊNICOS*

- diclorometano: média aritmética de 3 μg por metro cúbico de ar no período de 24 horas;
- formaldeído: média aritmética de 0,01 μg por metro cúbico de ar no período de 30 minutos;
- estireno: média aritmética de 0,28 μg por metro cúbico de ar no período de 30 minutos;
- tetracloroetileno: média aritmética de 0,25 μg por metro cúbico de ar no período de 24 horas;
- tolueno: média aritmética de 0,26 μg por metro cúbico de ar no período de uma semana.

C) *PADRÕES DOS POLUENTES ATMOSFÉRICOS INORGÂNICOS CARCINOGÊNICOS*

- arsênio: unidade de risco de 3×10^{-3} μg por metro cúbico de ar;
- cromo: unidade de risco de $9,6 \times 10^{-4}$ μg por metro cúbico de ar;
- níquel: unidade de risco de 4×10^{-2} μg por metro cúbico de ar.

D) *PADRÕES DOS POLUENTES ATMOSFÉRICOS ORGÂNICOS VOLÁTEIS CARCINOGÊNICOS*

- benzeno: unidade de risco de 4,4 a $7,5 \times 10^{-6}$ μg por metro cúbico de ar;
- poliaminohidrocarbonos: unidade de risco de $8,7 \times 10^{-2}$ μg por metro cúbico de ar;
- tricloroetileno: unidade de risco de 0,93 a $4,30 \times 10^{-7}$ μg por metro cúbico de ar (Brasil, 2002b).

Padrões de qualidade para solo e águas

A contaminação ambiental gera impactos sobre o ecossistema e a população. Para determinar a necessidade de intervenção em locais contaminados deve-se gerar valores de intervenção para solo e sedimentos e para águas profundas e superficiais.

O Brasil dispõe da Resolução Conama nº 20, de 18/6/1986, que estabelece a classificação das águas superficiais e os níveis de qualidade exigidos, bem como os padrões de potabilidade definidos pela Portaria 1.469, de 29/12/2000, do Ministério da Saúde. Não existindo quaisquer outras regulamentações que estabeleçam valores de intervenção para os diferentes contaminantes em solo e águas subterrâneas (Brasil, 1986; Brasil, 2000).

A Tabela 6.7 apresenta os teores máximos de diversos contaminantes adotados pela Resolução Conama para águas classe 1 e 2 que são destinadas ao abastecimento doméstico, após tratamento simplificado e convencional, respectivamente; à proteção das comunidades aquáticas; à recreação de contato primário (natação, esqui aquático e mergulho); à irrigação de hortaliças que são consumidas cruas e de frutas que se desenvolvam rentes ao solo e que sejam ingeridas cruas, sem remoção de película; e à criação natural e/ou intensiva (aqüicultura) de espécies destinadas à alimentação humana. Os valores adotados para esses contaminantes para águas classe 3 (doce) – destinadas ao abastecimento doméstico, após tratamento convencional, à irrigação de colheita e à dessedentação de animais –, classe 5 (salinas) e classe 7 (salobras) também são apresentados na Tabela 6.7.

Tabela 6.7 Teores máximos de diversos contaminantes em água superficial adotados pela Resolução Conama nº 20, de 1986.

Contaminante	Concentração máxima segundo a classificação das águas superficiais			
	Classes 1 e 2	Classe 3	Classe 5	Classe 7
Alumínio	0,1 mg/L Al	0,1 mg/L Al	1,5 mg/L Al	–
Amônia não ionizável	0,02 mg/L NH$_3$	–	0,4 mg/L NH$_3$	0,4 mg/L
Arsênio	0,05 mg/L As	0,05 mg/L As	0,05 mg/L As	0,05 mg/L
Bário	1 mg/L Ba	1 mg/L Ba	1 mg/L Ba	–
Berílio	0,1 mg/L Be	0,1 mg/L Be	1,5 mg/L Be	–
Boro	0,75 mg/L B	0,75 mg/L B	5 mg/L B	–
Benzeno	0,01 mg/L	0,01 mg/L	–	–
Benzo–a–pireno	0,00001 mg/L	0,00001 mg/L	–	–
Cádmio	0,001 mg/L Cd	0,001 mg/L Cd	0,005 mg/L Cd	0,005 mg/L
Cianetos	0,01 mg/L CN	0,01 mg/L CN	0,005 mg/L CN	0,005 mg/L
Chumbo	0,03 mg/L Pb	0,05 mg/L Pb	0,01 mg/L Pb	0,01 mg/L
Cloretos	250 mg/L Cl	250 mg/L Cl	–	–
Cloro Residual	0,01 mg/L Cl	–	0,01 mg/L Cl	–
Cobalto	0,2 mg/L Co	0,2 mg/L Co	–	–

Tabela 6.7 Teores máximos de diversos contaminantes em água superficial adotados pela Resolução Conama nº 20, de 1986. (*Continuação.*)

Contaminante	Concentração máxima segundo a classificação das águas superficiais			
	Classes 1 e 2	Classe 3	Classe 5	Classe 7
Cobre	0,02 mg/L Cu	0,05 mg/L Cu	0,05 mg/L Cu	0,05 mg/L
Cromo trivalente	0,5 mg/L Cr	0,5 mg/L Cr	–	–
Cromo hexavalente	0,05 mg/L Cr	0,05 mg/L Cr	0,05 mg/L Cr	0,05 mg/L
1,1 dicloroeteno	0,0003 mg/L	0,0003 mg/L	–	–
1,2 dicloroetano	0,01 mg/L	0,01 mg/L	–	–
Estanho;	2 mg/L Sn	2 mg/L Sn	2 mg/L Sn	–
Índice de fenóis	0,001 mg/L C_6H_5OH	0,001 mg/L C_6H_5OH	0,001 mg/L C_6H_5OH	0,001 mg/L
Ferro solúvel	0,3 mg/L Fe	0,3 mg/L Fe	0,3 mg/L Fe	–
Fluoretos	1,4 mg/L F	1,4 mg/L F	1,4 mg/L F	1,4 mg/L
Fosfato total	0,025 mg/L P	0,025 mg/L P	–	–
Lítio	2,5 mg/L Li	2,5 mg/L Li	–	–
Manganês	0,1 mg/L Mn	0,1 mg/L Mn	0,1 mg/L Mn	–
Mercúrio	0,0002 mg/L Hg	0,0002 mg/L Hg	0,0001 mg/L Hg	0,0001 mg/L
Níquel	0,025 mg/L Ni	0,025 mg/L Ni	0,1 mg/L Ni	0,1 mg/L
Nitrato	10 mg/L N	10 mg/L N	10 mg/L N	–
Nitrito	1 mg/L N	1 mg/L N	1 mg/ N	–
Prata	0,01 mg/L Ag	0,01 mg/L Ag	0,005 m/L Ag	–
Pentaclorofenol	0,01 mg/L	0,01 mg/L	–	–
Selênio	0,01 mg/L Se	0,01mg/L Se	0,01 mg/L Se	–
Sólidos dissolvidos totais	500 mg/L	500 mg/L	–	–
Substâncias tensoativas que reagem com o azul de metileno	0,5 mg/L LAS	0,5 mg/L LAS	0,5 mg/L LAS	–
Sulfatos	250 mg/L SO_4	250 mg/L SO_4	0,002 mg/L SO_4	–
Sulfetos (como H_2S não dissociado)	0,002 mg/L S	0,3 mg/L	0,1 mg/L Tl	0,002 mg/L
Tetracloroeteno	0,01 mg/L	–	–	–
Tricloroeteno	0,03 mg/L	–	–	–
Tetracloreto de carbono	0,003 mg/L	0,003 mg/L	–	–
2, 4, 6 – Triclorofenol	0,01 mg/L	0,01 mg/L	–	–
Urânio total	0,02 mg/L U	0,02 mg/L U	0,5 mg/L U	–

Tabela 6.7 Teores máximos de diversos contaminantes em água superficial adotados pela Resolução Conama nº 20, de 1986. (*Continuação.*)

Contaminante	Concentração máxima segundo a classificação das águas superficiais			
	Classes 1 e 2	Classe 3	Classe 5	Classe 7
Vanádio	0,1 mg/L V	0,1 mg/L V	–	–
Zinco	0,18 mg/L Zn	5 mg/L Zn	0,17 mg/L Zn	0,17 mg/L
Aldrin	0,01 mg/L	0,03 µg/L	0,003 µg/L	0,003 µg/L
Clordano	0,04 µg/L	0,3 µg/L	0,004 µg/L	0,004 µg/L
DDT	0,002 µg/L	1 µg/L	0,001 µg/L	0,001 µg/L
Dieldrin	0,005 µg/L	0,03 µg/L	0,003 µg/L	0,003 µg/L
Endrin	0,004 µg/L	0,2 µg/L	0,004 µg/L	0,004 µg/L
Endossulfan	0,056 µg/L	150 µg/L	0,034 µg/L	0,034 µg/L
Epôxido de heptacloro	0,01 µg/L	0,1 µg/L	0,001 µg/L	0,001 µg/L
Heptacloro	0,01 µg/L	0,1 µg/L	0,001 µg/L	0,001 µg/L
Lindano (gama.BHC)	0,02 µg/L	3 µg/L	0,004 µg/L	0,004 µg/L
Metoxicloro	0,03 µg/L	30 µg/L	0,03 µg/L	0,03 µg/L
Dodecacloro + nonacloro	0,001 µg/L	0,001 µg/L	0,001 µg/L	0,001 µg/L
Bifenilas policloradas (PCB'S)	0,001 µg/L	0,001 µg/L	–	–
Toxafeno	0,01 µg/L	5 µg/L	0,05 µg/L	0,05 µg/L
Demeton	0,1 µg/L	14 µg/L	0,1 µg/L	0,1 µg/L
Gution	0,005 µg/L	0,005 µg/L	0,01 µg/L	0,01 µg/L
Malation	0,1 µg/L	100µg/L	0,1 µg/L	0,1 µg/L
Paration	0,04 µg/L	35 µg/L	0,04 µg/L	0,04 µg/L
Carbaril	0,02 µg/L	70 µg/L	0,005 µg/L	–
Compostos organofosforados e carbamatos totais	10 µg/L em paration	100 µg/L	10 µg/L em paration	10 µg/L em paration
2,4 – D	4 µg/L	20 µg/L	10 µg/L	10 µg/L
2,4,5 – TP	10 µg/L	10 µg/L	10 µg/L	10 µg/L
2,4,5 – T	2 µg/L	2 µg/L	10 µg/L	10 µg/L

Fonte: Brasil, 1986.

Os padrões de potabilidade para substâncias químicas que representam risco à saúde, definidos pela Portaria 1.469, de 29/12/2000, do Ministério da Saúde, são apresentados na Tabela 6.8.

Tabela 6.8   Padrões de potabilidade para substâncias químicas que representam risco à saúde.

Parâmetro	Unidade	Vmp[1]
Inorgânicas		
Antimônio	mg/L	0,005
Arsênio	mg/L	0,01
Bário	mg/L	0,7
Cádmio	mg/L	0,005
Cianeto	mg/L	0,07
Chumbo	mg/L	0,01
Cobre	mg/L	2
Cromo	mg/L	0,05
Fluoreto[2]	mg/L	1,5
Mercúrio	mg/L	0,001
Nitrato (como N)	mg/L	10
Nitrito (como N)	mg/L	1
Selênio	mg/L	0,01
Orgânicas		
Acrilamida	μg/L	0,5
Benzeno	μg/L	5
Benzo-a-pireno	μg/L	0,7
Cloreto de vinila	μg/L	5
1,2 – Dicloroetano	μg/L	10
1,1 – Dicloroeteno	μg/L	30
Diclorometano	μg/L	20
Estireno	μg/L	20
Tetracloreto de carbono	μg/L	2
Tetracloroeteno	μg/L	40
Triclorobenzenos	μg/L	20
Tricloroeteno	μg/L	70
Agrotóxicos		
Alaclor	μg/L	20
Aldrin e dieldrin	μg/L	0,03
Atrazina	μg/L	2
Bentazona	μg/L	300
Clordano (isômeros)	μg/L	0,2

Tabela 6.8 Padrões de potabilidade para substâncias químicas que representam risco à saúde. (*Continuação.*)

Parâmetro	Unidade	Vmp[1]
Agrotóxicos		
2,4 D	µg/L	30
DDT (isômeros)	µg/L	2
Endossulfan	µg/L	20
Endrin	µg/L	0,6
Glifosato	µg/L	500
Heptacloro e heptacloro epóxido	µg/L	0,03
Hexaclorobenzeno	µg/L	1
Lindano (γ-BHC)	µg/L	2
Metolacloro	µg/L	10
Metoxicloro	µg/L	20
Molinato	µg/L	6
Pendimetalina	µg/L	20
Pentaclorofenol	µg/L	9
Permetrina	µg/L	20
Propanil	µg/L	20
Simazina	µg/L	2
Trifluralina	µg/L	20
Cianotoxinas		
Microcistinas[3]	µg/L	1
Desinfetantes e produtos secundários da desinfecção		
Bromato	mg/L	0,025
Clorito	mg/L	0,2
Cloro livre	mg/L	5
Monocloramina	mg/L	3
2,4,6 – Triclorofenol	mg/L	0,2
Trihalometanos total	mg/L	0,1

1. Valor máximo permitido.

2. Os valores recomendados para a concentração de íon fluoreto devem observar a legislação específica vigente relativa à fluoretação da água, em qualquer caso, devendo ser respeitado o VMP desta tabela.

3. É aceitável a concentração de até 10 µg/L de microcistinas em até 3 amostras, consecutivas ou não, nas análises realizadas nos últimos 12 meses.

4. Análise exigida de acordo com o desinfetante utilizado.

Fonte: Brasil, 2000.

No Estado de São Paulo, o órgão ambiental – Companhia de Tecnologia de Saneamento Ambiental (Cetesb) –, considerando a questão da proteção da qualidade do solo e das águas subterrânea, adotou valores orientadores denominados valores de referência de qualidade, valores de alerta e valores de intervenção, não só visando à proteção da qualidade dos solos e das águas subterrâneas, mas também ao controle da poluição nas áreas já contaminadas e/ou suspeitas de contaminação, subsidiando as decisões a serem tomadas quanto à necessidade ou eficiência da remediação (Cetesb, 2001).

Esses valores de referência de qualidade são estabelecidos com base em análises de amostras de solo e de águas subterrâneas. O valor de alerta indica a alteração da qualidade natural dos solos e será utilizado em caráter preventivo. Quando excedido no solo, deverá ser exigido o monitoramento do solo e das águas subterrâneas, efetuando um diagnóstico de qualidade desses meios, identificando e controlando as possíveis fontes de poluição.

Os valores de intervenção – derivados de modelos matemáticos de avaliação de risco, utilizando diferentes cenários de uso e ocupação do solo previamente definidos, considerando diferentes vias de exposição e quantificando as variáveis toxicológicas – indicam a existência de contaminação do solo ou das águas subterrâneas. Quando excedido, a área será declarada contaminada, pois há risco potencial de efeito deletério sobre a saúde humana, devendo-se efetuar a investigação detalhada, incluindo modelagem de fluxo, transporte e avaliação de risco com objetivos de intervenção na área, executando medidas emergenciais de contenção da pluma, restrição de acesso a pessoas, restrição da utilização das águas locais e ações de remediação.

A agência americana, Environmental Protection Agency (EPA), desde 1993, utiliza valores genéricos para solos, chamados Soil Screen Levels (SSL's), derivados de modelos baseados na exposição humana, considerando as vias de introdução oral (ingestão de solo e água subterrânea contaminada) e pulmonar (inalação de vapores ou partículas) sob um cenário de ocupação residencial do solo. O SSL é calculado separadamente para as vias de exposição, inalação e ingestão de solo e para os níveis de migração para as águas subterrâneas, considerando os fatores de diluição DAF = 1 (ou seja, sem diluição) e DAF = 20 (a concentração na água subterrânea é 20 vezes menor que na solução do solo) (USEPA, 1996, 1999).

Essa agência recomenda comparar as condições reais da área de estudo às condições assumidas no cenário hipotético utilizado na derivação do SSL genérico. Se as condições do local forem mais complexas que as do cenário hipotético, será necessário procedimento mais detalhado, utilizando dados do local para avaliação de vias de exposição adicionais ou condições específicas. A Tabela 6.9 apresenta os SSLs genéricos e derivados para locais hipotéticos, cujas condições foram previamente definidas de forma conservativa no que se refere à atenuação dos contaminantes.

Tabela 6.9   Valores genéricos de SSLs para alguns contaminantes no solo e nas águas subterrâneas.

Substância	Solos (mg.kg⁻¹) Vias de exposição Ingestão de solo Residencial	Industrial[2]	Inalação	Migração para água subterrânea (mg.kg⁻¹) DAF 20	DAF 1
Acetona	7.800	200.000	$1 E + 5$	16	0,8
Aldrin	0,04	0,34	3	0,5	0,02
Antraceno	23.000	610.000	—	12.000	590
Benzeno	22	200	0,8	0,03	0,002
Cloreto de vinila	0,3	3	0,03	0,01	0,0007
Clorobenzeno	1.600	41.000	130	1	0,07
Clorofórmio	100	940	0,3	0,6	0,03
DDT	2	17	—	32	2
1,2 – Dicloroetano	7	63	0,4	0,02	0,001
Estireno	16.000	410.000	1.500	4	0,2
Etilbenzeno	7.800	200.000	400	13	0,7
Fenol	47.000	1.200.000	—	100	5
g – HCH (Lindano)	0,5	4,4	—	0,009	0,0005
Naftaleno	3.100	41.000	—	84	4
Tetracloroetileno	12	110	11	0,06	0,003
Tolueno	16.000	410.000	650	12	0,6
1,1,1– Tricloroetano	1.600	41.000	1.200	2	0,1
m – Xileno	$1,60E + 5$	4.100.000	420	210	10
Antimônio	31	820	—	5	0,3
Arsênio	0,4	3,8	750	29	1
Bário	5.500	140.000	$6,90E + 5$	1.600	82
Cádmio	78	2.000	1.800	8	0,4
Chumbo	400	—	—	—	—
Cianeto	1.600	41.000	—	40	2
Cromo (total)	390	—	270	38	2
Cromo III	78.000	3.100.000	—	—	—
Níquel	1.600	41.000	13.000	130	7
Prata	390	10.000	—	34	2
Selênio	390	10.000	—	5	0,3
Vanádio	550	14.000	—	6.000	300
Zinco	23.000	610.000	—	12.000	620

Fonte: Cetesb, 2001.

Países como a Alemanha estabeleceram outros valores orientadores para solos a fim de prevenir qualquer efeito prejudicial a esse meio. São eles:

- Valor de alerta (*trigger value*): quando excedido, requer uma avaliação do perigo e do risco de contaminação considerando o uso do referido solo.

- Valor de ação (*action value*): quando excedido, configura a existência de contaminação, requerendo medidas de ação e controle.

- Valor de precaução (*precautionary value*): quando excedido, indica alteração na qualidade do solo.

Esses valores foram estabelecidos considerando diferentes tipos de exposição e cenários:

1. contato direto com o solo, para crianças, em parques infantis, áreas residenciais e parques públicos; para adultos, também no cenário industrial/comercial;

2. vias indiretas de exposição, isto é, por meio da ingestão de alimentos e água de consumo contaminados solo–planta (horta, agricultura e pastagem) e solo–água subterrânea (Bachmann, 2000).

As Tabelas 6.10 e 6.11 ilustram, respectivamente, os valores de ação adotados para dioxinas e furanos e os de alerta para diferentes substâncias, considerando o contato direto com o solo.

Tabela 6.10 Valores de ação, para dioxinas e furanos, preconizados pela Alemanha, considerando o contato direto com o solo como via de exposição.

Valores de ação [ng L-TEq/kg TM]*				
Substância	Parques infantis	Áreas residenciais	Parques recreacionais	Industrial e comercial
Dioxinas/furanos (PCDD/F)	100	1.000	1.000	10.000

*Soma 2,3,7,8-TCDD-toxicidade equivalente (NATO/CCMS). *Fonte*: Bachmann, 2000.

Tabela 6.11   Valores de alerta, preconizados pela Alemanha, para diversas substâncias, considerando o contato direto com o solo como via de exposição.

Substância	Valores-gatilho [mg/kg TM]			
	Parques infantis	Áreas residenciais	Parques recreacionais	Industrial e comercial
Arsênio	25	50	125	140
Chumbo	200	400	1.000	2.000
Cádmio	10[1]	20[1]	50	60
Cianeto	50	50	50	100
Cromo	200	400	1.000	1.000
Níquel	70	140	350	900
Mercúrio	10	20	50	80
Aldrin	2	4	10	—
Benzo(a)pireno	2	4	10	12
DDT	40	80	200	—
Hexaclorobenzeno	4	8	20	200
Bexaclorociclo-hexano-HCH	5	10	25	400
Pentaclorofenol	50	100	250	250
Bifenilas policloradas $(PCP_6)^2$	0,4	0,8	2	40

1. Em quintais e pequenos jardins onde crianças brincam e vegetais são cultivados para consumo, deve ser aplicado o valor-gatilho de 2 mg/kg.

2. Se for determinada a concentração total de PCB, o valor determinado deve ser dividido por 5.

Fonte: Bachmann, 2000.

A título de ilustração, os Quadros 6.4 e 6.5 apresentam os valores orientadores para alguns contaminantes para solo e águas subterrâneas, respectivamente, preconizados pelo Estado de São Paulo e outros países.

Quadro 6.2 Valores orientadores para o solo adotados para alguns contaminantes pelo Estado de São Paulo e outros países.

Substância (mg.kg⁻¹)	Estado de São Paulo					Holanda	EUA SSL Ingestão de solo		Alemanha Valores-gatilho (ingestão direta de solo)				Canadá Federal			Inglaterra			França	
	Valores de ref. de qual.	Alerta	Agric/APM	Resid.	Indúst.	I	Resid.	Indust.	Parq. infant.	Resid.	Parque	Indust.	Agric.	Resid.	Indust.	A	B	C	D	E
Antimônio	< 0,5	2	5	10	25	–	31	820	–	–	–	–	20	20	40	–	–	–	–	–
Arsênio*	3,5	15	25	50	100	55	0,4	3,8	25	50	125	140	20	30	50	10	40	40	100	200
Bário	75	150	300	400	700	625	5.500	140.000	–	–	–	–	750	500	2.000	–	–	200	400	1.000
Cádmio*	< 0,5	3	10	15	40	12	78	2.000	10	20	50	60	3	5	20	3	15	4	10	20
Chumbo*	17	100	200	350	1.200	530	400	–	200	400	1.000	2.000	375	500	1.000	500	2.000	200	500	1.000
Cobalto	13	25	40	80	100	240	–	–	–	–	–	–	40	50	300	–	–	30	60	150
Cobre*	35	60	100	500	700	190	–	–	–	–	–	–	150	100	500	–	50	200	500	1.000
Cromo*	40	75	300	700	1.000	380	390	–	200	400	1.000	1.000	750	250	800	600	1000	300	750	1.500
Mercúrio*	0,05	0,5	2,5	5	25	10	–	–	10	20	50	80	0,8	2	10	1	2	2	5	10
Molibidênio	< 25	30	50	100	120	200	–	–	70	140	350	900	–	–	–	–	–	8	20	40
Níquel*	13	30	50	200	300	210	1.600	41.000	–	–	–	–	150	100	500	20	20	100	250	500
Prata*	0,25	2	25	50	100	–	390	10.000	–	–	–	–	–	25	50	–	–	20	50	100
Selênio	0,25	5	–	–	–	720	390	10.000	–	–	–	–	–	–	–	–	–	–	–	–
Vanádio	275	–	–	–	–	1	550	14.000	–	–	–	–	–	–	–	–	–	–	–	–
Zinco*	60	300	500	1.000	1.500	130	23.000	610.000	–	–	–	–	600	500	1.500	130	130	600	1.500	3.000
Benzeno	0,25	–	0,6	1,5	3	25	22	200	–	–	–	–	0,05	0,5	5	–	–			
Tolueno*	0,25	–	30	40	140	100	16.000	4,1E + 5	–	–	–	–	0,1	3	30	–	–			
Xilenos*	0,25	–	3	6,0	15	40	1,6E + 5	4,1 E + 6	–	–	–	–	0,1	5	50	–	–			
Estireno*	0,05	–	15	35	80	10	16.000	4,1 E + 5	–	–	–	–	0,1	5	50	–	–			
Naftaleno*	0,20	–	15	60	90	30	3.100	41.000	–	–	–	–	0,1	5	50	–	–			

Quadro 6.2 Valores orientadores para o solo adotados para alguns contaminantes pelo Estado de São Paulo e outros países. (*Continuação.*)

Substância (mg.kg⁻¹)	Estado de São Paulo					Holanda	EUA SSL Ingestão de solo		Alemanha				Canadá Federal			Inglaterra		França		
	Valores de ref. de qual.	Alerta	Valores de intervenção						Valores-gatilho (Ingestão direta de solo)											
			Agric/ APM	Resid.	Indúst.	1	Resid.	Indust.	Parq. Infant.	Resid.	Parque	Indust..	Agric.	Resid.	Indust.	A	B	C	D	E
Naftaleno*	0,20	–	15	60	90	30	3.100	41.000	–	–	–	–	0,1	5	50	–	–			
Diclorobenzeno	0,02	–	2	7	10	4	–	–	4	8	20	200	0,1	1	10	–	–			
Hexaclorobenzeno	0,0005	–	0,1	1	1,5	60	–	–	–	–	–	–	0,05	2	10	–	–			
Tetracloroetileno*	0,10	–	1	1	10		12	110	–	–	–	–	0,1	5	50	–	–			
Tricloroetileno	0,10	–	5	10	30		–	–					0,1	5	50					
1,1,1 – Tricloroetano	0,01	–	8	20	50	–	1.600	41.000	–	–	–	–	0,1	5	50	–	–			
1,2 – Dicloroetano*	0,5	–	0,5	1	2	4	7	63	–	–	–	–	0,1	5	50	–	–			
Cloreto de vinila	0,05	–	0,1	0,2	0,7	0,1	0,3	3	–	–	–	–	–	–	–	–	–			
Pentaclorofenol	0,01	–	2,0	5	15	5	–	–	50	100	250	250	0,05	0,5	5	–	–			
2,4,6 – Triclorofenol*	0,2	–	1,0	5	6	5	–	–	–	–	–	–	0,05	0,5	5	–	–			
Fenol*	0,3	–	5,0	10	15	40	47.000	1,2E+6	–	–	–	–	0,1	1	10	5	5			
Aldrin e dieldrin	0,00125	–	0,5	1	5	4	0,04	0,34	2	4	10	–	–	–	–	–	–			
DDT	0,0025	–	0,5	1	5	4	2	17	40	80	200	–	–	–	–	–	–			
Endrin	0,00375	–	0,5	1	5	4	–	–	–	–	–	–	–	–	–	–	–			
Lindano (d–BHC)*	0,00125	–	0,5	1	5	2	0,5	4,4	5	10	25	400	0,01	–	–	–	–			

São Paulo: * com base no risco à criança: cenário Agrícola/APMax; (–) não estabelecido; **Holanda** 1. Multifuncionalidade; **Inglaterra** A) Jardins domésticos, loteamentos. B) Parques, campos para jogos. Agric. = agrícola; Resid. = residência; Ind = indústria; VRQ = valor de referência de qualidade; SSLs = Soil Screen Levels.
Fonte: Cetesb, 2001b.

Quadro 6.3 Comparação dos valores orientadores para águas subterrâneas do Estado de São Paulo com os valores internacionais.

Substância (mg/L)	Valor de intervenção[1]	EPA/USA[2] Potabilidade	CEE[3]	Canadá[4] Quebec	Alemanha Valor-gatilho	USA Connecticut[5,6]		Holanda[7]
Alumínio	200							
Antimônio	5	6	10	—	10	—	—	—
Arsênio	10	50	50	100	10	0,02	50	60
Bário	700	2.000	—	2.000		—	—	625
Cádmio	5	5	—	20	5	18	5	6
Chumbo	10	15	—	100	25	—	15	75
Cobalto	30	—	—	200	50	—	—	100
Cobre	2.000	10	—	1.000	50	260	250	75
Cromo	50	100	—	50	50	36	50	30
Ferro	300							
Manganês	100	—	200	—		—	—	—
Mercúrio	1	—	—	20	1	2,2	2,0	0,3
Molibidênio	250	—	—	100	50	—	—	300
Níquel	50	100	—	1.000	50	140	100	75
Prata	50	—	—	200		36	50	—
Selênio	10	50	10	50	10	36	—	—
Zinco	5.000	—	—	10.000	500	2.200	2.000	800
Benzeno	5	5	—	5	1	1	1	30
Tolueno	170	40	—	100	—	1.400	1.000	1.000
Xilenos	300	20	—	60	—	10	—	70
Estireno	20	10	—	120	—	140	100	300
Naftaleno	100	—	—	30	2	280	300	70
Diclorobenzeno	40	—	—	0,1	—	—	—	50
Hexaclorobenzeno	1	—	—	—	—	—	—	0,5
Tetracloroetileno	40	—	—	—	—	—	—	—
Tricloroetileno	70	5	—	—	—	0,7	5	40

Quadro 6.3 Comparação dos valores orientadores para águas subterrâneas do Estado de São Paulo com os valores internacionais. (*Continuação.*)

Substância (mg/L)	Valor de intervenção[1]	EPA/USA[2] Potabilidade	CEE[3]	Canadá[4] Quebec	Alemanha Valor-gatilho	USA Connecticut[5,6]	Holanda[7]
1,1,1 – Tricloroetano	600	5	—	—	—	—	5	500
1,2 – Dicloroetano	10	200	—	—	—	640	200	—
Cloreto de vinila	5	5	—	50-70	—	4	—	400
Pentaclorofenol	9	2	—	—	—	2	2	0,7
2,4,6 – Triclorofenol	200	1	—	5	—	0,3	1	3
Fenol	0,1	—	—	—	—	—	—	10
Aldrin e dieldrin	0,03	—	—	—	20	—	—	2.000
DDT	2	—	—	2	0,1	—	—	0,1
Endrin	0,6	—	—	—	0,1	—	—	0,01
Lindano (d-BHC)	2	2	—	0,5	—	—	2	0,1

1. São Paulo com base na Portaria 36, de 1990, atualizada pela Portaria 1.469 de 29/12/2000 do Ministério da Saúde. Para substâncias não legisladas se considerou o risco em cenário agrícola. 2. EPA-USA. 3. Comunidade Econômica Européia (CEE). 4. Canadá – Groundwater Severe Contamination Indicator. 5. USA Connecticut: critério com base no risco. 6. USA Connecticut: proteção às águas subterrâneas. 7. Holanda: multifuncionalidade – não estabelecido.
Fonte: Cetesb, 2001.

AMBIENTE DE TRABALHO

A vigilância no ambiente de trabalho inicia-se com o reconhecimento dos riscos presentes (físicos, biológicos, ergonômicos e químicos). O risco químico torna-se bastante representativo em virtude da diversidade e da elevada freqüência com que as substâncias químicas são utilizadas nas indústrias. Até hoje, foram registradas mais de 21 milhões de substâncias químicas no Chemical Abstract Services e dessas, mais de 200.000 compõem o National Chemical Inventory, por serem comercializadas (CAS, 2003).

Reconhecido o risco químico, este deve ser avaliado. A monitorização ambiental consiste na determinação sistemática de concentrações das substâncias químicas presentes na atmosfera do ambiente de trabalho, comparando os resultados obtidos com referências apropriadas, ou seja, os limites de exposição ocupacional.

Os limites de exposição ocupacional variam em valor e, muitas vezes, em denominação, conforme o país em que são adotados. No Brasil, a portaria 3.214, do Ministério do Trabalho, publicada em 8 de junho de 1978, por intermédio da Norma Regulamentadora 15, anexo 11, fixou os valores dos limites de tolerância para 194 substâncias químicas (Brasil, 1978).

Para fins da referida norma, entende-se por "limite de tolerância a concentração ou intensidade máxima ou mínima, relacionada à natureza e ao tempo de exposição ao agente, que não causará dano à saúde do trabalhador durante sua vida laboral". A Tabela 6.12 ilustra os limites de tolerância nacionais preconizados para algumas substâncias químicas (Brasil, 1978).

Tabela 6.12 Exemplificação dos limites de tolerância e parâmetros apresentados no Quadro 1 da Norma Regulamentadora 15, Brasil.

Agentes químicos	Valor-teto	Absorção também p/ pele	Até 48 horas/semana		Grau de insalubridade a ser considerado no caso de sua caracterização
			ppm*	mg/m³**	
Ácido cianídrico	.	+	8	9	máximo
Ácido clorídrico	+	.	4	5,5	máximo
Álcool n-butílico	+	+	40	115	máximo
Álcool isopropílico	.	+	310	765	médio
Cloreto de vinila	+	.	156	398	máximo
1,1 – Dicloro – 1 – nitroetano	+	.	8	47	máximo
Tetracloreto de carbono	.	+	8	50	máximo
Tetracloroetano	.	+	4	27	máximo
Tolueno (toluol)	.	+	78	290	médio
Xileno (xilol)	.	+	78	340	médio

* ppm = partes de vapor ou gás por milhão de partes de ar contaminado.
** mg/m³ = miligramas por metro cúbico de ar.

Observação: a) Poucas alterações foram realizadas nos limites de tolerância publicados em 1978. Esses limites foram obtidos a partir dos publicados, em 1977 pela agência americana American Conference of Governmental Industrial Hygienists (ACGIH) e, no Brasil, adaptaram-se os valores para 48 horas semanais de exposição, uma vez que a jornada de trabalho americana era de 40 horas semanais (Brasil, 1978). b) O benzeno foi retirado dessa tabela, conforme Portaria nº 3, de 10/3/1994.

A monitorização ambiental integra o Programa de Prevenção de Riscos Ambientais preconizado pela Norma Regulamentadora nº 9, da mesma portaria 3.214, do Ministério do Trabalho. Esse programa estabelece as ações necessárias para antecipação, reconhecimento, avaliação e conseqüente controle da ocorrência de riscos ambientais para prevenção de danos à saúde do trabalhador e do meio ambiente, além de determinar que, na ausência dos valores-limite de tolerância previstos na NR-15, deve-se adotar os valores-limite de exposição ocupacional, preconizados pela ACGIH, ou aqueles que venham a ser estabelecidos em negociações coletivas desde que mais rigorosos do que os critérios técnico-legais disponíveis (Brasil, 1978).

Torna-se, assim, imperioso discutir os limites de exposição ocupacional adotados pela ACGIH. Essa agência edita bianualmente os Threshold Limit Values (TLVs), os quais se referem "às concentrações das substâncias químicas dispersas no ar e representam condições sob as quais acredita-se que a maioria dos trabalhadores possa estar exposta, repetidamente, dia após dia, sem sofrer efeitos adversos à saúde" (ACGIH, 2003).

Os TLVs, na forma proposta pela ACGIH, são recomendações e devem ser utilizados como guias. Deve-se observar, ainda, que esses limites se referem a substâncias dispersas na atmosfera do ambiente de trabalho e não a líquidos ou sólidos, e mais: não protegem os suscetíveis; não diferenciam gênero; e se referem a trabalhadores adultos e eutróficos, não protegendo crianças, idosos e doentes (ACGIH, 2003; Della Rosa *et al.*, 2003).

Três categorias de TLVs são especificadas dependendo do tipo de efeito e da toxicidade da substância química envolvida:

a) Limite de exposição – média ponderada (TLV-TWA/time weighed average): refere-se "à concentração média ponderada pelo tempo para uma jornada normal de 8 horas diárias e 40 horas semanais, para a qual a maioria dos trabalhadores pode estar exposta, dia após dia, sem sofre efeitos adversos á saúde" (ACGIH, 2003). É aplicado às substâncias que promovem efeitos nocivos a médio e longo prazo, o que possibilita que a concentração destas no ambiente de trabalho se encontre ligeiramente acima do TLV-TWA por um curto período, desde que em período subseqüente esse valor seja proprorcionalmente menor, compensando a exposição anterior. Se ao final da jornada de trabalho a concentração média ponderada pelo tempo for inferior ao TLV-TWA, não há risco de observação de efeito adverso.

b) Limite de exposição – curta duração (TLV-STEL/short time exposure level): refere-se "à concentração a que os trabalhadores podem estar expostos continuamente por um período curto sem sofrer: irritação, lesão tissular crônica ou irreversível, ou narcose em grau suficiente para aumentar a presisposição a acidentes, impedir auto-salvamento ou reduzir significativamente a eficiência no trabalho, cuidando para que o limite de exposição média ponderada (TLV-TWA) não seja ultrapasado. O STEL é um limite suplementar ao TLV-TWA, nos casos em que são reconhecidos os efeitos tóxicos agudos para substâncias cujos efeitos tóxicos principais são de natureza crônica" (ACGIH, 2003). Pode ser atingido por 15 minutos, 4 vezes ao dia, com intervalos mínimos de 60 minutos. O TLV-STEL não se encontra disponível para todas as substâncias que apresentam ação a médio e longo prazos. Por exemplo: o xileno apresenta um TLV-TWA de 100 ppm e um TLV-STEL de 150 ppm; o tolueno, entretanto, apresenta apenas o TLV-TWA equivalente a 50 ppm. Nenhum TLV-STEL é adotado para essa substância (Della Rosa *et al.*, 2003).

c) Limite de exposição – valor-teto (TLV-C/ceiling): refere-se "à concentração que não pode ser excedida em nenhum momento da exposição do trabalhador" (ACGIH, 2003). É aplicado a substâncias de elevada toxicidade ou risco e que produzam efeitos a curto prazo (Della Rosa *et al.*, 2003). Por exemplo: formaldeído: 0,3 ppm; cianeto de hidrogênio: 4,7 ppm.

Outros limites de exposição ocupacional podem ser adotados. Para as substâncias que apresentam efeito a curto prazo, pode-se adotar outro limite de exposição específico para situações de emergência. O IDLH – Immediately Dangerous to Life and Health, preconizado pelo National Institute for Occupational Safety and Health (NIOSH) – refere-se à concentração máxima a que, numa situação de emergência, um ser humano pode resistir e ter condições de abandonar o local sem equipamentos específicos e sem sofrer danos severos à saúde. É utilizado basicamente para planejamento do controle de situações de emergências. A Tabela 6.13 ilustra a correlação entre as concentrações de cloro na atmosfera do ambiente de trabalho, os limites de exposição ocupacionais adotados e os efeitos tóxicos (NIOSH, 1994).

Tabela 6.13   Correlação entre as concentrações de cloro na atmosfera do ambiente de trabalho, os limites de exposição ocupacionais adotados e os efeitos tóxicos.

Concentrações de cloro no ambiente de trabalho (ppm)	Limites ocupacionais e efeitos tóxicos relatados
0,5	TLV-TWA
1	TLV-STEL
6	Irritação da garganta
10	IDLH
30	Dor no peito, tosse intensa e vômito
40 a 60	Sérias lesões em 30 a 60 minutos de exposição, pneumonite tóxica e edema pulmonar
430	Letal após 30 minutos de exposição
1.000	Fatal em poucos minutos de inspiração

Fonte: Fischer *et al.*, 1989, modificado; ACGIH, 2003; NIOSH, 1994; IPCS, 1998.

Por intermério desses dados, observa-se que o IDLH está acima do TLV-STEL e que irritações intensas, porém suportáveis, ocorrerão. Quando as concentrações de cloro nas áreas em que é manipulado, como em locais de carga, descarga e manuseio de cloro líquido, atingem o valor-limite, deve soar o alarme de abandono. Essas áreas de risco dispõem de equipamentos de medição instantânea e contínua (Fischer *et al.*, 1989).

A legislação brasileira, nas NR-9 e 7, preconiza, ainda, a adoção do nível de ação como limite de exposição ocupacional . Do ponto de vista técnico, esse limite é considerado "o valor acima do qual devem ser iniciadas ações preventivas de forma a minimizar a probabilidade de que as exposições a agentes ambientais ultrapassem os limites de exposição". Por convenção, esse nível é equivalente à metade do limite de exposição ocupacional.

Como a monitorização ambiental baseia-se em amostragem no tempo e no espaço, não é absoluta e oferece uma estimativa da exposição real a que o trabalhador está submetido. Dessa forma, em função das flutuações nas magnitudes das concentrações das substâncias químicas na atmosfera do ambiente de trabalho, quando o valor da monitorização ambiental se encontra acima do nível de ação, há a probabilidade de que em dias não amostrados esta concentração se encontre acima do limite de exposição ocupacional (Della Rosa *et al.*, 2003).

O Programa de Prevenção de Riscos Ambientais (PPRA), contido na NR-9, estabelece a periodicidade bienal para realização de novas avaliações quando os valores resultantes da monitorização ambiental se encontrarem abaixo do nível de ação. Quando as concentrações se encontrarem entre o nível de ação e o limite de exposição ocupacional, a freqüência deverá ser semestral ou nula dependendo da toxicidade da substância envolvida e da variabilidade dos resultados (Brasil, 1978).

Nas situações em que os resultados se encontram acima do limite de exposição ocupacional, a implantação de medidas de controle e/ou modificação de processos se faz necessária.

No ambiente de trabalho, é comum a presença de mais de uma substância química. Nessa circunstância, deve-se verificar se estas atuam sobre os mesmos órgãos-alvo e se seus efeitos são aditivos. Nesses casos, deve-se considerar a exposição global a todas as substâncias presentes na atmosfera do ambiente de trabalho adotando-se a fórmula;

$$IE = S\ Cn/LTn$$

em que:

IE = índice de exposição;

Cn = concentração de cada substância presente na atmosfera do ambiente de trabalho;

LTn = limite de tolerância adotado para cada uma dessas substâncias.

Quando o índice de exposição apresenta valor superior a 1, a exposição é excessiva; se for superior a 0,5, a exposição encontra-se acima do nível de ação (ACGIH, 2003; Della Rosa *et al.*, 2003).

À luz dos conhecimentos atuais, a exposição a concentrações inferiores aos limites de tolerância salvaguarda a saúde do trabalhador exposto. No entanto, para carcinogênicos genotóxicos e para mutagênicos, nenhum nível seguro de exposição deveria ser fixado, uma vez que, mesmo os mais baixos podem elevar o risco de efeitos adversos. Como abordado no Capítulo 4 , é fato que quanto menor o nível de exposição menor o incremento do risco e, por isso, substâncias que apresentam efeitos tóxicos estocásticos devem ser mantidas em nível mínimo; se o nível zero é irreal de ser observado, deve ser definido um risco aceitável. É, ainda, importante perceber que os métodos atuais de avaliação de risco são notoriamente insensíveis e que riscos relativos pequenos e não detectáveis por intermédio dos estudos epidemiológicos assolam grande número de indivíduos (Aitio, 2002).

ALIMENTOS

Os alimentos podem conter substâncias químicas, além dos nutrientes e não-nutrientes que os constituem, provenientes da terapêutica, da contaminação ambiental e da adição intencional ou não de compostos, desde o plantio até a produção/processamento.

Aditivos intencionais, utilizados para melhorar as propriedades nutricionais e organolépticas, a conservação dos alimentos ou auxiliar seu processamento, têm sido empregados de forma crescente e significativa, não obstante suas propriedades toxicológicas não estejam bem definidas. Vários aditivos têm sido utilizados há muitos anos sem que qualquer efeito adverso tenha sido relatado. Eles são denominados "geralmente reconhecidos como seguros (GRAS)" (Mídio & Martins, 2000).

Entende-se por aditivo não-intencional, ou contaminante, toda substância que possa tomar parte do alimento durante sua produção, processamento ou armazenamento e que difira de seus componentes naturais. Os contaminantes diretos são aquelas substâncias encontradas nos alimentos em decorrência de processos naturais, como microtoxinas, nitrosaminas e metais que contaminam o meio ambiente (Mídio & Martins, 2000).

Também são considerados contaminantes diretos os aditivos de alimentos não-GRAS presentes em concentrações maiores que o limite máximo permitido estabelecido para aquele alimento em particular, como corantes, adoçantes e conservantes (Mídio & Martins, 2000).

Os contaminantes indiretos são aquelas substâncias químicas que, apesar de não permitidas, são utilizadas durante a produção, o processamento e/ou armazenamento; e as que, embora permitidas, são utilizadas em qualquer fase de obtenção do alimento sem adoção das boas práticas de produção, resultando em níveis acima dos permitidos; ou, ainda, os componentes do material de embalagem que migram para o alimento durante seu armazenamento. Encontram-se nessa categoria os hormônios de crescimento, os praguicidas e os migrantes de embalagens (Mídio & Martins, 2000).

A presença dessas substâncias não-nutrientes pode levar ao aparecimento de efeitos nocivos, dependendo de sua concentração. A prevenção de efeitos adversos implica a observação de limites máximos permitidos (limites de tolerância para alimentos).

LIMITES DE TOLERÂNCIA

O limite de tolerância refere-se à quantidade máxima do não-nutriente presente no alimento que pode ser ingerido por um indivíduo durante toda sua vida sem que se observem efeitos nocivos à saúde. É expresso em parte (em peso) da substância não-nutriente por um milhão de partes (em peso) do alimento.

Para os aditivos não-GRAS, por sua segurança e pelo fato de o próprio processo industrial controlar sua concentração no alimento, não foram estabelecidos valores-limite. No entanto, para os demais aditivos intencionais, como os conservantes nitrato e nitrito, os limites de tolerância foram estabelecidos para cada tipo de alimento.

Os contaminantes cujo uso não é permitido não são tolerados em qualquer nível em alimentos. Dessa forma, alimentos que contenham, por exemplo, hormônios promotores do crescimento, fármacos e quimioterápicos utilizados na terapêutica veterinária são considerados impróprios para uso.

Para outros contaminantes, desde que a quantidade presente esteja abaixo do limite de tolerância estabelecido, o alimento pode ser consumido sem risco à saúde humana.

Os níveis de resíduos em alimentos dependem da técnica e da quantidade aplicada da substância não-nutriente, dos fatores ambientais (luz, temperatura, umidade e características do solo), do cumprimento do intervalo de segurança e das características físico-químicas da substância não-nutriente, especialmente as relacionadas a sua persistência no ambiente (Mídio & Martins, 1997).

INGESTÃO DIÁRIA ACEITÁVEL (IDA)

Ainda que os valores-limite de tolerância sejam observados, a saúde da população consumidora não está totalmente assegurada se não houver controle da quantidade da substância não-nutriente ingerida com os vários alimentos que a contêm num determinado período.

Para tanto, foram estabelecidos os parâmetros ingestão diária aceitável (IDA) e ingestão semanal aceitável (ISA). A ingestão diária aceitável é obtida dividindo-se a RfD (dose de referência) pelos fatores de segurança e ponderação, conforme abordado no Capítulo 4. Segundo Mídio & Martins (1997), "esses limites correspondem às quantidades máximas que, ingeridas, diária ou semanalmente, durante toda a vida, parecem não oferecer risco apreciável à saúde, à luz dos conhecimentos atuais". Esses valores são expressos em mg de substância não-nutriente por kg de peso corpóreo.

A Tabela 6.14 apresenta os valores de tolerância, o intervalo de segurança e a ingestão diária aceitável para alguns herbicidas em alimentos.

Tabela 6.14   Limites de tolerância, intervalo de segurança e ingestão diária aceitável para alguns herbicidas em alimentos.

Herbicida	Cultura	Limite de tolerância* (ppm)	Intervalo de segurança*	IDA (mg/kg)
Dalapon	Milho	10	(1)	0,03 **
	Algodão	35	(1)	
	Soja	1	(1)	
	Cacau	0,1	8 meses	
	Café	2	5 meses	
	Cana-de-açúcar	0,1	(1)	
	Cítricos	5	14 dias	
Glifosato	Soja	0,2	(1)	0,3 (1986)**
	Café	1	15 dias	
	Cana-de-açúcar	0,1	(1)	
	Arroz (grão)	0,2	(1)	
	Cítricos	0,1	(1)	
Paraquat	Soja	0,1	7 dias	0,004 (1986)**
	Banana	0,05	1 dia	
	Aspargo, couve	0,05	1 dia	
	Carnes, miúdos (exceto rins)	0,05		
	Cítricos	0,05	1 dia	

*Brasil, Ministério da Saúde; ** Codex alimentarius, WHO.

(1) Não determinado em razão da modalidade de emprego (plantio direto e quebra de dormência).

Fonte: Mídio & Martins (1997), modificado.

A observação dos limites de tolerância e de ingestão diária aceitável minimiza a exposição ao toxicante e sua carga corpórea. A população pode estar exposta a substância por diferentes fontes e a integração dessas doses, ou seja, a dose interna do toxicante no organismo, determina o efeito. As Tabelas 6.15 e 6.16 apresentam, resumidamente, a estimativa de dados relativos ao ingresso corpóreo total de cádmio pelas diferentes fontes de exposição para populações, respectivamente, de áreas contaminadas e não contaminadas pelo metal, exemplificando a participação da ingestão de alimentos na dose interna do toxicante.

Tabela 6.15   Ingresso corpóreo total de cádmio por diferentes fontes de exposição para população geral, em áreas consideradas não contaminadas pelo metal.

Ingresso corpóreo	Considerando	Disponibilidade do cádmio	Quantidade absorvida	Estimativa da quantidade absorvida
Ar de ambientes internos e abertos	Concentração em geral: 15 ng/m^3	Inalação diária de um adulto: 15 m^3	25% (média de ingresso 0,15 µg)	0,04 µg
Hábito de fumar	20 cigarros-dia	Inalação 1-4 µg[1]	25%-50%	1-2 µg
Água potável	2 litros	Ingestão em 2 litros –1 µg	5%	0,05 µg
Alimentação	–	Média diária na maioria dos países 10-25 µg	5%	0, 5-1,25 µg

1. Varia de acordo com a origem do tabaco.
Fonte: ATSDR (1997), citado por Cardoso & Chasin (2001).

Tabela 6.16   Ingresso corpóreo total de cádmio por diferentes fontes de exposição para população geral, em áreas consideradas contaminadas pelo metal.

Ingresso corpóreo	Considerando	Disponibilidade do cádmio	Quantidade absorvida	Estimativa da quantidade absorvida
Ar de ambientes internos e abertos	Concentração em geral: 0,5 $µg/m^3$	Inalação diária de um adulto: 15 m^3	25% (média de ingresso 7,5 µg)	2 µg
Hábito de fumar	20 cigarros-dia	Inalação 1-4 µg[1]	25%-50%	1-2 µg
Água potável e alimentação	150-200 µg média diária	Ingestão 8-10 µg	5% (ingresso)[2]	8-10 µg

1. Varia de acordo com a origem do tabaco.

2. O ingresso via alimentos e água potável varia muito dependendo do grau de contaminação, dos hábitos de alimentação e do suprimento de água dessas regiões.
Fonte: ATSDR (1997), citado por Cardoso & Chasin (2001).

A Tabela 6.17 ilustra o ingresso diário de cádmio somente por meio de dieta.

Tabela 6.17   Estimativa da média diária de ingresso de cádmio com base na análise de alimentos de vários países.

País	Método de coleta de amostra	Estimativa de ingresso diário pela dieta (μg/dia)
Área não contaminada		
Bélgica	D	15
Finlândia	M	13
Japão	D	31-49
Japão	M	49
Japão (media de três áreas)	D	59
Japão	D	43,9 (homens); 37 (mulheres)
Nova Zelândia	D	21
Suécia	D	10
Suécia	M	17
Reino Unido	M, D	10-20
Estados Unidos	M	41
República Federal Alemã	F	31
Japão	F	81 (12 homens; 50-59 anos)
Japão	F	56 (13 mulheres; 50-59 anos)
Japão	F	36 (2 homens; 35 e 37 anos; 60 amostras)
Japão	F	41-79 (7 homens; 21-22 anos; 35 amostras)
Japão	F	41 (64 homens e mulheres; 50-69 anos)
Japão	F	24-36
Japão (área rural)	F	49 (30 homens; > 50 anos)
Suécia	F	6-13 (2 homens, 23 anos; 2 mulheres, 28 e 31 anos)
Suécia	F	18 (70 homens e 10 mulheres; 3 dias de coleta)
Estados Unidos	F	10-15 (216 homens e mulheres)
Japão	M	221-245
Japão	D	180-391
Japão (média de três regiões)	D	136
Reino Unido	M	36
Reino Unido	D	29

Tabela 6.17   Estimativa da média diária de ingresso de cádmio com base na análise de alimentos de vários países. (*Continuação.*)

País	Método de coleta de amostra	Estimativa de ingresso diário pela dieta (μg/dia)
Estados Unidos	D	33
Japão, Kosaka	F	149 (40 homens; 50-69 anos)
Japão, Kosaka	F	177 (47 mulheres; 50-69 anos)
Japão, Kosaka	F	146 (118 homens e mulheres)
Japão, Kosaka, Kakehashi, Taushima (área rural)	F	149 (30 homens; > que 50 anos)
Nova Zelândia, Bluff	F	50-500 (45 homens e mulheres; 20-70 anos)

M – Método da coleta do alimento ingerido total: o alimento é preparado para consumo e analisado individualmente ou combinado em um ou mais grupos de alimentos em proporção baseada em dados de consumo. O cádmio total ingresso é calculado como o produto da concentração e a quantidade estimada ingerida ou pelo método Market Basket, em que coleta individual representativa de alimentos é feita em locais de venda e analisada. As concentrações de cádmio são multiplicadas pela média ingerida de cada item de alimento analisado e a soma fornece o total ingerido.

D – Método de coleta em duplicata de alimentos consumidos. A estimativa de cádmio que ingressou é feita por meio de uma amostra de alimento que é combinada e homogeneizada ao cádmio analisado.

F – Coleta de material fecal. A estimativa da ingestão é feita considerando que apenas 5% do cádmio ingerido é absorvido.

Observação: Nos Estados Unidos a estimativa da ingestão por alimentos com base na análise fecal é considerada muito mais baixa que a estimativa direta de ingresso total.

Fonte: WHO (1992), citado por Cardoso & Chasin (2001).

VIGILÂNCIA BIOLÓGICA

A determinação das concentrações ambientais – ambiente geral e de trabalho, solo e água – é essencial para conhecimento dos níveis de contaminação e avaliação do risco. Não permite, entretanto, estimar com confiabilidade a quantidade total absorvida pelo homem ou biota, ou seja, a dose interna dessas substâncias. O termo dose interna pode representar a quantidade da substância recentemente absorvida (exposição recente) ou de seus produtos de biotransformação; a quantidade armazenada em um ou mais compartimentos do organismo (dose total integrada); ou a quantidade da substância ligada aos sítios de ação (dose no órgão crítico), sendo esta última também denominada dose efetiva.

A expressão da toxicidade de uma sustância num dado sistema biológico está relacionada não só às condições de exposição que determinam sua disponibilidade química, mas também, e primordialmente, aos eventos que ocorrem no interior do organismo, ou seja, à toxicocinética e à toxicodinâmica da substância. O comportamento da substância no sistema biológico determina sua biodisponibilidade e a intensidade do efeito adverso a ser observado. Desse modo, a vigilância biológica torna-se de importância corrente e contínua na proteção da saúde humana e no equilíbrio do ecossistema. Para sua execução é necessária eleição de parâmetros biológicos que reflitam o comportamento e as interações ocorridas entre o toxicante e o sistema biológico. Esses parâmetros são denominados indicadores biológicos ou biomarcadores.

Entende-se por biomarcador ou indicador biológico o próprio xenobiótico, seus produtos de biotransformação ou alguma alteração bioquímica ou fisiológica precoce – determinados em fluidos biológicos, ar exalado dos indivíduos expostos ou tecidos, que permitam estabelecer o nexo causal entre a presença do xenobiótico e a alteração que dela decorre (Della Rosa *et al.*, 2003; WHO, 1993, 2001).

BIOMARCADORES DE EXPOSIÇÃO OU DOSE INTERNA

O próprio xenobiótico, seu produto de biotransformação ou o produto da interação entre o toxicante e uma molécula ou célula-alvo são determinados em qualquer compartimento do organismo (Lowry, 1995; WHO, 1993). O parâmetro escolhido como biomarcador de exposição correlaciona-se à concentração do toxicante no meio ambiente ou na atmosfera do ambiente de trabalho. Na verdade, um bom biomarcador de exposição deveria, primeiramente, predizer os efeitos adversos, em vez de níveis de exposição (WHO, 2001).

Vários biomarcadores de exposição podem estar disponíveis para avaliar a mesma substância, assim como o mesmo biomarcador pode apresentar diferentes significados dependendo do horário da coleta. Para marcadores com meia-vida curta (por exemplo, concentração sangüínea de solventes orgânicos), a dose interna representa a quantidade média absorvida da substância durante ou um pouco antes da amostragem. Para marcadores com meia-vida intermediária (por exemplo, os metabólitos urinários de solventes orgânicos), a dose interna estima a exposição ocorrida durante o(s) dia(s) precedente(s) à amostragem. Para biomarcadores com meia-vida longa (por exemplo, aductos de DNA em linfócitos e hemoglobina), a dose interna integra um período de meses de exposição (WHO, 2001).

Para substâncias que se acumulam no organismo, como já mencionado, a dose interna refere-se à quantidade armazenada no organismo por anos (por exemplo, bifenilas policloradas em tecido adiposo ou chumbo inorgânico nos ossos). Algumas vezes, os biomarcadores de dose interna refletem a dose real ou efetiva, isto é, a interação dos produtos intermediários reativos com o sítio-alvo (WHO, 2001).

O fator crítico na escolha de um biomarcador de dose interna relevante é o conhecimento das bases mecanísticas do *endpoint* a ser avaliado e da evolução dos eventos dessa cadeia, que correlaciona a exposição aos efeitos adversos relevantes.

BIOMARCADORES DE EFEITO

Entende-se por biomarcador de efeito qualquer alteração bioquímica, fisiológica ou comportamental mensurável, a qual, dependendo de sua magnitude, pode ser associada à disfunção ou comprometimento da saúde. Tais alterações devem ser precoces, ou seja, devem identificar modificações recentes e reversíveis, capazes de predizer a futura resposta do organismo ao toxicante em questão. Estão relacionadas, portanto, ao mecanismo de ação tóxica da substância (Lowry, 1995; WHO, 1993, 2001).

As três principais estratégias utilizadas no desenvolvimento de biomarcadores de efeito são: epidemiológica, clínica e experimental. Estudos epidemiológicos têm sido utilizados para identificar biomarcadores associados à resposta tardia (efeito/doença). Tal estratégia é possível quando o resultado (resposta/efeito) é relativamente freqüente e multifatorial na natureza e a determinação do biomarcador é simples e de baixo custo, como, por exemplo, colesterolemia nas doenças cardiovasculares.

A maioria do biomarcadores de efeito tem sido identificada com base nos processos patofisiológicos, a partir das condições clínicas, extrapolando as alterações que precedem a doença, como, por exemplo, os biomarcadores precoces de nefrotoxicidade. Uma vez que esses marcadores são utilizados nos estudos epidemiológicos, cuidados devem ser tomados no sentido de se estabelecer as condições basais de cada participante do estudo para evitar a interpretação errônea dos resultados (Mutti, 1995, 1999).

A estratégia experimental utiliza estudos *in vitro* em animais de experimentação para identificar o mecanismo de ação tóxica das substâncias. Estudos comparativos devem ser realizados para verificar se as alterações no marcador de interesse ocorrem tanto no tecido-alvo como no periférico (de onde a matriz biológica é obtida); e investigações epidemiológicas devem ser procedidas para avaliar a sensibilidade do biomarcador em potencial (Mutti, 1995, 1999).

BIOMARCADORES DE SUSCETIBILIDADE

Qualquer condição, adquirida ou congênita, pode ser utilizada para predizer a resposta do organismo ao xenobiótico, uma vez que a variabilidade dessa resposta é considerável.

Vários fatores – idade, dieta, estado de saúde, uso de medicamentos, exposição concomitante a outros toxicantes e diferenças genéticas – podem influenciar a suscetibilidade individual. Essas diferenças podem determinar doses efetivas bastante diversas e ainda, mesmo quando as doses no sítio de ação são semelhantes, a resposta pode ser marcadamente diferente em função das variáveis genéticas. Os biomarcadores de suscetibilidade podem refletir os fatores adquiridos e genéticos que influenciam a resposta, identificando na população os indivíduos que apresentam maior risco em determinada exposição.

Diferenças na atividade de enzimas participantes do processo de biotransformação podem determinar maior ou menor toxicidade, por modificar a dose efetiva. Essas diferenças podem ser observadas em função do polimorfismo de enzimas do citocromo P-450 ou da atividade da glutationa transferase.

Ainda que se possa citar outros exemplos (Tabela 6.18), como a deficiência de glicose-6-fosfato desidrogenase e de α1-antitripsina, o número desses biomarcadores é limitado.

Tabela 6.18 Exemplos de biomarcadores de suscetibilidade e a conseqüente resposta do organismo à exposição.

Biomarcador de suscetibilidade	Exposição (toxicante envolvido)	Resposta (patologia)
Polimorfismo da hidroxilase responsável pela biotransformação de hidrocarbonetos arilílicos (fenótipo hidroxilação da debrisoquina)	Tabaco	Câncer pulmonar
Polimorfismo acetiladores (acetiladores lentos)	Aflatoxina, aminas aromáticas	Câncer de fígado e de bexiga
Deficiência de IgA	Irritantes, como tolueno diisotiocianato	Irritação do trato respiratório
Deficiência de α 1-antitripsina	Tabaco, irritantes	Enfisema pulmonar
Ag-Ac. específicos (adquirido)	Substâncias químicas, poeiras	Diminuição da função pulmonar, pele
Indução de enzimas do citocromo P-450 (adquirido)	Consumo de álcool	Neoplasias em diferentes localidades do organismo

Fonte: WHO (1993), modificado.

Exposição ambiental – estudos tóxico-epidemiológicos

O uso de biomarcadores nos processos de avaliação de risco permite que importantes questões ambientais sejam respondidas quando outros instrumentos de produção de informação, como questionários e determinação das concentrações ambientais, se mostraram insatisfatórios. Por exemplo, a exposição crônica a organoclorados é melhor avaliada pelos níveis séricos desses praguicidas do que pela monitorização ambiental, assim como o dano renal precoce é melhor observado por biomarcadores urinários do que os registros de morbidade (WHO, 2001).

Os biomarcadores devem, portanto, ser relevantes e válidos. A relevância refere-se à capacidade de o biomarcador oferecer informação sobre o risco decorrente da exposição de interesse. O termo validade inclui os aspectos laboratoriais e epidemiológicos.

Os fatores que afetam a validade do biomarcador relacionados ao procedimento analítico são: amostragem (tempo e número de amostras necessárias para garantir uma precisão aceitável), avaliação de quão invasivo é o procedimento de coleta na amostragem, tempo de armazenamento das amostras, controle e redução da contaminação das amostras, simplicidade e rapidez, exatidão, precisão e limite de detecção da metodologia analítica empregada, especificidade do componente a ser detectado e validação da metodologia (Dor *et al.*, 1999).

Quanto às características intrínsecas do biomarcador, sua validade pode ser afetada por: especificidade em relação ao contaminante; classificação do biomarcador (dose interna, efeito, suscetibilidade individual) e da sensibilidade (capacidade de distinguir diferentes níveis de exposição, suscetibilidades e efeitos na população exposta), pelo conhecimento dos valores de referência na população geral; existência de curvas dose–resposta correlacionando os níveis de exposição e as concentrações do marcador; e conhecimento de possíveis fatores de confusão e de variações inter e intra-individual (Dor *et al.*, 1999). Na avaliação de risco, a informação obtida por meio dos biomarcadores supre as assunções realizadas quando os dados sobre exposição e toxicocinética são limitados ou indisponíveis.

Historicamente, a identificação do perigo foi a força motriz da avaliação de risco. O papel dos biomarcadores de exposição e efeito nessa etapa do processo é reconhecido mundialmente. Eles podem: oferecer uma medida mais acurada do perigo inerente a determinado xenobiótico; representar efeitos acumulativos decorrentes de exposições a longo prazo contínuas ou intermitentes (por exemplo, aductos de hemoglobina); ou ainda, esclarecer melhor a relação exposição–resposta (por exemplo, a associação de aflatoxina e hepatocarcinoma não ficou clara quando os estudos correlacionavam o efeito com os recordatórios da ingestão de alimentos possivelmente contaminados com aflatoxina). Uma forte associação foi evidenciada quando se utilizaram biomarcadores urinários de exposição à aflatoxina (produtos de biotransformação e aductos de DNA) (Perera, 1995).

A lógica para utilização dos biomarcadores de exposição é a de que, em alguns casos, podem oferecer uma medida mais precisa da exposição e, conseqüentemente, do risco, como ilustra a Figura 6.2 (Schulte & Waters, 1999).

A relevância e a validade dos biomarcadores requer desenhos de estudo epidemiológico para avaliar ao menos um dos três tipos de correlações: exposição–dose, efeito biológico–doença e suscetibilidade–doença. Esses estudos epidemiológicos podem ser descritivos ou analíticos. Os descritivos, como o nome indica, descrevem a ocorrência dos efeitos à saúde segundo variáveis de interesse (tipo de exposição ambiental, sexo, idade, dentre outros). Segundo Câmara (2002), o estudo ecológico é uma modalidade do estudo descritivo que analisa comparativamente registros temporais de dados ambientais e indicadores de saúde em diversos grupos populacionais ou em áreas geográficas diferentes.

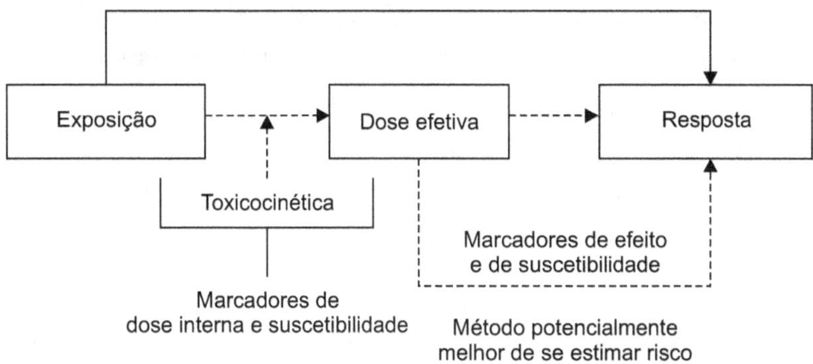

Figura 6.2 Lógica do uso de biomarcadores na avaliação de risco. *Fonte*: Schulte & Waters (1999), modificado.

Os estudos do tipo analítico estabelecem associação entre um fator de exposição e um dado efeito. Geralmente, comparam a ocorrência do efeito na população exposta ao fator de estudo com a população não exposta ao mesmo fator. Utilizam-se com mais freqüência os estudos seccionais e o de caso–controle, de menor duração e custo. Os estudos de coorte, apesar de estimarem risco, necessitam de seguimento, o que implica longa duração, elevado custo e viés de perda da população do estudo (Medronho *et al.*, 2002).

Os biomarcadores de efeito podem ser validados por estudos de caso–controle e coorte. Os estudos de coorte são o padrão ouro na validação de biomarcadores de efeito.

Durante a condução dos estudos epidemiológicos, numerosas fontes de erro na mensuração dos biomarcadores devem ser controladas. Esses erros podem estar relacionados:

1. ao método analítico utilizado para medir a exposição de interesse. O método pode não possibilitar inferência sobre todas as fontes de exposição biológica ou medir outras exposições além da de interesse e, ainda, ser afetado por outras variáveis, como patologias concorrentes;

2. às falhas no protocolo de coleta de dados. Dados não especificados clara e corretamente, como horário e método de coleta da amostra, manipulação da amostra, condições de armazenamento e não aferição periódica dos equipamentos utilizados no estudo;

3. à variação na execução do protocolo. Diferentes métodos de coleta, manipulação ou preparação, tempo de armazenamento da amostra, validação inexistente ou inadequada do método analítico empregado.

Além dos erros de mensuração, a incerteza dos resultados é afetada pela variabilidade biológica entre os indivíduos, relacionada a alterações: a) de curta duração (hora a hora, dia a dia), como o ciclo circadiano tempo desde a última refeição e postura (sentado x deitado); b) de média duração (mês a mês), em razão por exemplo, do regime dietético; c) de longa duração (ano a ano), como a mudança de hábitos alimentares (vegetariano) (WHO, 2001).

Biomarcadores relevantes e validados podem ser empregados nas demais etapas da avaliação de risco, desde que: os biomarcadores de exposição se correlacionem consistentemente com níveis relevantes de exposição e os fatores de confusão e de referência (valores do biomarcador selecionado encontrado na população não ocupacionalmente exposta à substância em estudo) sejam conhecidos; os biomarcadores de efeito se correlacionem consistentemente com a elevação do risco; os fatores de confusão e modificadores do efeito sejam conhecidos; e os biomarcadores de suscetibilidade possam distinguir subgrupos de risco numa dada exposição específica (WHO, 2001). A Tabela 6.19 exemplifica os valores de referência estimados para biomarcadores de exposição ao mercúrio.

Tabela 6.19 Biomarcadores de exposição ao mercúrio e seus respectivos valores de referência.

Biomarcador de exposição (IBE): mercúrio	Concentração	Referência
No sangue (µg/dl)	< 2 (também para metilmercúrio)	Lauwerys, 1986
	< 1-5 (sangue total)	Hammond, 1980
	3-4 (limite máximo de concentração normal)	Klaasen, 1986
	Até 10	Brasil, 1983
	25 (máximo na população normal)	Klaasen, 1986
	< 100 (corrigida a densidade para 1,018)	Hammond, 1980
Na urina (µg/g creatinina)	< 5	Lauwerys, 1986
No cabelo (µg/g)	1	Shahristani *et al.*, 1976
	2	Ops, 1987

Fonte: Nascimento & Chasin, 2001.

Como foi abordado no Capítulo 4, um dos pontos mais controversos da avaliação de risco é a extrapolação dos níveis elevados de exposição para baixos níveis e a predição da dose de nenhum efeito adverso observado (DNEAO). Explorar o trecho inferior da curva dose–resposta por meio de estudos epidemiológicos geralmente é impraticável em função do enorme tamanho da amostra (população de estudo). Entretanto, os biomarcadores podem contribuir na identificação da relação dose–resposta em baixos níveis de exposição.

Os biomarcadores podem ser incorporados aos modelos baseados na farmacocinética/toxicocinética (Physiologically Based Pharmacokinetic – PBPK) para calibrá-los (determinando empiricamente os parâmetros cinéticos de certa população), validá-los (determinando o quanto o modelo pode predizer dados de uma nova coorte com acurácia) e determinar seu poder preditivo (predizer dose interna associada a novos cenários de exposição). Por exemplo, o modelo de formação da carboxemoglobina na exposição ao diclorometano foi calibrado pela exposição humana aguda, mas pode ser utilizado para predizer a carboxemoglobinemia em exposições crônicas.

Dessa forma, biomarcadores de dose interna e de efeito podem ser utilizados para avaliar as relações dose–resposta em populações de risco. Efeitos precoces e reversíveis entre trabalhadores expostos ao estireno, como elevação da prolactina sérica e alterações neurocomportamentais, apresentam uma relação dose–excreção urinária dos produtos de biotransformação (biomarcadores de dose interna). Os biomacadores de efeito podem ser utilizados para predizer a doença, como, por exemplo, aberrações cromossômicas tipo-específicas podem predizer o risco de câncer numa dada população e podem ser utilizados como variável de interesse na análise dose–resposta na exposição a radiações ionizantes (WHO, 2001).

Na caracterização da exposição, o uso dos biomarcadores diminui a incerteza dessa etapa da avaliação de risco por associar a fonte de exposição, a concentração ambiental da substância de interesse, as atividades humanas e epidemiológicas à dose interna. Os biomarcadores de exposição focados na carga corpórea ou na dose total absorvida integram múltiplas fontes de exposição, diferentes vias de introdução, o padrão dessa exposição ao longo do tempo, diferenças interindividuais, hábitos e comportamentos da população em estudo (WHO, 2001).

Os estudos epidemiológicos utilizam cada vez mais biomarcadores como medidas indiretas dos eventos em ocorrência no sistema biológico por conseqüência da exposição aos contaminantes ambientais. É importante ter em mente que os biomarcadores substituem parâmetros de mensuração difícil ou impossível, em razão de sua inacessibilidade, dificuldades técnicas ou custo. E, ainda que aumentem a sensibilidade dos estudos em comparação com as medidas indiretas de exposição, como proximidade da residência, de usinas elétricas ou idade da construção nos estudos de exposição a tintas a base de chumbo, os biomarcadores não estão disponíveis para muitas substâncias e sua relevância e validade representam desafio real (WHO, 2001).

Exposição ocupacional

No ambiente ocupacional, a monitorização biológica em conjunto com a vigilância da saúde constituem as atividades de vigilância médica necessárias à prevenção da intoxicação (WHO, 1996).

Segundo Della Rosa *et al.* (2003), a monitorização biológica "consiste na determinação dos agentes presentes no ambiente de trabalho e/ou de seus metabólitos nos tecidos, nas secreções e no ar expirado dos indivíduos expostos, para avaliar a exposição e o risco à saúde, comparando-se os resultados obtidos com referências apropriadas".

Ainda que se entenda monitorização ambiental e biológica como instrumentos complementares na avaliação da exposição, pode-se afirmar que a biológica apresenta diversas vantagens sobre a ambiental, a saber:

- os parâmetros medidos, biomarcadores, estão mais diretamente relacionados aos efeitos adversos à saúde, oferecendo, assim, melhor estimativa de risco do que a monitorização ambiental;

- considera todas as vias de exposição (dérmica, oral e pulmonar), verificando características e hábitos de trabalho de cada indivíduo, incluindo atividade física e fatores climáticos;

- para os toxicantes com meia-vida mais longa, os biomarcadores são relativamente independentes das flutuações nas concentrações dessas substâncias na atmosfera do ambiente de trabalho;

- considera a exposição global ao toxicante, isto é, ambiental e ocupacional;

- considera as diferenças individuais quanto a sexo, idade, características genéticas e condições funcionais dos órgãos relacionados à biotransformação e à excreção do toxicante (WHO, 1996).

Não obstante, a escassez de informações toxicocinéticas e toxicodinâmicas dos agentes químicos aos quais os trabalhadores estão expostos; a falta de estudos consistentes que definam a relação dose–reposta, impossibilitando, portanto, o estabelecimento de parâmetros de referência; as interações metabólicas decorrentes da exposição simultânea a substâncias biotransformadas por vias idênticas, como, álcool etílico, aditivos alimentares, resíduos de praguicidas, fármacos e tabaco, dentre outros, limitam a utilização da monitorização biológica na avaliação da exposição (WHO, 1996).

Dessa forma, a implantação da monitorização biológica requer o conhecimento da toxicocinética e da dinâmica para seleção do biomarcador de exposição, definição de parâmetros de referência que permitam a comparabilidade do resultado obtido, método analítico preciso, exato, específico e com baixo limite de detecção, biomarcador suficientemente estável para possibilitar o armazenamento das amostras e conhecimento das variações intra e interindividuais, associadas aos fatores que interferem na determinação do biomarcador selecionado (uso de álcool, hábito de fumar e dieta) (WHO, 1996; Della Rosa *et al.*, 2003).

Quando o biomarcador apresenta meia-vida inferior a 2 horas, a monitorização biológica não pode ser realizada. Quando a meia-vida está entre 2 e 10 horas, a amostra colhida no final do dia de trabalho reflete a exposição da jornada, enquanto para os que apresentam meia-vida entre 10 e 100 horas o horário ótimo da colheita é no final da jornada semanal de trabalho e o resultado obtido reflete a exposição dos dias precedentes (WHO, 2001). A Tabela 6.20 ilustra a meia-vida de vários indicadores de exposição.

Os biomarcadores de exposição com meia-vida longa apresentam maior estabilidade e exigem menor número de medidas da concentração do toxicante na atmosfera do ambiente de trabalho para caracterizar a exposição. As variações inter e intra-individuais, por sua vez, não representam fator de preocupação, mas funcionam como determinantes do risco. Dessa forma, o uso dos biomarcadores e de algumas práticas relacionadas à expressão da concentração urinária em função da creatinina não objetiva a redução na variação dos dados. O principal objetivo da monitorização biológica é explicar a variação, sempre esperada nas populações submetidas a dado risco (WHO, 2001).

ÍNDICE BIOLÓGICO MÁXIMO PERMITIDO, LIMITE BIOLÓGICO DE EXPOSIÇÃO E VALOR GUIA

A concentração do biomarcador selecionado em determinada matriz biológica, coletada em determinado horário – parâmetros dependentes da toxicocinética e da dinâmica do xenobiótico envolvido –, indica a intensidade da exposição recente, uma média diária de exposição ou exposição crônica. Esse valor obtido é, então, comparado a referências apropriadas para inferir o risco decorrente da exposição.

No Brasil, a NR-7 – que estabelece a obrigatoriedade do Programa de Controle Médico de Saúde Ocupacional, no qual está inserida a monitorização biológica – adota o índice biológico máximo permitido (IBMP) como parâmetro. No entender dessa norma, o IBMP "é o valor máximo do indicador biológico para o qual se supõe que a maioria das pessoas ocupacionalmente expostas não corre risco de dano à saúde. A ultrapassagem deste valor significa exposição excessiva". Define ainda o valor de referência da normalidade (VR) como "o valor possível de ser encontrado em populações não expostas ocupacionalmente" (Brasil, 1997). O Quadro 6.4 apresenta os indicadores preconizados pela NR-7 e seus respectivos parâmetros de referência.

Tabela 6.20   Meia-vida de vários indicadores biológicos de exposição.

Meia-vida		Substância	Indicador	Matriz biológica
Muito curta	2,5 h	Benzeno	Benzeno	Sangue e ar exalado
	5 h	Monóxido de carbono	Carboxemoglobina	Sangue
Curta	14 h	n-Hexano	2,5-Hexanediono	Urina
	5 h	Estireno	Ácido mandélico	Urina
	19 h		Ácido fenilglioxílico	Urina
	96 h	Tetracloretileno	Tetracloretileno	Sangue e ar exalado
	96 h		Ácido tricloracético	Urina
	18 h	Hidrocarbonetos policíclicos	Pirenol	Urina
Longa	30 dias	Chumbo	Chumbo	Sangue
	18 dias	Mercúrio	Mercúrio	Sangue e urina
	100 dias	Cádmio	Cádmio	Sangue
			Adutos de:	
	120 dias	Intermediários eletrofílicos (excluindo reparo e outros mecanismos interferentes)	Hemoglobina	Sangue
	180 dias		DNA celular mononuclear	Sangue
	20 dias		Albumina	Soro
Muito longa	> 10 anos	Cádmio	Cádmio	Urina
	> 10 anos	Cádmio	Córtex renal	
	2 anos	Hexaclorobenzeno	Hexaclorobenzeno	Soro

Fonte: WHO, 2001, modificado.

Quadro 6.4   Parâmetros para controle da exposição ocupacional a alguns agentes químicos da NR-7

Agente químico	Indicador biológico		VR	IBMP	Método analítico	Amostragem	Interpretação
	Material	Análise					
Anilina	Urina	p-aminofenol e/ou	–	50 mg/g de creatinina	CG	FJ	EE
	Sangue	metahemoglobina	Até 2%	5%	E	FJ O –1	SC+
Arsênio	Urina	Arsênico	Até 10 µg/g de creatinina	50 µg/g de creatinina	E ou EAA	FS + T –6	EE
Cádmio	Urina	Cádmio	Até 2 µg/g de creatinina	5 µg/g de creatinina	EAA	NC T –6	SC
Chumbo inorgânico	Sangue	Chumbo e	Até 40 µg/100 ml	60 µg/100 ml	EAA	NC T –1	SC
	Urina	Ác. deltaminolevulínico ou	Até 4,5 mg/g de creatinina	10 mg/g de creatinina	E	NC T –1	SC
	Sangue	zincoprotoporfirina	Até 40 µg/100 ml	100 µg/100 ml	HF	NC T –1	SC
Chumbo tetraetila	Urina	Chumbo	Até 50 µg/g de creatinina	100 µg/g de creatinina	EAA	FJ O –1	EE
Cromo hexavalente	Urina	Cromo	Até 5 µg/g de creatinina	30 µg/g de creatinina	EAA	FS	EE
Diclorometano	Sangue	Carboxihemoglobina	Até 1% NF	3,5% NF	E	FJ O –1	SC+
Dimetilformamida	Urina	N-metilformamida	–	40 mg/g de creatinina	CG ou CLAD	FJ	EE
Dissulfeto de carbono	Urina	Ác. 2-tio-tiazolidina 4-carboxílico	–	5 mg/g de creatinina	CG ou CLAD	FJ	EE
Ésteres organofosforados e carbamatos	Sangue	Acetilcolinesterase eritrocitária ou colinesterase plasmática ou colinesterase eritrocitária e plasmática (sangue total)	Determinar a atividade pré-ocupacional	30% de depressão da atividade inicial	–	NC	SC
				50% de depressão da atividade inicial	–	NC	SC
				25% de depressão da atividade inicial	–	NC	SC
Estireno	Urina	Ácido mandélico e/ou	–	0,8 g/g de creatinina	CG ou CLAD	FJ	EE
	Urina	ácido fenil-glioxílico	–	240 mg/g de creatinina	CG ou CLAD	FJ	EE
Etil-benzeno	Urina	Ácido mandélico	–	1,5 g/g de creatinina	CG ou CLAD	FS	EE
Fenol	Urina	Fenol	20 mg/g de creatinina	250 mg/g de creatinina	CG ou CLAD	FJ O –1	EE

Quadro 6.4   Parâmetros para controle da exposição ocupacional a alguns agentes químicos da NR-7. (*Continuação.*)

Agente químico	Indicador biológico		VR	IBMP	Método analítico	Amostragem	Interpretação
	Material	Análise					
Flúor e fluoretos	Urina	Fluoreto	Até 0,5 mg/g de creatinina	3 mg/g de creatinina no início da jornada 10 mg/g de creatinina no final da jornada	IS	PP+	EE
Mercúrio inorgânico	Urina	Mercúrio	Até 5 µg/g de creatinina	35 µg/g de creatinina	EAA	PU T –12	EE
Metanol	Urina	Metanol	Até 5 mg/L	15 mg/L	CG	FJ O –1	EE
Metil-etil-cetona	Urina	Metil-etil-cetona	–	2 mg/L	CG	FJ	EE
Monóxido de carbono	Sangue	Carboxihemoglobina	Até 1% NF	3,5% NF	E	FJ O –1	SC+
n-Hexano	Urina	2,5-Hexanodiona	–	5 mg/g de creatinina	CG	FJ	EE
Nitrobenzeno	Sangue	Metahemoglobina	Até 2%	5%	E	FJ O –1	SC+
Pentaclorofenol	Urina	Pentaclorofenol	–	2 mg/g de creatinina	CG ou CLAD	FS+	EE
Tetracloroetileno	Urina	Ácido tricloroacético	–	3,5 mg/L	E	FS+	EE
Tolueno	Urina	Ácido hipúrico	Até 1,5 g/g de creatinina	2,5 g/g de creatinina	CG ou CLAD	FJ O –1	EE
Tricloroetano	Urina	Triclorocompostos totais	–	40 mg/g de creatinina	E	FS	EE
Tricloroetileno	Urina	Triclorocompostos totais	–	300 mg/g de creatinina	E	FS	EE
Xileno	Urina	Ácido metilhipúrico	–	1,5 g/g de creatinina	CG ou CLAD	FJ	EE

IBMP = Índice biológico máximo permitido; VR = Valor de referência da normalidade; NF = Não fumantes. Método analítico recomendado: E = Espectrofotometria ultravioleta/visível; EAA = Espectrofotometria de absorção atômica; CG = Cromatografia em fase gasosa; CLAD = Cromatografia líquida de alto desempenho; IS = Eletrodo íon seletivo; HF = Hematofluorômetro; Condições de amostragem: FJ = Final de jornada de trabalho (recomenda-se evitar a primeira jornada da semana); FS = Final da jornada do último dia da semana; FS+ = Início da última jornada da semana; PP+ = Pré e pós a 4ª jornada de trabalho da semana; PU = Primeira urina da manhã; NC = Momento de amostragem "não crítico", pode ser feita em qualquer dia e horário, desde que o trabalhador esteja em trabalho contínuo nas últimas 4 semanas sem afastamento maior que 4 dias; T–1 = Recomenda-se iniciar a monitorização após 1 mês de exposição; T–6 = Recomenda-se iniciar a monitorização após 6 meses de exposição; T–12 = Recomenda-se iniciar a monitorização após 12 meses de exposição; O –1 = Pode-se fazer a diferença entre pré e pós-jornada; Interpretação: EE = O indicador biológico é capaz de indicar uma exposição ambiental acima do limite de tolerância, mas não possui, isoladamente, significado clínico ou toxicológico próprio, ou seja, não indica doença, nem está associado a um efeito ou disfunção de qualquer sistema biológico; SC = Além de mostrar uma exposição excessiva, o indicador biológico tem também significado clínico ou toxicológico próprio, ou seja, pode indicar doença, estar associado a um efeito ou a uma disfunção do sistema biológico avaliado; SC+ = O indicador biológico possui significado clínico ou toxicológico próprio, mas, na prática, em razão de sua curta meia-vida biológica, deve ser considerado como EE. Recomendação: Recomenda-se executar a monitorização biológica no coletivo, ou seja, monitorizando os resultados de grupos de trabalhadores expostos a riscos quantitativamente semelhantes. *Fonte*: Brasil, 1997.

Outras agências adotam outras denominações para o parâmetro de referência a ser utilizado na monitorização biológica. A ACGIH, por exemplo, adota o limite biológico de exposição (LBE). O LBE representa os níveis dos biomarcadores nas matrizes biológicas que são mais prováveis de ser observados em amostras obtidas de trabalhadores sadios, expostos aos agentes químicos em concentrações ambientais em torno dos valores-limite (TLV) propostos pela ACGIH. Os valores do LBE são baseados na relação entre a concentração do agente químico na atmosfera do ambiente de trabalho e os níveis do biomarcado (por exemplo, exposição ao xileno e determinação do ácido metilmercaptúrico urinário) ou sobre a concentração do biomarcador e os efeitos adversos, como cádmio na urina (ACGIH, 2002; Della Rosa *et al.*, 2003).

A interpretação dos dados deve levar em consideração as diferenças intra e interindividuais. Assim, o valor do biomarcador inferior ao limite biológico de exposição correspondente reflete valores aceitáveis de exposição para a maioria dos indivíduos ocupacionalmente expostos, porém, não garante que cada trabalhador que apresente sistematicamente esses níveis não desenvolva alterações em seu estado de saúde (ACGIH, 2002).

Cumpre ressaltar que:

- A ACGIH, desde 1999, suprimiu os valores de referência da normalidade, listando apenas os LBE. Esses valores são abarcados pelos LBE.

- Para a determinação de biomarcadores em urina, há necessidade de corrigir a variação do volume urinário por meio da creatinina ou da densidade específica. Os mecanismos de excreção dos biomarcadores podem ser alterados quando a amostra de urina for muito concentrada (densidade > 1,030 e creatinina > 3 g/L) ou diluída (densidade < 1,010 e creatinina < 0,5 g/L). Novas amostras devem ser colhidas em outra ocasião (ACGIH, 2002).

Referências bibliográficas

AITIO, A. Zero exposure – a goal for environmental and occupational health. *Toxicol. Lett.*, v. 134, n. 1-3, p. 3-8, 2002.

American Conference of Governmental Industrial Hygienists (ACHIH). *TLVs e BEIs*: limites de exposição (TLVs) para substâncias químicas e agentes físicos e índice biológicos de exposição (BEIs). Tradução da Associação Brasileira de Higienistas Ocupacionais. Campinas, 2003.

BACHMANN, G. *Soil Protection Policy in Germany*. In: SEMINÁRIO INTERNACIONAL SOBRE QUALIDADE DE SOLOS E ÁGUAS SUBTERRÂNEAS, 2., São Paulo, mar. 2000. *Anais...* São Paulo, 2000.

BRASIL. Conselho Nacional do Meio Ambiente. Resolução CONAMA nº 003/90, de 28/6/1990. Estabelece os padrões primários e secundários de qualidade do ar e ainda os critérios para episódios agudos de poluição do ar. Disponível em: <http://www.mma.gov.br/port/conama/res/res90/res0390.html <http://www.mma.gov.br/port/conama/res/res90/res0390.html>>. Acesso em: 10 mar. 2001.

BRASIL. Conselho Nacional do Meio Ambiente. Resolução CONAMA nº 20/86, de 18/6/1986. Estabelece a classificação das águas e os níveis de qualidade exigidos. Disponível em: <http://www.mma.gov.br/port/conama/res/res86/res2086.html <http://www.mma.gov.br/port/conama/res/res86/res2086.html>>. Acesso em: 10 mar. 2001.

BRASIL. Ministério da Saúde. Fundação Nacional de Saúde. Vigilância ambiental em saúde. Brasília, 2002a.

BRASIL – MINISTÉRIO DA SAÚDE. FUNDAÇÃO NACIONAL DE SAÚDE. Consulta pública nº 01, de 29 de novembro de 2002. *Proposta de instrução normativa*. Cria o subsistema nacional de vigilância da qualidade do ar relacionado à saúde humana – SINAR, integrante do Sistema Nacional de Vigilância Ambiental em Saúde – SINVAS. Brasília: 2002b. Disponível em: <http://www.funasa.gov.br/amb/consulta_publica.htm>.

BRASIL. Normas regulamentadoras aprovadas pela Portaria nº 3.214, de 8 de junho de 1978, atualizadas até 18/7/1997. In: *Segurança e medicina do trabalho*. 38. ed. São Paulo: Atlas, 1997. (NR-15, NR-9 e NR-7).

BRASIL. Ministério da Saúde. *Portaria nº 1469, de 29 de dezembro de 2000*. Estabelece os procedimentos e responsabilidades relativos ao controle e vigilância da qualidade da água para consumo humano e seu padrão de potabilidade e dá outras providências. Brasília, 2000. Disponível em: <http://www.funasa.gov.br/amb/pdfs/portaria_1469.PDF>. Acesso em: 10 jun. 2002.

CÂMARA, V. M. Epidemiologia e ambiente. In: MEDRONHO, R.; CARVALHO, D. M.; BLOCH, K. V.; LUIZ, R. R.; WERNWCK, G. L. *Epidemiologia*. São Paulo: Atheneu, 2002. p. 371-383.

CARDOSO, L. M. N.; CHASIN, A. A. M. *Ecotoxicologia do cádmio e seus compostos*. Salvador: CRA, 2001.

CETESB. Companhia de Tecnologia de Saneamento Ambiental. *Relatório de estabelecimento de valores orientadores para solos e águas subterrâneas no Estado de São Paulo*. São Paulo, 2001.

CETESB. Companhia de Tecnologia de Saneamento Ambiental. *Relatório de qualidade do ar do Estado de São Paulo*. São Paulo, 2002.

CHEMICAL AMERICAN SERVICE (CAS). *The CAS registry*. American chemical society, 2003. Disponível em: <http://www.cas.org/cgi-bin/regreport.pl>. Acesso em: 12 abr. 2003.

CORVALÁN, C.; BRIGGS, D.; KJELLSTROM, T. Development of environmental health indicators. In: BRIGGS, D.; CORVALÁN, C.; NURMINEN, M. (Ed.). *Linkage methods for environment and health analysis*. Geneva: UNEP/USEPA/WHO, 1996. p. 19-53. (General guidelines).

DELLA ROSA, H. V.; SIQUIERA, M. E. P. B.; COLACIOPPO, S. Monitorização ambiental e biológica. In: OGA, S. *Fundamentos de Toxicologia*. São Paulo: Atheneu, 2003.

DOR, F.; DAB, W.; EMPEREUR-BISSONNET, P.; ZMIROU, D. Validity of biomarkers in environmental health studies: the case of PAHs and benzene. *Critical Rev. Tox.*, v. 29, p. 129-168, 1999.

FISCHER, F. M.; GOMES, J. R.; COLACIOPPO, S. *Tópicos de saúde do trabalhador*. São Paulo: Hucitec, 1989.

INTERNATIONAL PROGRAMME ON CHEMICAL SAFETY (IPCS). *Poisons information monographs*. Chlorine, 1998. Disponível em: <http://www.inchem.org/documents/pims/chemical/pim947.htm>. Acesso em: 12 abr. 2003.

LOWRY, K. Role of biomarkers of exposure in the assessment of health risks. *Toxicol. Lett.*, v. 77, n. 1-3, p. 31-28, 1995.

MEDRONHO, R.; CARVALHO, D. M.; BLOCH, K. V.; LUIZ, R. R.; WERNWCK, G. L. *Epidemiologia*. São Paulo: Atheneu, 2002.

MÍDIO, A. F.; MARTINS, D. Y. *Herbicidas em alimentos*. São Paulo: Varela, 1997.

MÍDIO, A. F.; MARTINS, D. Y. *Toxicologia de alimentos*. São Paulo: Varela, 2000.

MUTTI, A. Use of intermediate end-points to prevent long-term outcomes. *Toxicol. Lett.*, v. 77, p. 121-125, 1995.

MUTTI, A. Biological monitoring in occupational and environmental toxicology. *Toxicol. Lett.*, v. 108, n. 2-3, p. 77-89, 1999.

NASCIMENTO, E. S.; CHASIN, A. A. M. *Ecotoxicologia do mercúrio e seus compostos*. Salvador: CRA, 2001. 176 p.

NATIONAL INSTUTTE FOR OCCUPATIONAL SAFETY AND HEALTH (NIOSH). *Documentation for immediately dangerous to life or healthconcentrations (idlhs)*. Cincinnati, 1994. Disponível em: <http://www.cdc.gov/niosh/idlh/idlh-1.html>. Acesso em: 12 abr. 2003.

ORGANIZAÇÃO DE COOPERAÇÃO E DESENVOLVIMENTOS ECONÔMICOS (OECD). *Rumo a um desenvolvimento sustentável*: indicadores ambientais. Salvador, 2002. (Série de cadernos de referência ambiental v. 9).

PERERA, F. P. Molecular epidemiology and prevention of cancer. *Environ. Health Perspect.*, v. 103 (Suppl. 8), p. 233-236, 1995.

SCHULTE, P. A.; WATERS, M. Using molecular epidemiology in assessing exposure for risk assessment. *Ann. NY Acad. Sci.*, v. 895, p. 101-111, 1999.

USEPA – United States Environmental Protection Agency. *Soil screening guidance*: thecnical background document. Washington, DC: EPA/Office of solid waste and emergency response, 1996.

USEPA – United States Environmental Protection Agency. *Risk-based concentration table*: technical background information – Washington, DC: EPA/Office of solid waste and emergency response, 1999.

WHO – World Health Organization. *Environmental health indicators*: framework and methodologies. Geneva, 1999.

WHO – World Health Organization. *Biological monitoring in the workplace.* Geneva, 1996. v.1.

WHO – World Health Organization. *Biomarkers and risk assessment*: concepts and principles. Geneva, 1993. (Environmental health criteria 155.)

WHO – World Health Organization. *Biomarkers and risk assessment*: validity and validation. Geneva, 2001. (Environmental health criteria 222.)

Capítulo 7

Ecotoxicologia

Nilda A.G.G. de Fernicola, Maria Beatriz C. Bohrer-Morel e Afonso Celso Dias Bainy

Conceito e princípio

Os efeitos adversos das atividades humanas sobre o ambiente representam grande preocupação. A contaminação ambiental por substâncias químicas é conseqüência da grande industrialização, da utilização crescente de veículos e dos usos intensivos dos recursos naturais pela agropecuária, silvicultura e mineração.

O aumento das emissões de poeira e de gases inorgânicos e orgânicos são uma ameaça para o ambiente e para a saúde humana (Teles, 2002). Também, o aumento das emissões de metais tóxicos e de alguns compostos químicos orgânicos e persistentes – poluentes orgânicos persistentes POPs – representam perigo para o organismo humano e para a vida selvagem (Fernicola & Souza Oliveira, 2002).

A Ecotoxicologia alerta para as substâncias químicas que representam risco e, assim, sugere a aplicação de medidas preventivas antes que ocorram graves danos aos ecossistemas naturais (Paasivirta, 1991).

A Toxicologia Ambiental e a Ecotoxicologia são termos empregados para descrever o estudo científico dos efeitos adversos causados sobre os organismos vivos pelas substâncias químicas liberadas no ambiente. Como já foi abordado anteriormente, em geral a expressão Toxicologia Ambiental é usada nos estudos em que se abordam os efeitos das substâncias químicas sobre os seres humanos e o termo Ecotoxicologia, para os estudos dos efeitos desses compostos sobre os ecossistemas e seus componentes não-humanos. Historicamente, a Toxicologia tem se concentrado nos efeitos adversos dos xenobióticos sobre os seres humanos e animais domésticos, após exposição direta. Grande quantidade de informação foi acumulada a respeito dos efeitos diretos das substâncias químicas sobre os mamíferos, no entanto, comparativamente, há poucos dados disponíveis sobre tais efeitos em outros animais e, menos ainda, sobre seus efeitos em plantas e microrganismos.

A Ecotoxicologia está relacionada a efeitos tóxicos das substâncias químicas e dos agentes físicos sobre os organismos vivos, especialmente em populações e comunidades dentro de um ecossistema definido, e inclui os caminhos da transferência desses agentes e sua interação com o ambiente (Truhaut, 1978). Esse conceito foi formulado na época em que o aumento constante da quantidade de poluição nos ecossistemas exigiu o estabelecimento de uma nova ciência com base nos estudos dos efeitos ecológicos dos poluentes (Boudou & Ribeyre, 1989). No entanto, vêm sendo apresentadas outras definições, mais ou menos restritivas, que dependem do grau de especialização dos diferentes autores. Pode ser considerada um dos novos e dinâmicos campos da ciência, preocupada "em estudar como os ecossistemas metabolizam, transformam, degradam, eliminam, acumulam e sofrem ação da toxicidade dos produtos químicos que nele penetram" (Mello, 1981).

No ambiente natural, grande número de xenobióticos potencialmente tóxicos está presente. Cada um deles pode estar em um nível em que, por si só, não consegue causar malefícios, mas a interação com outras substâncias pode acarretar um dano. Um caminho pelo qual isto pode ocorrer é por meio da produção de derivados mais tóxicos.

Independentemente das interações com outros xenobióticos, substâncias potencialmente tóxicas podem ser mais ou menos perigosas, dependendo de condições climáticas, como incidência de luz ultravioleta na promoção da formação do *smog* (*smoke*, fumaça + *fog*, neblina) fotoquímico. Por outro lado, a radiação ultravioleta acelera a degradação fotoquímica de numerosas substâncias químicas e causa a mortalidade de microrganismos patogênicos.

Da mesma forma, o aumento da temperatura associado à luz do sol pode ter efeitos combinados. Se, por um lado, promove a dispersão de substâncias químicas voláteis e sua perda para a atmosfera a partir de animais, plantas, solo e água, por outro, diminui a excreção renal de substâncias potencialmente tóxicas nos mamíferos.

Independentemente da luz do sol, outro aspecto do clima tem seu efeito característico. A chuva, o granizo e a neve contribuem para o aporte das substâncias químicas da atmosfera. O aumento de água no solo faz crescer a atividade biológica. No entanto, as inundações estabelecem condições anaeróbicas no solo, inibindo os processos oxidativos, mas facilitando a liberação das substâncias ligadas aos colóides. O movimento do ar aumenta a perda, por volatilização, dos contaminantes nas superfícies expostas e pode levar os contaminantes ambientais de seus locais de produção até distâncias muito longas.

Em razão de toda a complexidade natural do ambiente, é quase impossível predizer exatamente o que ocorrerá com um agente químico quando este for liberado no ambiente (Duffus, 1986).

Os princípios fundamentais da Ecotoxicologia, assim como da Toxicologia, preconizam que os efeitos dos xenobióticos dependem da exposição e da dose, porém há uma diferença, pois na Toxicologia a quantificação dos efeitos é feita sobre a população. É discutível que as predições gerais sobre os efeitos dos poluentes sejam impossíveis, em razão de cada sistema ser único. De alguma forma, a verdade ou a mentira dessa proposição está no quanto o organismo é afetado. Quanto menor o impacto total, maior a probabilidade de que essa proposição esteja correta (Moriarty, 1985).

Uma diferença importante entre a Toxicologia Clássica e a Ecotoxicologia é que esta abrange quatro etapas (Miller, 1978):

- Primeira, a substância é liberada no ambiente: quantidades, formas e locais das liberações devem ser conhecidos para que o comportamento subseqüente seja entendido.

- Segunda, a substância é transportada geograficamente e para dentro de diferentes biotas, e, possivelmente, quimicamente transformada, dando lugar a compostos cujos padrões de comportamento ambiental são um pouco diferentes.

- Terceira, a exposição de um ou mais organismos-alvo: para isso ser avaliado, deve-se identificar a natureza do alvo (homem, animais domésticos, recursos similares ou outros) e o tipo de exposição a ser examinado.

- Quarta, deve ser avaliada a resposta de um organismo individual, população ou comunidade ao poluente específico em um período apropriado.

Em certos casos, a única diferença entre Toxicologia e Ecotoxicologia parece estar nas espécies selecionadas para os testes toxicológicos: a toxicidade aguda se mede na pulga de água e não no rato de laboratório.

O ambiente é continuamente carregado com compostos orgânicos estranhos, denominados xenobióticos, liberados pelas comunidades urbanas e industrias. No século XX, muitos milhares de substâncias orgânicas, como bifenilas policloradas (PCBs), praguicidas organoclorados, hidrocarbonetos aromáticos policíclicos, dibenzofuranos policlorados e dibenzo-p-dioxinas, foram produzidos e, em parte, liberados no ambiente. Desde os anos 60, a humanidade se preocupa com o potencial de efeitos adversos dessas substâncias químicas a longo prazo, em geral, e seu potencial de risco para os ecossistemas aquáticos e terrestres, em particular. A presença de um xenobiótico num segmento de ecossitema não indica um efeito nocivo. Devem ser estabelecidas relações entre os níveis externos da exposição, os níveis internos de contaminação dos tecidos e os efeitos adversos precoces. Entende-se por toxicidade a propriedade inerente de um agente químico produzir efeitos deletérios (agudos, subletais, letais ou crônicos) sobre um organismo (Rand, 1995). A toxicidade é função da concentração, composição e propriedades, como também do tempo de exposição.

De acordo com Boudou & Ribeyre (1989), o princípio fundamental da Ecotoxicologia é baseado na análise dos processos de transferência de contaminantes nos ecossistemas e nos efeitos sobre sua estrutura e funcionamento. Os ecossistemas são, por definição, estruturas unitárias, limitadas no tempo e no espaço resultante da combinação do ambiente físico, biótopo, com a comunidade de organismos vivos, biocenose (Figura 7.1). Os fatores bióticos e abióticos caracterizam os ecossistemas e definem a base para qualquer abordagem ecotoxicológica. Os contaminantes incluem agentes físicos, químicos e, em alguns casos, biológicos que podem originar perturbações nos ecossistemas e em seus compartimentos. Os fatores, abióticos e bióticos, e os contaminantes caracterizam-se por diversidade extrema, alterações contínuas no espaço e no tempo e por inúmeras formas de inter-relacionamento. Como resultado, tem-se hipercomplexidade de mecanismos ecotoxicológicos, em que os contaminantes trazem, ainda, outra dimensão para a dificuldade de caracterização dos estudos ecológicos.

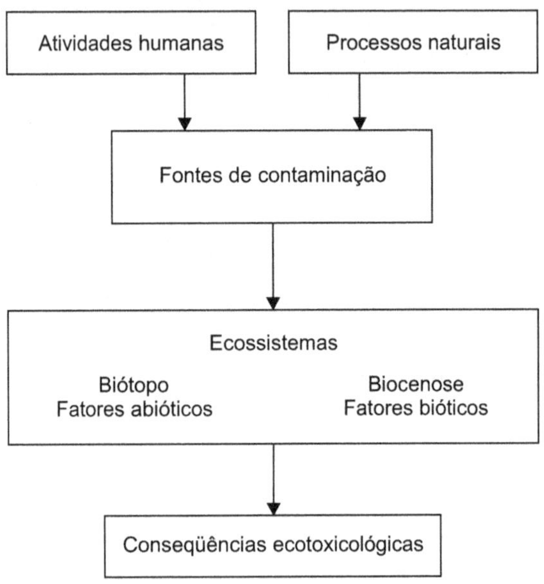

Figura 7.1   Abordagem ecotoxicológica. *Fonte*: Boudu & Ribeyre, 1989.

A Ecotoxicologia é uma ciência que envolve uma série de áreas de pesquisa em que os mecanismos observados, nos ecossistemas, são resultantes de combinações de um infinito número de processos, os quais podem ser observados desde os níveis de estrutura atômica e molecular até níveis mais altos de integração biológica.

No Brasil, o ecossistema aquático tem sido o mais estudado, como se pode observar na Figura 7.2. Já quanto aos assuntos que têm se destacado nas pesquisas realizadas, pode-se citar testes ecotoxicológicos com organismos aquáticos e terrestres, biomarcadores e efeitos de contaminantes físicos, químicos e biológicos, tendo por referência o VII Congresso Brasileiro de Ecotoxicologia.

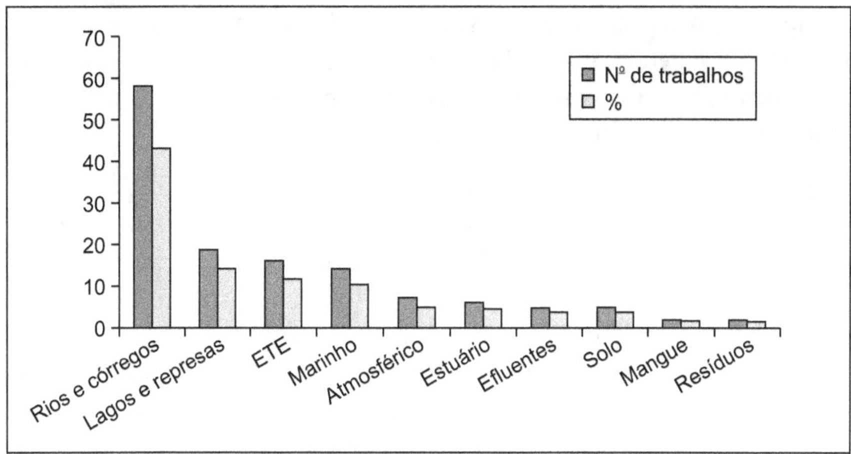

Figura 7.2   Ambientes nos quais foram realizados estudos segundo trabalhos apresentados no VII Congresso Brasileiro de Ecotoxicologia. *Fonte*: Bohrer-Morel, 2002.

Assim, a Ecotoxicologia posiciona-se nas Ciências do Ambiente como geradora de um tipo de conhecimento básico e essencial que subsidiará a formulação segura de dispositivos legais, normas, programas e diretrizes gerenciais para enfrentar questões de risco ecotoxicológico, potencial ou real, determinado pelo uso e pelo lançamento de agentes químicos no ambiente. Os agentes químicos podem penetrar no ambiente de forma inesperada, por descuido ou acidente, ou de forma permitida ou controlada, visando a algum efeito considerado positivo (econômico ou do ponto de vista da saúde pública, como a aplicação de praguicidas e fertilizantes).

O conhecimento ecotoxicológico obtido por método apropriado permitirá: 1. avaliar a extensão do risco, do que decorrerá a definição de limites e padrões de qualidade, envolvendo um ou mais compartimentos ambientais; 2. estipular metodologias de vigilância e rastreamento da presença dos tóxicos nos compartimentos, possibilitando, por meio da aplicação dos ensinamentos da ecotoxicocinética, prever a mobilização, a acumulação e a biomagnificação desses agentes; e 3. orientar a prática de medidas de remediação no que concerne a sua pertinência, eficiência e eficácia, etc. Por tudo isso, facilmente se percebe que a conexão da Ecotoxicologia com as Ciências do Ambiente vai muito além das expectativas, adentrando de forma vigorosa o próprio campo das Ciências da Saúde.

COMPARTIMENTOS AMBIENTAIS, CICLOS BIOGEOQUÍMICOS E INTERVENÇÃO ANTRÓPICA

O termo compartimento é usado em Ecologia para designar parte de um ecossistema complexo que pode ser descrita e definida por meio de concentrações materiais, processos de transformação e mecanismos de transporte entre áreas-limite às "caixas" vizinhas ou compartimentos. Em geral, é assumido que há equilíbrio entre as substâncias observadas em um compartimento. A análise de cada compartimento, bem como entre os mesmos, pode ser feita por modelos matemáticos (Schwedt, 2001).

A Ecologia pode ser estudada sob duas ênfases distintas: a das relações entre uma espécie e seu habitat particular, ou auto-ecologia; e a das relações entre a comunidade heterogênea e seu biótipo, ou sinecologia. Essas relações entre espécies e ambiente físico se caracterizam por constante permuta de elementos, em uma atividade cíclica, a qual, por compreender aspectos ou etapas biológicas, físicas e químicas alternantes, recebe a denominação geral de ciclo biogeoquímico. Na verdade, o fenômeno é estritamente cíclico apenas em relação ao aspecto químico, no sentido de que os mesmos compostos químicos alterados se reconstituem ao final do ciclo, enquanto sob o aspecto físico os componentes não necessariamente se regeneram (Branco & Rocha, 1987).

Todas as formas de vida interagem com seus ambientes abióticos e bióticos. A biosfera freqüentemente desempenha papel crítico na dispersão dos contaminantes químicos, especialmente quando o transporte se realiza através ou dentro de componentes abióticos durante os ciclos diários ou da vida. Por exemplo, o fitoplâncton pode crescer ou diminuir dentro dos ambientes aquáticos no ciclo diurno; e muitos animais podem consumir suas presas em um lugar, migrar e ser consumidos por predadores em outro local.

Na biosfera, a tendência é conservar os elementos químicos que são essenciais à vida. Isso ocorre de maneira cíclica – os ciclos biogeoquímicos. Muito freqüentemente, os resíduos de contaminantes também passam por um ciclo e, assim, podem ser retidos na biosfera por longos períodos.

Portanto, a expressão *ciclo biogeoquímico* é usada nesta obra para se referir à complexa interação de processos biológicos, químicos e físicos que controlam a troca e reciclagem de matéria e a energia na superfície da terra e perto dela. A pesquisa sobre os ciclos biogeoquímicos centra-se no transporte e nas transformações das substâncias no ambiente natural (Zepp *et al.*, 1995).

A biota também pode influenciar a dispersão do contaminante por sua habilidade de concentrar determinados elementos ou compostos químicos por processos metabólicos ativos. Os compostos químicos orgânicos podem se acumular no tecido adiposo, e os cátions radionucleídeos ou congêneres químicos próximos, por exemplo Sr e Ca, poderão ser acumulados em determinados tecidos. Alguns xenobióticos estarão presentes nos organismos de acordo com seus níveis ambientais, no entanto, outros poderão ser encontrados em níveis alterados (muito mais baixos ou muito mais altos) nos tecidos biológicos (Lippmann & Schlesinger, 1979).

A reciclagem de nutrientes inorgânicos a orgânicos e a volta para o sistema vivo são definidas como ciclo biogeoquímico. Esse ciclo pode ter duas trajetórias: a dos nutrientes de sedimento oriundos do solo ou das rochas e a dos nutrientes gasosos que têm sua origem na água e no ar. O ciclo gasoso é muito eficiente, quando comparado ao sedimentar, e abrange a maior parte dos átomos constituintes das formas de vida, como carbono, nitrogênio, hidrogênio e oxigênio (Moore, 2002).

Os ciclos biogeoquímicos são componentes integrais do ecossistema e servem para manter em equilíbrio os níveis de vários elementos químicos ao longo de processos contínuos. A desregulação dos ciclos biogeoquímicos é um dos maiores problemas causados pelo homem como agente contaminador do ambiente. Muitos contaminantes entram nos ciclos naturais, sendo redistribuídos e/ou concentrados em alguma etapa em que o ciclo trata de recuperar seu equilíbrio; essa redistribuição nos ciclos intermediários pode ter efeitos sobre o bem-estar e a saúde humana.

A desregulação local e, em alguns casos, mundial dos ciclos tem sido observada. Como exemplo, o ciclo do carbono encontra-se em desequilíbrio em escala mundial. O intercâmbio de CO_2 entre a hidrosfera e a atmosfera mostrou equilíbrio relativamente constante até a época da revolução industrial. Desde então, a crescente queima de combustíveis fósseis tem trazido ao ambiente o carbono fixado na biota, o qual estava preso como carvão e petróleo há milhões de anos.

No plano local, pode-se observar um desequilíbrio no ciclo do nitrogênio. Por exemplo, o lançamento de efluentes contendo nitratos, oriundos de áreas de solo fertilizadas, ou mesmo de origem doméstica, para lagos e cursos de água, pode resultar em eutrofização excessiva e acelerada dessas águas.

As plantas que crescem em solos com altos níveis de nitrogênio proveniente de fertilizantes podem assimilar o nitrato mais rapidamente do que quando o nitrogênio está fixado em moléculas orgânicas, resultando em acumulação do íon. Altos níveis de nitrato podem afetar o gado e as pessoas que se alimentam dessas plantas.

O desbalanço de N, especialmente o excesso em algumas etapas do ciclo, pode ter outras implicações em relação à saúde humana. Altos níveis de nitrato na água para consumo podem causar metemoglobinemia em crianças (Fernicola & Azevedo, 1981).

Como ocorre com o nitrogênio, o nível constante de alguns intermediários no ciclo do enxofre, mantidos normalmente inalterados em ecossistemas, pode ser modificado pela atividade humana. Por exemplo, bactérias que reduzem o sulfato a H_2S em condições anaeróbicas são parte do ciclo normal do enxofre. No entanto, a liberação de efluentes com alto conteúdo de sulfato, como, por exemplo, em fábricas de polpa de papel, pode provocar morte de peixes em razão dos elevados níveis de H_2S (Lippmann & Schlesinger, 1979).

Outro importante ciclo biogeoquímico é o do mercúrio, que ocorre naturalmente em concentrações muito baixas no ambiente. Em condições aeróbicas totais ou parciais, os microrganismos dos sedimentos aquáticos convertem o mercúrio inorgânico e os fenil-compostos em metilmercúrio e, em menor quantidade, em dimetilmercúrio. Esses compostos orgânicos são muito tóxicos, bastante estáveis, facilmente absorvidos pela biota e eliminados muito lentamente, constituindo compostos de alto risco ambiental a longo prazo (Lippmann & Schlesinger, 1979; Nascimento & Chasin, 2001).

Em relação ao ciclo antropogênico global, deve ser lembrado que desde o início da industrialização, no século XIX, a quantidade de material no ciclo dos metais pesados que impacta água, solo, plantas, animais e pessoas aumentou consideravelmente. A indústria e o comércio, especialmente as operações de processamento de metais e as refinarias, representam fontes significativas de emissão de metais pesados. Fontes especiais de emissão incluem trabalho com cimento (tálio), fabricação de baterias (chumbo) e operações de galvanoplastia (cobre, níquel, cromo, zinco/cádmio, etc.).

A emissão de metais pesados ocorre em decorrência de produção comercial específica, mas, por outro lado, há emissões indesejadas em razão da queima do carvão, do petróleo e também do entulho e da produção de cimento e vidro. A água residual, o lodo e a emissão aérea de partículas dos resíduos penetram especialmente no solo e, desse modo, passam para a cadeia alimentar (planta→animais→humanos). O grau dos efeitos antropogênicos no ciclo dos metais pode ser representado por um fator de interferência global que indica a relação da quantidade de material agregada pelo homem àquela do ciclo natural (geoquímico) do material (Schwedt, 2001).

Na discussão dos ciclos dos metais pesados deve-se considerar também o processo da biosfera. O ciclo geoquímico está conectado, via processos metabólicos, por microrganismos presentes no fundo do oceano, nos sedimentos ou na água. Os microrganismos, plantas e pequenos animais servem como fonte de alimento para peixes. Por meio de plantas ou outros animais, os metais pesados da água ou dos solos deslocam-se para o homem (Schwedt, 2001).

A ação global do homem tem ocasionado alterações nos ciclos naturais. Em primeiro lugar, o homem aumentou a taxa de entrada de varias substâncias, por exemplo, de dióxido de carbono, dióxido de enxofre e chumbo na atmosfera. Assumindo que o tempo de residência seja constante, a conseqüência dos aumentos das entradas deve ser o aumento da concentração dessas substâncias nos reservatórios ambientais. Assim, o dióxido de carbono está aumentando na atmosfera e o enxofre e o chumbo, nas camadas superiores do solo. Esses aumentos na concentração são freqüentemente a primeira ou única evidência de que o homem está alterando significativamente a taxa de ingresso, porque as taxas propriamente ditas são mais difíceis de medir.

Segundo, o homem está suprimindo quantidades substanciais da produção biológica, como carvão, petróleo e enxofre, em taxas muito maiores que as de reposição natural. Num mundo ideal, as taxas de produção e consumo de recursos deveriam estar em equilíbrio.

Terceiro, o homem está modificando a biosfera em grande porcentagem de sua área superficial de terra disponível, por desflorestar e realizar agropecuária intensiva. É difícil estimar os efeitos dessas mudanças na biosfera, mas parece provável que ambos, o conteúdo total de elementos na biosfera e seu tempo de residência, podem ser afetados. O tempo de residência na biosfera viva é da ordem de alguns a dez anos, portanto, mais longo que a simples estação envolvida com a cultura de cereais.

Pelas modificações na parte terrestre da biosfera, pode-se esperar que se produzam mudanças a curto prazo nas taxas dos ciclos de elementos e a longo prazo nos solos. As alterações na biosfera marinha, onde o tempo de residência pode ser tão curto quanto algumas horas, são, de longe, menos obstrutivas (Lenihan, 1977).

Os efeitos das substâncias químicas estão relacionados a seus processos físicos, químicos e biológicos no ambiente. Influências químicas antropogênicas podem ser descritas no ciclo do carbono, do oxigênio, do enxofre, do fósforo e dos metais pesados.

Aproximadamente 120 mil substâncias químicas estão em uso comum e cerca de 11 mil são produzidas em quantidades superiores a 599 kg/ano. Do total de material no ambiente, só 1/1.000 é de origem antropogênica, mas isso inclui alguns compostos tóxicos e muitos outros persistentes que se acumulam nos organismos vivos em níveis perigosos. Esses compostos são os tóxicos ambientais (Paasivirta, 1991).

CICLOS BIOGEOQUÍMICOS DO CARBONO, DO NITROGÊNIO, DO ENXOFRE E DO FÓSFORO

Os ciclos biológicos do carbono, do nitrogênio e do enxofre não são independentes, eles interagem entre si, como ocorre na maioria dos processos ambientais.

CICLO DO CARBONO

Há duas reservas de carbono: a atmosfera e a hidrosfera. Em ambas o carbono existe naturalmente na forma de CO_2 e intercâmbios ocorrem via difusão, evaporação e precipitação.

O CO_2 da atmosfera e da hidrosfera é fixado na biomassa via fotossíntese, fundamentalmente, pelas plantas verdes, na terra, e pelo fitoplâncton, no mar. O carbono movimenta-se por vários níveis tróficos e eventualmente é liberado para o reservatório como CO_2, por intermédio da atividade respiratória de plantas e animais, da produção de resíduos, da decomposição de matéria morta ou do processo de combustão.

Parte do carbono é retido nos depósitos de restos de plantas e animais, tornando-se turfa, carvão e petróleo, parte permanece nas conchas dos organismos aquáticos e parte atua na formação das rochas de carbonato nos oceanos. O desgaste ou a alteração por agentes atmosféricos nessas rochas e a combustão do petróleo e do carvão liberam o carbono anteriormente retido, reintroduzindo-o no ciclo, como indicado na Figura 7.3 (Lippmann & Schlesinger, 1979).

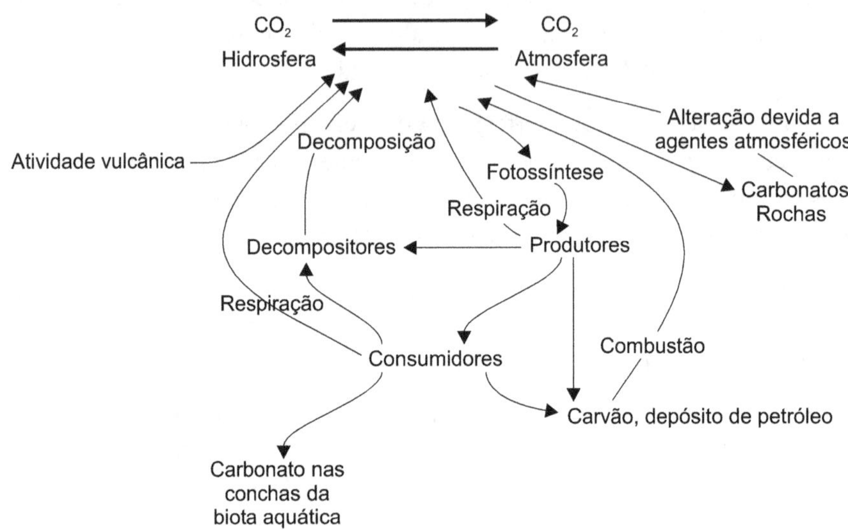

Figura 7.3 Ciclo biogeoquímico do carbono. *Fonte*: Lippmann & Schlesinger (1979), modificado.

Ciclo do nitrogênio

Ainda que o nitrogênio seja o gás predominante na atmosfera, poucos organismos vivos têm a possibilidade de usá-lo na forma gasosa. O nitrogênio deve primeiro ser fixado em um composto para ser aproveitado pelo produtor em processos biológicos. O composto primário para tal utilização é o nitrato, e o mecanismo primário para fixação é o biológico. Vários grupos de microrganismos aeróbicos e anaeróbicos, principalmente bactérias e alguns microrganismos simbiontes, como as bactérias dos nódulos das raízes das leguminosas, fixam o nitrogênio da atmosfera. A fixação ocorre primariamente no ecossistema terrestre, ainda que certos organismos nos ecossistemas aquáticos, por exemplo, algas azul-verdes, sejam capazes de fixá-lo. Processos físico-químicos na atmosfera que incluem raios e radiações cósmicas também podem resultar na fixação do nitrogênio.

O nitrogênio contido nos organismos vegetal e animal existe como íons amônio ou compostos amino, como encontrados em proteínas e ácidos nucléicos. A mineralização desse nitrogênio ocorre por processos de amonificação e nitrificação.

No processo de amonificação, microrganismos metabolizam o nitrogênio ligado, liberando NH_3 ou compostos amônio (NH_4^+). A conversão posterior dos sais de NH_3 e NH_4^+ a nitrato (NO_3^-) é denominada nitrificação. Esta ocorre em duas etapas e envolve duas classes de bactérias aeróbicas. O primeiro passo é a oxidação de amônia a nitrito (NO_2^-) por nitrito-bactérias; o nitrito é posteriormente convertido em nitrato (NO_3^-) por meio de nitrato-bactérias.

Em condições do solo totais ou parcialmente anaeróbicas, vários microrganismos convertem nitrato em nitrito, bem como vários óxidos de nitrogênio, NH_3 e N_2 gasoso, em processos denominados coletivamente de desnitrificação. Alguns desses produtos permanecem no solo e outros são liberados à atmosfera. O solo em condições ácidas pode causar a desnitrificação do nitrato, produzindo NO_2, N_2O e, eventualmente, HNO_3. Parte do nitrogênio permanece nos sedimentos do oceano profundo e nas rochas sedimentares. O ciclo biológico do nitrogênio é mostrado na Figura 7.4 (Lippmann & Schlesinger, 1979).

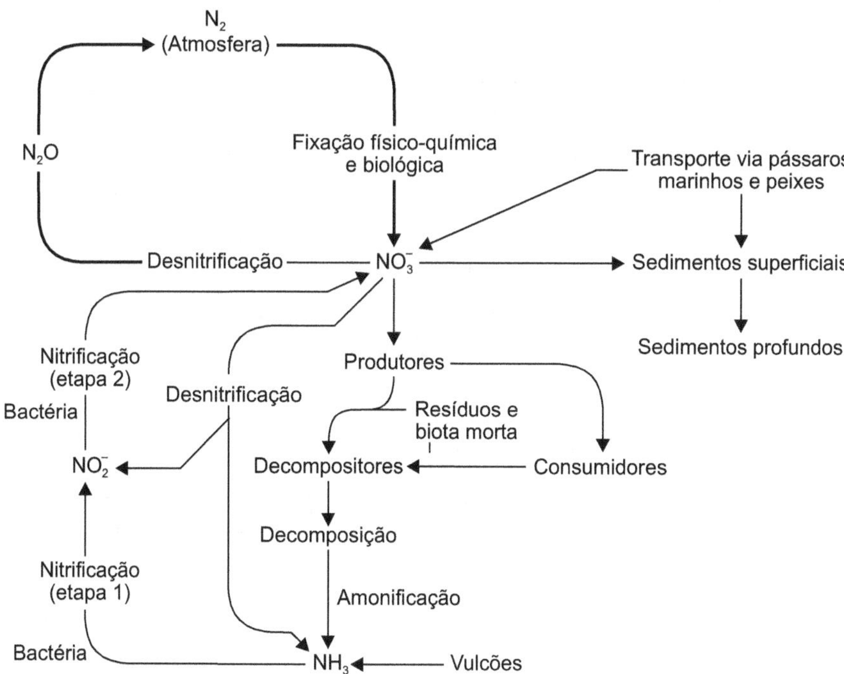

Figura 7.4 Ciclo biogeoquímico do nitrogênio. *Fonte*: Lippmann & Schlesinger (1979), modificado.

Ciclo do enxofre

O enxofre elementar não é usado pelos organismos produtores. A forma principal do enxofre usado nos sistemas biológicos é o sulfato inorgânico (SO_4^{-2}), ainda que alguns organismos obtenham o enxofre de determinados compostos orgânicos. A decomposição por microrganismos resulta na mineralização do enxofre unido à biomassa.

Em condições anaeróbicas, especialmente em pântanos e solos, várias bactérias reduzem o sulfato, produzindo sulfetos como H_2S ou enxofre elementar. Nos ambientes aeróbicos, os microrganismos oxidam H_2S a enxofre elementar, H_2S a SO_4^{-2}, ou enxofre elementar a SO_4^{-2}. O enxofre pode ser removido dos ciclos ativos por precipitação na água neutra ou alcalina em condições anaeróbicas e por formação de sulfeto ferroso e sulfeto férrico, como é mostrado na Figura 7.5. Pode, também, ser retido segundo a quantidade de ferro disponível (Lippmann & Schlesinger, 1979).

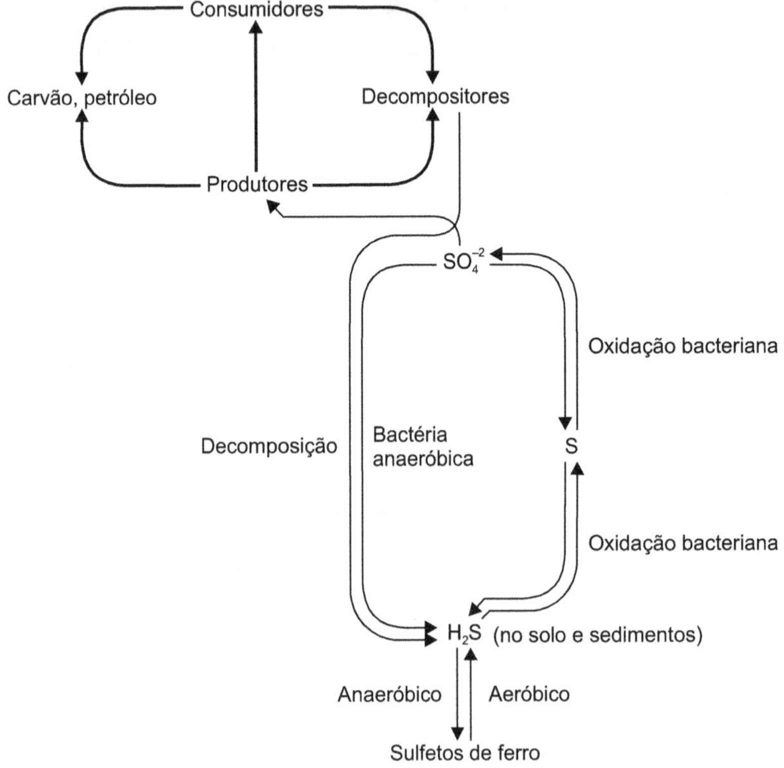

Figura 7.5 Ciclo biogeoquímico do enxofre. *Fonte*: Lippmann & Schlesinger (1979), modificado.

CICLO DO FÓSFORO

O fósforo ocupa o décimo primeiro lugar, por sua abundância na litosfera. Apresenta-se com número de oxidação 5+ nas rochas fosfáticas, como o mineral apatita $Ca_2[X(PO_4)_3]$, sendo X = F, Cl ou OH. Os depósitos de guano, ricos em fosfato, podem ser encontrados em ilhas do Pacífico. O guano é o excremento de certas aves marinhas e contém fosfato de cálcio e outros compostos orgânicos nitrogenados. É coletado ao longo das costas do Peru e do Chile para uso como fertilizante. Numerosos fosfatos de Ca, Fe e Al são removidos do ciclo anualmente, via sedimentação, num montante ao redor de 13 milhões de toneladas.

No ciclo, o fósforo não existe sob forma gasosa no solo; 60% do fósforo está presente como fosfato e 40%, acumulado na forma de substância orgânica. Como fosfato solúvel (só 5% dos fosfatos do solo), o fósforo entra na cadeia alimentar de plantas, animais e humanos e, via excrementos, volta para o ciclo. O fósforo encontra-se em ossos e dentes de animais e humanos. No solo, os microrganismos podem dissolver os fosfatos pouco solúveis pela produção de ácidos, como acido cítrico e ácido sulfúrico. Os íons fosfatos de processos mecânicos e químicos que provocam a decomposição das rochas são precipitados como fosfato de cálcio nos solos alcalinos e como fosfato de cálcio ou alumínio nos solos ácidos (Schwed, 2001).

Os fosfatos das rochas atingem a superfície via mudanças físicas e químicas que ocorrem nos sedimentos entre o tempo de deposição e solidificação e podem ser absorvidos pelas plantas. O fósforo é um elemento essencial aos organismos vivos e cumpre papel significativo no metabolismo energético. O ciclo endógeno do fósforo no fitoplâncton ocorre muito rápido: o fosfato é absorvido em minutos e excretado após três dias, ou passa ao zooplâncton, que excreta tanto fosfato quanto o que absorve. Os fosfatos entram na atmosfera com o material particulado em decorrência da erosão e retornam à superfície terrestre via deposição. Os agricultores removem grandes quantidades de fosfato durante a colheita.

O ciclo terrestre e o aquático são independentes um do outro: o fosfato inorgânico insolúvel e os resíduos contendo fósforo entram no sedimento (Schwedt, 2001).

Ecotoxicocinética

Os estudos do comportamento e do destino das substâncias químicas no ambiente e nos organismos e os mecanismos de ação tóxica são os tópicos mais importantes na química da saúde ambiental.

Na relação substância química–efeito biológico, numerosos fatores são importantes. Assim, do ponto de vista da resposta nos organismos, os principais parâmetros clássicos são: tipo de organismo, espécie, sexo, idade e via de exposição. Do ponto de vista molecular e do mecanismo de ação, a quantidade e a identidade química do toxicante, disponíveis no plano do receptor para a ação tóxica, são importantes. Isso depende do tipo de substância química, ou seja, das propriedades da molécula e de sua estrutura intrínseca (dose), ou seja, da concentração da exposição, do comportamento ou destino do composto no organismo em questão e das propriedades toxicocinéticas que compreendem ingresso, distribuição, biotransformação e excreção (McKinney, 1981).

Quando são considerados os contaminantes ambientais, a situação torna-se mais complexa, em razão de o ambiente estar entre o ponto de liberação e o ponto de contato e pelo fato de esses dois eventos estarem separados no tempo e/ou no espaço.

O tipo de composto e a concentração que está disponível para o contato com o organismo dependem, em grande parte, do que acontece com o composto no ambiente antes do contato com o organismo.

Pode-se considerar o ambiente como um organismo complexo, no qual as substâncias químicas se comportam de acordo com os princípios da ecocinética ou da quimiodinâmica ambiental, conforme Figura 7.6 (McKinney, 1981). Um composto pode entrar no ambiente em quantidades específicas e ser transportado/transformado por ação biológica ou fotoquímica. O composto e seus produtos de transformação, dependendo de sua distribuição e destino no ar, água, solo e sedimentos, podem estar disponíveis para diferentes organismos em vários subcompartimentos ambientais, em diferentes concentrações, dependendo de seu comportamento ambiental. Por exemplo, compostos muito voláteis não estarão disponíveis para peixes, em altas concentrações, em ambiente aquático; o mesmo é valido para os compostos que são biodegradados rapidamente.

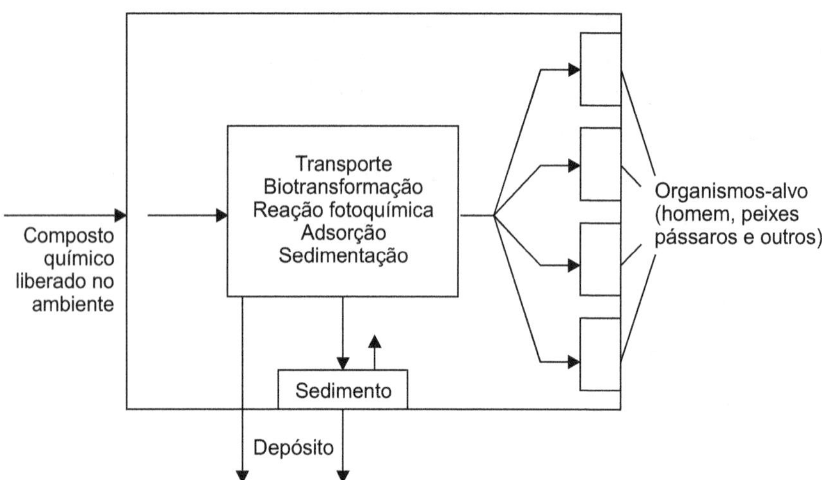

Figura 7.6 Esquema das propriedades ecocinéticas de uma substância química – o retângulo externo representa o ambiente. *Fonte*: McKinney (1981), modificado.

Os compostos que se adsorvem fortemente ao sedimento ou que são pouco solúveis na água não serão encontrados em altas concentrações na água, mas podem estar disponíveis no sedimento em concentrações baixas e por períodos prolongados.

A quantidade e a dose de um toxicante que estão disponíveis para um organismo em um subcompartimento ambiental dependem da quantidade liberada no ambiente, da que desapareceu nos depósitos e de fatores como dispersão, transporte e bioacumulação (McKinney, 1981).

Para caracterizar uma substância química é necessário medir sua concentração em diferentes compartimentos ambientais (ar, solo, água e sistemas biológicos), entender o movimento e o transporte da mesma dentro dos compartimentos e entre eles e seguir a substância química em sua biotransformação, degradação, acumulação e concentração dentro de cada compartimento (Kendall *et al.*, 2001).

A interpretação dos dados em ecotoxicologia deve levar em consideração o transporte das substâncias químicas dentro dos compartimentos ambientais (intrafase) e entre eles (interfase). Um possível cenário para liberação de uma substância no ambiente implica sua liberação em um compartimento ambiental e, subseqüentemente, a partição entre esses compartimentos, sendo que o xenobiótico também pode estar envolvido em movimentos e reações dentro de cada compartimento. Essa substância química liberada está particionada entre cada compartimento e a biota que reside nele e, finalmente, atinge um local ativo de um organismo numa concentração suficiente para induzir um efeito. A quimiodinâmica é, em essência, o estudo da liberação, distribuição e degradação da substância e de seu destino no ambiente (Kendall *et al.*, 2001).

Ainda que o transporte intrafase da substância química seja mais facilmente estimado assumindo o equilíbrio termodinâmico, avaliação mais precisa é obtida utilizando o modelo de estado estável.

As reações abióticas e bióticas que ocorrem dentro de uma fase resultam em mudanças significativas nas propriedades físicas e químicas do composto, como o estado de oxidação, a lipofilidade e a volatilidade (Kendall *et al.*, 2001).

A combinação dessas aproximações facilita a estimativa da concentração da substância nas proximidades de um organismo específico. A quimiodinâmica também descreve o movimento da substância química ou sua absorção pelos organismos. Os mecanismos de desintoxicação, como a partição no tecido adiposo, a biotransformação e a excreção acelerada, podem reduzir ou eliminar, mas, em alguns casos, aumentar a ação tóxica da substância química. Assim, uma apreciação da quimiodinâmica ajuda na estimativa da concentração da substância química nos compartimentos e serve de recurso para o desenho de experimentos toxicológicos, utilizando concentrações apropriadas e formas da substância química em questão (Kendall *et al.*, 2001).

Os modelos toxicocinéticos podem ajudar a predizer a relação entre o período de exposição necessário para causar efeitos tóxicos na biota e a concentração da exposição.

O cálculo baseia-se na teoria da bioconcentração, por exemplo, nos peixes, por uma combinação da CL50 e do tempo de exposição.

A suposição básica para os modelos toxicocinéticos é de que a morte ocorre quando uma substância química atinge determinada concentração dentro do organismo. Isso equivale ao conceito clássico da relação dose–resposta em toxicologia e farmacologia.

A segunda suposição é que a distribuição toxicocinética dentro do organismo é muito mais rápida que o intercâmbio da substância química entre o organismo e seu entorno. Isso é uma suposição razoável, já que os valores de intercâmbio entre água e peixe, especialmente a velocidade da eliminação, são baixos para substâncias hidrofóbicas.

Para compostos hidrofóbicos, é freqüentemente demonstrado que o ingresso e a depuração entre peixe e água é um processo de primeira ordem.

Em geral, as substâncias hidrofóbicas são toxicantes não específicos e podem causar seus efeitos tóxicos principalmente por partição entre as fases aquosa e lipídica. Sendo assim, é razoável supor que a concentração crítica interna é similar para toda uma gama de compostos químicos hidrofóbicos (Van Hoogen & Oppeerhuizen, 1988).

INTRODUÇÃO, TRANSPORTE, DISTRIBUIÇÃO E TRANSFORMAÇÃO DE AGENTES QUÍMICOS NO MEIO AMBIENTE

Uma vez liberada, uma substância química pode entrar na atmosfera, na litosfera, na hidrosfera ou na biosfera por diferentes mecanismos. Pode sair da água por volatilização e um contaminante transportado pelo ar pode movimentar-se para a fase aquosa por dissolução. Outra situação pode ser um contaminante presente no solo que entra na água por um processo de dessorção. Os contaminantes da água também podem adsorver-se sobre as partículas do solo. Ou um contaminante do solo pode ser transportado para o ar circundante pelo processo de volatilização, dependendo da pressão do vapor da substância química e de sua afinidade com o solo.

O comportamento químico de uma substância que entra no ambiente é influenciado principalmente por forças naturais. São usados modelos para prever os efeitos dessas forças no movimento dos xenobióticos no ambiente. Isso requer a incorporação de variáveis abióticas nos modelos, incluindo temperatura, vento, direção e velocidade do fluxo da água, da radiação solar incidente, da pressão atmosférica e da umidade, bem como a concentração da substância química em uma das quatro matrizes: atmosfera (ar), hidrosfera (água), litosfera (solo) e biosfera (organismos vivos). O movimento na intrafase compreende transferência da massa e difusão e dispersão dentro da fase simples. Os gradientes de concentração resultam dos movimentos dentro do meio. A persistência dos contaminantes é uma função da estabilidade da substância química em uma fase e de seu transporte dentro dela. A estabilidade é uma função das propriedades físico-químicas de determinada substância química e da cinética de sua degradação na fase, sendo que isso varia amplamente nas classes de substâncias químicas. As questões referentes à estabilidade são difíceis de prever e, geralmente, são abordadas pela observação e não pela modelagem (Kendall *et al.*, 2001).

É necessária avaliação de como as propriedades físico-químicas influenciam o comportamento de um contaminante para estimar as concentrações de uma substância química e sua especiação nos diferentes compartimentos ambientais. Tal estimativa também é importante para a caracterização da exposição ao contaminante de interesse. Fundamentalmente, o objetivo é avaliar o potencial de bioconcentração, ou seja, o ingresso dos contaminantes do ambiente externo a alimentos e a biomagnificação nos organismos, como o aumento da concentração do contaminante nos níveis tróficos mais altos (Kendall *et al.*, 2001).

Uma classificação da periculosidade das substâncias, muito importante no aspecto legal, é em termos de persistência da substância. Assim, podem ser consideradas três categorias: não-degradáveis, semidegradáveis e degradáveis, mas essas categorias não são absolutas. Substâncias tóxicas não-degradáveis são aquelas que permanecem tóxicas, virtualmente, em qualquer combinação, como alguns metais, arsênio, cádmio, cromo e mercúrio. Substâncias tóxicas semidegradáveis são as que, em condições normais, se degradam muito vagarosamente em compostos menos perigosos. Os hidrocarbonetos aromáticos policíclicos e os compostos clorados estão incluídos nessa categoria. Substâncias tóxicas degradáveis são aquelas que se transformam rapidamente em composto volátil ou menos perigoso na presença de oxigênio, luz solar ou bactéria. Isso é verdadeiro para a maioria das substâncias tóxicas à base de nitrogênio, enxofre e fósforo (Lave & Upton, 1987).

Transformação, degradação e seqüestração de substâncias químicas no ambiente podem ocorrer por três processos:

- químico, por exemplo, oxidação atmosférica pelo O_2 e reações fotoquímicas;

- biológico: a degradação se deve à ação de microorganismos, principalmente bactérias, e ocorre em geral no solo e em sedimentos aquáticos;

- físico, por exemplo, solubilidade e sedimentação gravitacional.

O período entre a liberação do contaminante e suas transformações e a imobilização é variável e depende: das características físicas e químicas da substância liberada, das características do compartimento ambiental em que foi liberada e do grau em que atravessam os compartimentos. Há vários tempos constantes para retenção dentro de vários componentes de cada compartimento. Por exemplo, dentro da atmosfera, o tempo de residência pode ser muito diferente na estratosfera em relação à troposfera, no entanto, na biosfera, com contaminantes que interagem entre numerosos organismos, a complexidade aumenta enormemente (Lippman & Schlesinger, 1979).

Sabe-se que os metais mais perigosos são mercúrio, chumbo, estanho e cádmio. A biometilação é a fase no ciclo biogeoquímico que aumenta a ecotoxicidade do mercúrio, do chumbo e do estanho. Há várias biorreações com microorganismos que metilam os cátions inorgânicos. Uma bem conhecida envolve a metilcobalamina (uma modificação da vitamina B12) como doador de grupo metil.

Em relação ao mercúrio, os microorganismos no solo e na camada superior do sedimento transformam Hg^{2+} em cloreto de monometilmercúrio. Esse composto é lipofílico e se acumula na biota. Na atmosfera, o mercúrio encontra-se como elemento em forma de vapor, metilmercúrio e dimetilmercúrio. No sistema hidrosfera–atmosfera, os dois últimos estão em equilíbrio com o metilmercúrio dissolvido:

$$HgCl_2 \Longleftrightarrow H_3C\text{-}HgCl \Longleftrightarrow H_3C\text{-}Hg\text{-}CH_3$$

O chumbo, seja na forma orgânica ou inorgânica, pode acumular-se nos tecidos animais e humanos em níveis tóxicos. Ele se biometila no ambiente em chumbo tetrametila, que está biodisponível em grau tal que de 10% a 24% do total de chumbo contido nos peixes é chumbo tetrametila. Comparado ao metilmercúrio (96% a 100% do total de mercúrio nos peixes), o chumbo tetraetila é menos importante como substância ambientalmente perigosa.

Em relação ao estanho, seu uso em diferentes ligas é muito importante. Os compostos orgânicos do estanho (Sn^{6+}) são usados como estabilizadores (por exemplo, no cloreto de polivinila) e em desinfetantes, praguicidas e tintas marinhas. Essas substâncias são bioacumuláveis, persistentes e tóxicas, representando probema ecológico-ambiental em muitos lugares. O estanho inorgânico é biometilado no ambiente.

O cádmio é um dos elementos mais tóxicos. Não se biometila em quantidades significativas, mas se bioacumula. A mobilização do Cd realiza-se por quelação com hidroxiácidos orgânicos. Nos animais, o cádmio se liga à metalotioneína e a outras proteínas que contêm enxofre. Altas concentrações de cádmio foram encontradas no hepatopâncreas de lagostas de áreas costeiras contaminadas com cádmio. As plantas absorvem o cádmio do solo contaminado e, nos animais herbívoros que ingerem esses vegetais, o cádmio se concentra nos rins e no fígado (Paasivirta, 1991).

BIOACUMULAÇÃO E BIOMAGNIFICAÇÃO

Bioacumulação é um termo que descreve a transferência dos contaminantes do meio externo para um organismo, no qual as concentrações observadas são muito superiores às do meio.

Os xenobióticos são captados pela biota por intermédio de diferentes rotas – ar, água, solo e sedimento –, e o processo depende de fatores ambientais e fisiológicos.

Organismos aquáticos podem ser expostos temporariamente a derrames acidentais de poluentes na água ou a contaminantes cronicamente presentes no ambiente. O processo de bioacumulação pode ocorrer pela exposição a sedimentos, água ou alimento (designado de transferência trófica).

Organismos terrestres podem ser expostos a pesticidas no solo ou xenobióticos lançados em locais de despejo. Plantas normalmente estão em contato com solo e ar, ou sedimento e água, e, portanto, captam substâncias químicas de vários compartimentos.

Vários fatores influenciam a bioacumulação dos xenobióticos, como processos biológicos (ecologia alimentar, hábitos, fisiologia e bioquímica das espécies) e composição quali-quantitativa de compostos químicos no ambiente.

Modelos distintos são utilizados para descrever e prever o grau de bioacumulação. Cada tipo de bioacumulação é avaliado diferentemente, dependendo do tipo de organismo e do xenobiótico estudado.

Para compostos orgânicos, o equilíbrio de partição entre organismo e ambiente é um processo importante na determinação do grau de acumulação dessas substâncias. Após a absorção do contaminante, os processos de distribuição interna, biotransformação e eliminação, bem como sua partição química no meio, determinam o grau de bioacumulação no organismo.

A bioacumulação de metais é um processo complexo, pelo fato de alguns metais apresentarem mecanismos de absorção e regulação das concentrações internas saturáveis. Além disso, é necessário destacar que diversos metais têm papel essencial em várias etapas do metabolismo e do crescimento de plantas e animais. Entre esses metais estão: cobalto, cromo, ferro, manganês, níquel, molibdênio, selênio, estanho e zinco. A necessidade nutricional dos metais essenciais entre as espécies varia muito, no entanto, as concentrações ótimas encontram-se em uma faixa estreita, a partir da qual pode ser observado aumento significativo de mortalidade, em razão da deficiência nutricional, em casos de níveis baixos dos metais no meio, ou por toxicidade associada ao excesso dessas substâncias no ambiente. Por outro lado, alguns metais não essenciais, dentre eles o chumbo, o cádmio e o mercúrio, podem ser altamente tóxicos, mesmo em concentrações normalmente encontradas no ambiente (Van Den Berg *et al.*, 1995).

A biomagnificação é definida como o aumento da concentração dos xenobióticos nos tecidos dos organismos à medida que se encontram em um nível trófico superior. Esse conceito leva em consideração que a alimentação é a principal fonte de aporte ao longo da cadeia alimentar. Em outras palavras, quando os contaminantes acumulados passam de um nível trófico a outro, pela rota dos alimentos – por exemplo, da presa para o predador –, resultando em aumento da concentração no nível trófico próximo mais alto, o processo é denominado biomagnificação (Butler, 1978).

Ainda que se conheçam diferentes mecanismos de bioacumulação, o mais importante em relação a novos agentes orgânicos a serem testados quanto ao potencial de bioacumulação é a partição dos compostos lipofílicos na fase gordurosa dos organismos, especialmente peixes e outras espécies aquáticas. O mecanismo de acumulação para a maioria das substâncias químicas em espécies aquáticas é o intercâmbio com a água. Como organismos aquáticos vivem em ambientes pobres em oxigênio ($\pm$ 10 mg/kg, em oposição a $\pm$ 200 g/kg no ar), seu intercâmbio com o ambiente e com substâncias químicas potencialmente acumulativas e perigosas é muito mais efetivo do que nos organismos que inalam o ar.

Os testes para bioacumulação são realizados de forma similar aos de toxicidade aquática, por exposição do organismo (peixe) à água e não ao alimento, como nos mamíferos. A grande quantidade de água que passa pelas brânquias, combinada com a alta eficiência da extração dos compostos lipofílicos e a passagem fácil através das membranas lipídicas, permite que o equilíbrio de partição se estabeleça de modo relativamente rápido (McKinney, 1981).

Uma apreciação de como as propriedades físico-químicas influenciam o comportamento de um contaminante é necessária para antecipar as concentrações de uma substância química e a especiação nos diferentes compartimentos ambientais. Tal apreciação é também útil no desenvolvimento da caracterizarão da exposição ao contaminante de interesse.

Fundamentalmente, a meta é avaliar a bioconcentração potencial, isto é, o ingresso dos contaminantes no ambiente externo; a bioacumulação, ou seja, o ingresso do contaminante no ambiente externo e nos alimentos; e a biomagnificação nos organismos, que é o aumento da concentração do contaminante nos níveis tróficos mais altos (Kendall *et al.*, 2001)

Depuração ambiental

Os xenobióticos lançados no ambiente podem sofrer alterações em sua estrutura química, em razão dos vários processos bióticos e abióticos. A degradação ou transformação de um composto se refere ao desaparecimento do composto original do ambiente em razão de alguma alteração em sua estrutura química. Quando essa alteração é provocada por microorganismos, o processo é denominado biodegradação primária ou biotransformação. Nesse processo, os compostos químicos podem servir de elementos estruturais para a célula ou de fonte de energia para o organismo. Em certos casos, os microorganismos são capazes de produzir moléculas mais simples, como dióxido de carbono, metano e água, além de liberar íons cloro, sendo esse processo denominado mineralização.

Os processos de degradação abiótica dos xenobióticos podem ser divididos em quatro categorias:

- *hidrólise*: alteração da estrutura química por reação direta com a água;

- *oxidação*: a modificação química envolve transferência de elétrons do xenobiótico para um aceptor de elétrons (oxidante);

- *redução*: a modificação química envolve transferência de elétrons de um agente redutor para o xenobiótico a ser reduzido;

- *degradação fotoquímica*: transformação causada por interação com a luz solar.

A taxa de degradação de um xenobiótico dependerá de sua disponibilidade para a reação, da reatividade intrínseca, da disponibilidade e da reatividade do reagente. A disponibilidade e a reatividade do xenobiótico e do reagente dependem, em grande parte, das condições ambientais, como pH, temperatura, luz solar e condições redox do meio.

A importância da hidrólise na degradação de xenobióticos está associada ao fato de que nesse processo são introduzidos grupos hidroxil nos compostos originais, produzindo produtos mais polares e, portanto, mais hidrossolúveis, geralmente menos lipofílicos. As reações de hidrólise são comumente catalisadas pelos íons hidrogênio ou hidróxido e, assim, o pH do meio é determinante para a eficiência desse processo.

A oxidação é um dos principais mecanismos de transformação da maioria dos compostos orgânicos na troposfera e também para vários micropoluentes nas águas superficiais. Os processos mais freqüentes de oxidação envolvem transferência de átomos de H, adição de ligações duplas e de radical HO· em compostos aromáticos e transferência de RO_2· de átomos de O para espécies nucleofílicas.

Vários micropoluentes podem ser removidos do ambiente pelas vias de redução. Compostos nitroaromáticos, halogenados alifáticos e aromáticos (incluindo bifenilas policloradas e dioxinas) e azo-compostos podem ser reduzidos sob condições anóxicas, como as encontradas em esgotos, sistemas de degradação anaeróbica, sedimentos anóxicos, entre outros.

Para que ocorra eficiente degradação fotoquímica dos xenobióticos, é necessária boa penetração da radiação, incluindo luz ultravioleta, no ambiente atmosférico e aquoso. Após a absorção do fóton por um xenobiótico, sua energia necessita ser transferida para o sítio ativo dentro da molécula ou ser transferida para outra molécula, que pode, subseqüentemente, sofrer transformação fotoquímica.

A biodegradação microbiana de xenobióticos desempenha papel crucial na remoção desses compostos do ambiente, principalmente nos casos em que a degradação abiótica não ocorre facilmente. No ambiente anaeróbio, a degradação microbiana é geralmente mais lenta e nem sempre resulta na mineralização completa das substâncias químicas. Em certos casos, a biodegradação pode ser um processo tão lento que leve à bioacumulação do xenobiótico, causando comprometimento da saúde dos organismos de toda a cadeia alimentar.

Os microorganismos heterotróficos possuem ampla versatilidade catabólica, capaz de torná-los adaptados ou aclimatados à presença dos diferentes tipos de xenobióticos. Uma mistura complexa de microorganismos pode se adaptar à presença de determinados xenobióticos, de forma a aproveitar ao máximo os metabólitos produzidos entre as diferentes espécies, aumentando a eficiência do processo de biodegradação e de eliminação dos xenobióticos da biosfera. Os sistemas enzimáticos dos microorganismos consistem em enzimas constitutivas envolvidas em processos metabólicos fundamentais (hidrólise e oxidação) e enzimas induzíveis ou adaptativas. Os fatores ambientais também são determinantes para a manutenção da diversidade microbiana e a eficiência metabólica nos processos de biodegradação.

REFERÊNCIAS BIBLIOGRÁFICAS

BOHRER-MOREL, M. B. C. Ecotoxicologia no Brasil. CONGRESSO BRASILEIRO DE ECOTOXICOLOGIA, 7. 2002. *Anais...* (Em preparação.)

BRANCO, S. M.; ROCHA, A. A. *Elementos de ciências do ambiente*. 2. ed. Convênio CETESB/ASCETESB. São Paulo, 1987. 206 p.

BUTLER, G. C. *Principles of toxicology*. Scientific committee problems of the environmentat (SCOPE) of the International Council of Scientific Unions. SCOPE Report 12. John Wiley & Sons, 1978. 350 p.

BOUDOU, A.; RIBEYRE, F. Fundamentals concepts in aquatic ecotoxicology. In: BOUDOU, A.; RIBEYRE, F. (Ed.). *Aquatic Ecotoxicology*: fundamental concepts and methodologies. Boca Raton: CRC Press, Inc., 1989, v. 1, p. 35-74.

DUFFUS, J. H. Environmental Toxicology and Ecotoxicology. In: WHO/IPCS. World Health Organization/International Programme on Chemical Safety. Environmental Health Serie 10. *Environmental Toxicology and Ecotoxicology*. Copenhagen: WHO Regional Office for Europe, 1986.

FERNICOLA, N. A. G. G. de; AZEVEDO, F. A. de. *Rev. Saúde Pública*. São Paulo. v. 2, n. 15, p. 242-248, 1981.

FERNICOLA, N. A. G. G. de; SOUZA OLIVEIRA, S. de. Poluentes orgânicos persistentes: POPs. *Série Cadernos de Referência Ambiental*. Salvador: CRA, v. 13, 500 p., 2002.

KENDALL, R. J. et al. Ecotoxicology. In: KLAASSEN, C. D. *Casarett & Doull's Toxicology*: the basic science of poisons. McGraw-Hill, 2001. 1.236 p.

LAVE, L. B.; UPTON, A. C. *Toxic chemicals, health, and the environment*. The Johns Hopkins University Press, 1987. 304 p.

LENIHAN, J.; FLETCHER, W. W. *The chemical environment*. Blackie & Sons Limited, 1977. 163 p.

LIPPMANN, M.; SCHLESINGER, R. B. *Chemical contamination in the human environment*. New York: Oxford University Press, 1979. 456 p.

NASCIMENTO, E. S.; CHASIN, A. A. M. *Ecotoxicologia do mercurio e seus compostos*. Salvador: CRA, 2001. 176 p. (Série Cadernos de Referência Ambiental.)

McKINNEY, J. D. Environmental health chemistry. The chemistry of environmental agents as potential human hazards. *Ann Arbor Science*, 1981. 656 p.

MELLO, D. de. Ecotoxicologia: introdução, conceito, principais ramos. In: JORNADA BRASILEIRA DE ECOLOGIA, 2., 1981, Campinas. *Anais...* Campinas, 1981. p. 127-131.

MILLER, D. R. General considerations. In: BUTLER, G. C. *Principles of Toxicology*. Scientific Committee Problems of the Environment (SCOPE) of the International Council of Scientific Unions. SCOPE report 12. John Wiley & Sons, 1978. 350 p.

MOORE, G. S. *Living with the Earth*: concepts in environmental health science. Lewis Publishers/ CRC Press LLC, 2002.

MORIARTY, F. *Ecotoxicología*: el estudio de contaminantes en ecosistemas. León, España: Editorial Academic/S.L., 1985. 248 p.

PAASIVIRTA, J. *Chemical Ecotoxicology*. Chelsea: Lewis Publishers, Inc., 1991. 210 p.

SCHWEDT, G. *The essential guide to environmental chemistry*. Chichester: John Wiley & Sons, 2001. 256 p.

TELES, A. M. S. F. *Rumo a um desenvolvimento sustentável*: indicadores ambientais. Salvador: Centro de Recursos Ambientais, 2002. v. 9, 242 p. (*Série Cadernos de Referência Ambiental*.)

TRUHAUT, R. In: BUTLER, G. C. *Introduction*. Principles of toxicology. Scientific Committee Problems of the Environment (SCOPE) of the International Council of Scientific Unions. SCOPE report 12. John Wiley & Sons., 1978. 350 p.

VAN DEN BERG, M.; VAN DE MEENT, D.; PEIJNENBURG, W. J. G. M., SIJM, D. T. H. M., STRUIJS, J.; TAS, J. W. Transport, accumulation and transformation processes. In: VAN LEEUWEN C.J.; HERMENS J.L.M. (Ed.). *Risk assessment of chemicals:* an introduction. Dordrecht. The Netherlands: Kluwer Academic Publishers, 1995. p. 37-103.

RAND, G. M. (Ed.). *Fundamentals of aquatic toxicology*: effects, environmental fate and risk assessment. 2. ed. Washington, D. C.: Taylor and Francis, 1995.

VAN HOOGEN, G.; OPPERHUIZEN, A. Toxicokinetic of chlorobenzenes in fish. *Environ. Toxicol. Chem.*, v. 3, n. 7, p. 213-219, 1988.

ZEPP, R. G.; CALLAGHAN, T. V.; ERICKSON, D. J. Effects of increased solar ultraviolet radiation on biogeochemical cycles. *Ambio*, v. 3, n. 24, p. 181-187, 1995.

Capítulo 8

AVALIAÇÃO E GESTÃO DO RISCO ECOTOXICOLÓGICO À SAÚDE HUMANA

Sandra de Souza Hacon

INTRODUÇÃO

A sociedade contemporânea está cada vez mais preocupada com o uso intensivo e extensivo de produtos químicos e seus efeitos para o homem e seu ambiente natural. Alguns agentes químicos têm causado danos graves à saúde humana, provocando efeitos irreversíveis e morte prematura, bem como aos ecossistemas naturais. Exemplos bem conhecidos são o amianto, que se sabe ser a causa de cancro de pulmão e de mesoteliomas, e o benzeno, que provoca leucemia (ECC, 2001). O uso intensivo do DDT teve por resultado alterações na reprodução de aves e anfíbios e alterações hepáticas que podem, comprovadamente, progredir para a formação de tumores malignos em algumas espécies de roedores (WHO, 1989b). Embora esses agentes estejam sujeitos a controles rígidos e/ou proibidos em muitos países, as medidas de controle só foram implementadas após ocorrência de danos em humanos e no ambiente. Vários produtos químicos, principalmente os agentes organoclorados, vêm sendo apontados como os responsáveis por efeitos nos sitemas reprodutivo e endócrino de mamíferos. Essas informações baseiam-se em dados recentes sobre os elevados níveis de substâncias químicas persistentes potencialmente desreguladoras do sistema endócrino em várias espécies de mamíferos marinhos (Campbell & Hutchison, 1998). Durante as últimas décadas, o aumento significativo da incidência de algumas doenças, por exemplo, cancro de testículo em homens jovens e alergias, vem sendo atribuído à constante exposição do homem a contaminantes ambientais.

Em resposta a essa preocupação, medidas para avaliar e gerenciar os riscos ao homem e aos sistemas naturais tonaram-se uma exigência da sociedade internacional. O Programa Internacional de Segurança Química vem sendo desenvolvido para assegurar a proteção da saúde, do ambiente e da vida, diante dos riscos decorrentes de produção, comercialização, uso, armazenagem, transporte, manuseio e descarte de produtos químicos, incluindo os resíduos industriais e domésticos. Para o cumprimento desse programa, um conjunto de estratégias para controle, avaliação, prevenção e gerenciamento dos efeitos adversos para o homem e o ambiente, decorrentes dos riscos potenciais representados pelos agentes químicos, está sendo implementado.

O desenvolvimento de ferramentas que permitam precisar quali-quantitativamente a avaliação dos riscos químicos, físicos e biológicos tornou-se prioridade internacional. A geração de riscos globais, com multiefeitos, em razão da contaminação de multimeios (ar, água, solo e biota), multirotas e, conseqüentemente, a exposição de multiespécies de animais e vegetais em diferentes escalas temporais e espaciais, tem levado as agências internacionais de pesquisa a promover discussões sobre a efetividade de uma abordagem integrada da avaliação do risco ecológico e do risco à saúde humana (WHO *et al.*, 2001). Essa variedade de riscos inclui, por exemplo, doenças causadas por águas contaminadas; alterações nas taxas de mortalidade de câncer em razão da exposição ambiental a produtos químicos; contaminação do ar; dano causado à propriedade do indivíduo; deterioração dos ecossistemas; impedimento do uso dos recursos naturais, como solo, água, vegetais e animais; e riscos associados ao transporte de substâncias perigosas. O resultado desses impactos negativos tem mobilizado governos, instituições, pesquisadores, empresas privadas e movimentos sociais na busca de medidas preventivas e/ou corretivas de gerenciamento de riscos.

A abordagem essencial da avaliação e do gerenciamento de risco é o entendimento de como o indivíduo, o grupo, a comunidade e a população são afetados com evidências de suas possíveis perdas e da vulnerabilidade associada ao risco. O entendimento dos efeitos se configura em um complexo processo científico, técnico, socio-cultural e econômico, necessário ao suporte da proposição de medidas de gerenciamento que devem ser implementadas em nível local, regional e/ou nacional. Risco pode ser definido como uma função da probabilidade da ocorrência de um evento indesejado, com severidades diferenciadas em relação aos efeitos adversos à saúde humana, à propriedade ou ao ambiente. As conseqüências indesejadas referem-se à perda de vidas humanas, aos danos à saúde (efeitos adversos), a perdas econômicas e/ou aos danos ao meio ambiente (OECD, 2000).

A partir da Segunda Guerra Mundial, o aumento da demanda por novos materiais e produtos químicos, acompanhado pela mudança da base de carvão para o petróleo, trouxe novos impactos negativos do processo de industrialização à saúde humana e ao ambiente a curto prazo. Conseqüentemente, seus efeitos no plano sócio-econômico, a médio e longo prazos, apontam para a importância da reflexão a respeito das sociedades industriais contemporâneas. É necessário abordar, dentro dessa temática, a relação entre saúde, ambiente e segurança, em sua dupla dimensão, dentro e fora dos empreendimentos (Franco & Druck, 1998), de forma a garantir o desenvolvimento de atividades econômicas com bases sustentáveis para a qualidade de vida dos trabalhadores e da sociedade em geral.

O risco zero é uma condição não atingível pela sociedade nacional e/ou internacional no atual e futuro contexto da globalização. A produção mundial da indústria química passou de 1 milhão de toneladas por ano, em 1930, para 400 milhões de toneladas em 1999. A projeção para o ano de 2020 é de que a produção desses produtos seja cerca de 85% maior que a de 1999, havendo projeção para maior crescimento nos países em desenvolvimento (OECD, 2001). É mundialmente reconhecido que muitas dessas substâncias e suas misturas possuem propriedades toxicológicas não estudadas que podem acarretar danos ao homem e ao ambiente. Nos últimos 15 anos, centenas de substâncias previamente consideradas inertes ou sem efeitos ao homem passaram a ser consideras carcinogênicas ou tóxicas para o processo reprodutivo, além disso, aumentou o número de compostos mutagênicos e/ou carcinogênicos em estudos realizados em animais de laboratório (UNEP/IPCS, 1999).

O conceito de risco sofreu transformações radicais ao longo da história antes de alcançar sua atual conotação. Atualmente, não basta conceituar risco como uma relação traduzida pela probabilidade de ocorrência de um evento relativo a uma dada magnitude de conseqüência, é necessário quantificar essa relação (Lieber & Lieber, 2002). No que concerne à saúde humana, a quantificação do risco é uma ferramenta capaz de consolidar uma revisão crítica do conceito de causa, assim como permite ao profissional responsável pela tomada de decisão se pautar em prioridades devidamente quantificadas, associadas à definição das principais vias de exposição e à severidade do dano à saúde humana.

Na avaliação de risco à saúde humana os *endpoints* são usualmente direcionados à proteção dos indivíduos. Entretanto, na avaliação do risco ecológico, é reconhecido que os organismos num sistema ambiental são parte da cadeia trófica. Assim, a avaliação do risco ecológico tem de considerar as inter-relações existentes nos diferentes níveis tróficos integrantes da pirâmide energética. A avaliação do risco ecológico tem por objetivo proteger as funções das populações, das comunidades e dos ecossistemas. Recentemente, os estudos de risco ecológico têm sido apontados como importante ferramenta para avaliar a sustentabilidade dos ecossistemas (USEPA, 1997a). É importante enfatizar que a sustentabilidade dos ecossistemas se traduzem em sustentabilidade sócio-econômica, cultural e ambiental e, conseqüentemente, em melhor qualidade de vida para as populações.

Os estudos de análise de risco têm sido aplicados para instalações potencialmente geradoras de acidentes ambientais, ampliados já na fase de licenciamento prévio, como parte integrante do estudo de impacto ambiental. Todavia, complementações se fazem necessárias, na medida em que, na maioria dos casos, é necessário detalhar o projeto não disponível na fase de licenciamento prévio. Mas é fundamental que as restrições e as exigências técnicas impostas ao empreendimento estejam formuladas antes da concessão da licença de instalação (Serpa, 2000).

No processo de renovação das licenças de operação, a avaliação de risco ambiental começa a ser requerida por órgãos ambientais como condicionante para que essa renovação se efetue. Essa condicionante tem o respaldo legal da resolução (Brasil, 1997).

A avaliação do risco ecológico ainda não é utilizada no Brasil como ferramenta de gerenciamento ambiental. Entretanto, em países desenvolvidos, nos últimos dez anos, grande ênfase é dada por governos e agências não-governamentais na melhoria dos processos de caracterização do risco ecológico (Solomon, 1996). O Brasil possui grande diversidade de ecossistemas, mas estes carecem de estudos que dêem suporte ao entendimento da dinâmica e da estrutura das entidades ecológicas desses sistemas, informação fundamental para a avaliação de risco ecológico. Um dos princípios básicos dos estudos de avaliação de risco ecológico é a seleção de *endpoints* apropriados para o sistema estudado (USEPA, 1997a). Entretanto, para que esses *endpoints* sejam bem caracterizados, é necessário aprofundado conhecimento sobre a estrutura e a dinâmica do ecossistema local e as inter-relações da cadeia trófica com os agentes estressores.

Por ocasião da conferência dos ministros responsáveis pelos setores de ambiente, saúde e desenvolvimento, dos países da região das Américas, em 1995, foi divulgada a Carta Pan-Americana sobre Saúde e Ambiente no Desenvolvimento Humano Sustentável. Um dos itens da carta chama a atenção para as responsabilidades das organizações governamentais e privadas: "As organizações de saúde e ambiente são responsáveis pela identificação e avaliação dos riscos ambientais para a saúde humana, pela vigilância epidemiológica e por assessorar os formuladores de decisões políticas nas organizações governamentais e privadas" (Polo, 1997). Logo, há preocupação internacional relacionada às responsabilidades daqueles que promovem os riscos sócio-ambientais e aqueles responsáveis pelo controle e gerenciamento dos riscos. Para a política internacional de sustentabilidade, Sachs (2000) propõe a valorização do princípio de precaução, princípio 15 da Declaração do Rio, para a gestão ambiental e os recursos naturais, bem como a utilização de ciência e tecnologia como propriedade da herança comum da humanidade. A aplicação do princípio da precaução envolve não só o reconhecimento e a exposição das incertezas inerentes associadas aos efeitos potencias das substâncias químicas sobre o homem e o ambiente, mas admite a falta de conhecimento em relação ao problema (Augusto & Freitas, 1998), assim como admite as interações não lineares de aspectos biológicos, psicológicos e sociais associados aos processos saúde–doença, ligados à exposição de substâncias químicas.

A avaliação de risco ambiental, quando interativa ao processo de licenciamento de atividades poluidoras, relacionadas aos processos com potencial de contaminação, poderá reforçar a necessidade de aplicação do princípio de precaução e, de forma preventiva, deverá apontar a probabilidade de danos irreversíveis e/ou a severidade de danos que coloquem em risco a saúde humana e o ambiente.

Várias agências governamentais em países desenvolvidos têm como uma de suas funções a proteção da saúde da população, dos trabalhadores e do ambiente saudável. Essa função requer nova postura sócio-ambiental das empresas, da sociedade e das próprias agências de governo, no sentido de eliminar e/ou minimizar os riscos associados à exposição ambiental e aos processos de trabalho (ATSDR, 1999; USEPA, 1992).

Este capítulo tem por objetivo contribuir para o processo de discussão da inserção da avaliação de risco sócio-ambiental no processo de gestão ambiental no país e fornecer alguns conceitos básicos, a metodologia e sua aplicabilidade no processo de avaliação e gerenciamento de risco sócio-ambiental.

AVALIAÇÃO DE RISCO NO PROCESSO DE GESTÃO AMBIENTAL

Uma postura internacional recente vem fazendo com que as empresas, por meio de diferentes setores da economia, as agências governamentais e a sociedade civil organizada se manifestem de forma preventiva com a regulação e o gerenciamento dos riscos químicos, oriundos dos processos industriais. Essa postura envolve a regulação internacional dos riscos industriais que ganharam cenário multiplicador a partir da aceitação, em nível internacional, dos riscos ambientais globais.

A existência de riscos ambientais globais, somada à internacionalização da economia e à atuação de organizações internacionais como ONU, OMS, FAO e OIT, vem gerando uma série de pressões da sociedade internacional relacionadas à responsabilidade da indústria/empresa pelo ciclo global do produto, de modo que os processos e os produtos nos vários países obedeçam aos padrões internacionais de comércio, transporte, consumo, emissões de cargas poluidoras, dentre outros (Porto, 2000). Até recentemente, o Programa Internacional para a Segurança Química (IPCS) havia avaliado cerca de 1.200 substâncias ou grupos de substâncias químicas, em particular contaminantes da água potável e aditivos alimentares, assim como resíduos de pesticidas em alimentos, fármacos de uso veterinário e uma grande quantidade de substâncias químicas agrícolas e industriais de uso comum e objeto de comércio internacional. Outro objetivo do programa é capacitar os países para prevenir e controlar os efeitos nocivos dos produtos e as situações de emergência oriundas deles (Fundacentro, 1992).

Diante dessa postura internacional, a indústria passa a ser responsável pela avaliação dos riscos ambientais e da saúde humana e assume a responsabilidade pela segurança de seus produtos. Essa atuação deverá garantir que os produtos colocados no mercado pela indústria química estejam inseridos dentre aqueles que apresentam risco aceitável para a utilização pretendida, independentemente da quantidade produzida.

As atividades nacionais destinadas a fazer frente aos riscos sócio-ambientais em razão da exposição de produtos químicos, mediante legislação e outras medidas preventivas, vêm sendo complementadas cada vez mais nos últimos 50 anos com atividades e realizações internacionais. Grande parte desse trabalho foi iniciada ou estimulada pela Conferência das

Nações Unidas sobre o Meio Humano, realizada em Estocolmo, em 1972, na qual foram examinados os efeitos secundários agregados ao desenvolvimento na agricultura, na indústria, no transporte e nos assentamentos humanos, estabelecendo que um desses efeitos é a contaminação química, definida como conseqüência de contaminantes atmosféricos, efluentes industriais, pesticidas, metais e detergentes.

Dentre os documentos resultantes da Conferência das Nações Unidas sobre o Meio Ambiente e o Desenvolvimento (CNUMAD), chamada Eco-92, que teve dentre seus objetivos prioritários a busca de uma estratégia internacional para gestão ecologicamente racional dos produtos químicos tóxicos, o documento final da conferência, intitulado Agenda 21, incorporou as propostas destinadas a reforçar a cooperação internacional em relação à segurança química e propôs em seu Capítulo 19 o estabelecimento de seis áreas programáticas para garantir a gestão ecologicamente racional dos produtos químicos (Fundacentro, 1998). Posteriormente, vários acordos e fóruns internacionais vêm sendo desenvolvidos com objetivo de discutir a segurança química. A Agenda 21 convoca governos e empresas à participação ativa na implementação de seus programas ambientais. A avaliação e o gerenciamento de risco ambiental constituem importantes ferramentas para o processo de gestão ambiental, empresarial e governamental de uma atividade econômica. Nesse processo, a responsabilidade ambiental de uma empresa não termina no portão da fábrica, ela se estende do *berço ao túmulo*, num processo chamado *gestão do produto* (Schmidheiny, 1992). A gestão do produto, em síntese, é administrar o ciclo de vida do produto de modo a reduzir o impacto ambiental ao mínimo e minimizar e/ou eliminar os riscos ecológicos e à saúde humana a um valor aceitável pela sociedade. A análise do ciclo de vida do produto implica responsabilidade por ele, de forma que os empreendedores são responsáveis pelos produtos fabricados, usados e eliminados de forma ecológica e socialmente incorreta ou correta. Logo, um produto perigoso deixado de forma inadequada no ambiente é de responsabilidade de quem o fabricou. Entretanto, esse discurso ainda não é uma realidade no Brasil. De qualquer forma, reconhece-se que as novas exigências de mercado, a implantação de modelos de gestão empresarial e a implementação gradativa da Agenda 21 podem gerar avanços consideráveis para a política ambiental nacional. Todavia, para manter e/ou aumentar a competitividade a longo prazo, as empresas necessitam incluir objetivos explícitos de sustentabilidade sócio-ambiental em sua política organizacional e, conseqüentemente, no planejamento estratégico da empresa.

O ponto focal da avaliação de risco até meados da década de 1980 era voltado para os efeitos agudos relacionados aos grandes acidentes. Só recentemente a avaliação de risco passou a integrar os processos associados à contaminação ambiental, à segurança do processo produtivo e à saúde coletiva (Freitas, 1996, 2000; Tambellini & Camara, 1998). Somente a partir da década de 1990 a avaliação de risco ambiental passou a constituir importante ferramenta para o processo de gestão ambiental, como subsídio técnico nos processos decisórios para implementação de ações de remediação e prevenção de danos aos ecossistemas e à população humana, em razão da exposição a agentes perigosos por meio de produtos, processos produtivos e/ou resíduos. No contexto da gestão ambiental, o empreendedor é responsável pelo ciclo global do produto, incluindo o gerenciamento de rejeitos e resíduos finais e de seus derivados.

Vale ressaltar que as câmaras de comércio de países em desenvolvimento e desenvolvidos deveriam encorajar a cooperação de transferência responsável de tecnologias e materiais; e a indústria deveria responder positivamente às demandas de continuidade de desenvolvimento de códigos de conduta voluntários e códigos de boas práticas relacionados ao ciclo de vida dos produtos, quando operando em países em desenvolvimento e de economias em transição, em particular onde a legislação ambiental é deficiente. Infelizmente, no Brasil, ainda há distância significativa entre as propostas internacionais e as diretrizes do programa Atuação Responsável[1] das indústrias químicas e suas aplicações práticas (Fundacentro, 1998).

O processo de avaliação e gerenciamento de risco ambiental também tem a função de embasar tecnicamente o estabelecimento de medidas de remediação em áreas de passivos ambientais e os riscos representados por essas áreas à saúde pública e ao ambiente (Pedroso *et al.*, 2002).

Vários países já adotam a avaliação e o gerenciamento de risco no contexto de gestão ambiental, como é o caso do Canadá, da Alemanha, da Holanda e dos Estados Unidos (Casarini, 1996). Nos Estados Unidos, os procedimentos metodológicos mais utilizados para avaliação e gerenciamento de risco ambiental de solos e águas contaminadas é denominado RBCA (Risk Based Corrective Actions). Trata-se de metodologia genérica de avaliação de risco ambiental utilizada principalmente como ferramenta para o gerenciamento de áreas a serem remediadas por um processo de contaminação, passada ou atual,

---

1. *Responsible Care* – atuação responsável. Criado no Canadá, pela Canadian Chemical Producers Association (CCPA) e atualmente encontrado em mais de 40 países com indústrias químicas em operação, o Responsible Care se propõe a ser instrumento eficaz para o direcionamento do gerenciamento ambiental. Este, considerado em seu aspecto mais amplo, inclui a segurança de instalações, processos e produtos e a preservação da saúde ocupacional dos trabalhadores, além da proteção do meio ambiente por parte das empresas do setor e ao longo da cadeia produtiva. Concebido a partir da visão de diálogo e melhoria contínua, o programa se estrutura de forma lógica, procurando fornecer mecanismos que permitam desenvolver sistemas e metodologias adequados para cada etapa do gerenciamento ambiental (www.abiquim.org.br 28/3/2003).

desenvolvida pela American Society for Testing and Materials (ASTM, 1995). Esses procedimentos metodológicos também podem ser usados para áreas e ou ecossistemas que possuem emissões contínuas a baixas concentrações, que podem representar um potencial de contaminação. Nesses casos, a metodologia de avaliação de risco da Agência de Proteção Ambiental dos EUA deverá ser adaptada, dependendo das características do empreendimento e das atividades com potencial de contaminação (EPA 1986b, 1991, 1992b). O processo de avaliação de risco deve ser implementado por etapas bem planejadas e justificadas, que só devem avançar à medida que a complexidade do estudo exigir aumento detalhado de passos metodológicos de coleta e análise de dados. A avaliação de risco também pode ser realizada por meio de modelagem matemática. A definição da melhor opção para o estudo, isto é, dados primários, secundários e/ou modelos matemáticos, é dependente dos objetivos e das características do estudo.

A avaliação de risco ambiental é definida como o processo por meio do qual se estabelecem os níveis de aceitabilidade de risco para o indivíduo, um grupo social ou toda a sociedade, o ecossistema e a propriedade. O objetivo da avaliação de risco é prover os órgãos governamentais responsáveis pela regulação ambiental e a estrutura organizacional da empresa com informações relevantes que possibilitem formular, propor e implementar medidas e procedimentos que tenham por finalidade prevenir, reduzir e controlar os riscos presentes em um empreendimento, tendo por propósito manter a atividade em operação dentro de requisitos de segurança industrial, ambiental e de saúde humana, considerados aceitáveis durante todo o ciclo de vida do produto (Kolluru *et al.*, 1998).

Historicamente, as metodologias de avaliação de risco ecológico e à saúde humana foram desenvolvidas independentemente. As agencias regulatórias internacionais freqüentemente usam a avaliação de risco ambiental enfocando um único meio e rota de exposição e somente um produto químico e um *endpoint*, que muitas vezes não refletem a realidade do problema. Em 1998 o Programa de Segurança Química (IPCS), em parceria com a Organização de Cooperação e Desenvolvimento Econômico (OECD) e a Agência Ambiental Americana (EPA), em um simpósio internacional sobre avaliação de risco, estabeleceram uma proposta de integração da avaliação de risco à saúde humana e ambiental para ser desenvolvida por meio de estudos de caso. Em abril de 2001 foi realizado um *workshop* para avaliar a estrutura, demostrar os benefícios e os obstáculos e promover a discussão da abordagem integrada da avaliação de risco (Cira, 2002). O reconhecimento da necessidade de proteger o ambiente e o homem de forma mais efetiva fez com que essa abordagem integrada da avaliação de risco incorporasse multiagentes, multimeios, multivias de exposição e multiespécies expostas. Em síntese, essa abordagem integrada associa, ao processo de avaliação de risco ao homem, a biota e os recursos naturais. São duas as razões fundamentais para utilização dessa abordagem integrada: melhorar a qualidade e a eficiência das avaliações pelo intercâmbio de informações entre a saúde humana e os assessores de risco e alimentar o processo de tomada de decisão de forma mais coerente com a realidade local. Quanto a este último, os assessores de estudos de risco ecológico e à saúde humana freqüentemente alimentam o processo de decisão com resultados e informações contraditórias em relação à natureza do riscos. Outros importantes benefícios no uso da abordagem integrada são: redução das incertezas; redução de custos quando comparados aos estudos independentes de avaliação ecológica e à saúde humana; e maior possibilidade de identificar riscos emergentes e não esperados. Algumas das barreiras levantadas em relação ao uso dessa abordagem integrada de avaliação de risco se referem às tradicionais barreiras disciplinares entre a pesquisa ecológica e as relacionadas à saúde humana e às barreiras institucionais, políticas e culturais, codificadas em leis e regulações em muitos países (WHO *et al.*, 2001). Todavia, a opção pela abordagem integrada deve ser definida pela agência governamental responsável e pela atividade regulatória de risco.

Risco ecológico

A inserção da avaliação de risco ecológico como suporte para o processo de tomada de decisão é recente e muitos países ainda não realizam essa avaliação por falta de dados e informações referentes à dinâmica e à estrutura do ecossistema em foco. A avaliação de risco ecológico é caracterizada por um processo que avalia a probabilidade de efeitos adversos resultantes da exposição da biota a um ou mais estressores ambientais (USEPA, 1992). Define-se estressor ambiental como o agente físico, químico ou biológico, que pode induzir uma resposta adversa. Em termos de poluição ambiental, estressor é usualmente um contaminante químico, mas não necessariamente oriundo da fonte primária. Os efeitos ecológicos adversos são definidos como todas as mudanças consideradas indesejáveis que alteram a estrutura ou as características funcionais da população, da comunidade, do ecossistema ou de seus componentes (USEPA, 1992a).

Avaliação de risco à saúde humana

Embora o homem seja um integrante do sistema ambiental, no do estabelecimento de risco enfocando especificamente o homem, trata-se da *avaliação de risco à saúde humana*, conceituada como o processo que caracteriza a probabilidade de um ou mais efeitos adversos ocorrerem em indivíduos de uma população humana como resultado da exposição a um ou mais estressores (USEPA, 1989b). Os efeitos adversos para a saúde humana podem variar de efeitos subclínicos até os que podem causar doença, lesão ou morte.

As conceituações anteriormente apresentadas permitem associação das técnicas de avaliação de risco ecológico e à saúde humana a partir da abordagem de avaliação de risco integrada que aqui se denomina Avaliação de Risco Sócio-Ambiental (ARSA), definida como a caracterização do processo que avalia a probabilidade de efeitos adversos resultantes da exposição da biota e/ou do homem a um ou mais estressores ambientais de natureza física, química e/ou biológica, num dado sistema ambiental, afetarem direta ou indiretamente a saúde do ecossistema-alvo e/ou a saúde humana dos indivíduos ou da sociedade externa ao empreendimento. O processo de avaliação de risco sócio-ambiental deve sempre contemplar a simulação de vários cenários de exposição, incluindo sempre um cenário conversativo, isto é, o pior cenário possível, com o objetivo de garantir que os riscos ecológicos e aqueles associados à saúde humana não sejam dissociados e, conseqüentemente, subestimados.

O processo de avaliação de risco sócio-ambiental deve ser transparente para permitir a participação dos atores envolvidos em todas as etapas do processo, desde a formulação do problema até a implementação de medidas alternativas de redução e mitigação dos riscos, seu monitoramento e a contínua reavaliação de ações de gerenciamento.

A avaliação de risco sócio-ambiental pode contemplar uma situação futura, nesse caso, tem-se um estudo prospectivo, permitindo abordagem preventiva dos efeitos da ação proposta, isto é, a liberação de produtos potencialmente perigosos é avaliada e os cenários de exposição a esses produtos são simulados, atendendo aos princípios da avaliação de risco, em que os efeitos adversos potenciais ao ecossistema e à saúde humana podem ser preventivamente gerenciados, a partir do princípio da precaução. Com base nessas informações, ações de proteção aos ecossistemas e à saúde humana são propostas e implementadas no programa de gerenciamento de risco da empresa. Todavia, a experiência tem mostrado que os estudos de avaliação de risco têm se concentrado nos procedimentos técnicos da ação corretiva baseada no risco, oriunda do inglês Risk Based Corrective Action (RBCA). Esse procedimento metodológico associa o risco ambiental ao risco à saúde humana, em que, na maioria dos casos, os estudos avaliam situações de contaminação pregressas deixadas pelo responsável pela atividade, gerando os conhecidos passivos ambientais. Dependendo das características da exposição, os efeitos adversos mais prováveis para o sistema ambiental podem variar de julgamentos qualitativos a probabilidades quantitativas. Todavia, nem sempre a quantificação do risco é possível. Nesses casos, a melhor opção é incluir e discutir as incertezas associadas às diferentes etapas do estudo. A habilidade de atuação dos gerentes ambientais deve fazer com que as decisões apropriadas possam ser limitadas por uma informação incoerente e incompleta.

O presente capítulo tem por objetivo apresentar uma estrutura comum para a avaliação de risco integrada, tendo por base a metodologia tradicional de risco da USEPA (1989b, 1992a, 1997), ressaltando as seguintes vantagens oriundas da integração da avaliação do risco ecológico e à saúde humana:

A) *EXPRESSÃO COERENTE DA AVALIAÇÃO DOS RESULTADOS*

Esses resultados, se apresentados de maneira coerente, podem representar uma base forte para a ação de suporte do tomador de decisão. Entretanto, se os resultados da avaliação independente da saúde humana e ecológica são inconsistentes, eles podem inviabilizar a proposição de ações de gerenciamento e, conseqüentemente, enfraquecer o suporte técnico-científico para a tomada de decisão. Essa incoerência de resultados pode ocorrer em razão de as avaliações terem por base de estudo diferentes escalas temporais e espaciais, diferentes graus de conservação do ecossistema ou diferentes pressupostos, variando de valores de parâmetros assumidos para cenários de usos do solo. Como resultado, o tomador de decisão pode encontrar dificuldades em decidir se os riscos reportados correspondem aos efeitos esperados em humanos e se esses resultados são suficientes para justificar uma tomada de ação relacionada à remediação da área.

B) *INTERDEPENDÊNCIA*

Os riscos ecológicos e à saúde humana são interdependentes. O homem depende da natureza para alimentação, água, regulação hidrológica e outros serviços, os quais são reduzidos pelo efeito de substâncias tóxicas. Os danos ecológicos podem resultar em aumento da exposição humana aos contaminantes ou a outros estressores. Por exemplo, o aumento de nutrientes no ecossistema aquático resulta em mudanças na estrutura das comunidades de algas, acarretando mortandade de peixes e afetando potencialmente o homem. Como resultado dessa interdependência, as avaliações que não integram a saúde e os riscos ecológicos perdem o modo de ação que envolve as interações entre efeitos ambientais e efeitos humanos (Lubchenco, 1998).

C) *ORGANISMOS SENTINELA*

Os organismos não-humanos em geral são mais intensamente expostos aos contaminantes ambientais e podem ser mais sensíveis, assim, são possíveis de ser usados como sentinelas, apontando fontes potenciais de perigo para o homem (NRC, 1991; Sheffied *et al.*, 1998). Há muita dificuldade técnica na extrapolação de efeitos observados em animais para o homem (Stahl, 1997). Se os peixes de determinado local aparecem com tumores ou os pássaros, com deformidades, o público nesse ambiente ficará preocupado. Se não houver integração entre saúde e avaliação ecológica, haverá dificuldades para explicar ao público por que não deve se preocupar. A biota, principalmente os animais, pode servir de sentinela para explicar o modo de ação que não foi identificado em humanos. Por exemplo, as infecções oportunistas em mamíferos marinhos parecem estar relacionadas à acumulação de bifenilas policloradas (PCBs), que causam imunossupressão em animais de laboratório (Ross, 1998). Esse efeito causa preocupação quanto à exposição humana, que também acumula esses compostos pelo consumo de peixe.

A discussão sobre a integração da avaliação de risco ecológico com o risco à saúde humana é facilitada pelo uso da estrutura de avaliação de risco comum a ambas as avaliações. Vários procedimentos metodológicos referentes à avaliação de risco ambiental estão sendo empregados em diferentes países, todavia, quatro elementos básicos refletem a metodologia de avaliação de risco, seja ela ecológica e/ou à saúde humana. Essas etapas, parcialmente abordadas no Capítulo 4, são: identificação do perigo, avaliação dose–resposta, avaliação da exposição e caracterização de risco (NRC, 1983).

CONTEXTO METODOLÓGICO DA AVALIAÇÃO DE RISCO AMBIENTAL

A Agência Americana de Proteção Ambiental (EPA) instituiu em 1980 a Lei Abrangente de Resposta, Indenização e Responsabilidade Ambiental (Comprehensive Environmental Response, Compensation and Liability Act – CERCLA), conhecida como Lei do Superfundo. Essa lei estabeleceu um programa nacional destinado a identificar e descontaminar áreas com resíduos perigosos nos Estados Unidos. O objetivo desse programa é proteger a saúde humana e o ambiente das usuais e potenciais ameaças que as substâncias perigosas não controladas representam para a sociedade (USEPA, 1989b). Para auxiliar na implantação do programa Superfund, a EPA desenvolveu um processo de avaliação de risco à saúde humana como parte do programa de remediação.

Esse processo foi adaptado a partir de três outros documentos: o elaborado pela Academia Nacional de Ciência (NAS), em 1983, intitulado Avaliação de Risco no Governo Federal: processo de gerenciamento (Risk Assessment in the Federal Government: Managing the Process); o desenvolvido pelo Departamento de Política de Ciência e Tecnologia (OSTP), em 1985; e pelo Serviço de Pesquisa do Congresso (CRS). Em 1985, por solicitação da EPA, a agência americana ATSDR (Agency for Toxic Substances and Disease Registry) passou a realizar avaliações de saúde pública em locais com resíduos perigosos. Desde então, a ATSDR vem aperfeiçoando sua abordagem de avaliação de risco para a saúde pública (ATSDR, 2002).

A partir das Leis CERCLA (1980) e SARA (1986), outras iniciativas de adaptação metodológica de avaliação de risco surgiram para setores específicos, como foi o caso do petróleo, que vem utilizando os procedimentos da RBCA (Risk-Based Corrective Action Applied at Petroleum Release Sites) principalmente para áreas de passivos ambientais contaminadas com hidrocarbonetos. A RBCA foi homologada pela American Society for Testing and Materials (ASTM). Em 1998 essa metodologia foi expandida para outros contaminantes em uma nova versão, denominada Chemical Release (ASTM, 1998).

Nos Estados Unidos, os programas regulatórios estaduais e federais de avaliação de risco têm estabelecido metas de gerenciamento ambiental para compostos químicos com base no valor basal *(background)*, nas concentrações das substâncias e/ou compostos em áreas não impactadas ou nas concentrações do contaminante que podem ser alcançadas com o uso de tecnologias limpas, limite de detecção analítica e os efeitos observados no ambiente e no homem (USEPA, 1996a, 1989b, 1986b, 1998; UNEP/IPCS, 1999).

A metodologia pioneira de avaliação de risco ambiental, oriunda da Academia Nacional de Ciência Americana (NAS) e adaptada pela Agência Americana de Proteção Ambiental (EPA) por intermédio de documentos já mencionados, é tradicionalmente composta por quatro etapas inter-relacionadas. A saber:

- identificação do perigo;

- avaliação dose–resposta;

- avaliação da exposição;

- caracterização de risco.

Essas etapas deverão estar presentes de forma interativa no processo analítico de um estudo de avaliação de risco sócio-ambiental como parte integrante da metodologia. Essa metodologia pode ser aplicada a situações de risco sócio-ambiental atual, passada ou futura. Todavia, a experiência nacional e internacional tem mostrado que a avaliação de risco vem sendo aplicada principalmente em situações em que a contaminação química por produtos perigosos representa um cenário retrospectivo com riscos ambientais e ecológicos associados à exposição presente.

Identificação do perigo

Configura-se como a primeira etapa do processo metodológico de avaliação de risco. O primeiro passo dessa etapa é identificar o contaminante primário, isto é, aquele oriundo da fonte de contaminação, suspeito de representar riscos ao ambiente e à saúde humana, e a quantificação das concentrações no ambiente ou ao menos sua ordem de grandeza. Essa caracterização deve ser acompanhada de uma descrição das formas específicas de toxicidade (neurotoxicidade, carcinogenicidade, teratogenicidade, etc.) do contaminante de interesse e da descrição dos meios de contaminação envolvidos (água, ar, solo e biota) nos quais os contaminantes químicos e os agentes físicos e/ou biológicos podem ser encontrados. Os dados que dão suporte a essa caracterização podem ser oriundos do monitoramento ambiental, de estudos epidemiológicos e de toxicidade em animais ou de outros tipos de estudos experimentais. Essa etapa do processo de avaliação de risco pode ser caracterizada como avaliação de perigo quali-quantitativa. A análise permite identificar se os contaminantes e/ou estressores são relacionados aos danos ecológicos e à saúde humana. A avaliação da toxicidade (abordada no Capítulo 4) é uma fase intermediária entre identificação do perigo e estabelecimento da relação dose–resposta. O resultado da avaliação de perigo é estabelecer, por intermédio de julgamento científico, se um ou mais agentes perigosos podem, em determinadas condições de exposição, representar efeito adverso à saúde humana e ao ambiente. Essa etapa deve responder à seguinte pergunta: quais são os perigos potenciais na área impactada? Essa etapa metodológica da avaliação de risco será fundamental para a formulação do problema na estruturação do estudo (USEPA, 1997, 1992a).

AVALIAÇÃO DOSE–RESPOSTA

A avaliação da relação dose–resposta, como já abordado no Capítulo 4, consiste no processo de caracterização da relação entre a dose administrada ou recebida de uma ou mais substâncias e a incidência de um dado efeito deletério significativo no ambiente e/ou numa população exposta a essas substâncias (USEPA, 1989b). O efeito de um agente químico sobre a saúde humana depende da concentração inalada, ingerida ou absorvida que efetivamente chega ao órgão-alvo para aquela substância. Em resumo, o efeito do contaminante no organismo humano depende da toxicocinética e da toxicodinânica desse contaminante. A relação dose–resposta descreve a proporção das respostas individuais em relação à magnitude da dose para um período específico de exposição. Essa relação deve ser estudada para cada substância química quanto a sua toxicidade intrínseca e a seu modo de ação (WHO, 1999; UNEP/IPCS, 1999). A função dose–resposta usada na avaliação de risco converte o perfil de exposição, derivado de um modelo de exposição, em efeito à saúde (NAS, 1994). Para a avaliação dose–resposta de um dado contaminante é importante conhecer a dose abaixo da qual não ocorrem efeitos adversos ao ecossistema e à saúde humana. Essa dose-limite, como já abordado no Capítulo 4, é denominada NOAEL (*No observed adverse effect level*), isso corresponde a um valor-limite resultante da relação dose–resposta que não representa efeitos adversos observáveis para o homem e para os organismos expostos a determinados contaminantes ambientais. Esses estudos normalmente são usados como dados primários e/ou para complementar estudos epidemiológicos (USEPA, 1991, 1994).

Para a maioria dos efeitos tóxico-neurológicos, comportamentais, imunológicos, carcinogênicos não genotóxicos e outros, considera-se que há concentração abaixo da qual efeitos adversos não são observados. Para esses, um valor-limite não pode ser estabelecido. Para os efeitos tóxicos mutagênicos e carcinogênicos genotóxicos, há probabilidade de ocorrência de dano em qualquer nível de exposição, ou seja, não há limiar de tolerância.

Para os contaminantes com propriedades toxicológicas é essencial conhecer os limiares para a relação dose–resposta, a fim de garantir que a exposição de indivíduos ou de uma população não exceda a dose para a qual existe possibilidade de ocorrência de efeitos adversos. Duas grandezas são usadas para caracterizar o NOAEL e o LOAEL *(Low observed adverse effect level)*, que se refere à dose mais baixa de um contaminante químico ou estressor ambiental que pode causar algum efeito adverso observável ao ecossistema e/ou ao homem. No caso de não haver um valor de NOAEL, é utilizado o valor observado experimentalmente. Esse valor é definido como a dose mais baixa para a qual há indicação estatística ou biológica significativa de aumento de incidência ou severidade de um ou mais efeitos adversos para o indivíduo ou para um grupo exposto (USEPA, 1989b; Farland *et al.*, 1992).

O critério adotado pela EPA para avaliação da toxicidade sistêmica é a dose de referência (RfD – *Reference Dose*). A RfD é definida como uma estimativa, incluindo incerteza que pode atingir valores de mais de uma ordem de grandeza, para uma exposição diária de população humana, incluindo os grupos mais sensíveis que, provavelmente, não apresentarão efeitos adversos à saúde humana. A RfD é obtida dividindo-se o NOAEL por fatores de incerteza da ordem de 1 a 10.000. O valor do fator de incerteza a ser aplicado depende da natureza do efeito tóxico, da adequabilidade dos dados utilizados na obtenção do NOAEL e das variações interespécie e interindividual. Geralmente utiliza-se um fator de incerteza equivalente a 100, considerando um valor de base 10 para as diferenças interespécies e outros 10 para as variações interindividuais, na ausência de conhecimento específico sobre a toxicocinética e a toxicodinâmica. Se dados relevantes sobre a cinética e os mecanismos de ação do agente químico estão disponíveis, esses fatores de incerteza podem ser reduzidos. O desenvolvimento dessa relação dose–resposta pode ser baseada no uso de modelos matemáticos (NCRP, 1984a). Essa fase do estudo de risco pode incluir uma avaliação das variações das respostas, como, por exemplo, da suscetibilidade entre indivíduos jovens e idosos (WHO, 1999; USEPA, 1989b).

Para os agentes carcinogênicos adota-se a probabilidade de ocorrência de dano em qualquer nível de exposição, vários métodos têm sido adotados para caracterizar a dose–resposta em exposições a baixas doses. A exemplo das abordagens utilizadas para os efeitos sistêmicos, os modelos usados tendem a incorporar mais os dados científicos disponíveis, incluindo a mutagenicidade, os diferentes estágios do processo carcinogênico e o tempo de latência do tumor; a toxicocinética; e as variações interindividuais. Considerando a complexidade do efeito crítico em questão, várias proposições têm sido feitas, não se definindo até o momento o melhor modelo a ser adotado. Para os compostos carcinogênicos, utiliza-se o fator de potência (*slope factor*) disponível na literatura específica, que representa o risco produzido pela exposição diária durante toda a vida sob exposição de 1 mg/kg/ dia do composto.

AVALIAÇÃO DA EXPOSIÇÃO

A avaliação da exposição é um componente fundamental no processo de avaliação de risco e as diversas metodologias para essa etapa da avaliação têm sido amplamente divulgadas na literatura internacional (Seven, 1987; USEPA, 1989b; Stevens *et al.*, 1989, Sexton *et al.*, 1992, USEPA, 1992a, b). Essa etapa da avaliação de risco consiste no contato de um organismo com um agente físico e/ou químico. A magnitude da exposição é determinada pela medida ou estimativa de um agente químico disponível no meio (ar, água ou solo) e por sua capacidade de incorporação num organismo (biota e homem) durante período específico.

No caso da exposição humana, as principais vias de entrada de um agente químico são pulmão, pele e trato gastrintestinal (USEPA, 1992a, b). Na avaliação do risco à saúde humana, o objetivo da exposição é determinar ou estimar a magnitude, a freqüência, a duração e as vias de exposição mais representativas de efeitos potenciais à saúde do homem. Uma vez determinado o estressor ambiental e os receptores expostos aos agentes químicos, o próximo passo é determinar como eles podem estar expostos. Esse é um processo no qual os caminhos potenciais de exposição são identificados. Na identificação dos caminhos de exposição, a fonte do agente químico na área impactada é determinada e os caminhos pelos quais o contaminante pode migrar no ambiente e ser transportado até os receptores devem ser considerados. A avaliação da exposição introduz informações específicas do local impactado na caracterização do risco (Pedrozo *et al.*, 2002).

Essa etapa da avaliação no processo de análise de risco à saúde humana é dependente de alguns fatores, incluindo a forma de contato e introdução do agente/contaminante no organismo humano e sua toxicocinética. A dose depende da quantidade do contaminante que é absorvida após a introdução no organismo. Por exemplo, para os contaminantes atmosféricos, a dose potencial é o produto da taxa de respiração (volume de ar inalado por unidade de tempo), da concentração do contaminante no meio de exposição e da taxa de absorção do contaminante. Entretanto, a exposição a contaminantes atmosféricos só representa uma dose se os mesmos foram absorvidos pelos pulmões e depositados na superfície dele ou em outros locais do trato respiratório. As taxas de inalação e/ou ingestão não são tipicamente constantes em relação ao tempo, mas podem variar dentro de limites conhecidos. O estudo dos indivíduos ou da população da área em foco, objeto da avaliação da exposição, é de extrema importância para a análise e o entendimento dos resultados da avaliação. Nessa abordagem, o estudo epidemiológico – estudo de ocorrência e causa das doenças – é de fundamental importância no processo de avaliação de risco. Esse estudo tem por propósito contribuir para a caracterização dos indivíduos ou da população exposta. Essa caracterização deve ser complementada por um levantamento das características dos indivíduos ou da população e pela utilização de instrumentos de coleta de dados, como, por exemplo, entrevistas e questionários, que elucidarão os hábitos da população e suas características sociais, culturais e demográficas e qualificarão as variáveis que estão associadas à avaliação da exposição. Os indivíduos afetados por determinada situação de exposição dependem diretamente da dose do agente no organismo, de seus mecanismos de ação e da suscetibilidade dos indivíduos expostos (Hacon, 1996). Todo estudo de avaliação da exposição deve considerar múltiplos cenários de exposição, incluindo os reais e atuais, aqueles hipotéticos e os conservativos, além dos grupos mais sensíveis de dada população, de modo a proteger o maior número de indivíduos expostos.

A avaliação da exposição pode considerar situações passadas, presentes ou futuras nas quais as estimativas serão realizadas a partir de medidas presentes, levantamentos e situações passadas e modelos de diversos tipos, para complementar a ausência de informações ou prever comportamentos futuros. A análise de incerteza é imprescindível nessa fase do estudo, uma vez que são diversas as incertezas associadas à modelagem de risco, a qual poderá subsidiar tecnicamente o processo de tomada de decisão. No caso de áreas contaminadas no passado, é indicado o uso de medida das concentrações do contaminante químico no tecido humano. Entretanto, é necessário definir o melhor marcador de exposição em função do contaminante e de sua forma química, da via de exposição mais representativa e do tempo decorrente entre a exposição e a coleta do indicador biológico de exposição. Deve-se considerar também que as concentrações de alguns contaminantes químicos no passado, em determinado ecossistema (dependendo das características do meio), podem permanecer na mesma ordem de grandeza em relação à exposição atual. Esse cenário depende do comportamento do contaminante no meio de exposição, incluindo seu período de persistência, suas características físico-químicas e seus múltiplos cenários de exposição. Todo estudo de avaliação da exposição deve ser acompanhado da análise de incertezas. Essa temática será tratada mais adiante.

No caso dos ecossistemas, em que a avaliação da exposição tem por alvo a biota, a caracterização da exposição descreve o contato potencial ou atual do estressor com o receptor. Essa avaliação baseia-se em medidas de exposição, sua distribuição no ambiente, padrão e extensão de contato ou ocorrência do estressor e características do ecossistema e dos receptores ambientais (USEPA, 1998). O objetivo da avaliação da exposição num determinado ecossistema é produzir um perfil de exposição que identifique o receptor (entidade ecológica) e descreva o curso do estressor da fonte ao receptor e a intensidade espacial e temporal de ocorrência ou contato do estressor. Na avaliação do risco ecológico, o perfil de exposição está associado ao de efeito. Esse perfil deve permitir a relação estressor/ resposta a partir da caracterização dos efeitos (USEPA, 1992a). Num ecossistema, a identificação do meio de exposição (sedimento, água, ar ou solo) é tarefa primária. Para a exposição ser completa é necessário que o transporte do contaminante seja capaz de migrar da fonte ao receptor ecológico.

Uma vez determinados os receptores expostos aos agentes químicos, o próximo passo é determinar como eles podem ser expostos, a freqüência e a duração da exposição. Essa freqüência e duração podem estar associadas à sazonalidade da região, ao ciclo reprodutivo, dentre outros.

O entendimento dos mecanismos de toxicidade do estressor ambiental ajuda a avaliar a importância dos meios potenciais de exposição e objetiva a seleção da avaliação do *endpoint*. Alguns contaminantes, por exemplo, afetam primariamente os animais vertebrados pela interferência de órgãos que não são encontrados nos invertebrados ou plantas, como o sistema hormonal dos vertebrados. Outras substâncias podem afetar primariamente certos grupos de insetos, por exemplo, interferindo nos hormônios necessários à metamorfose (USEPA, 1997a, b).

As diferentes vias de exposição são importantes para diferentes grupos de organismos. Para os animais terrestres, três vias de exposição necessitam ser avaliadas, a inalação, a ingestão e a absorção dermal. Para as plantas terrestres, a absorção de contaminantes ocorre pelas raízes, quando estão no solo, e pelas folhas, pela evaporação do contaminante do solo ou por meio da deposição deste nas folhas. Para os animais aquáticos, o contato direto (da água ou sedimento com as brânquias ou tegumento) e a ingestão de alimentos devem ser considerados. Para as plantas aquáticas, o contato direto com a água e algumas vezes com o ar e os sedimentos é a via primária de exposição. Os caminhos e as vias de exposição também estão relacionados às propriedades físico-químicas do contaminante e suas características ecotoxicológicas (Walker *et al.*, 2001).

O perfil da toxicidade deve descrever os mecanismos de ação para as rotas de exposição avaliadas e a dose ou as concentrações ambientais que causam efeito adverso específico. Para a avaliação do risco ecológico, a avaliação do *endpoint* considera qualquer efeito adverso nos receptores ecológicos, em que os receptores são plantas, populações e/ou comunidades de animais e ambientes sensíveis. Efeitos adversos em populações podem ser inferidos de medidas relacionadas à reprodução, crescimento e sobrevivência prejudicada. Em comunidades, podem ser inferidos de mudanças na estrutura e na função das comunidades. E, nos habitantes, podem ser inferidos de mudanças na composição e nas características que reduzem a habilidade do habitat em suportar uma população de animais, plantas e comunidades (USEPA, 1997b). Muitas das avaliações de exposição das entidades ecológicas são baseadas na avaliação genérica dos *endpoints,* como, mudanças na estrutura e na função das comunidades aquáticas. Os efeitos de maior preocupação são aqueles que podem impactar as populações ou níveis mais elevados da organização biológica. Estes incluem os efeitos adversos no desenvolvimento, na reprodução e na sobrevivência das entidades ecológicas. A avaliação da exposição potencial aos receptores (humanos e entidades ecológicas) é estimada por intermédio da dose diária média obtida pela equação-padrão para cálculo da dose potencial (USEPA, 1989b).

$$\text{Dose potencial} = \frac{C \times TI \times TA \times FE \times DE \times 1/AT}{PC}$$

C = concentração média do agente estressor no meio (exemplo: mg/L na água);

TI = taxa de ingresso do contaminante no organismo (exemplo: L água/d);

TA = taxa de contato ou absorção da substância em %;

FE = freqüência da exposição (dias/ano);

DE = duração da exposição (horas, dias, anos);

PC = peso corpóreo (kg);

AT = tempo ponderado da avaliação.

CARACTERIZAÇÃO DO RISCO

É a etapa final do processo analítico de avaliação de risco. Integra as etapas anteriores e apresenta de forma sintetizada a expressão do risco qualitativo, por intermédio da avaliação da toxicidade da substância, e quantitativo, por meio dos resultados da avaliação da exposição para qualquer perigo associado ao agente de interesse liberado no sistema ambiental. A caracterização do risco permite evidenciar a relação entre os efeitos ecológicos e os efeitos à saúde humana resultantes da exposição. A partir dessa caracterização, o gerente de risco está de posse de ferramentas que lhe permitem propor ações de remediação e/ou ações preventivas, considerando a ocorrência da exposição e os efeitos atuais e futuros nos planos sócio-ambiental e econômico. Nessa fase será analisada a representatividade do risco estimado para o sistema ambiental, quando necessário, incluindo os *endpoints* ecológicos e os marcadores de efeitos adversos para as comunidades locais na área de influência do empreendimento. O resultado da caracterização do risco normalmente é uma estimativa conservadora , para a qual geralmente se superestimam os riscos reais, garantindo de certa forma que os grupos mais sensíveis de uma população humana estejam protegidos dos efeitos adversos a sua saúde (ASTM, 1998).

A estimativa quantitativa do risco ambiental deve ser acompanhada de uma completa discussão do significado dos efeitos adversos para os grupos expostos, apresentando evidências que dêem suporte à severidade do dano, às perdas econômicas e às perdas para o ecossistema. As informações apresentadas na caracterização do risco deverão embasar o tomador de decisão com informações sucintas e bem respaldadas técnica e cientificamente. As conclusões deverão propor medidas de gerenciamento de risco, considerando o cenário atual e um ou mais cenários prospectivos, bem como a completa discussão sobre as incertezas associadas à estimativa do risco.

A caracterização quantitativa do risco consiste no cálculo do potencial de ocorrência dos efeitos. No caso das substâncias tóxicas, essa caracterização é feita por meio do quociente de risco (QR), calculado pela razão entre a dose de exposição ou potencial e a dose de referência, como apresentado a seguir. Esse resultado é adimensional (USEPA, 1989b).

$$QR = \frac{\text{Dose potencial}}{\text{RfD}}$$

QR = quociente de risco;

Dose potencial = incorporação diária do poluente no organismo (expresso em mg/kg/dia);

RfD = dose de referência para o contaminante de interesse (mg/kg/dia).

O que se obtém da equação anterior é que um quociente de risco QR < 1 indica ser pouco provável, mesmo para grupos populacionais mais sensíveis, a ocorrência de efeitos adversos à saúde humana. Nesse caso, o risco é considerado desprezível. Se a dose potencial exceder o valor do QR > 1, há possibilidade de potenciais efeitos adversos não carcinogênicos.

Para as substâncias carcinogênicas, os riscos são estimados a partir da seguinte equação (DE ROSA *et al.*, 1992; USEPA, 1986b):

$$RC = (DCD)\,(SF)$$

RC = probabilidade de um indivíduo desenvolver câncer em razão da exposição a um agente cancerígeno;

DCD = dose crônica diária de um agente cancerígeno ao longo de toda a vida (70 anos) (mg/kg/d);

SF = fator potencial de carcinogenicidade (risco/(mg/kg/d).

Deve-se comparar o risco individual de câncer, obtido pela equação anterior, ao risco populacional de câncer, medido pela seguinte equação:

$$IC = (RI)\,(PE)$$

IC = incidência de câncer;

RI = risco individual;

PE = população exposta.

Para compostos carcinogênicos não há limite seguro de exposição no qual o risco de contrair câncer seja nulo. Utiliza-se uma probabilidade aceitável que varia de 1 caso adicional de câncer em 1 milhão de pessoas, ou seja, um risco de 10^{-6}, a 1 caso adicional em 10 mil pessoas, ou seja, um risco de câncer de 10^{-4} (USEPA, 1986d).

BIOMARCADORES E O PROCESSO DE AVALIAÇÃO DE RISCO AMBIENTAL

O primeiro ponto de discussão em qualquer processo de avaliação é decidir o que será avaliado, considerando que é quase impossível avaliar todos os contaminantes em um sistema ambiental poluído. Pode parecer evidente, mas é surpreendente verificar como é raro um estudo de risco apresentar objetivos bem definidos em relação aos contaminantes e/ou estressores de interesse. Similar consideração aplica-se ao uso de biomarcadores. Por que usar biomarcadores na avaliação de risco? Uma importante razão é a limitação da avaliação de risco clássica. A clássica abordagem de avaliação de risco é medir a quantidade do contaminante presente e relacioná-lo com os dados experimentais de animais de laboratório e os efeitos adversos causados por dada quantidade do contaminante. A grande limitação dessa abordagem é que somente para poucos compostos químicos têm sido possível definir os níveis de produtos químicos que são críticos para os organismos. O real cenário de exposição aos compostos químicos abrange grande variedade de organismos expostos e complexa mistura de contaminantes. O sistema de monitoramento químico e biológico deve ser realizado de forma complementar.

O processo de avaliação de risco ambiental vem fazendo uso dos bioindicadores na avaliação do risco ecológico e dos biomarcadores na avaliação do risco à saúde humana. Os bioindicadores são medidas que incluem todos os níveis de organização ecológica, considerando desde uma única espécie até as populações de um ecossistema. Na abordagem integrada do risco ecológico e à saúde humana, os bioindicadores e os biomarcadores podem ser usados para avaliar populações humanas e ecossistemas com diferentes níveis de organização (Walker *et al.*, 2001). Esses indicadores podem ser usados para auxiliar no processo de remediação, respaldar os modelos de exposição e avaliar o sucesso de remediação, restauração e gerenciamento ambiental.

O termo *biomarcador* é usado de forma ampla, incluindo quase qualquer medida que possa refletir a interação entre o sistema biológico e um agente ambiental, que pode ser químico, físico ou biológico. Entretanto, a discussão neste capítulo está limitada aos agentes químicos. O termo biomarcador tem ganhado aceitação recentemente e pode ser definido como qualquer resposta biológica correspondente a uma exposição, efeito ou suscetibilidade dos indivíduos aos agentes químicos e/ou estressores ambientais, entretanto, seu uso deve considerar os fatores éticos e sociais. A análise de tecidos e fluidos corpóreos, metabólitos, enzimas e outros parâmetros bioquímicos tem sido usada para documentar a interação da substância química com o sistema biológico. Essas medidas são reconhecidas por representar associação entre a dose interna do contaminante e a exposição a um ou mais contaminantes químicos; seus resultados são de grande relevância para o processo de avaliação de risco à saúde humana. As respostas medidas podem ser funcionais, fisiológicas, bioquímicas em nível celular ou de interação molecular. Na avaliação de risco à saúde humana esses biomarcadores podem ser usados, por exemplo, para comparar subgrupos de uma população com a população geral (WHO, 1995; WALKER *et al.*, 2001).

Na avaliação de risco à saúde humana, os biomarcadores de exposição podem ser usados na identificação do perigo, na associação da resposta com o quadro clínico apresentado pelo indivíduo e na probabilidade de resultar em doença. Na avaliação da exposição, estes podem ser usados para confirmar e avaliar se os indivíduos e as populações expostas a uma substância química específica apresentam associação entre a exposição externa e a dosimetria interna. Os biomarcadores de efeito podem ser usados para documentar alterações pré-clínicas ou efeitos adversos à saúde, elucidados pela exposição externa e pela absorção de um químico. As associações entre os biomarcadores de exposição e efeito contribuem para a definição da relação dose–resposta. Os biomarcadores de suscetibilidade ajudam a elucidar o grau de resposta da exposição apresentada pelo indivíduo. A seleção apropriada de biomarcadores é de crucial importância para obter maior precisão em relação à caracterização causa–efeito e dose–efeito e ao diagnóstico clínico na avaliação de risco à saúde humana dos indivíduos ou subgrupos de uma população, bem como às conseqüentes implicações para a proposta de monitoramento, mitigação e proteção à saúde humana (WHO, 1993). Entretanto, a seleção dependerá do nível de conhecimento científico do cenário em análise, que pode ser influenciado por fatores sociais, éticos e econômicos. Os biomarcadores podem ser classificados em:

Biomarcadores de exposição ou de dose interna

São os que indicam a exposição de um organismo a uma ou mais substâncias químicas, mas não fornece informação sobre o grau de efeito adverso que essa exposição pode causar. O componente da avaliação da exposição no processo de avaliação de risco tem por objetivo estimar quali e quantitativamente a exposição por intermédio de uso de medidas e modelos. Nesse contexto, as medidas podem ser as concentrações do agente químico no alimento, na água e no ar, bem como podem refletir a exposição atual de um indivíduo ou população. Os efeitos adversos num sistema biológico só serão produzidos a partir do alcance do agente a um sítio específico por tempo suficiente para produzir a manifestação adversa. Logo, o bioindicador de exposição reflete a distribuição do agente químico ou seus produtos de biotransformação no organismo. Teoricamente, essa distribuição pode se dar por meio de vários níveis biológicos (células, tecidos, etc.) (Corvalan *et al.*, 2000). O conceito de biomarcador de exposição é ilustrado na Figura 8.1.

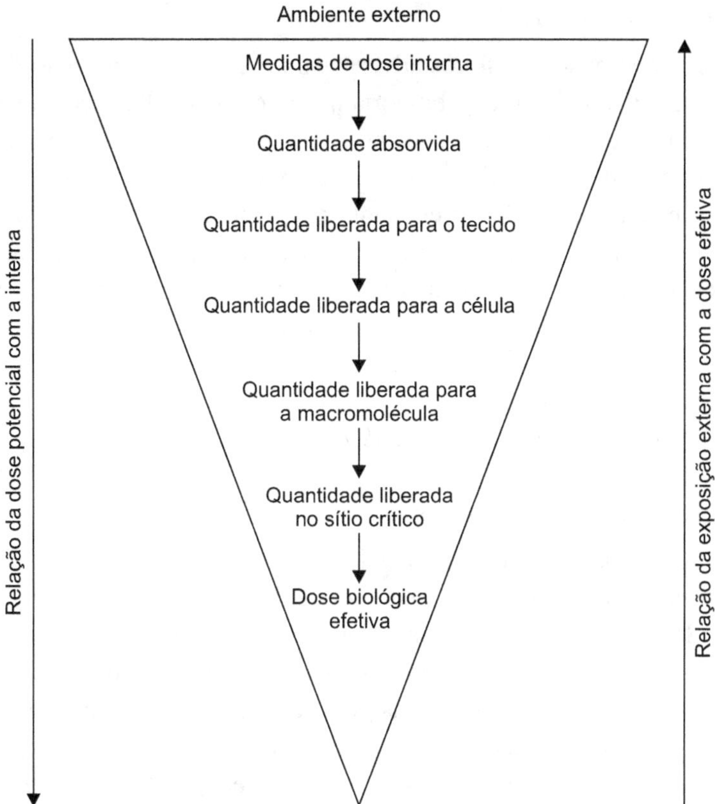

Figura 8.1 Biomarcadores de dose interna para agentes químicos, em que o maior mecanismo de ação ocorre pela interação molecular. *Fonte*: WHO (1993), modificado.

A modelagem matemática usa os dados resultantes das medidas de biomarcadores para descrever os modelos cinéticos. Conforme ilustra a Figura 8.1, o agente químico absorvido é distribuído entre vários compartimentos no organismo, sendo a distribuição do contaminante dependente da natureza do compartimento e da afinidade lipídica do químico (Andersen *et al.*, 1995). Os modelos mais simples usam somente um compartimento, mas os multicomportamentais que incorporam os marcadores de exposição em relação aos *endpoints* são bem estabelecidos. Por exemplo, o modelo biocinético para o chumbo tem sido usado para prognóstico dos níveis de chumbo no sangue de indivíduos e comunidades (Della Rosa *et al.*, 1991; WHO, 2000). Biomarcadores são usados extensivamente na toxicovigilância de trabalhadores expostos a metais, como chumbo, cádmio, mercúrio, níquel, cromo e arsênio, e a compostos orgânicos, como benzeno, clorobenzeno, hidrocarbonetos e solventes.

BIOMARCADORES DE EFEITO

São aqueles que demonstram efeitos adversos no organismo, por meio da medida de parâmetro bioquímico, fisiológico, comportamental ou outra alteração que, dependendo da magnitude da exposição, pode ser reconhecida como associada a possível enfraquecimento do estado de saúde do indivíduo ou caracterizado como doença. Esses biomarcadores podem ser usados diretamente na identificação do perigo e na avaliação da dose–resposta no processo de avaliação de risco. Há grande variação interindividual nas respostas equivalentes à dose de um agente químico. Muitos biomarcadores de efeito são usados nas práticas diárias em clínicas de diagnóstico, mas para proposta de prevenção, o bioindicador ideal de efeito é aquele que mede as mudanças reversíveis. Todavia, certos biomarcadores de efeitos não reversíveis podem ser muito úteis ou prover oportunidade para intervenção clínica precoce (Travis, 1992; WHO, 1993).

BIOMARCADORES DE SUSCETIBILIDADE

É um indicador inerente ou de adquirida habilidade do organismo em responder aos desafios da exposição à substância específica, xenobiótica. Vários fatores externos, como idade, dieta e estado de saúde podem influenciar a suscetibilidade de um indivíduo exposto a um ou mais agentes químicos. Embora os indivíduos possam estar expostos ao ambiente com similar exposição ambiental, as diferenças genéticas em relação ao metabolismo podem produzir doses diferentes em um órgão-alvo, com diferentes níveis de resposta. Mesmo quando as doses são similares, diferentes respostas podem ser observadas nos indivíduos, em razão do grau de variedade inerente às respostas biológicas. Os biomarcadores de suscetibilidade podem refletir os fatores adquiridos ou os genéticos, que podem influenciar a resposta da exposição. Trata-se de fatores preexistentes e independentes da exposição. São predominantemente genéticos na origem, embora doenças, mudanças fisiológicas, medicação e exposição a outros agentes ambientais possam alterar a suscetibilidade individual (Ecetoc, 1995; WHO, 2000).

A identificação de biomarcadores que avaliam a toxicidade das substâncias químicas, associada a diferentes *endpoints* ou resultados, requer cooperação de pesquisa interdisciplinar. Isso pode ser evidenciado em relação à carcinogênese, neurotoxicidade, imunotoxicidade e toxicidade pulmonar e reprodutiva. Essas áreas não são igualmente desenvolvidas no campo da pesquisa, e o uso de biomarcadores para avaliação da toxicidade fortalece o processo de confiabilidade de predição do risco.

A monitorização biológica definida pelo comitê misto CCE/NIOSH/OSHA (Berlin *et al.*, 1982) como "a medida e avaliação de agentes químicos ou de seus produtos de biotransformação em tecidos, secreções, excreções, ar exalado ou alguma combinação desses, para estimar a exposição ou o risco à saúde quando comparado com uma referência apropriada", tem sido usada principalmente para avaliação da exposição ocupacional e, no cenário clínico, para avaliar a administração de agentes terapêuticos. Essas medidas ou bioamarcadores ilustram uma associação crítica entre exposição química, dose interna e efeitos na saúde humana, informações de grande importância na avaliação de risco. Todavia, é necessário identificar e validar para cada órgão/sistema as características dos parâmetros indicativos de indução de disfunção, toxicidade clínica ou mudanças patológicas, assim como estabelecer a especificidade e a sensibilidade de cada biomarcador e seu método de medida (IPCS, 1993). Na avaliação de risco à saúde, os biomarcadores de exposição ou efeito podem ser usados para avaliar as medidas de minimização da exposição e/ou as medidas de remediação no contexto da saúde pública. Por exemplo, confirmar a redução da exposição ambiental ao chumbo em um grupo populacional.

Os biomarcadores também podem ser usados para complementar medidas ambientais e de exposição ocupacional de agentes químicos com reconhecido potencial de efeitos adversos à saúde humana. Quando a variação da medida de um biomarcador interindivíduo é expressiva em comparação com a variação intra-indivíduo, análises de amostras pareadas aumentam o poder de o biomarcador detectar a exposição, um exemplo é a medida de acetilcolinesterase em relação à exposição a um composto organofosforado. O uso de biomarcadores, que refletem associações genéticas ou suscetibilidade a um agente químico específico ou seus metabólitos, provê uma oportunidade para reconhecimento e proteção de indivíduos sensíveis. Um clássico exemplo de efeito geneticamente associado à suscetibilidade é a fenilcetonúria em recém-nascidos. Um exemplo de suscetibilidade adquirida é o desenvolvimento de hipersensibilidade a certos gases ou partículas inaladas; o Estado de São Paulo apresenta vários exemplos do aumento de doenças em função da associação da poluição atmosférica com o agravamento da hipersensibilidade a agentes químicos e físicos (Gleice *et al.*, 2001).

SELEÇÃO E VALIDAÇÃO DE BIOMARCADORES

O processo de seleção e validação requer considerações de especificidade e sensibilidade do biomarcador como medida de contribuição da exposição a um efeito adverso observado. Um processo similar deve ser aplicado no estabelecimento da exatidão, da precisão e do controle de qualidade dos procedimentos analíticos para as medidas do biomarcador selecionado.

É necessário considerar fatores importantes que podem influenciar as respostas do agente químico, como: idade, raça, gênero, estado de saúde, suscetibilidade genética, exposições anteriores ao mesmo agente e outros. Esses fatores podem ser considerados no contexto de um aglomerado de fontes químicas, cuja fonte de interesse específico pode ser água, solo, ar ou alimento. É importante considerar as propriedades físico-químicas do agente químico: se ele está presente em uma mistura complexa ou adsorvida em uma partícula. Por exemplo, o local inicial de deposição química no organismo humano é o trato respiratório, que pode ser afetado pelo fortalecimento da associação entre o agente químico e o material particulado, assim como o tamanho da partícula no ar inalado. Outras importantes considerações são a concentração do contaminante químico, a duração, a freqüência e a magnitude da exposição, além da via de exposição humana. As informações associadas a esses fatores podem ajudar na definição do tipo de biomarcador a ser usado para avaliar a exposição, o efeito e a suscetibilidade (WHO, 1993).

A escolha dos processos de seleção e validação de um indicador requer a consideração de vários fatores. Abaixo são apresentadas as várias etapas desse processo (WHO, 1993, 2000):

1. identificação e definição do *endpoint* de interesse;

2. levantamento dos dados básicos para documentar a relação entre a exposição química, o possível bioindicador e o *endpoint*; aqui estão incluídos os dados *in vitro* e estudos em mamíferos e humanos, com avaliação da validade dos dados e protocolos de estudo;

3. escolha do biomarcador específico para os resultados de interesse, com considerações do biomarcador para especificidade do marcador em relação à exposição, e o significado em relação aos resultados para saúde ou mudanças patológicas;

4. considerações de espécimes potencialmente disponíveis para análise, com ênfase na proteção da integridade da espécie entre a coleta e a análise e a preferência por técnicas não-invasivas;

5. revisão dos procedimentos analíticos disponíveis para quantificação do biomarcador e suas limitações em relação ao limite de detecção, sensibilidade, precisão e exatidão;

6. estabelecimento de protocolo analítico com previsão para controle e garantia de qualidade;

7. avaliação de intra e intervariação individual de populações não expostas;

8. análise de banco de dados para estabelecer a relação dose–resposta e dose–efeito e suas variações com ênfase nos indivíduos suscetíveis;

9. cálculo ou predição do risco à saúde humana da população em geral ou subgrupo;

10. revisão das considerações éticas e sociais.

O uso de biomarcadores, na avaliação de risco, provém informações dos efeitos dos poluentes a partir de determinado nível de exposição, tanto ocupacional quanto ambiental. O uso de biomarcadores no biomonitoramento é complementar e mais usual que somente o monitoramento químico envolvendo determinação ou predição de níveis de contaminantes. Uma das vantagens do uso de biomarcador é mostrar que a fisiologia de um organismo está normal, indicando que ações de remediação não são necessárias ou, possivelmente, o oposto. O aconselhável é integrar o biomarcador ao monitoramento químico do contaminante no sistema ambiental.

Na avaliação do risco ecológico, respostas biológicas de elevado nível organizacional (população, comunidade e ecossistema) são consideradas bioindicadores. Apesar da importância de qualquer mudança em qualquer um desses níveis, as mudanças são tão gerais que não podem ser consideradas biomarcadores específicos. A relação entre um biomarcador e um bioindicador, considerando suas especificidade e relevância ecológica, é mostrada na Figura 8.2.

Figura 8.2 Relação entre biomarcador e bioindicador considerando suas especificidade e relevância ecológica. *Fonte*: Walker *et al.* (2001), modificado.

Em geral, é difícil relacionar mudanças bioquímicas e ecológicas a indicadores fisiológicos (embora haja bons exemplos em relação aos efeitos do DDT e seus isômeros na casca de ovos de anfíbios e aves que se alimentam de peixes). O que evidencia que mudanças fisiológicas podem estar relacionadas a mudanças populacionais massivas. Em termos de risco ecológico, é difícil relacionar mudanças ecológicas tendo uma substância química específica como causa. Alguns exemplos de biomarcadores e seu grau de especificidade são listados na Tabela 8.1.

Especificidade dos biomarcadores

Os biomarcadores podem variar de altamente específicos, como a enzima do ácido aminolevulínico dehidratase (ALAD), inibida somente pelo chumbo, até aqueles que não são específicos e afetam o sistema imunológico, podendo ter por causa amplo conjunto de contaminantes químicos. Como exemplo de biomarcador específico, o chumbo afeta várias reações enzimáticas críticas na síntese de HEME, causando concentrações anormais dos precursores no sangue e na urina. O chumbo inibe a atividade das seguintes enzimas envolvidas na biossíntese do HEME: ácido d-aminolevulínico desidratase (ALAD), ferroquelatase e coproporfirinogênio oxidase. Os resultados finais dessas mudanças nas atividades enzimáticas são: aumento urinário de porfirinas, coproporfirinas e ácido d-aminolevulínico (ALA); aumento do ALA plasmático e sangüíneo; e aumento da protoporfirina eritrocitária livre, ligada ao zinco (zincoprotoporfirina) (Paoliello, 2002). Alguns exemplos de biomarcadores e seu grau de especificidade são fornecidos na Tabela 8.1.

Tabela 8.1 Alguns biomarcadores em ordem decrescente de especificidade do poluente.

Biomarcador	Poluente	Comentários e referência
Inibidor do ALAD	Chumbo	Confiável suficientemente para substituir a análise química (Wiglfield *et al.*, 1986)
Indução de metalotionina	Cádmio	Mais difícil medir do que os níveis de cádmio (Hamer, 1986)
Fragilidade da casca do ovo	DDT, DDE, dicofol	A falta de consistência da casca do ovo é facilmente medida (Ratcliffe, 1967)
Inibição da acetilcolinesterase — AChE	Organofosforados e carbamatos	Fácil e mais confiável do que a análise química
Indução de monooxigenase	Ocs, PAHs	Mais fácil de medir do que a análise química
Respostas imunossupressoras	Metais, Ocs, PAHs	Muitos testes diferentes estão disponíveis

Fonte: Modificado de Walker *et al.*, 2001.

Ambos os biomarcadores, específicos e não-específicos, são importantes na identificação do perigo. Quando uma amostra de sangue é retirada de uma ave aquática e a atividade do ALAD determinado é possível, sem medidas adicionais, deve-se determinar o porcentual de aves que está sob um cenário de risco em razão do envenenamento por chumbo. Entretanto, a determinação do ALAD não nos dá qualquer informação sobre outros poluentes que possam estar presentes nesse ecossistema. Outro exemplo de especificidade de biomarcadores é a inibição da enzima acetilcolinesterase (AChE), que pode apresentar uma prova legal de morte por praguicidas organofosforados e carbamatos (Hill & Fleming, 1982; Guilhermino *et al.*, 1998). Entretanto, recentemente evidências têm emergido no sentido de apontar que a inibição da AChE não é causada somente por organofosforados e carbamatos. Estudos experimentais têm mostrado que detergentes e metais podem inibir a atividade de AChE e sugerem que o uso dessas enzimas como biomarcador deve ser ampliado (Guilhermino *et al.*, 1998). A indução da monooxigenase é causada por ampla variedade de agentes químicos e é um indicador sensível à presença de poluentes (Besselink *et al.*, 1997). É ainda indicação útil de que os organismos estão sendo afetados por poluentes, embora esse indicador pouco informe sobre a causa específica. Nesse caso, o indicador é útil para o direcionamento de outros estudos.

Relação entre biomarcador e efeito adverso

Nem sempre um efeito responde claramente ao biomarcador. No entanto, isso não significa invalidar o uso desse biomarcador, porque inicialmente ele demostra que o organismo foi suficientemente exposto a poluentes que causam mudanças fisiológicas. É muito útil quando se é capaz de relacionar o grau de mudança de uma resposta biológica medida com o dano e sua causa, quando uma ação de remediação é proposta e o custo pode ser defendido. Tem sido documentado que uma variedade de espécies de anfíbios e aves que apresentam efeitos fisiológicos na casca do ovo em excesso, de 16% a 18%, estão associados ao declínio da população (Walker *et al.*, 2001). A fragilidade da casca do ovo de anfíbios e aves permite definir o grau crítico do dano causado pelo contaminante. Em alguns casos, como indução de metalotionina, a mudança é um mecanismo protetor. Os mecanismos de ação de uma substância tóxica identificada em uma espécie podem conduzir à identificação e à aplicação de biomarcadores e outros indicadores de efeito em humanos e entidades ecológicas. O conhecimento da aplicabilidade de tais medidas de efeitos melhora a habilidade em estimá-los para outras espécies no processo de avaliação. Adicionalmente, a padronização de tais medidas aumenta a habilidade de entendimento da magnitude dos efeitos transversais na variedade de receptores.

Estrutura do processo de avaliação de risco sócio-ambiental

A metodologia de avaliação de risco descreve uma seqüência lógica de atividades e decisões a serem implementadas, a partir de um problema ambiental que represente perigo e risco para o ambiente e a sociedade local. Essa estrutura tem início a partir da formulação do problema que se está investigando, em que se define se o problema representa perigo para o sistema ambiental e para a saúde pública. A inserção da comunidade local desde o início do processo é de fundamental importância no contexto da avaliação de risco. Essa inserção representa preocupação social com o perigo presente, delineia os condicionantes políticos do enfrentamento das situações-problema, caracteriza as relações causais e as responsabilidades pelos riscos potenciais, bem como dá elementos para o grupo de trabalho técnico e o gerente de risco apontarem outras variáveis importantes que nem sempre são explícitas e transparentes no processo de avaliação de risco, como a organização dos atores sociais envolvidos. A participação da comunidade também contribui para a economia de tempo e de recursos financeiros no desenvolvimento do estudo, principalmente em áreas de passivos ambientais, em que nem sempre seu histórico é tarefa fácil de ser obtida.

Essas etapas no processo de avaliação de risco são representadas por atividades que consideram desde a caracterização do empreendimento/atividade e da área impactada, determinando os meios e as rotas de exposição e os receptores que podem estar direta ou indiretamente afetados pelas atividades antropogênicas atuais ou passadas, até a caracterização do risco, que permitirá quanti-qualificar o risco e a definição de ações preventivas e/ou corretivas, de forma a eliminar, reduzir e controlar esses riscos a valores aceitáveis em termos ambientais e de saúde pública. A Figura 8.3 apresenta a estrutura integrada da formulação do problema com a interação da metodologia de avaliação de risco sócio-ambiental.

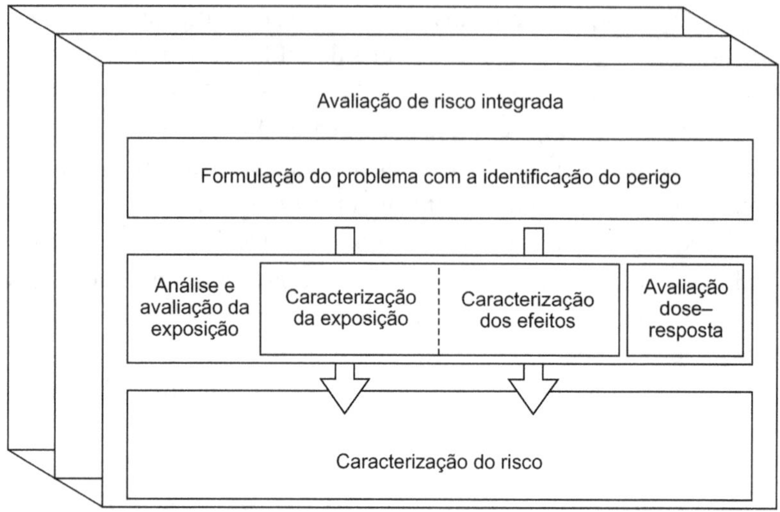

Figura 8.3 Avaliação de risco integrada.

Será descrita a estrutura de um processo de avaliação de risco sócio-ambiental para áreas contaminadas e empreendimentos em funcionamento em determinada região. Essa estrutura poderá ser adaptada para outras atividades que representem risco ao sistema ambiental e, conseqüentemente, ao homem. A estrutura a seguir contempla as quatro etapas integrantes da metodologia de avaliação de risco anteriormente mencionadas de forma interativa e segue uma linha de discussão internacional que está disponível em vários *sites*, relatórios técnicos da Agência Ambiental Americana (EPA) e documentos da UNEP (WHO, 1999) e da OECD (USEPA, 1989b, 1992, 1992a, b, 1993d, 1997, 1995c, 1996a).

FORMULAÇÃO DO PROBLEMA

A formulação do problema constitui uma fase formal do processo de avaliação de risco. Essa fase dá inicio ao processo de avaliação de risco definindo o escopo da avaliação com suas etapas planejadas de forma sistemática, de modo a identificar os fatores preponderantes a serem considerados no processo de avaliação de risco. Essa etapa do processo baseia-se em considerações preliminares do local, como visita a ele, levantamento das preocupações das comunidades locais e dos cenários das atividades desenvolvidas e a caracterização das fontes e dos agentes estressores, com base nos dados de monitoramento (dados secundários) e/ou da modelagem matemática. Esses dados permitem uma análise preliminar de identificação do perigo que, associada à avaliação da toxicidade, subsidiará a formulação do problema. Nessa fase, a formulação do problema se baseia somente nos dados secundários disponíveis e nas referências bibliográficas específicas sobre os contaminantes e/ou agentes estressores (USEPA, 1992a, c; 1989b). Essa etapa da avaliação deve preceder qualquer esforço de investigação em relação ao desenho e ao plano de análise. A caracterização dos efeitos ecológicos e dos efeitos para saúde pública depende da qualidade e quantidade de dados e de informações levantadas e disponíveis para subsidiar o referido estudo. A formulação do problema requer planejamento sistemático que permita incluir todas as informações de interesse disponíveis. Essas informações identificarão os fatores relevantes a serem considerados na estrutura do modelo conceitual. A fase de formulação do problema também insere um levantamento da legislação ambiental, em nível estadual e/ou federal, sobre os contaminantes identificados e os agentes estressores. O produto da formulação do problema é o modelo conceitual. A Figura 8.4 apresenta de forma sintetizada as etapas que constituem a estrutura de um estudo de avaliação de risco, as quais serão discutidas ao longo deste capítulo.

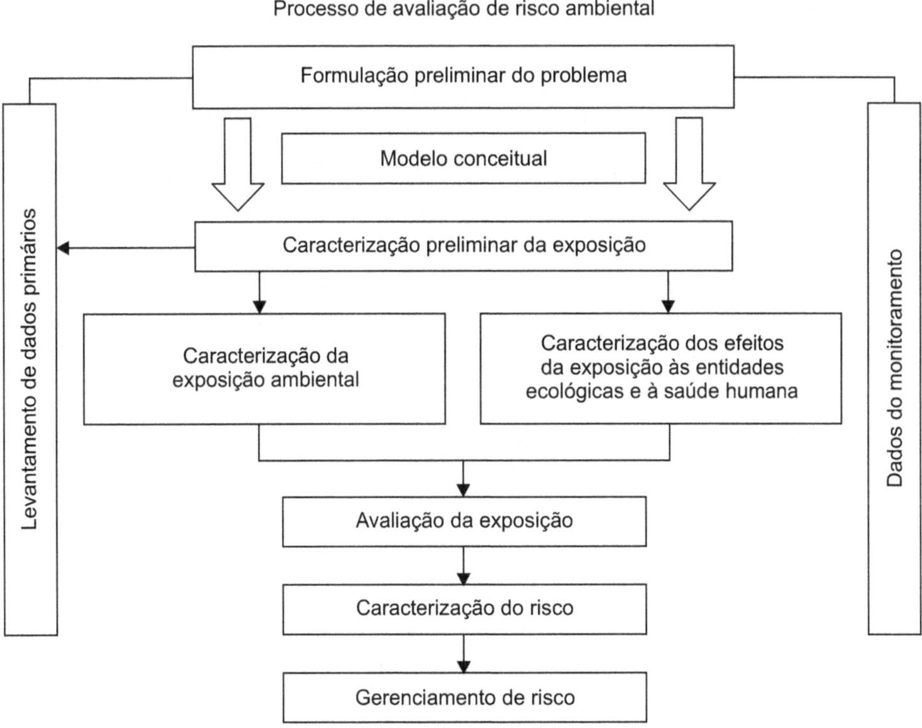

Figura 8.4 Estrutura do processo de avaliação de risco sócio-ambiental. *Fonte*: USEPA (1997), modificado.

Itens que devem integrar a fase de formulação do problema:

1. caracterização do empreendimento e/ou atividade e da região;

2. levantamento e identificação de todas as fontes de liberações perigosas (atmosférica, hídrica e a disposição de resíduos sólidos e/ou semi-sólidos, assim como os passivos da atividade);

3. caracterização dos mecanismos de transporte e destino dos contaminantes oriundos das fontes de contaminação;

4. avaliação ecotoxicológica dos agentes estressores, que definirá sua importância para o sistema ambiental e para a saúde humana;

5. seleção dos prováveis receptores e identificação dos *endpoints* em nível de sistema ambiental e saúde pública;

6. avaliação preliminar da exposição;

7. levantamento das incertezas associadas aos cenários da exposição e à sua estimativa.

Todas as informações deverão estar georreferenciadas em uma escala que permita aos atores sociais visualizar as informações de forma espacial.

CARACTERIZAÇÃO DA ATIVIDADE PERIGOSA E DA REGIÃO

O primeiro passo para realizar um estudo de avaliação de risco é o levantamento e a análise de dados relativos às características da atividade perigosa e de sua área de influência, incluindo as etapas do processo operacional, as cargas de contaminantes liberadas na área focal do estudo, sua dispersão no sistema ambiental e a descrição dos meios físico e biótico. No caso de haver outra(s) fonte(s) de contaminação ambiental na região, é importante que seja(m) caracterizada(s). O gerente de avaliação de risco responsável pelo levantamento e pela análise dos dados referentes a essa fase do processo deverá avaliar e definir se os dados disponíveis são aceitáveis em termos espaciais, temporais, de qualidade analítica e de quantidade e qualidade dos parâmetros analisados, de modo a respaldar cientificamente a formulação do problema.

CARACTERIZAÇÃO DO EMPREENDIMENTO

Descrição física, incluindo: o processo e as rotinas operacionais e *layout* das instalações, em escala; as plantas de tratamento de efluentes líquidos, a descrição física e geográfica da disposição de resíduos por classe toxicológica, com apresentação de mapas; as plantas de processo e tratamento de resíduos; e a identificação dos produtos perigosos, com quantidades, formas de movimentação, armazenamento e manipulação, contemplando suas características físico-químicas e toxicológicas. Nessa caracterização devem ser consideradas as matérias-primas, os produtos auxiliares, intermediários e acabados, bem como os resíduos resultantes dos processo operacionais e/ou produtos utilizados de forma secundária nas atividades industriais.

Caracterização da área de estudo

- Localização e descrição física e geográfica do sistema ambiental da região, da ocupação e uso do espaço na área de influência da atividade, visando a localizar e caracterizar fontes potenciais de contaminação, por exemplo, área de agroindústria, esgoto sanitário, disposição de rejeitos industriais e domésticos, dentre outros, área de proteção ambiental e aglomerados residenciais.

- Revisão histórica das atividades sócio-econômicas desenvolvidas no passado e suas liberações em termos de contaminantes ambientais e a situação dos passivos ambientais existentes.

- Descrição do meio físico: essa caracterização deve incluir levantamento de dados e análise de uma série temporal de dados climáticos (sazonalidade da região, precipitação, temperatura, umidade, ocorrência de inversão térmica); dados meteorológicos (velocidade e direção dos ventos); dados geológicos; tipo de solo; dados hidrológicos; topografia (altitude predominante); classes de declividade e relevo; caracterização das águas superficiais, incluindo dados liminológicos, quando disponíveis; e formação vegetal atual.

- Caracterização do meio biótico e da biota aquática e terrestre. Havendo estudos anteriores sobre a região, os mesmos deverão ser comparados à situação atual.

- Caracterização do uso de solo na região, identificando os usos anteriores, atuais e futuros.

- Localização e caracterização sócio-demográfica das comunidades na área de entorno da atividade, incluindo as fontes de captação da água de abastecimento da região, como poços, diques e fontes de cultivo de alimentos, como hortas caseiras, leite, ovos, etc.

Caracterização das fontes de contaminação e dos agentes estressores

Trata-se de identificar e qualificar as liberações dos contaminantes para atmosfera, corpo aquático e solo. Nessa etapa é importante caracterizar se a fonte é difusa e/ou pontual e as respectivas cargas de poluentes liberadas para a área de influência da fonte de contaminação em nível temporal (freqüência e duração) e espacial (pontos e/ou área fonte). Quando os dados secundários envolvem programas analíticos e de amostragem, é necessário que os pontos de amostragem, os parâmetros analisados, sua periodicidade e as técnicas analíticas sejam apresentados e sua relevância discutida, em função das características dos contaminantes e do ambiente local. A fonte pode ser definida como o ponto ou a área em que o contaminante tem origem ou é liberado. Por exemplo, os sedimentos contaminados de um corpo aquático podem ser considerados fonte, porque a planta industrial que produziu a contaminação foi desativada. A fonte é o primeiro componente da exposição e a base do modelo conceitual, além de influenciar significantemente, onde e quando os eventuais agentes estressores podem ser encontrados.

CARACTERIZAÇÃO DO DESTINO E DO TRANSPORTE DOS CONTAMINANTES DE INTERESSE LIBERADOS PARA O AMBIENTE

O ponto de partida dessa caracterização é o conhecimento das propriedades físico-químicas dos contaminantes de interesse, liberados no sistema ambiental, e das condições ambientais presentes no corpo receptor. Por exemplo, as características do solo, como umidade e quantidade de matéria orgânica, podem influenciar a migração dos contaminantes no corpo receptor. Outras variáveis importantes são: coeficiente de adsorção simples (K_D) e o coeficiente de adsorção ao carbono orgânico do solo (K_{OC}). Informações sobre as transformações físicas, biológicas e químicas são de fundamental importância para o transporte de contaminantes.

Essa caracterização deverá responder às seguintes questões:

1. Quais são os contaminantes de interesse?

2. Qual é o principal compartimento ambiental de destino dos contaminantes?

3. Quais as propriedades físico-químicas dos contaminantes que influenciam seu transporte?

4. Que compartimentos ambientais são importantes no transporte e no destino dos estressores na área de influência das liberações de produtos perigosos?

5. Que fatores ambientais influenciam o transporte e o destino dos estressores?

6. Quais os mecanismos de transferência do contaminante no ecossistema-alvo?

7. Quais os agentes estressores?

8. O agente estressor é passível de bioacumulação ou é biodegradável?

9. O agente estressor é cancerígeno?

CARACTERIZAÇÃO DA NATUREZA DOS ESTRESSORES

Não necessariamente o contaminante de interesse é o agente estressor. Por exemplo, em relação às emissões de Hg gasoso oriundas de determinada fonte, o agente estressor no meio aquático, dependendo das características ambientais, será o metilmercúrio e não o mercúrio gasoso. Os agentes estressores resultantes de produtos e subprodutos de uma refinaria, por exemplo, liberados em sua área de influência, deverão ser classificados quanto a sua natureza (física, química e/ou biológica) e às concentrações medidas e/ou estimadas por meio de modelagem. As informações relativas aos agentes estressores incluem informações referentes aos perigos que eles representam ao sistema ambiental e, conseqüentemente, seus efeitos para a saúde humana. A avaliação da toxicidade dos agentes estressores é de fundamental importância para respaldar cientificamente a identificação de perigo.

AVALIAÇÃO ECOTOXICOLÓGICA DOS RECEPTORES

Com o conhecimento básico da ecologia do sistema ambiental (estrutura e função) e as concentrações dos agentes estressores nesse sistema, é possível avaliar a relação dos organismos presentes com os contaminantes de interesse e caracterizar a importância dos estressores e seus danos potenciais para o ecossistema aquático e terrestre (Walker *et al.*, 2001). A caracterização dos receptores ecológicos pode ser obtida a partir de estudos realizados nessa etapa do trabalho em nível qualitativo e/ou por meio de modelagem do sistema ambiental. A avaliação ecotoxicológica deve responder às seguintes questões:

1. Que fatores físico-químicos podem afetar a sobrevivência ou o crescimento de determinadas espécies?

2. Para a avaliação de risco ambiental, quais os organismos potencialmente ameaçados pelos agentes estressores?

3. Que efeitos ambientais podem comprometer a sustentabilidade do ecossistema e, conseqüentemente, a sustentabilidade econômica e social da área em estudo?

ANÁLISE DAS INCERTEZAS ASSOCIADAS À FORMULAÇÃO DO PROBLEMA

Em todas as etapas da formulação do problema é necessário gerar informação, seja em nível de dados primários, secundários e/ou resultantes da modelagem matemática. Por isso, as incertezas, associadas à formulação do problema, devem ser consideradas e discutidas. Com base na análise de incerteza é possível definir os parâmetros dos modelos utilizados que devem ser mais aprofundados e necessitam de informações complementares. A coleta de dados somente deverá ser realizada quando não houver informações suficientes para respaldar a avaliação da exposição e/ou quando estas não forem relevantes para formular o problema. A avaliação do banco de dados de monitoramento das liberações e dos agentes estressores deve ser atividade contínua num programa de gestão ambiental da empresa, o que respalda tecnicamente a formulação do problema (USEPA, 1991, 1992a).

Principais produtos da fase de formulação do problema

- Caracterização dos fatores críticos do sistema ambiental, isto é: quais são os *endpoints* mais relevantes para o propósito da avaliação de risco e os efeitos potenciais dos receptores à saúde humana?

- Caracterização dos grupos de risco na população ambientalmente exposta.

- Modelo conceitual.

- Plano de análise complementar para avaliação da exposição.

O gerente de risco deverá formular perguntas específicas para auxiliar a avaliação e o gerenciamento do risco em análise. Por exemplo:

1. Os dados levantados são suficientes para respaldar a extensão de contaminação temporal e espacial?

2. Há focos de contaminação (*hot spots*) na área de estudo?

3. O período de amostragem é representativo para a caracterização da exposição?

4. Os *endpoints* ambientais refletem as preocupações da comunidade local?

Modelo conceitual

O modelo conceitual baseia-se na relevância de dados relativos às fontes de contaminação, aos potenciais agentes estressores responsáveis pela contaminação ambiental e humana, à magnitude da exposição, aos caminhos de contaminação e às vias de exposição identificadas, incluindo os receptores (USEPA, 1989b). O modelo conceitual deverá definir de forma qualitativa se os dados disponíveis em nível de sistema ambiental, em relação à saúde humana das comunidades diretamente expostas, são suficientes, relevantes e adequados para embasar o estudo de risco sócio-ambiental (Figura 8.5). A qualidade e a quantidade de parâmetros e informações sobre a fonte de contaminação de produtos perigosos ao sistema ambiental apontarão, na fase de formulação do problema, se estes dados e informações são suficientes para embasar o modelo conceitual (USEPA, 1992a). Em casos em que os dados e as informações são comprovadamente relevantes, o modelo conceitual é um produto da formulação do problema (USEPA, 1997). Essa etapa da avaliação de risco refere-se à caracterização esquemática das relações existentes entre o sistema ambiental, a caracterização da estimativa da exposição e os efeitos adversos potenciais ao sistema ambiental, incluindo o homem. Os principais benefícios advindos dessa etapa são aqueles característicos dos instrumentos gráficos, ou seja, o de prover com maior clareza os processos envolvidos na avaliação de risco (USEPA, 1992a, 1997). Além disso, o modelo conceitual caracteriza-se por ser um procedimento que possibilita a identificação de esquemas para previsão de efeitos e atualização permanente de informações, à medida que os conhecimentos sobre os mecanismos ambientais sistêmicos são identificados. Portanto, novas hipóteses de risco podem ser incorporadas. Para o sistema ambiental, o desenho do modelo deverá apresentar uma identificação prévia dos estressores, exposição potencial e os principais fatores críticos do sistema ambiental. No modelo conceitual devem ser identificados os seguintes itens:

- processos modificadores do sistema ambiental que influenciam qualitativamente os cenários de exposição;

- caminhos de exposição;

- efeitos ecológicos potenciais, com seus respectivos receptores ecológicos;

- grupos de comunidades humanas expostos ambientalmente;

- características dos receptores.

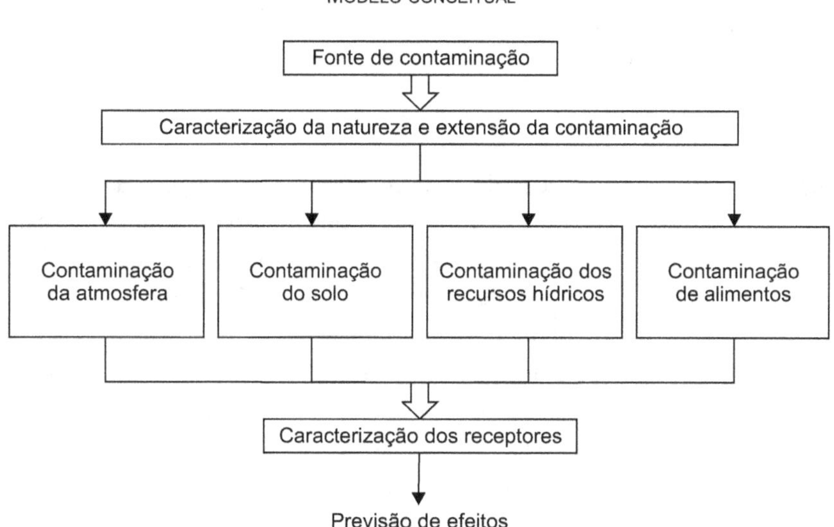

Figura 8.5 Representação do modelo conceitual. *Fonte*: Sexton *et al.* (1992), modificado.

Como produto, o modelo conceitual deve apresentar os seguintes itens (WHO, 1999; USEPA 1989b, 1992a):

- Um conjunto de hipóteses de risco que deve relacionar fonte, caminhos de exposição, potenciais estressores e caracterização dos receptores.

- Um diagrama que ilustre, de maneira dinâmica, as inter-relações existentes nas hipóteses de risco. Esse diagrama deve ser apresentado por fluxos sistêmicos, representando, visualmente, as hipóteses mais significativas. Quando possível, os estressores críticos, as rotas de exposição e os processos sistêmicos devem ser apresentados de modo a servir como instrumento de estudo e comunicação com os atores sociais. As incertezas do modelo conceitual devem ser apresentadas no desenvolvimento dessa etapa, de modo que a avaliação de risco resultante apresente grau de fidedignidade controlável.

DEFINIÇÃO E CARACTERÍSTICAS DAS HIPÓTESES DE RISCO

As hipóteses de risco são suposições feitas com o objetivo de interpretar as conseqüências empíricas do sistema ambiental resultantes da interação entre agentes estressores, entidades ecológicas e o homem. As hipóteses de risco definem as bases da avaliação de risco. Tendo a possibilidade de predizer os efeitos dos estressores *'ex-ante'*, as hipóteses de risco devem conter a lógica interpretativa dos processos resultantes da interação dos estressores ambientais com os efeitos potenciais para o sistema ambiental, caracterizando as causas e os efeitos para o sistema ambiental e para a saúde humana. As hipóteses de risco do processo de avaliação devem ter base em teorias científicas.

AVALIAÇÃO DA EXPOSIÇÃO

Esta etapa do processo de avaliação de risco requer uma reavaliação de todos os dados levantados e analisados, a fim de evitar que a qualidade da avaliação da exposição seja comprometida com os cenários de exposição não confiáveis e não representativos da realidade investigada. A qualidade e a quantidade de dados e informações obtidos nos componentes anteriores são de fundamental importância para a integração da avaliação de risco ecológico e para a saúde humana. Se a área impactada possui dados relevantes e com qualidade para embasar a avaliação preliminar, esse estudo pode ser suficiente para respaldar a caracterização e o gerenciamento de risco. Nessa etapa da avaliação, é importante que uma análise preliminar da exposição, considerando cenários conservativos, seja realizada (Veiga, 1995). Essa análise indicará os procedimentos para uma análise realística a ser gerada a partir de modelos mais complexos. Dependendo das características da área nos planos sócio-econômico e sócio-ambiental, assim como da qualidade e da quantidade de informações, uma análise completa da exposição poderá ser obtida, sem necessariamente complementação de dados. No Brasil, os dados de monitoramento de áreas contaminadas dificilmente permitem análise completa da exposição. Em geral, é necessária a complementação detalhada de dados com programas de monitoramento ambiental e protocolos de amostragem e analíticos que garantam a qualidade dos resultados. Em resumo, cabe ao gerente de risco definir se a avaliação da exposição será parcial ou se é necessária uma etapa de análise, em que a complementação dos dados será realizada segundo escopo dos objetivos da avaliação e do gerenciamento de risco (USEPA, 1992, 1997).

O objetivo da caracterização é medir ou modelar a exposição em termos de rotas, intensidade, exposição média, espacial e temporal, usando unidades que possam ser interativas com a caracterização dos efeitos. A escala espacial refere-se à dimensão geográfica do problema e a temporal, aos aspectos de duração, freqüência e tempo de exposição das populações humanas e/ou das entidades ecológicas. A distribuição dos caminhos de exposição é de fundamental importância nesse processo, porque, uma vez identificadas as fontes de emissão, os caminhos de exposição oriundos dessas fontes se distribuem nos compartimentos ambientais e, finalmente, o receptor, o homem e/ou as entidades ecológicas devem ser identificados tanto quanto a comunalidade dessas vias para os diferentes receptores (Harvey *et al.*, 1995; USEPA, 1989b, 1992a, 1992b).

A descrição das fontes, juntamente com a análise das propriedades físico-químicas, no caso de produtos químicos, permite conhecer seu destino e transporte no ambiente. Outras informações importantes que subsidiarão o conhecimento sobre os mecanismo de transporte ambiental dos estressores são os processos de transformação química e biológica dos agentes estressores e as características do meio de exposição: por exemplo, os hidrocarbonetos presentes no petróleo podem apresentar-se sob diferentes formas físicas. Sob condições normais de temperatura e pressão, eles podem apresentar-se sob as formas gasosa, líquida ou sólida, dependendo do número e da disposição dos átomos de carbono em suas moléculas. A interação dos hidrocarbonetos entre si e sua solubilidade na água dependerão da polaridade de suas moléculas e de seu ponto de ebulição. Os hidrocarbonetos aromáticos são mais solúveis na água e menos voláteis do que os hidrocarbonetos parafínicos, com o mesmo número de átomos de carbono correspondentes (Pedrozo *et al.*, 2002).

Os modelos de transporte e destino dos contaminantes evidenciam os caminhos comuns da exposição para dois ou mais receptores, incluindo o homem. Nessa fase é importante que as características do estressor ambiental, assim como os processos de difusão, partição, bioacumulação e degradação biótica e abiótica desses estressores, sejam discutidas para melhor entendimento do significado das rotas de exposição de interesse. Esses processos são determinantes para a caracterização do estressor, assim como para o compartimento ambiental-alvo (USEPA, 1992b, 1992, 1997).

A comunalidade da exposição em uma abordagem integrada da avaliação de risco ecológico e à saúde humana refere-se aos aspectos comuns da exposição em relação às entidades ecológicas e ao homem, e implica avaliar as similaridades fisiológicas, como, por exemplo, o sistema imunológico, os mecanismos de toxicidade e os efeitos, dentre outros, que respaldam o significado da avaliação integrada de risco e a comparação da exposição e dos efeitos dos organismos-alvo no ecossistema e no homem (WHO & IPCS, 1998). Por exemplo, algumas espécies de peixes, aves e mamíferos são diretamente afetadas pelos efeitos adversos da persistência de alguns estressores ambientais (metilmercúrio, organoclorados, dioxinas, DDT, dentre outros) como resultado de sua exposição via dieta alimentar. A posição desses organismos no topo da cadeia alimentar resulta em exposição a altos níveis de contaminação, produto do processo de biocumulação e persistência, que tem evidenciado associações de contaminação de metilmercúrio como estressor ambiental no ecossistema aquático da Amazônia, colocando em risco o consumo da principal fonte protéica da região, o pescado (Hacon *et al.*, 2003, 1997). Em relação aos compostos organoclorados, dioxinas e furanos, a quantidade de gordura disponível no organismo é um fator fundamental para a biocumulação (Fernicola & Oliveira, 2002). Esses exemplos ilustram como certos organismos aquáticos e terrestres podem servir de "sentinelas" para riscos à saúde humana. Utilizando como exemplo a contaminação mercurial em alguns rios da Amazônia, pode-se afirmar, mesmo sem uma análise mais aprofundada desse sistema ambiental, que o principal *endpoint* desse sistema são os peixes carnívoros, em razão de sua posição na cadeia alimentar e da importância que esse alimento tem para as populações humanas da Amazônia. Os peixes carnívoros também são importantes para a alimentação de aves e mamíferos da floresta Amazônica.

A caracterização da fonte como o primeiro componente da avaliação da exposição influenciará diretamente na definição dos agentes estressores. Esses agentes devem ser reavaliados sempre que ocorrer alguma alteração no processo da atividade perigosa. No caso de áreas de passivos ambientais relacionados a produtos químicos, nem sempre é possível quantificar os agentes estressores. Um exemplo pode ser o caso de alguns contaminantes organoclorados, liberados por via atmosférica e hídrica, em uma área rural no passado. Podem ser indicadores dessa contaminação: a presença de dioxinas no solo, comprometendo a agricultura e a agropecuária da área e, conseqüentemente, a saúde das comunidades expostas; e/ou a presença de organoclorados no lençol freático, comprometendo o uso da água para as comunidades e para as atividades dependentes dela, como a irrigação na agricultura.

O transporte de uma ou mais substâncias nos compartimentos ambientais envolve vários processos, como volatilização, hidrólise, fotólise, biodegradação, biotransformação, degradação física e dissolução. A velocidade de transformação e degradação de determinado contaminante envolve mudanças químicas, físicas e biológicas. A transformação química é influenciada por oxidação, hidrólise, fotólise e biodegradação. No caso do petróleo, seus produtos, quando liberados para o meio ambiente, migram através do solo por dois mecanismos: como uma massa de óleo que se infiltra no solo por ação de força gravitacional e de capilaridade; e como compostos individuais que se separam da mistura de componentes se dissolvendo na água ou no ar. A migração do óleo através do perfil do solo resulta em retenção de pequena quantidade nas partículas de solo, constituindo a fração residual de saturação. Dependendo das características dos produtos, essa fração pode persistir no solo por vários anos. A fração residual determina o grau de contaminação do solo e pode ser a fonte de contaminação das águas subterrâneas (ATSDR, 1999). Dependendo do meio preponderante de exposição, outros fatores deverão ser considerados, como condições climáticas, hidrogeológicas e geológicas. Esse exemplo ilustra a complexidade dos processos envolvidos na caracterização de uma substância estressora no sistema ambiental.

Cada rota de exposição descreve um único mecanismo pelo qual as comunidades podem estar expostas ao agente estressor. Os caminhos da exposição são sempre identificados com base nas considerações das fontes de contaminação, nos tipos de liberação (contínuas, intermitentes, alternadas, ciclo diurno e noturno, etc.) e no destino do agente estressor no ambiente (sedimentos, biota, solo, ar e coluna d'água). Dependendo da complexidade do sistema ambiental, sofisticados modelos de transporte e destino de contaminantes químicos podem ser necessários para complementação de informações no processo de avaliação de risco (USEPA, 1989b, 1997).

A identificação das rota de exposição juntamente com as características sociais das comunidades locais, principalmente no que se refere aos hábitos sociais e alimentares e a suas características sócio-demográficas, permitirão identificar as vias de exposição e seus diferentes níveis nos grupos da comunidade. Mas essa etapa só será possível a partir da avaliação completa da exposição. Na fase da avaliação preliminar, dificilmente todas essas informações estarão disponíveis.

Nessa fase do processo de avaliação de risco, as preocupações das comunidades na área de interesse já devem ser conhecidas pela equipe de trabalho, obtidas na fase de avaliação preliminar da exposição. Com base nessas informações, os cenários de exposição conhecidos e os simulados pela modelagem devem ser propostos para a área de influência da atividade focal. Dependendo dos resultados dessa avaliação, o gerente da avaliação de risco deverá definir se ainda há lacunas no conhecimento e se os dados ainda necessitam ser complementados. Essa etapa pode incluir uma comparação entre a confiabilidade do modelo proposto no presente estudo, o modelo de gestão de risco definido pelo gerente de risco da empresa e/ou a legislação, quando pertinente, ou, ainda, entre a avaliação preliminar realizada na fase de formulação do problema.

As limitações referentes a essa fase do processo de avaliação de risco devem ser claramente identificadas e explicitadas no processo de avaliação da exposição, de modo a garantir a confiabilidade da avaliação realizada.

Considerando que o processo de reavaliação dos dados é dinâmico, sua necessidade pode surgir em função dos resultados preliminares encontrados. Nesse caso, sendo evidenciada a necessidade de novos levantamentos de dados de campo, será preciso avaliar o tempo necessário para obtê-los e sua periodicidade para o programa amostral, incluindo a sazonalidade da região. Em nível de ecossistema, os estudos de curta duração designados para avaliar os efeitos agudos de determinados estressores, principalmente letalidade e imobilidade, podem ser usados quando indicados (USEPA, 1991, 1994). Testes de longa duração para medir efeitos subletais como mudanças na taxa de crescimento e reprodução devem ser usados quando o tempo permitir, porque apresentam melhor informação para subsidiar as decisões a serem implementadas no gerenciamento do ecossistema (USEPA, 1992a). Dependendo do tempo necessário para a realização de estudos complementares, a opção pelo uso de modelos matemáticos deve ser considerada e as incertezas inerentes ao modelo proposto devem ser avaliadas. Todavia, para avaliação da exposição em um ecossistema, os estudos de campo sempre apresentam melhor estimativa dos efeitos do que os modelos teóricos. Os modelos simplificam a realidade, por isso podem omitir importantes processos de um sistema particular (Rochedo, 1994; Hacon, 1996). A Figura 8.6 ilustra as vias potenciais de exposição a que o público geral está exposto.

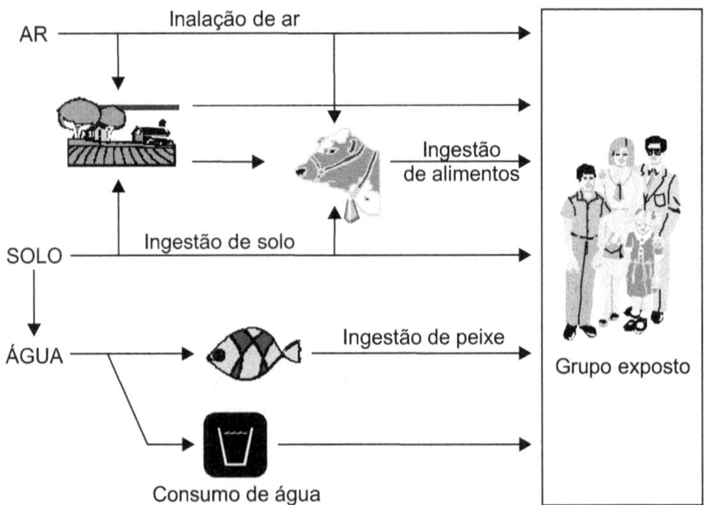

Figura 8.6 Vias potenciais de exposição para o público geral.

A caracterização da exposição requer a avaliação de:

- Qualidade e relevância dos dados complementares para os objetivos da avaliação de risco e a simulação dos cenários de exposição.

- Identificação e quantificação de todas as fontes e a correta descrição da atividade geradora do risco potencial e da interação dos contaminantes com o uso do solo.

- Características do agente estressor com identificação e análise das propriedades físico-químicas.

- Distribuição dos caminhos e das vias de exposição: conversão do modelo conceitual para um modelo quantitativo de distribuição relevante dos caminhos e vias de exposição para os *endpoints* de organismos e ecossistemas.

- Transporte e destino: quantificação do transporte dos contaminantes de interesse, transformações e processos de transformação e degradação, segundo a distribuição das rotas de exposição.

- Modelos de exposição externa e interna: a exposição externa é estimada em termos de contato entre o estressor e o organismo (homem e/ou entidades ecológicas), a partir da estimativa resultante do modelo de destino e transporte do estressor e conhecimento do comportamento dos organismos para os quais a exposição interna é estimada, como dose do órgão-alvo. Essa fase necessita de considerações dos processos de toxicocinética envolvidos na etapa de avaliação dose–resposta. O uso de modelos matemáticos para estimar a dispersão dos estressores ambientais no meio aquático e aéreo contribui para a caracterização da extensão da contaminação e, conseqüentemente, auxilia na localização preliminar dos grupos potencialmente expostos. Entretanto, esses grupos necessitam ser identificados, de forma a comprovar as evidências dos fatos, isto é, necessitam ser caracterizados de forma sócio-demográfica, sócio-econômica e sócio-ambiental, assim como seu estado de saúde atual e passado. Em resumo, se faz necessário estudo epidemiológico bem estruturado e fundamentado, de modo a respaldar cientificamente as evidências (ATSDR, 1999; USEPA, 1989b).

- Análise de incertezas: o impacto da variabilidade dos valores numéricos e as possíveis fontes de incertezas, associadas à estimativa da exposição, devem ser apresentados e discutidos nessa etapa do estudo. Esses resultados são importantes para a relevância e a credibilidade dos cenários apresentados (USEPA, 1996b).

Outras informações a serem trabalhadas nessa etapa da avaliação de risco são:

1. seleção e caracterização dos *endpoints* no sistema ambiental;

2. relevância ecológica para o sistema ambiental;

3. suscetibilidade das entidades ecológicas;

4. análise dos efeitos à saúde nos grupos de risco ambientalmente expostos;

5. caracterização dos efeitos em nível de sistema ambiental.

SELEÇÃO E CARACTERIZAÇÃO DOS ENDPOINTS NO SISTEMA AMBIENTAL

No processo de avaliação de risco ecológico, a caracterização dos *endpoints* é a etapa crucial. Nessa fase, os componentes do ecossistema que podem ser adversamente afetados são identificados e a caracterização dos *endpoints* só é possível a partir do conhecimento dos componentes ecológicos do sistema e de suas inter-relações com os agentes estressores. Essa caracterização permite selecionar aqueles organismos que representam os alvos dos mecanismos de toxicidade e os caminhos de exposição referentes aos potenciais agentes estressores. Essa caracterização permite, também, mensurar respostas biológicas qualitativas em relação aos agentes estressores, as quais podem estar relacionadas ao valor caracterizado como o marcador do *endpoint,* isto é, concentrações de contaminantes que definem determinados efeitos adversos em nível de indivíduos e espécies. Por exemplo, alguns testes ecotoxicológicos avaliam os efeitos da contaminação na sobrevivência, no crescimento, na reprodução do comportamento e/ou em outros atributos desses organismos. Estes auxiliam a determinar se as concentrações do contaminante em um compartimento específico são suficientes para causar efeitos adversos nos organismos. Os testes contribuem para a avaliação do risco ecológico em pontos específicos e em diferentes estágios da avaliação (USEPA, 1991, 1994).

A seleção dos *endpoints* deve, sempre que possível, refletir a relevância ecológica dos organismos selecionados, os valores sociais da comunidade e os objetivos gerenciais do empreendedor. A Figura 8.7 ilustra, de forma simplificada, na fase da avaliação dos efeitos, o que a ação tóxica de um estressor pode causar em diferentes níveis de organização em determinado ecossistema. Entretanto, num ecossistema natural é necessário identificar se realmente o agente estressor é o responsável pelos efeitos adversos observados nos diferentes níveis de organização ou se as causas se devem a distúrbios físicos (alteração de temperatura e de quantidade de material particulado) ou estresse natural (Bartell *et al.*, 1992; UNEP/IPCS, 1999). Essa diferenciação nem sempre pode ser obtida se o ecossistema-alvo é pouco estudado.

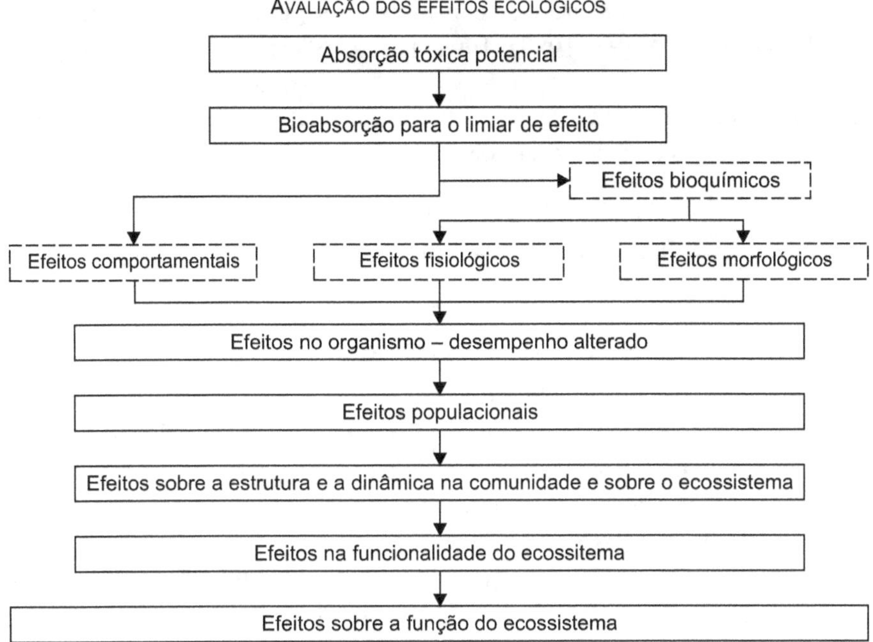

Figura 8.7 Efeitos dos estressores em diferentes níveis de organização de um sistema ambiental. *Fonte*: UNEP & IPCS (1999), modificado.

Outro ponto importante na identificação dos *endpoints* ecológicos é um levantamento rápido na comunidade local de possíveis efeitos ecológicos observados no ecossistema focal, isto é, na área de influência dos impactos negativos da atividade antropogênica. Esse levantamento poderá auxiliar a responder as seguintes questões:

1. Que tipo de efeitos ecológicos são conhecidos em nível local?

2. Qual a periodicidade desses efeitos?

3. Há alguma associação entre os efeitos ecológicos e aqueles observados na população humana da área em estudo?

4. Considerando os estressores potencialmente perigosos, quais efeitos ecológicos são esperados?

Quando as questões anteriores não podem ser respondidas por falta de dados e informações, estudos específicos relacionados ao ecossistema focal deverão ser inseridos no plano de análise da avaliação da exposição.

Na seleção dos *endpoints* deve-se considerar os seguintes critérios (Hughes, 1995; UNEP & IPCS, 1999; USEPA, 1989a, 1994, 1992a, 1997):

- Relevância ecológica dos organismos selecionados. Por exemplo, algumas espécies de peixes carnívoros representam o topo da cadeia alimentar.

- Suscetibilidade dos organismos (por exemplo: alterações em nível reprodutivo).

- Caracterização preliminar dos efeitos à saúde nos grupos de risco ambientalmente expostos.

RELEVÂNCIA ECOLÓGICA PARA O SISTEMA AMBIENTAL

O conhecimento da complexidade do ecossistema focal é ponto crucial na função que este exerce na área de influência da atividade antropogênica em nível local. A relevância ecológica dos organismos presentes no ecossistema-alvo depende do nível de organização ecológica que pode ser afetada adversamente pelos estressores ambientais presentes no sistema ambiental em nível espacial e temporal. Os *endpoints* ou organismos-alvo que podem ser afetados por substâncias perigosas podem ser identificados em qualquer nível de organização (como uma ou mais espécies), população, comunidade, etc. As conseqüências das mudanças que afetam esses *endpoints* podem ser quantificadas em nível de estrutura de comunidade, por intermédio da perda de espécies e da alteração em seu número. A definição da relevância ecológica em casos específicos requer julgamento profissional com base em levantamentos preliminares, com informações específicas do ecossistema, ou outras informações disponíveis (USEPA, 1992a, 1998).

A importância de selecionar *endpoints* de relevância ecológica está relacionada ao auxílio que essas informações podem oferecer aos indicadores de sustentabilidade da estrutura do ecossistema, à biodiversidade de seus componentes, à organização ecológica que pode ser afetada adversamente, dentre outros. Esses *endpoints* podem contribuir para a base alimentar e/ou reprodutiva do ecossistema, incluindo as comunidades locais. Por exemplo, as emissões atmosféricas podem ser potencialmente tóxicas para as espécies de pássaros e insetos que desempenham função de polinização na área ou algumas espécies de peixes afetadas por estressores podem ser o alimento de outras espécies e uma das principais fontes protéicas para a população local e/ou regional (USEPA, 1998, 1988a).

Sempre que possível, o estudo deverá apresentar os valores ecológicos selecionados e definir os critérios de seleção. Dois elementos são importantes para a definição da avaliação dos *endpoints*:

- a identificação do valor ecológico da entidade, isto é, a representatividade de uma espécie ou grupo da espécie (exemplo: peixes piscívoros), uma comunidade (exemplo:

invertebrados bentônicos), um ecossistema (lago, represa, etc.) ou um único local (uma pequena área de pradaria nativa);

- a caracterização da entidade ecológica que deve ser preservada e que está potencialmente sob risco. A avaliação de *endpoints* deve ser feita, sempre que possível, em termos de atributos mensuráveis. As medidas das características do ecossistema e da exposição são determinadas pela entidade ecológica e pelo atributo selecionado (Tillman *et al.*, 1996).

Os *endpoints,* quando bem selecionados, podem reduzir as incertezas do processo de avaliação de risco. Um *endpoint* sensível a múltiplos estressores pode responder de diferentes maneiras a diferentes estressores ou apresentar a mesma resposta para vários deles. Também pode apresentar efeitos combinados a partir da exposição a estressores múltiplos. Por exemplo, uma população de peixes pode ser afetada em vários estágios da vida, em diferentes habitats e de diferentes maneiras, por diferentes estressores. Portanto, medidas de efeitos *versus* exposição e características dos receptores podem ser usados para avaliar o estágio de vida que melhor expressa os efeitos estudados, para, possivelmente, distinguir diferentes estressores, efeitos individuais e efeitos combinados (Tillman, 1996).

Suscetibilidade das entidades ecológicas

Ao iniciar um estudo de avaliação de risco, se ainda não há estudo ecológico sobre o ecossistema, é difícil conhecer a suscetibilidade de suas entidades. Outra dificuldade está associada ao pouco conhecimento sobre o comportamento dos agentes estressores nos ecossistemas aquáticos e/ou terrestres. Quando isso ocorre, a avaliação profissional pode ser realizada para depois se fazer a seleção inicial dos *endpoints*. Num sistema ambiental em que são identificados múltiplos *endpoints,* sua escolha deve ser direcionada ao gerenciamento dos objetivos sócio-ambientais do empreendimento, considerando a política ambiental do órgão regulador e a importância social do sistema ambiental sob análise. Somente alguns desses *endpoints* devem ser selecionados, diante de sua importância para o ecossistema local e/ou regional e considerando o bem-estar das comunidades humanas. Por exemplo, três espécies de peixe carnívoro são selecionadas como *endpoints* de um lago. O estudo deverá incluir avaliação da dieta alimentar da comunidade local para verificar qual das espécies é mais protéica para a população. Aqui, o julgamento profissional é importante, porque o impacto dos agentes estressores num dado ecossistema deverá ser integrado às necessidades das comunidades locais e à proteção do ecossistema e da saúde humana. Na avaliação integrada de risco, a determinação dos *endpoints* resulta da interação da suscetibilidade dos *endpoints* no ecossistema com a saúde das populações expostas (USEPA, 1992a, 1988a).

As entidades ecológicas são consideradas suscetíveis quando são sensíveis ao estressor ao qual estão ou podem vir a estar expostas. Algumas vezes, a suscetibilidade pode ser identificada no início da formulação do problema. Entretanto, em alguns casos, os estressores não são conhecidos no início da avaliação de risco ou os efeitos específicos não são facilmente identificados. Quando isso ocorre, o julgamento profissional é necessário para fazer a seleção inicial dos *endpoints* e para uma avaliação qualitativa da questão. Essa técnica de julgamento profissional deve ser respaldada com profissionais que trabalhem ou tenham investigado a área de estudo em análise.

Num ecossistema com múltiplos estressores pode haver diferentes *endpoints*. Nesse caso, é indicado analisar qual o *endpoint* mais suscetível ao estressor selecionado. A suscetibilidade refere-se à maneira como uma comunidade ou os organismos de uma determinada espécie são afetados por um agente estressor específico. Espécies com ciclo de vida longo e baixa taxa reprodutiva são freqüentemente mais vulneráveis à extinção, em função do aumento de mortalidade, do que aqueles com curto ciclo de vida e alta taxa reprodutiva (USEPA, 1992a, 1997; ECETOC, 1990).

A suscetibilidade pode estar relacionada ao estágio de vida do organismo quando exposto a um ou mais agentes estressores. Geralmente, um organismo jovem é mais sensível ao estressor do que um adulto. A suscetibilidade pode ser agravada pela presença de outros estressores e/ou distúrbios naturais no ecossistema. Medidas de sensibilidade podem incluir taxa de mortalidade e efeitos adversos na reprodução, dentre outros, em razão da exposição a substâncias tóxicas. Outras possíveis medidas são: mudanças de comportamento e na estrutura da comunidade e alterações do ecossistema. A perda de habitat pode ser considerada uma ameaça aos organismos bentônicos (USEPA, 1997).

A exposição é o segundo ponto determinante na suscetibilidade. Questões como onde o agente estressor tem sua origem, como se transporta no ambiente e como entra em contato com os *endpoints* são importantes informações para determinar a suscetibilidade da entidade ecológica. A magnitude e as condições da exposição influenciam diretamente o modo pelo qual a entidade ecológica responderá ao estressor. É importante determinar a freqüência e a duração da exposição e a intensidade com que ela ocorre durante os períodos críticos. Por exemplo, o lançamento de determinado efluente num corpo d'água. As características do ciclo de vida dos organismos e como as circunstâncias da exposição influenciam a suscetibilidade do ecossistema.

ANÁLISE DOS EFEITOS À SAÚDE NOS GRUPOS DE RISCO AMBIENTALMENTE EXPOSTOS

Na avaliação da exposição, a análise dos efeitos à saúde das comunidades depende dos dados ambientais levantados nas fases anteriores ao estudo, como identificação dos agentes estressores e sua ação tóxica, seleção das vias mais importantes de exposição para os indivíduos expostos e seus hábitos. De posse dessas informações, os dados poderão ser comparados com os valores de referência específicos da rota de exposição, isto é, a dose de referência (RfD) ou o nível máximo do contaminante/agente (MCL) disponível na literatura (IRIS, 2002). Nesta fase, a toxicocinética dos estressores ambientais no homem e o significado dos valores encontrados nos meios de exposição (alimentos, água, ar e solo) devem ser analisados a partir da literatura e, sempre que possível, devem ser realizados estudos epidemiológicos no local.

A caracterização dos *endpoints* em nível social é definida pelos indivíduos de uma ou mais comunidades expostos a agentes estressores oriundos de uma ou mais fontes de contaminação que podem acarretar efeitos adversos à saúde humana. Todavia, o potencial de perigo que um contaminante (agente estressor) representa para o homem é determinado pela avaliação da toxicidade dos agentes estressores. Essa avaliação, associada à identificação de caminhos e rotas de exposição e à estimativa da relação entre magnitude da exposição e severidade dos efeitos adversos, permite estabelecer a relação dose–resposta do contaminante, para agentes não carcinogênicos, e seus prováveis efeitos à saúde humana para grupos ambientalmente expostos (USEPA, 1989b, 1996; ATSDR, 1999).

A avaliação da toxicidade caracteriza os agentes estressores identificados a partir dos contaminantes oriundos da disposição de resíduos no solo e/ou das liberações de substâncias perigosas no sistema ambiental e os agentes perigosos na área focal do problema, incluindo a área de influência da atividade. Nessa etapa serão identificados os agentes cancerígenos e os não cancerígenos. Para os cancerígenos, qualquer nível de exposição é assumido como aumento de probabilidade em desenvolver a doença. Para os tóxicos não cancerígenos é assumido que os valores abaixo dos limites de toxicidade estabelecidos pelas normas internacionais são considerados dentro de uma faixa de risco aceitável (< 1) e aqueles acima desse valor representam risco porque podem acarretar efeitos à saúde humana. Nessa etapa, a caracterização dos grupos de risco nas comunidades ambientalmente expostas baseia-se na análise de dados secundários, na simulação de modelos de exposição e em informações da literatura especializada (USEPA, 1989b). Essa informação será complementada como uma discussão dos níveis de exposição aceitáveis que não comprometem a saúde humana e suas respectivas fontes de referência. Para os estressores não carcinogênicos, valores de NOAEL, LOAEL, MCLs e RfD devem ser apresentados e discutidos em relação ao significado da dose potencial/exposição da dose de referência ou dos valores de contaminação máxima e de referência para os caminhos de exposição (USEPA, 1996b; IRIS, 2002).

Para os agentes estressores suspeitos de causar efeitos carcinogênicos, ao contrário dos efeitos de toxicidade sistêmica, o uso de um valor limiar é inapropriado. Quando o agente estressor é um carcinogênico, a caracterização dos efeitos deve ser avaliada em duas etapas:

1. com base no produto da avaliação da exposição, uma avaliação qualitativa dos agentes estressores é realizada a partir de uma revisão da literatura, visando à caracterização dos agentes carcinogênicos de acordo com o peso das evidências apresentadas;

2. segundo o peso da evidência, os fatores potenciais de câncer (*slope factors*) devem ser utilizados. Essas informações estão disponíveis na literatura (USEPA, 1989b, 1986; IRIS, 2002).

No Brasil, poucos são os estudos ambientais que apresentam evidências da exposição humana a produtos químicos. Isso se deve à reduzida quantidade de pesquisas nessa área, à falta de informações sobre o perfil epidemiológico das comunidades em relação aos impactos provocados pela exposição a produtos químicos e aos fatores de confusão relacionados ao quadro de saúde pública das regiões com baixa ou nenhuma infra-estrutura de saneamento básico, onde vários quadros clínicos podem apresentar similaridade aos efeitos da exposição a agentes químicos. Em relação aos dados secundários necessários à caracterização dos efeitos à saúde humana, essas fontes podem incluir investigações epidemiológicas controladas, estudos clínicos e estudos experimentais com animais. Os estudos epidemiológicos, quando bem conduzidos, mostram associação positiva entre o agente estressor e a doença, evidenciando o risco humano à exposição (USEPA, 1995c; IPCS, 1999).

Além da área nuclear, o setor de petróleo foi o que mais avançou em relação ao desenvolvimento de estudos de avaliação de risco ambiental em nível internacional. No Brasil, os poucos estudos sobre efeitos de exposição a determinados produtos são geralmente baseados em estudos de exposição ocupacional ou relacionados a acidentes com produtos químicos. Nos Estados Unidos, a partir do programa Superfund, inúmeras pesquisas vêm sendo realizadas no sentido de comprovar os riscos causados pelas substâncias perigosas liberadas, principalmente no solo, de forma incorreta e insegura no passado.

Essa etapa do processo de avaliação de risco deverá responder às preposições abaixo relacionadas. Todavia, os países em desenvolvimento apresentam muitas dificuldades associadas à obtenção de dados e informações que permitam a caracterização dos efeitos à saúde humana.

1. Quais as preocupações das comunidades na área do entorno da atividade perigosa relacionadas com a saúde da população?

2. Quais os sinais e os sintomas esperados na população exposta, considerando os estressores e os níveis de concentração encontrados nos meios de exposição relevantes?

3. Qual a época do ano em que os sinais e sintomas são evidenciados?

4. Qual o perfil epidemiológico das comunidades ambientalmente expostas?

5. Com base nas informações médicas e toxicológicas disponíveis, caracterizar as implicações para a saúde pública da exposição das comunidades locais aos agentes estressores.

Caracterização dos efeitos em nível de sistema ambiental

O conhecimento das vias de transferência é de fundamental importância na definição da via crítica de exposição. A Figura 8.8 ilustra de forma simplificada a complexidade de uma liberação líquida num corpo aquático, atingindo multicompartimentos relevantes para a exposição humana por intermédio das interações entre os diferentes meios de exposição ambiental e os processos de transporte envolvidos. Além dos processos de dispersão e sedimentação, a ressuspensão também pode contribuir para a contaminação da cadeia trófica. Em locais onde a contribuição de fontes atmosféricas é significativa, os processos de dispersão e deposição dos contaminantes no meio aquático devem ser considerados (Nardocci, 2003). Na Figura 8.8 é apresentada a complexidade dos processos envolvidos desde a liberação do contaminante até atingir o homem. Dependendo das propriedades físico-químicas do contaminante, algumas etapas do processo podem não ocorrer. Um exemplo bem ilustrativo é a contaminação mercurial em alguns corpos aquáticos da Amazônia, proveniente da dispersão do mercúrio gasoso oriundo dos rejeitos da atividade garimpeira (Hacon *et al.*, 1995; Hacon *et al.*, 2003).

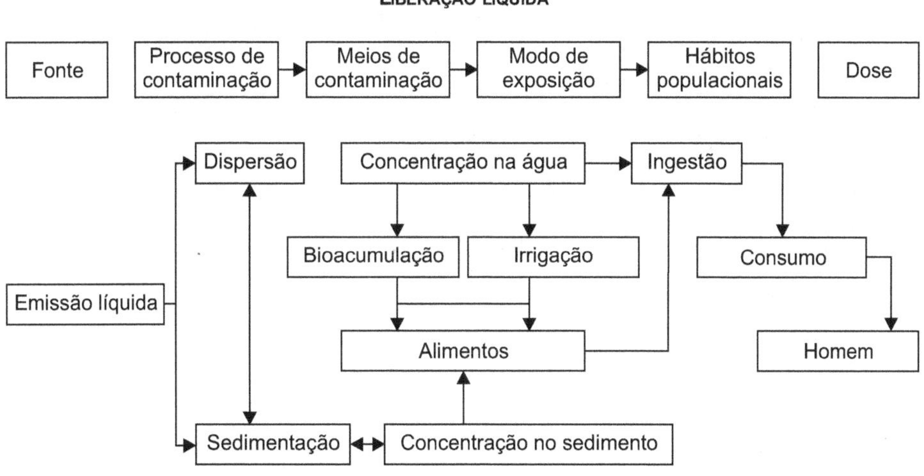

Figura 8.8 Representação dos processos de transferência ambiental a partir de liberação líquida. *Fonte*: IAEA (1986), modificado.

Os estressores (químicos e biológicos) podem ser transportados por diferentes caminhos, como, por exemplo: águas superficiais, correntes de ar, água subterrânea, lixiviação de solos, dentre outros. Todo estudo deve definir a via primária de transporte do estressor. Quando o sistema ambiental é alvo de vários contaminantes, o desafio é determinar qual o agente estressor causador dos problemas críticos em nível de ecossistema e da saúde humana se se está diante de efeitos sinergísticos. No caso dos estressores químicos, atenção especial deve ser dada aos metabólitos, aos produtos de biodegradação e aos subprodutos formados a partir de processos abióticos (USEPA, 1997, 1992a).

PERFIL DE EXPOSIÇÃO AMBIENTAL

Essa etapa da avaliação da exposição resumirá todas as informações que subsidiarão a caracterização do risco sócio-ambiental. Inicialmente, é descrito o padrão de ocorrência, a extensão e o contato da ação dos agentes estressores com os receptores. A quantificação da exposição é uma estimativa realística da exposição total ou parcial, expressa em termos de dose por unidade de peso do indivíduo ou organismo por dia (mg/kg/dia) (USEPA, 1992b, 1997, 1989b).

EQUAÇÃO-PADRÃO PARA CÁLCULO DA DOSE POTENCIAL

$$\text{Dose potencial} = \frac{C \times TI \times TA \times FE \times DE \times 1/AT}{PC}$$

C = concentração média do agente estressor no meio (exemplo: mg/L na água);

TI = taxa de ingresso do contaminante no organismo (exemplo: L água/dia);

TA = taxa de absorção da substância em %;

FE = freqüência da exposição (dias/ano);

DE = duração da exposição (horas, dias, anos);

PC = peso corpóreo (kg);

AT = tempo ponderado.

No homem, a dose interna pode ser estimada a partir de um modelo toxicocinético ou por medidas de biomarcadores realizadas nos receptores. Essa avaliação complementa a da exposição ambiental, fornece uma base mais sólida para a da dose potencial estimada, correlaciona os níveis dos agentes químicos encontrados no ambiente à dose interna e aos potenciais efeitos adversos e determina a tendência dos teores de contaminação do organismo humano.

Para a estimativa da exposição ambiental, inicialmente se verifica o tipo de distribuição dos valores dos parâmetros avaliados. É recomendado o uso de valores médios de absorção do agente estressor. Para as concentrações, os valores de média ou a mediana devem representar os níveis dos agentes estressores no ambiente. No caso do estudo da representação de um cenário conservativo, é recomendado o uso de valores máximos para concentrações dos agentes estressores no ambiente, assim como para valores de absorção pelos receptores ambientais. O produto final dessa etapa do processo de avaliação de risco é o perfil da exposição, cujo objetivo é caracterizar o risco com informações relevantes e verificar se os caminhos de exposição identificados no modelo conceitual foram analisados. O perfil da exposição identifica o receptor, descreve os caminhos, a intensidade da exposição e a extensão temporal e espacial de ocorrência ou contato, descreve o impacto da variabilidade e a incerteza da exposição estimada. Dependendo do meio de exposição que melhor representar a principal via de exposição, a equação específica para o meio (solo, água, ar e biota) deve ser usada, considerando os parâmetros específicos, como, por exemplo, o fator de volatilização de determinados hidrocarbonetos, o equilíbrio de partição entre o contaminante dissolvido na água subterrânea e no contaminante na fase de vapor e o total de partículas suspensas PM10 (material particulado menor que 10 mícrons) ou PM 2,5 (material particulado menor que 2,5 mícrons).

O perfil da exposição deve responder às seguintes questões:

1. A escala espacial da exposição deve ser apresentada com base em simulação de cenários por meio de modelos de dispersão. Isto é, como os estressores atingem o sistema ambiental local e/ou regional? Como se dá o transporte dos estressores em nível ambiental local?

2. Que tipo de barreira geográfica existe na área? Que tipo de fatores abióticos podem influenciar ou estão influenciando o comportamento dos agentes estressores?

3. Quais os caminhos de exposição identificados como os mais relevantes em nível de sistema ambiental? E em nível de indivíduos expostos?

4. Quais as rotas de exposição mais relevantes para os grupos ambientalmente expostos?

5. Qual a intensidade da exposição e sua variabilidade?

6. Quais as doses de exposição para os vários cenários considerados?

7. Quais as incertezas associadas à exposição?

8. Quais incertezas podem ser reduzidas por informações adicionais?

9. Quais variáveis influenciam a exposição?

10. Quais parâmetros precisam ser aprofundados numa reavaliação?

Com base na caracterização do sistema ambiental – dependendo da qualidade dos dados e das informações disponíveis –, e na complexidade do ecossistema, há a possibilidade de caracterizar os efeitos ecológicos no ecossistema-alvo do estudo. A caracterização dos efeitos ecológicos tem por objetivo responder às seguintes questões:

1. Quais as entidades ecológicas afetadas?

2. Qual a natureza do efeito?

3. Qual informação causal relaciona o agente estressor ao efeito observado?

4. Quais as incertezas associadas ao perfil da exposição no ecossistema-alvo?

Na fase de caracterização dos efeitos ecológicos, todas as evidências de efeitos adversos potenciais devem ser analisadas. As informações de revisão da literatura sobre os efeitos ecológicos são integradas com as evidências dos impactos existentes no local do estudo, uma vez que os efeitos são identificados. Sua magnitude varia com os níveis dos agentes estressores. Essa análise também permite verificar se a natureza do efeito está associada aos *endpoints*. Logo, se uma única espécie é afetada, o efeito deve representar os parâmetros apropriados para esse nível de organização. Exemplos incluem efeitos de mortalidade, taxa de crescimento e reprodução. Em nível de entidades ecológicas, os efeitos devem ser sintetizados em termos de estrutura ou função do ecossistema, dependendo da avaliação dos *endpoints*. Em algumas circunstâncias, a informação dose–resposta pode ser obtida por intermédio da avaliação dos impactos ecológicos existentes ao longo de um gradiente de contaminação da área de estudo e complementada com os modelos de transporte dos contaminantes ambientais (USEPA, 1997a, 1992b).

Idealmente, o perfil agente estressor–resposta deve expressar os efeitos em termos de avaliação de *endpoints*, mas nem sempre isso é possível, principalmente quando as características ecológicas do ecossistema são pouco conhecidas. Nesse caso, a extrapolação da informação de locais com características ecológicas similares pode ser usada como ferramenta para descrever a relação exposição–resposta com a avaliação dos *endpoints* (entre espécies, níveis tróficos, áreas geográficas, de laboratório para o campo, etc.), os métodos de extrapolação devem ser explicados e a análise estatística deve incluir o limite de confiança associado à relação exposição–resposta. As evidências da causalidade também podem ser derivadas de evidências de observações (por exemplo, pássaros mortos podem estar associados à aplicação de pesticidas) ou dados experimentais (testes de laboratório com os pesticidas em questão relacionam morte de pássaros a concentrações similares àquelas encontradas no campo). As associações causais são fortalecidas quando ambos os tipos de informações estão disponíveis.

Técnicas experimentais são freqüentemente usadas para a avaliação da causalidade em um complexo de misturas químicas (MDH, 2000). As opções incluem avaliação dos componentes da mistura separadamente, desenvolvimento e teste da mistura sintética ou determinação da toxicidade da mistura e como esta se relaciona com os componentes individuais. A escolha do método depende do objetivo da avaliação, dos recursos e dos dados disponíveis para os testes (USEPA, 1997, 1992a, 1994).

A técnica de julgamento profissional não é indicada num processo de abordagem empírica. Mas na total ausência de dados, essa técnica passa a ser uma opção. A extrapolação de dados baseada no julgamento profissional é requerida quando se deseja fazer extrapolação de dados de campo de uma área geográfica para outra. Toda e qualquer técnica a ser utilizada para a avaliação dos *endpoints* e a caracterização dos efeitos deverá ser justificada.

Questões que devem ser consideradas na extrapolação dos efeitos observados do laboratório para o campo, quando os organismos estão expostos a estressores químicos:

1. Como os fatores bióticos e abióticos controlam as populações de organismos de interesse (*endpoints*) no ecossistema focal?

2. Quais estágios de vida do organismo estão sendo mais afetados pelos estressores químicos presentes nesse ecossistema?

A evidência das causas dos efeitos reportados em determinado ecossistema é o ponto-chave para caracterização do risco ecológico. A evidência da causa dos efeitos fortalece a associação causal entre receptor e agentes estressores (contaminantes), relacionando os efeitos medidos e a avaliação dos *endpoints*, demonstrando a correlação entre gradiente de contaminação e efeitos ecológicos. Essa etapa deve descrever claramente as incertezas associadas à análise das respostas ecológicas

Perfil da exposição para a saúde humana

Esta etapa da avaliação da exposição foi iniciada na formulação do problema, mas, dependendo da complexidade do processo de avaliação de risco exigido para o estudo, os dados referentes a essa etapa serão complementados e seus resultados conhecidos somente na fase de avaliação da exposição completa. Nessa fase do processo de avaliação dos efeitos da exposição para a saúde pública, é necessário que sejam caracterizadas a freqüência, a duração e a natureza da exposição para os grupos expostos. As concentrações nos meios são estimadas para as diferentes vias de exposição e o ingresso do contaminante é quantificado para cada via de exposição. Se a exposição ocorrer por determinado período, sua estimativa total deve ser ponderada pelo tempo de interesse para obter a taxa de exposição média por unidade de tempo, a qual deve ser apresentada como função do peso corpóreo. Isto é, a exposição deve ser normalizada para o tempo e o peso corpóreo, expressa como mg/contaminante químico/kg do peso corpóreo/dia.

A equação genérica para a estimativa do ingresso do contaminante no organismo humano é baseada na equação-padrão para cálculo da dose potencial (USEPA, 1989b).

$$\text{Dose potencial} = \frac{C \times TI \times TA \times FE \times DE \times 1/AT}{PC}$$

C   = concentração média do agente estressor no meio (exemplo: mg/L na água);

TI   = taxa de ingresso do contaminante no organismo (exemplo: L água/dia);

TA   = taxa de absorção da substância em %;

FE   = freqüência da exposição (dias/ano);

DE   = duração da exposição (horas, dias, anos);

PC   = peso corpóreo (kg);

AT   = tempo ponderado.

CONCENTRAÇÃO DO CONTAMINANTE NO MEIO

Para cada variável de entrada no modelo de estimativa da exposição, uma variação de valores é apresentada para cada via de exposição. O valor de dose potencial máxima e média para cada via de exposição deve ser estimado para o local de estudo, contemplando as diferentes faixas etárias da comunidade exposta, segundo critérios epidemiológicos de definição de tamanho da amostra (MDH, 2000).

Os valores máximos para a concentração do contaminante contemplam um cenário conservativo que nem sempre reflete a realidade local. Em razão das incertezas associadas à estimativa dos valores de concentração, é indicado o uso do valor superior ao limite de confiança (95% do limite de confiança) e da média aritmética do valor de concentração do contaminante no meio de exposição. Se houver uma quantidade de dados razoável para entrada de dados no modelo, o valor de confiança do limite superior não será necessário. Isso depende da qualidade e da quantidade de dados disponíveis. Os valores de concentração da exposição podem ser estimados usando dados de monitoramento ou uma combinação desses dados com modelos de destino e transporte ambiental de poluentes. O uso de modelos é necessário quando: os pontos de exposição ambiental são espacialmente separados dos de monitoramento; não há distribuição temporal dos dados coletados; os dados de monitoramento são restritos pela quantificação do limite; os de exposição estão em áreas remotas em relação às fontes de contaminação; ou os mecanismos de liberação e transporte do contaminante não são conhecidos. Por exemplo, transporte de água subterrânea, modelos de dispersão atmosférica, dentre outros (ATSDR, 1999; USEPA, 1992).

Taxa de ingresso do contaminante no organismo

A taxa de contato dérmico, ingestão ou inalação do agente no corpo humano reflete o tempo de contato do contaminante/estressor com o receptor, isto é, o tempo de exposição. Os dados estatísticos disponíveis para a estimativa da taxa de contato do contaminante com o organismo humano devem usar o percentil 95%. Os valores usados para essa estimativa são derivados de estudos ou simulações. Por exemplo, a taxa de contato dérmico de um determinado químico na água é estimada combinando as informações de exposição na área de superfície da pele, da permeabilidade do químico e do tempo de exposição. Em muitos casos será preciso julgamento profissional para determinar as combinações necessárias das variáveis (USEPA, 1989b).

Duração e freqüência da exposição

Essas variáveis são usadas para estimar o tempo total de exposição; são determinadas com base em dados do local de estudo. Se os dados estatísticos estão disponíveis, é recomendado o uso do valor de percentil 95%. Mas dificilmente esses dados estão disponíveis e, nesses casos, são recomendáveis estimativas conservativas ou coleta de observações em campo (USEPA, 1989b; De Rosa, 1992).

Peso corpóreo

O valor do peso corpóreo normalmente é um dado disponível por faixa etária nos postos de saúde da localidade ou na banco de dados do SUS. O cálculo da dose deve contemplar crianças, adultos e idosos. Para algumas faixas etárias a exposição é mais acentuada num determinado período da vida, como é o caso da exposição de crianças com idade abaixo de 3 anos à ingestão de solos com metais pesados, como, por exemplo, o chumbo. O peso corpóreo usado para a entrada do modelo por grupo de faixa etária é a média do peso corpóreo para o grupo etário. A exposição para o tempo de vida é calculada usando-se a média ponderada da estimativa da exposição para todos os grupo etários (ATSDR, 1999; USEPA, 1989b).

MÉDIA DE TEMPO

Essa variável depende do tipo de efeito tóxico a ser avaliado. Para a exposição de longa duração a agentes químicos não carcinogênicos, a dose é calculada ponderando o período de exposição com base no padrão diário. Para carcinogênicos, a dose é calculada considerando uma dose crônica para toda a vida, que é assumida como 70 anos. As considerações relacionadas com o tempo de exposição devem refletir as características toxicológicas dos agentes químicos de interesse, a ocorrência de altas concentrações, a persistência do agente no ambiente e as características da população, como exposição sazonal, atividades recreativas da comunidade e exposição de curta duração.

CARACTERIZAÇÃO DOS EFEITOS PARA A SAÚDE HUMANA

A caracterização dos efeitos em nível de toxicidade sistêmica é inerente à toxicidade dos contaminantes no local foco da exposição. Os efeitos à saúde humana, em razão da exposição a contaminantes químicos, dependem dos valores da dose interna do contaminante no organismo humano e do tempo de exposição. Para caracterização dos efeitos à saúde humana, é fundamental o conhecimento da cinética e do metabolismo dos agentes químicos de interesse. O conhecimento dos mecanismos de absorção, distribuição, transformações metabólicas, eliminação e excreção dos agentes químicos no organismo humano são importantes na definição dos órgãos-alvo primários e secundários, do aparecimento dos primeiros efeitos nos indivíduos expostos e dos marcadores de dose, os quais podem ser usados no monitoramento da exposição humana como uma abordagem mais sofisticada de avaliação da exposição a produtos químicos (WHO, 2000; USEPA, 1989b).

Os efeitos de determinados agentes químicos podem diferenciar em nível qualitativo e quantitativo, dependendo da faixa etária dos indivíduos expostos. Os dados clínicos e epidemiológicos mostram evidências de que o estágio de vida pré-natal é mais suscetível que os demais estágios de vida. Essas informações são importantes na definição e na caracterização dos grupos críticos expostos aos estressores ambientais.

Na caracterização dos efeitos da exposição a produtos químicos sobre a saúde humana, é importante que algumas variáreis sejam observadas e analisadas no contexto da avaliação de risco, como: constituição genética, idade, sexo, hábitos alimentares, hábitos sociais, número de indivíduos expostos, atividade ocupacional e padrão de atividade no lar. Essas variáveis podem afetar a suscetibilidade dos indivíduos expostos. No caso de existirem dados epidemiológicos, a prioridade deverá ser a análise dos dados existentes na etapa de formulação do problema. Os estudos sobre toxicidade devem sempre ser usados para dar suporte científico às evidências. Os resultados de levantamentos e análises dos dados coletados devem ser apresentados em formato de matriz, com as informações de sinais e sintomas encontrados nas comunidades na área de estudo e a avaliação da relação do quadro de morbidade com os efeitos esperados, em razão da exposição aos agentes estressores potenciais potencialmente presentes no sistema ambiental.

Em relação aos agentes carcinogênicos, os efeitos são caracterizados separadamente, pelo peso das evidências para estudos em humanos e com animais (USEPA, 1986). A caracterização desses dois tipos de dados (em humanos e animais ou em ambos) são combinados e baseados nos efeitos das evidências. Sem a classificação da Agência Internacional para Pesquisa de Câncer (IARC) nenhum agente químico poderá ser definido como carcinogênico. Em uma segunda etapa, para aqueles classificados como carcinógenos ou potencialmente carcinógenos, são determinados os fatores potenciais de câncer *(slope factor)*. O desenvolvimento de um fator potencial de câncer geralmente requer aplicação de um modelo matemático para extrapolar as doses relativamente altas administradas nos experimentos com animais para níveis de exposição mais baixos, esperados como resultado da exposição do homem ao agente estressor no sistema ambiental. O valor do fator potencial para substâncias carcinogênicas é dado em termos de risco por massa da substância em contato com o organismo, por unidade de peso corpóreo e por unidade de tempo (risco/mg/kg/dia).

A classificação dos efeitos carcinogênicos, segundo o peso da evidência estabelecida pela IARC para as substâncias carcinogênicas, é citada no Capítulo 4.

CARACTERIZAÇÃO DO RISCO PARA O SISTEMA AMBIENTAL

É a fase final do processo de avaliação de risco. Integra as fases anteriores e apresenta de forma sintetizada a expressão do risco qualitativo e quantitativo. Essa caracterização quali e quantitativamente tem por objetivo avaliar a relevância toxicológica e/ou carcinogênica dos quocientes de risco para os receptores ecológicos e/ou humanos expostos a estressores em níveis capazes de causar danos à estrutura e à dinâmica do ecossistema e/ou ao organismo humano. A caracterização do risco permite evidenciar a relação entre estressores, efeitos ecológicos e efeitos para a saúde humana e propor ações de remediação e/ou ações preventivas, considerando a extensão da exposição e os efeitos sócio-ambientais. Nessa fase é analisada a representatividade do risco estimado para o sistema ambiental, incluindo os *endpoints* ecológicos e os efeitos adversos para a saúde humana. A estimativa quantitativa do risco para a saúde humana deverá ser acompanhada de discussão do significado dos efeitos adversos para os grupos expostos, apresentando evidências que dêem suporte à severidade do dano. As informações apresentadas na caracterização do risco deverão embasar o tomador de decisões com informações sucintas e bem respaldadas técnica e cientificamente. As conclusões deverão propor medidas de gerenciamento de risco, considerando o cenário atual e um ou mais cenários prospectivos.

A caracterização do risco está na interface entre avaliação e gerenciamento de risco e é, portanto, etapa-chave para o processo de tomada de decisão. Em resumo, a caracterização do risco para o ecossistema e/ou para a saúde pública pode ser definida como o processo de comparação dos resultados da avaliação de exposição com os da análise dos possíveis efeitos ecológicos e para a saúde humana. O resultado normalmente é uma estimativa conservadora do risco, a qual, em geral, superestima os riscos reais para ecossistema e para a saúde humana. Em muitos casos, o risco real é inferior ao risco estimado (ASTM, 1998).

A análise de incertezas no processo de avaliação e gerenciamento de risco objetiva dar maior confiabilidade ao resultado. As incertezas referem-se à falta de conhecimento sobre quanto uma medida ou cálculo estão corretos. Portanto, deve-se ressaltar que as incertezas devem explicar considerações importantes, como a variação da suscetibilidade entre os membros da população humana, a incerteza de extrapolação das informações de estudos realizados em animais para a situação humana, extrapolações de dados obtidos em estudos subcrônicos e, portanto, com exposições de duração menor do que a realidade, a incerteza advinda da não identificação do NOAEL e a substituição pelos valores de LOAEL (Hacon *et al.*, 1997; Veiga, 1995).

Os produtos esperados da caracterização do risco serão:

1. estimativa dos riscos, bem como as probabilidades e os níveis de significância dos efeitos adversos aos quais os *endpoints* estão sujeitos;

2. descrição do risco, que deve apresentar os padrões de evidências que respaldam as estimativas e o significado dos efeitos adversos na avaliação;

3. limitações da caracterização;

4. recomendações necessárias a uma proposta de gerenciamento de risco;

5. ações de remediação e/ou prevenção de risco que subsidiarão a proposta de gerenciamento sócio-ambiental para o empreendimento.

ESTIMATIVA DOS RISCOS

A caracterização do risco deve apresentar não somente a estimativa quantificada do risco, mas também discussão e interpretação dos resultados para auxiliar no julgamento do significado do risco. O homem e os organismo vivos estão submetidos às substâncias perigosas oriundas das atividades antropogênicas a partir de um conjunto de caminhos potenciais. As exposições, como visto anteriormente, podem ocorrer por vias e meios múltiplos, conduzindo, assim, a diferentes cenários que, por sua vez, podem ser associados a diferenciados níveis de risco. Esses níveis de risco são resultado de alguns dos procedimentos para estimá-lo, que se diferenciam pelo grau de refinamento e da disponibilidade de dados para aplicação.

A estimativa dos riscos refere-se ao processo de integração da avaliação da exposição, da toxicidade e das informações dos efeitos adversos possíveis ao ecossistema e à saúde humana, evidenciando, sobretudo, as incertezas associadas a processos e métodos utilizados. Essas informações serão resumidas e integradas em expressões quanti e qualitativas do risco. Considera-se que os mecanismos e as abordagens para a quantificação do risco e a toxicidade são diferentes para os efeitos carcinogênicos e para os sistêmicos (USEPA, 1992; USEPA, 1989b).

Um dos principais problemas na caracterização do risco está relacionado à falta de informações completas ou de dados confiáveis, fundamentais ao processo, e à caracterização da natureza e extensão do risco. Assim, as fontes de incertezas, que incluem a própria complexidade dos sistemas naturais, inserem uma variabilidade nos valores dos parâmetros ambientais e sociais, além de variações randômicas, erros de medida e falta de informação adequada.

ESTIMATIVA DOS RISCOS ECOLÓGICOS

A estimativa de risco ecológico pode ser desenvolvida usando um ou mais das seguintes técnicas: técnicas de estudos de campo, ordenamento categórico, comparações de pontos de exposição e efeitos adversos, comparações entre as possíveis relações entre os estressores–resposta, estudos da variabilidade da exposição e/ou efeitos estimados e a utilização de modelos que possam ser uma aproximação, parcial ou total, da exposição e dos efeitos adversos ao ecossistema. Essas técnicas são apresentadas detalhadamente no documento USEPA (1992).

As principais limitações dos métodos utilizados devem ser explicitadas, por exemplo, quando o método não considera os efeitos secundários como a bioacumulação e a perda de espécies. Além disso, na maioria das vezes, os métodos não consideram as incertezas, tais como a extrapolação de espécies testadas para espécies das comunidades estudadas, etc. O método de quociente de risco para as entidades ecológicas só deverá ser usado se ficar explícito que a concentração medida está efetivamente relacionada à avaliação dos *endpoints,* por exemplo, elevadas concentrações de cádmio em crustáceos e alterações morfológicas e fisiológicas do esqueleto. Outras exigências referem-se à necessidade de explicitar todas as extrapolações envolvidas, bem como evidenciar se o ponto ou a área de exposição estimados relacionam-se com a variabilidade espacial e temporal da exposição. Vale ressaltar que nem sempre é possível uma estimativa quantificada do risco, em nível de ecossistema (USEPA, 1997).

ESTIMATIVA DO RISCO À SAÚDE HUMANA

A caracterização de risco à saúde humana tem por objetivo descrever a natureza dos efeitos adversos que podem ser atribuídos à exposição do homem às substâncias químicas. Por meio de estimativas do quociente de risco e suas probabilidades, no caso de agentes carcinogênicos, o grau de confiabilidade das evidências e as incertezas associadas às mesmas devem ser discutidos.

Na caracterização do risco, as estimativas de riscos aos quais estão sujeitos as comunidades na área de influência de dada atividade perigosa, visa determinar se essa localidade de estudo apresenta níveis de riscos suficientes para causar problemas de saúde. As fontes de informação que subsidiam essa avaliação podem advir de estudos de animais, registros históricos de morbidade, estudos clínicos e laboratoriais ou dados de estudos epidemiológicos. O que se objetiva com essas informações é procurar avaliar e prever danos biológicos potenciais ao homem, por meio da utilização de freqüências relativas e pela especificação das probabilidades de ocorrência de efeitos adversos, e propor medidas de redução e/ou eliminação dos riscos. Os principais efeitos à saúde humana são carcinogênicos, neurotóxicos, imunológicos, renais, hepáticos, cardiovasculares, disfunções reprodutivas e de desenvolvimento, dentre outros.

A metodologia para quantificar o risco potencial de toxicidade sistêmica à saúde humana utilizada pela Agência Americana de Proteção Ambiental não é expressa em termos de probabilidade. Os efeitos potenciais não carcinogênicos são avaliados pela comparação da dose decorrente da exposição, para um período específico, com a dose de referência (RfD) derivada para o mesmo período. Essa razão, conforme citado anteriormente, entre a exposição e a dose de referência é denominada quociente de risco. Como apresentado abaixo (EPA, 1989b).

$$QR = \frac{Dose}{RfD}$$

QR   = quociente de risco;

Dose = incorporação diária do poluente no organismo (expresso em mg/kg/dia);

RfD   = dose de referência para o contaminante de interesse (mg/kg/dia).

O resultado do quociente de risco fornece informações quanto às situações de negligência no controle ambiental e de efeitos adversos ao meio ambiente. Havendo potencial de risco, o cálculo de quociente pode servir para que os gerentes de risco eliminem a combinação de contaminantes e os caminhos de exposição em considerações futuras.

Vale ressaltar que o risco populacional é uma projeção probabilística da incidência do efeito na população exposta por toda a vida (70 anos), a qual deve ser dividida por 70 para obter o risco anual. Portanto, o risco populacional refere-se ao somatório dos individuais, obtido pela multiplicação do tamanho da população pela média do risco individual (USEPA, 1989b).

ÍNDICE DE RISCOS PARA EXPOSIÇÕES MÚLTIPLAS A CONTAMINANTES SISTÊMICOS

Uma população geralmente está exposta a uma mistura de contaminantes, por uma única via ou por várias vias de exposição, que envolvem exposições seqüenciais e/ou simultâneas e podem induzir efeitos similares ou diferentes. De acordo com as diretrizes da EPA (1989b) para avaliação de risco a múltiplos contaminantes no meio ambiente, é assumido um risco aditivo para os efeitos potenciais em razão de diversos agentes, quando estes tratem da mesma via de exposição e os mesmos efeitos e quando não houver informações sobre a toxicidade dos agentes combinados. O risco total será estimado por intermédio do índice de risco (MDH, 2000).

$$IR = \sum_c QR_c$$

IR = índice de risco para vários contaminantes;

c = refere-se a cada um dos contaminantes;

QR_c = quociente de risco para o contaminante c.

Há várias limitações a esse tipo de abordagem, as quais devem ser explicitadas no estudo realizado:

1. O nível de risco não aumenta linearmente à medida que se aproxima ou excede a unidade.

2. A aditividade da dose deve ser usada para compostos que induzam o mesmo tipo de efeito pelo mesmo mecanismo de ação.

3. Se o índice de risco for maior que a unidade, como resultado da soma de vários quocientes de risco, é recomendável separar os compostos por efeitos e por mecanismos de ação e derivar os índices de risco para cada grupo.

ESTIMATIVA PARA OS RISCOS CARCINOGÊNICOS

Os riscos carcinogênicos são estimados a partir da seguinte equação (USEPA, 1998b):

$$RC = (ICD)\,(SF)$$

RC = probabilidade de um indivíduo desenvolver câncer em razão de exposição a um agente cancerígeno;

ICD = incorporação crônica diária de um agente cancerígeno ao longo de toda a vida (70 anos) mg/kg/dia;

SF = fator potencial de carcinogenicidade (risco/(mg/kg/dia).

Deve-se comparar o risco individual de câncer, obtido pela equação anterior, com o risco populacional de câncer, medido pela seguinte equação:

$$IC = (RI) (PE)$$

IC = incidência de câncer;

RI = risco individual;

PE = população exposta.

RISCO CARCINOGÊNICO PARA EXPOSIÇÕES MÚLTIPLAS

A estimativa do incremento de risco de câncer para as exposições simultâneas e múltiplas é dada pela soma dos riscos individuais, como apresentado na equação:

$$R_C = \sum Risco_c$$

R_C = risco carcinogênico para vários agentes (unidade de probabilidade);

$Risco_c$ = risco carcinogênico para o agente c.

CLASSIFICAÇÃO DOS RISCOS

A partir da estimativa dos riscos e de sua caracterização, é necessário apresentar uma classificação de risco. Essa classificação permite comparar o grau de intensidade e a magnitude dos riscos sócio-ambientais presentes na área de estudo. A classificação deve incluir os valores dos parâmetros que deram origem às informações para a estimativa do risco, assim como informações sobre a dose de referência (RfD), as concentrações de referência para inalação (RfC), a concentração de limite máximo (CLM) para a água potável, a severidade do dano, bem como uma interpretação da significância dos efeitos adversos à saúde humana (Hacon *et al.*, 2002). Em relação aos agentes carcinogênicos, devem ser apresentados o fator potencial (fator de inclinação) de câncer, a incorporação crônica diária e o risco populacional considerando a realidade das áreas de influência. As evidências científicas que dão suporte à carcinogenicidade devem ser apresentadas com as respectivas fontes de informações. A classificação deve explicitar se o risco é aceitável para o ecossistema e para a saúde humana (MDH, 2000).

Linhas de evidência

O desenvolvimento das linhas de evidência envolve a preparação de um quadro esquemático que dará subsídios para as conclusões sobre o grau de confiança na estimativa do risco, cujas informações podem ser derivadas de diferentes fontes ou de diferentes técnicas utilizadas na avaliação do risco humano e de *endpoints* ecológicos, como a estimativa de quocientes, modelos ou estudos observacionais de campo. As linhas de evidência devem apresentar as seguintes particularidades das estimativas de risco (Vermeire *et al.*, 1997):

1. Graus e tipos de incertezas associados à evidência.

2. Adequação e qualidade das informações.

A caracterização do risco deve identificar os fatores que podem levar a uma subestimação do risco, a saber:

1. Análises muito limitadas da exposição.

2. Avaliação parcial dos contaminantes presentes em uma mistura.

3. Inadequação dos limites de detecção.

4. Desconhecimento de outras possíveis rotas de exposição.

A superestimativa do risco, por sua vez, pode advir da apresentação dos seguintes fatores:

1. Parâmetros de exposição muito conservadores.

2. Apresentação de possíveis exposições como exposições reais.

3. Extrapolação da linearidade da equação de risco para riscos altos.

APRESENTAÇÃO DO RELATÓRIO DE CARACTERIZAÇÃO DE RISCO

A caracterização de risco deve ser acompanhada por um sumário das conclusões e recomendações integrando as etapas do estudo. Esse sumário é apresentado de forma a minimizar o uso de termos técnicos e tornar os resultados inteligíveis para o leitor não especialista. Deve apresentar, também, uma apreciação científica que forneça suporte ao gerente de risco, e a outras partes interessadas, para tomar decisões. Vale ressaltar que o sumário é uma fonte de informações para o preparo da comunicação do risco.

Os valores definidos pela caracterização de risco, por meio do processo de avaliação, devem apresentar o peso das evidências, de modo a respaldar, técnica e cientificamente, o tomador de decisão.

Para facilitar o entendimento das informações para o público interessado, é fundamental que a caracterização de risco seja clara, transparente e consistente com estudos similares já realizados. Para que o processo de avaliação de risco cumpra seu propósito, são esperados os seguintes requisitos do relatório de caracterização do risco:

- ser breve e objetivo;

- descrever todos os dados-chave experimentais, o estado-da-arte e/ou o conhecimento científico;

- descrever comparativamente a estimativa e a descrição dos riscos potenciais e/ou reais;

- apresentar sempre o peso das evidências;

- determinar claramente se há ou não risco e suas implicações para a saúde pública na área de influência das liberações de substâncias perigosas;

- integrar todos os atores sociais no processo de avaliação e gerenciamento de risco;

- ter linguagem e organização estruturadas para a comunicação dos resultados;

- articular claramente os diferentes pontos de vista dos julgamentos dos cientistas;

- definir e explicar a proposta de avaliação de risco, ou seja, as preocupações das comunidades envolvidas, os objetivos regulatórios de políticas públicas, etc.;

- explicar todas as suposições e vieses em termos científicos e políticos;

- reconhecer as incertezas e as suposições de maneira clara;

- identificar as medidas alternativas para o gerenciamento do risco;

- as conclusões devem ser redigidas de maneira explícita e sem ambiguidades.

Se as informações analisadas não forem suficientes para respaldar técnica e cientificamente as conclusões, o gerente de risco deverá apresentar tal fato claramente no documento final.

ANÁLISE DE INCERTEZA

A discussão sobre as incertezas associadas ao processo de avaliação de risco é extremamente importante para a confiabilidade do processo. Dificilmente é possível medir ou levantar todas as informações relevantes para todas as fases da avaliação de risco e, freqüentemente, é necessário empregar modelos matemáticos para simular cenários ambientais que integrem o processo de avaliação de risco, desde a caracterização da fonte de emissão até o transporte e as vias de transferência dos contaminantes no sistema ambiental, a incorporação dos contaminantes por organismos e as populações humanas.

Além da variabilidade natural dos parâmetros necessários à metodologia de avaliação de risco, ainda há incertezas decorrentes da definição dos cenários formulados nos modelos, de determinações analíticas e de falta de conhecimento específico do problema que está em análise. Também há aproximações que são feitas para fins de modelagem, como a adaptação de dados pontuais em médias espaciais ou temporais, parâmetros que não são medidos diretamente e incluem incertezas no processo de medida e na modelagem, além da simplificação de processos físicos de forma a tornar viável a modelagem de um sistema ambiental (Rochedo, 1994; Veiga, 1995; Hacon, 1996; Vermeire *et al.*, 1997).

A análise de incerteza deve ser explicitada com o objetivo de: dar integridade às análises e aos resultados; orientar uma nova coleta de dados; permitir ao tomador de decisão conhecer o grau de incerteza associado à avaliação de risco e à confiabilidade do estudo realizado; direcionar a confiabilidade do gerenciamento; caracterizar a incerteza das etapas da avaliação de risco por meio de um modelo quantitativo em termos de probabilidade; identificar as vias de exposição que requerem análise mais completa; identificar e ordenar os parâmetros que mais contribuem para incerteza do modelo; e permitir estimar quantitativamente a variação do resultado a partir de um intervalo de confiança estabelecido (Slob, 1994).

A análise de incerteza aumenta a credibilidade da avaliação de risco, explicitando a magnitude e a direção das incertezas, e aponta as variáveis que contribuem para a incerteza do modelo, as quais devem ser melhor estudadas. As fontes de incerteza são caracterizadas por uma análise crítica das fontes de informações e decisões feitas em sua avaliação. As principais fontes de incerteza na avaliação de risco, na fase de avaliação da exposição, estão vinculadas a: formulação do problema e conhecimento incompleto dos cenários a serem analisados; formulação dos modelos conceitual e computacional; estimativas dos valores dos parâmetros ambientais que caracterizam o transporte físico, transferência biológica, que normalmente já inserem incertezas em razão da variabilidade natural dos valores; e valores associados à descrição de hábitos da população, mesmo quando disponíveis, os quais representam apenas uma simplificação da realidade (Rochedo, 1994).

O tratamento matemático dessas variáveis permite estabelecer o grau de incerteza associado às diferentes etapas do processo de avaliação de risco. O grau de confiança da estimativa é ferramenta útil para a estratégia de gerenciamento de risco, e também permite identificar a contribuição dos diversos parâmetros para a incerteza global da estimativa. Isso direciona o estudo de forma a concentrar esforços no levantamento de parâmetros que possam reduzir as incertezas, ou no desenvolvimento de técnicas matemáticas capazes de lidar com incertezas que não podem ser contornadas por estudos específicos, como, por exemplo, aquelas associadas às diferenças entre indivíduos de uma população (Hacon *et al.*, 1997).

A simulação de Monte Carlo é o método numérico mais utilizado para análise de incerteza paramétrica. Normalmente, essa simulação utiliza dois métodos de amostragem randômica: o de amostragem hipercúbico latino e o de amostragem randômica simples. A escolha do método depende da qualidade dos dados disponíveis, dos parâmetros básicos calculados, do modelo e dos procedimentos de cálculos utilizados e da distribuição de probabilidade específica para os valores dos parâmetros do modelo, a fim de gerar distribuição de probabilidade do resultado (USEPA, 1996b; Johnson, 1995).

De forma resumida, os procedimentos para análise de incerteza paramétrica devem contemplar os seguintes passos (Rochedo, 1994; Veiga, 1995; Hacon, 1996).

- levantar todos os parâmetros do modelo;

- especificar a faixa de variação de cada parâmetro (média, desvio e valores máximo e mínimo) de acordo com as evidências experimentais, dados de monitoramento e/ou informações de literatura;

- definir a distribuição de probabilidade específica para os valores dos parâmetros do modelo a gerar uma distribuição de probabilidade do resultado;

- derivar quantitativamente as incertezas em termos de intervalos de confiança para o resultado;

- ordenar os parâmetros pela importância de sua contribuição na incerteza da previsão do modelo;

- apresentar e interpretar o resultado da análise.

Nesse contexto, a síntese "modelo" é qualquer cálculo usado no transcorrer das várias fases e etapas do processo de avaliação de risco sócio-ambiental. Os modelos podem ser extremamente complexos, como, por exemplo, os de migração química (destino e transporte dos contaminantes), ou relativamente simples, como é o caso de algumas soluções analíticas, da estimativa da avaliação da exposição ambiental, etc. Os modelos também auxiliam a interpretar, extrapolar e interpolar os dados históricos de monitoramento e as informações toxicológicas, além de avaliar a consistência dos dados de caracterização do risco (USEPA, 1989b).

As principais categorias de modelos no processo de avaliação de risco são: de migração, de avaliação da exposição, de dose–resposta e para o delineamento das ações de remediação.

GERENCIAMENTO DE RISCO

O gerenciamento de risco é um processo de formulação e implantação de medidas e procedimentos que têm por finalidade prevenir, reduzir e controlar os riscos presentes em uma atividade perigosa ou em uma área contaminada no passado e que oferece perigo à sociedade. O objetivo do gerenciamento é manter essa atividade antropogênica operando dentro de requisitos ambientais, de saúde pública e de segurança, considerados aceitáveis durante todo o seu ciclo de vida útil. Assim como, em áreas com solos contaminados, o gerenciamento deverá garantir o uso do solo seguro pela sociedade. A função do gerente de risco é decidir se o nível de risco é aceitável e, se não for, traduzir a informação em ações e políticas designadas a controlar a exposição, reduzir o risco por meio de ação legislativa e comunicar os riscos reais resultantes do processo de avaliação de risco à sociedade. Uma das mais importantes mudanças das agências ambientais internacionais na década de 1980 foi a aceitação do papel de uma avaliação de risco como subsídio para tomada de decisão gerencial (Unitar, 2001).

O processo de avaliação de risco sócio-ambiental pode ocorrer em qualquer estágio ou em todos os estágios do ciclo de vida de um produto, e consiste em:

- extração e refinamento de matéria-prima, no caso de elementos e/ou produtos químicos;
- processos e manufaturados químicos;
- formulações químicas;
- comercialização;
- disposição final.

Conseqüentemente, o gerenciamento de tais riscos, na prática, envolve grande série de tarefas consecutivas com diferentes cenários de exposição. As estratégias de gerenciamento de risco normalmente envolvem duas abordagens seqüenciais:

1. políticas direcionadas para a proteção dos efeitos à saúde humana e ao ambiente;

2. políticas orientadas para o controle de fontes de emissão e descarte, ou seja, controle das liberações para o ambiente.

Os efeitos dos produtos químicos na saúde e no ambiente expressam os caminhos da contaminação da fonte ao homem, indicando a necessidade de estabelecer padrões traduzidos em política de controle das liberações para garantir um padrão de exposição. Esse padrão baseia-se no conceito de dose-limite para a exposição do homem e das entidades ecológicas às substâncias e/ou agentes tóxicos, garantindo, dessa forma, que a dose de exposição não ultrapasse o conceito de risco aceitável. Em termos gerais, o gerenciamento de risco e o processo de tomada de decisão devem incorporar uma sistemática e uma abordagem estruturada para a eliminação e/ou redução dos riscos sócio-ambientais que permitam, às partes envolvidas (Kolluru *et al.*, 1998):

- identificar os riscos que necessitam ser eliminados e/ou reduzidos;

- identificar os caminhos nos quais esses riscos possam ser eliminados ou gerenciados;

- optar pela melhor e mais apropriada estratégia para atingir a redução dos riscos.

Os problemas sócio-ambientais causados pelos agentes químicos podem ser extremamente complexos para resolução. A experiência de vários países mostra que o gerenciamento de risco bem elaborado em nível de organização da empresa conduz a um processo de decisão bem-sucedido em termos de assistência técnica e econômica e à tomada de ações apropriadas. Essa complexidade é causada pela combinação de fatores como (Unitar, 2001):

- limitada informação disponível em relação ao uso apropriado de produtos químicos; muitos países têm dados de importação, manufaturados, comércio, armazenamento, uso e disposição final insuficientes;

- grande número de substâncias químicas comercializadas e de origem natural em contato com o homem carecem de estudos toxicológicos;

- alto nível de incertezas relacionadas à natureza precisa do perigo e aos impactos das substâncias químicas, e suas combinações com outras substâncias com efeitos ao ambiente e ao homem, ainda são desconhecidos;

- as divergências entre os atores sociais envolvidos, incluindo o poder público, empreendedores, consumidores, sindicatos, grupos ambientalistas, em relação à seriedade dos efeitos adversos ao ambiente e à saúde humana;

- o processo de avaliação de risco sócio-ambiental ainda não é prática sistemática das agências ambientais reguladoras.

Entretanto, as experiências, principalmente dos países desenvolvidos, têm mostrado que o processo de gerenciamento, se bem estruturado e conduzido no que se refere à tomada de decisão apropriada, pode assumir os desafios anteriormente mencionados.

A avaliação de risco é um processo de tomada de decisão que permite direcionar os recursos financeiros e técnicos para os locais priorizados em termos de severidade do dano e, conseqüentemente, criticidade do risco. O gerenciamento deve contemplar a implantação de medidas para a redução das freqüências de ocorrência dos eventos indesejados e também para a eliminação e/ou minimização das conseqüências, caso esses eventos venham a ocorrer, assegurando que a opção de remediação seja ambientalmente segura e viável sócio-economicamente, atendendo à redução e/ou eliminação dos níveis de exposição e, conseqüentemente, à redução e/ou eliminação do risco (Veimeire *et al.*, 1997; Power & McCarty, 1998).

A efetividade da avaliação de risco depende dos objetivos do gerenciamento, isto é, de como as ações recomendadas para a proteção do sistema ambiental e para a proteção da saúde humana serão verdadeiramente implementadas e como os resultados da avaliação de risco podem melhorar a qualidade das decisões de gerenciamento. A tendência é os gerentes de risco basearem sua tomada de decisões somente em estudos ecológicos, mas o gerente do Sistema de Gestão Ambiental (SGA) da empresa sempre deve considerar os efeitos potenciais à saúde pública das comunidades expostas aos produtos perigosos. A preocupação do público referente às questões de saúde humana, em dado sistema ambiental, ainda não se reflete no conjunto de decisões de gerenciamento sócio-ambiental de determinado empreendimento. Entretanto, no processo de avaliação de risco e na definição dos fatores críticos do sistema ambiental, o gerente de risco deve considerar as preocupações da população local e a representatividade desse ecossistema para as comunidades locais (por exemplo, valores comerciais, recreacionais, culturais e estéticos) (USEPA, 1997, 1992a).

Entretanto, a definição dos fatores críticos com base somente na percepção do público pode conduzir a decisões de gerenciamento que subestimem importantes informações ecológicas. Logo, o desafio é encontrar valores ecológicos que tenham rigor científico e que sejam reconhecidos como valiosos por gerentes de risco e público local. Casos de seleção de fatores críticos que não podem ser diretamente medidos, mas podem ser representados por medidas que são facilmente monitoradas e modeladas, podem apresentar boa fundamentação para a avaliação de risco. Por exemplo, para determinado molusco num ecossistema aquático, sabendo que determinado agente estressor é a causa do desaparecimento da espécie bentônica, a redução e/ou eliminação das concentrações desse agente no meio aquático pode reintroduzir a dada espécie no ecossistema. Em casos de ecossistemas altamente degradados não é possível avaliar os fatores críticos do sistema ambiental. Nesses casos, as ações de remediação, referentes às áreas impactadas, são implantadas ou implementadas e monitoradas ao longo do tempo, visando a encontrar possíveis indicadores ambientais que venham a ser identificados como fatores críticos do sistema ambiental.

Em relação a áreas contaminadas que colocam em risco o uso do solo, a avaliação de risco permite a proposição de medidas de gerenciamento que assegurem (Pedrozo *et al.*, 2002):

- efetividade da remediação na proteção da saúde humana e do ambiente;

- confiabilidade da remediação para atender padrões sócio-ambientais definidos pelo órgão regulador;

- aceitação da ação de remediação pela comunidade afetada;

- viabilidade técnica da ação de remediação;

- custos de implementação adequados aos riscos.

REFERÊNCIAS BIBLIOGRÁFICAS

AGENCY FOR TOXIC SUBSTANCES AND DISEASE AND DISEASE REGISTRY (ATSDR). U.S. Department of Health and Human Services. Public Health Service. Agency for Toxic Substances and Disease Registry. Atlanta, 1999. Disponível em: <http://www.atsdr.cdc.gov/toxprofiles/tp14.html>. Acesso em: 20/1/2003.

AMERICAN SOCIETY FOR TESTING MATERIALS (ASTM). *E1739-95*: standard guide for risk-based corrective action applied at petroleum release sites. Philadelphia, 1995.

AMERICAN SOCIETY FOR TESTING MATERIALS (ASTM). *Standard guide for chemical release*. Philadelphia, 1998.

AMERICAN SOCIETY FOR TESTING MATERIALS (ASTM). *E2081-00*: standard guide for risk-based corrective action. Philadelphia, 2000.

AUGUSTO, L. G. S.; FREITAS, C. M. O princípio de precaução no uso de indicadores de riscos químicos ambientais em saúde do trabalhador. *Ciência & Saúde Coletiva*, v. 3, n. 2, p. 85-94, 1998.

BARTELL, S. M.; GARDNER, R. H.; O'NEILL, R. V. *Ecological risk estimation*. Chelsea: M I. Lewis Publishers, 1992.

BESSELINK, H. T. et al. High induction of cytochrome P4501 A activity without changes posed to 2,3,7,8-tetrachlorodibenzeno-p-dioxin (TCDD). *Environmental Toxicology and Chemistry*, n. 16, p. 816-823, 1997.

BRASIL. Conselho Nacional do Meio Ambiente. *CONAMA 237/97*. Estabelece procedimento administrativo pelo qual o órgão ambiental competente licença a localização, instalação, ampliação e operação de empreendimentos e atividades utilizadoras de recursos ambientais. Disponível em: www.mma.gov.br <http://www.mma.gov.br>. Acesso em: 17/1/2003.

BRIGGS, D. *Environmental health indicators*: frameworks and methodologies. Genebra: World Health Organization, 1999.

CAMPBELL, P. M.; HUTCHINSON, T. H. Wildlife and endocrine disrupters: requirements for hazard identification. *Environmental Toxicology and Chemistry*, n. 17, p. 127-135, 1998.

CASARINI, D. Padrões de qualidade de solos e águas subterraneas. In: WORKSHOP SOBRE BIODEGRADAÇÃO. Campinas. *Anais...* Campinas: Embrapa, 1996. p. 21-38.

CENTER FOR INTEGRATED RISK ASSESSMENT (CIRA). Disponível em: <http://riskassessment.ornl.gov>. Acesso em: 28/3/2003.

CONCEIÇÃO, G. M. S.; MIRAGLIA, S. G. E. K.; KISHI, H. S.; SALDIVA, P. H.; SINGER, J. M. Air pollution and child mortality: a time-series study in São Paulo, Brazil. *Air Pollution Research*, v. 109, Supl. 3, 2001.

CONGRESSIONAL RESEARCH SERVICE (CRS). *Library of congress*. A review of risk assessment methodologies. Washington. D.C., 1983.

DE ROSA, C. T.; MUMTAZ, M. M.; CHOUDHRY, H. C.; MCKEAN, D. L. *Comparative environmental risk assessment*. Edited by C. R. Cothern. Lewis Publishers, 1992.

EUROPEAN CHEMICAL INDUSTRY ECOLOGY AND TOXICOLOGY CENTRE (ECETOC). *Hazard assessment of chemical contaminants in soil*. Belgica, 1990. (Technical report n. 40).

EUROPEAN CHEMICAL INDUSTRY ECOLOGY AND TOXICOLOGY CENTRE (ECETOC). *Assessment factors in human health risk assessment*. Technical Report, n. 68. European Centre for Ecotoxicology and Toxicology of Chemicals, Brussels, 1995.

EUROPEAN CHEMICAL INDUSTRY ECOLOGY AND TOXICOLOGY CENTRE (ECETOC). *Risk assessment for carcinogens*. Monograph n. 24. Brussels, European Centre for Ecotoxicology and Toxicology of Chemicals. 1996.

FRANCO, T.; DRUCK, D. Padrões de industrialização, riscos e meio ambiente. *Ciência & Saúde Coletiva*, v. 3, n. 2, p. 61-72, 1998.

FREITAS, C. M. et al. Análise de riscos tecnológicos na perspectiva das ciências sociais. *História, Ciências, Saúde – Manguinhos*, v. 3, n. 3, p. 485-504, 1996.

FREITAS, C. M. (Org.). *Acidentes industriais ampliados*: desafios e perspectivas para o controle e a prevenção. Rio de Janeiro: Fiocruz, 2000. 316 p.

GUILHERMINO, L., BARROS, P.; SILVA, M. C.; SOARES, A. M. V. M. Should the use inhibition of cholinesterase as a specific biomarker for organophosphate and carbamate pesticides be questioned? *Biomarkers*, v. 3, p. 157-163, 1998.

HACON, S. *Avaliação de risco potencial para a saúde humana da exposição ao mercúrio na área urbana de Alta Floresta, MT, Bacia Amazônica, Brasil.* 1996. 172 f. Tese (Doutorado) – Universidade Federal Fluminense, Rio de Janeiro, 1996.

HACON S.; ARTAXO, P.; CAMPOS, R. C.; CONTI, L. F.; LACERDA, D. Atmospheric mercury and trace elements in the region of Alta Floresta in the Amazon Basin. *Water, Air and Soil Pollution,* v. 80, p. 273-283, 1995.

HACON, S. et al. Risk assessment of mercury in Alta Floresta, Amazon Basin-Brazil. *Water, Air and Soil Pollution,* v. 97, n. 1-2, p. 91-105, 1997.

HACON, S. et al. Mercury exposure through fish consumption in the urban area of Alta Floresta in the Amazon Basin. *Journal of Geochemical Exploration,* v. 58, p. 209-216, 1997.

HACON, S.; YOKOO, E.; VALENTE, J. et al. Exposure to mercury in pregnant women from Alta Floresta – Amazon Basin, Brazil. *Environmental Research,* v. 84, p. 204-210, 2000.

HILL, E. F.; FLEMING, W. J. Anticholinesterase poisoning of birds field monitoring and diagnosis of acute poisoning. *Environmental Toxicology and Chemistry,* v. 1, p. 27-38, 1982.

HUGHES, R. M. Defining acceptable biological status by comparing with reference conditions. In: DAVIS, W. S.; SIMON, T. P. (Ed.). *Biological assessment and criteria*: tools for water resource planning and decision making. Boca Raton, FL: Lewis Publishers, 1995. p. 31-47.

INTERNATIONAL PROGRAMME ON CHEMICAL SAFETY (IPCS). Environmental Health Criteria, n. 155. *Biomarkers and risk Assessment*: concepts and principles. World Health Organization, International Programme on Chemical Safety. Geneva, 1993.

INTERNATIONAL PROGRAMME ON CHEMICAL SAFETY (IPCS). Environmental Health Criteria n. 210. *Principles for the assessment of risk to human health from exposure to chemicals.* International Programme on Chemical Safety. Geneva, 1999.

INTEGRATED RISK INFORMATION SYSTEM (IRIS) (data base). US Environmental Protection Agency. Office of Research and Development. Washington, D.C, 2002.

JOHNSON, B. L. Applying computer simulation models as learning tools in fishery management. *North Am. J. Fisheries Manage,* v. 15, p. 736-747, 1995.

KOLLURU, R. V.; BROOKS, D. G. Evaluación de riesgos integrada y administración estratégica. In: KOLLURU, R. V.; BARTELL, S. M.; PITBLADO, R. M.; STRICOFF, R. S. (Ed.). *Manual de evaluación y administración de riesgos.* McGraw-Hill, 1998.

LIEBER, R. R.; ROMANO-LIEBER. *O conceito de risco*: janus reinventado 2002. Saúde e ambiente sustentável: estreitando nós. Organizado por Maria Cecília Minayo e Ary Carvalho de Miranda. Rio de Janeiro: Fiocruz, 2002.

LUBCHENCO, J. Entering the century of the environment: a new social contract for science. *Science,* v. 279, p. 491-495, 1998.

MINNESOTA DEPARTMENT OF HEALTH. *Comparative risks of multiple chemical exposures.* Minnesota, 2000. Final report.

NARDOCCI, A. Avaliação de riscos em reúso de água. In: MANCUSI, P. C. S.; SANTOS, H. F. (Ed.). *Reúso de água*. São Paulo: Manole, 2003.

NATIONAL ACADEMY OF SCIENCES (NAS). *Risk assessment in the Federal Government*: managing the process. Washington, D. C.: National Academy Press, 1983.

NATIONAL COUNCIL ON RADIATION PROTECTION AND MEASUREMENTS (NCRP). A radiological assessment: predicting the transport, bioaccumulation and uptake by man of radionuclides release to the environment. *NCRP Report*, n. 76, 1984.

U.S. NATIONAL RESEARCH COUNCIL (NRC). 1 *Risk assessment in the federal government*: managing the process. Washington, D.C.: National Academy Press, 1983.

U.S. NATIONAL RESEARCH COUNCIL (NRC). *Animals as sentinels of environmental health hazards*. Washington, D.C.: National Academy Press, 1991.

ORGANIZATION FOR ECONOMIC FOR COOPERATION DEVELOPMENT (OECD). *Framework for integrating socio-economic analysis in chemical risk management decision making*. 143 p. Disponível em: <www.oecd.org>. Acesso em: 1/4/2003.

ORGANIZATION FOR ECONOMIC FOR COOPERATION DEVELOPMENT (OECD). *OECD environmental outlook for the chemicals industry*. New York, 2001. Disponível em: <http:/www.oecd.org/ehs>. Acesso em: 18/3/2003.

OFFICE OF SCIENCE AND TECHNOLOGY POLICY (OSTP). *Chemical carcinogens*: a review of the science and its associated principles. Disponível em: <http://clinton3.nara.gov/WH/EOP/OSTP/html/OSTP_Home.html>. Acesso em: 2/4/2003.

PEDROZO, M. F. M.; BARBOSA, E. M.; CORSEUIL, H. X.; SCHNEIDER, M. R.; LINHARES, M. M. Ecotoxicologia e avaliação de risco do petróleo. Salvador: CRA. *Série Cadernos de Referência Ambiental,* v. 12, 230 p., 2002.

PAOLIELLO, M. M. B. *Exposição humana ao chumbo e cádmio em áreas de mineração, Vale do Ribeira, Brasil*. 2002. 173 f. Tese (Doutorado em Saúde Coletiva) – Faculdade de Ciências Médicas, Universidade Estadual de Campinas, Campinas.

PORTO, M. F. S. *Considerações sobre a dinâmica de regulação dos riscos industriais e a vulnerabilidade da sociedade brasileira*: qualidade de vida e riscos ambientais. In: HERCULANO, S.; PORTO, M. F. S.; FREITAS, C. M. (Org.). Rio de Janeiro: Editora da Universidade Federal Fluminense, 2000. 334 p.

POWER, M.; McCARTY, L. A comparative analysis of environmental risk assessment/risk management frameworks. *Environmental Policy Analysis*. Issue 9, v. 32, p. 224- 231, 1998.

ROCHEDO, E. R. R. *Parati*: modelo para a avaliação da exposição radiológica em um ambiente urbano após uma contaminação radiológica radioativa. 1994. 126 f. Tese (Doutorado) – IBCCF – Universidade Federal do Rio de Janeiro, Rio de Janeiro.

ROSS, S. R. *Marine mammals as sentinels in ecological risk Assessment*. Approaches to integrated risk assessment meeting. Charlotte, NC., 1998.

SACHS, I. *Caminhos para o desenvolvimento sustentável*. Rio de Janeiro: Garamond, 2000. 96 p.

SCHMIDHEINY, S. *Mudando o rumo*: uma perspectiva empresarial global sobre desenvolvimento e meio ambiente. Rio de Janeiro: Fundação Getúlio Vargas, 1992. 372 p.

SEVÁ FILHO, 2000. *Seguura, peão!*: alertas sobre o risco técnico coletivo crescente na indústria petrolífera, Brasil, anos 1990. Acidentes industriais ampliados. Desafios e perspectivas para o controle e a prevenção. Fiocruz, 316 p.

SERPA, R. R. As metodologias de análises de risco e seu papel no licenciamento de indústrias e atividades perigosas. In: FREITAS, C. M. et al. (Org.). *Acidentes industriais ampliados*: desafios e perspectivas para o controle e a prevenção. Rio de Janeiro: Fiocruz, 2000. 316 p.

SEXTON, K.; SELEVAN, K. S. G.; WAGNER, D.; LYBARGER, J. Estimating human exposures to environmental pollutants: availability and utility of existing databases. *Archives of Environmental Health*, v. 47, p. 398-407, 1992.

SLOB, W. Uncertainty analysis in multiplicative models. *Risk Analysis*, v. 14, p. 571- 576, 1994.

STEVENS, J. B.; SWACKHAMER, D. L. Environmental pollution: a muitimedia approch to modeling human exposure. *Environmental Science Technology*, v. 23, n. 10, 1989.

SHEFFIELD, S. R.; MATTER. J. M.; RATTNER, B. A.; GUINEY. P. D. Fish and wildlife species as sentinels of environmental endocrine disrupters. In: KENDALL, R. J. (Ed.). *Principles and proceses for evaluating endocrine disruption in wildlife*. Pensacola, FL: SETAC, 1998.

SOLOMON, K. R. Overview of recent developments in ecotoxicological risk assessment. *Risk Analysis*, v. 6, n. 5, p. 627-633, 1996.

STAHL Jr., R. Can mammalian and non-mammalian *sentinel species* data be used to evaluate the human health implications of environmental contaminants? *Human Ecol. Risk Assess.*, v. 3, p. 328-335, 1997.

TAMBELLINI, A. T.; CÂMARA, V. M. A temática saúde e ambiente no processo de desenvolvimento do campo da saúde coletiva: aspectos históricos, conceituais e metodológicos. *Revista Ciência e Saúde Coletiva*, v. 3, n. 2, p. 47-59, 1998.

TILLMAN, D. Biodiversity: population versus ecosystem stability. *Ecology*, v. 77, p. 350-363, 1996.

TILLMAN, D.; WEDLIN, D.; KNOPS, J. Productivity and sustainability influenced by biodiversity in grassland ecosystems. *Nature*, v. 379, p. 718-720, 1996.

TRAVIS, C. C. (Ed.). *Use of biomarkers in assessing health and environmental impacts of chemical pollutants*. New York: London, Plenum Press, 1992.

UNITED NATIONS ENVIRONMENT PROGRAMME (UNEP). International Programme on Chemical Safety. *Chemical risk assessment, human risk assessment, environmental risk assessment and ecological risk assessment*. Geneva, 1999. 222 p.

UNITED STATES ENVIRONMENTAL PROTECTION AGENCY (USEPA). *Risk assessment guidance for superfund*. Human Health Evaluation Manual Part A. EPA /540/1-89/002. Washington, DC, December 1989b, v. 1.

UNITED STATES ENVIRONMENTAL PROTECTION AGENCY (USEPA). *Framework for ecological risk assessment*. Washington, DC: Risk Assessment Forum, EPA/630/R-92/001, 1992a.

UNITED STATES ENVIRONMENTAL PROTECTION AGENCY (USEPA). Guideline for exposure assessment: notice. *Federal Register*, v. 57, p. 22888-22938, 1992b.

UNITED STATES ENVIRONMENTAL PROTECTION AGENCY (USEPA). Guidelines for the health risk assessment of chemical mixtures. *Federal Register*, v. 52, p. 34014-34025, 1986b.

UNITED STATES ENVIRONMENTAL PROTECTION AGENCY (USEPA). *Guidelines for carcinogenic risk assessment. risk assessment forum, office of research and development, environmental protection agency.* Washington, DC, EPA/630/R-98/001, 1986d.

UNITED STATES ENVIRONMENTAL PROTECTION AGENCY (USEPA). *Methods for aquatic toxicity identification evaluations*: phase II toxicity identification procedures. Duluth, MN: Environmental Research Laboratory. EPA/600/3-88/035, 1989a.

UNITED STATES ENVIRONMENTAL PROTECTION AGENCY (USEPA). *Priorities for ecological protection*: an initial list and discussion document for EPA. Washington, DC: Office of Research and Development. EPA/600/S-97/002, 1997a.

UNITED STATES ENVIRONMENTAL PROTECTION AGENCY (USEPA). *Summary report for the workshop on Monte Carlo analysis.* Washington, DC: Office of Research and Development. EPA/630/R-96/010, 1996b.

UNITED STATES ENVIRONMENTAL PROTECTION AGENCY (USEPA). Guidelines for carcinogenic risk assessment. *Federal Register*, v. 51, p. 33992-34086, 1986.

UNITED STATES ENVIRONMENTAL PROTECTION AGENCY (USEPA). *Ecological risk assessment guidance for superfund*: process for designing and conducting ecological risk assessments. Interim Final. EPA 540-R97-006, 1997.

UNITED STATES ENVIRONMENTAL PROTECTION AGENCY (USEPA). Guidelines for ecological risk assessment. 63 *Federal Reg*ister, p. 26846-26924, May. 14, 1998.

UNITED STATES ENVIRONMENTAL PROTECTION AGENCY (USEPA). Guidelines for exposure assessment. *Federal Register*, v. 57, n. 104, p. 22.888-22.938, 1992.

UNITED STATES ENVIRONMENTAL PROTECTION AGENCY (USEPA). *Screening guidance*: techinical background documents. Washington, DC. Office of Solid Waste and Emergency response for Superfund. EPA /540/R-95/128, 1996a, Soil.

VEIGA, L. H. S. *Avaliação do risco da exposição a poluentes radioativos e não radioativos na região da mina de urânio de Poços de Caldas, MG, Brasil.* 1995. 132 p. Dissertação (Mestrado) – UFRJ/CCS/Instituto de Biofísica Carlos Chagas Filho.

VEIMEIRE, T. G. et al. European Union System for the Evaluation of Substances (EUSES). Principles and structure. *Chemosphere*, v. 34, p. 1.823-1.936, 1997.

WALKER, S. D. The ecological method in the study of environmental health. 2. Methodologic issues and feasibility. *Environmental Health Prospectives*, v. 94, p. 67-73, 1991.

WALKER, C. H.; HOPKIN, S. P.; SIBY, R. M.; PEAKALL, D. B. *Principles of toxicology.* London: Taylor & Francis, 2001.

WHO/IPCS/IRA. *Executive summary approaches to integrated risk assessment*. 2001. Disponível em: <www.int/pcs/emerg>. Acesso em: 13/4/2003.

WHO (WORLD HEALTH ORGANIZATION). International Programme on Chemical Safety – IPCS. Principles for the assessment of risk to human health from exposure to chemicals. *Environmental Health Criteria*, Geneva, v. 210, 1999.

WHO (WORLD HEALTH ORGANIZATION). Environmental health criteria monographs. DDT and its derivatives: Environmental Aspects. Geneva. *Enviromnental Health Criteria*, v. 83, 1989b.

WHO (WORLD HEALTH ORGANIZATION). *World health statistics quarterly*. Health and environment analysis and indicators for decision-making, 1995. v. 48, p. 70-170.

WHO (WORLD HEALTH ORGANIZATION). *Decision-making environmental health*. 2000.